기계공작법

강동명 · 백승엽 · 우영환 · 이성철 공저

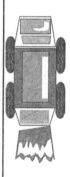

도서출판 **청 호**

머리말

　기계공작법은 소재로부터 제품을 만드는 과정을 다루는 분야로 그 내용 매우 광범위 하다. 가공기술은 인류가 도구를 사용하면서부터 개발되어 왔으며, 근래 수 십여년간에 걸쳐 각종 공작기계와 재료의 개발에 힘입어 비약적인 발전을 거듭해 오고 있다. 최근에는 초소형기계의 등장에 따라 반도체 가공기술도 기계부품의 가공에 활용되고 있는 등 기계공작법의 범위를 명확하게 한정하기 어렵다. 또한 전통적인 기계가공 방법이라도 공구 및 공작기계의 발전에 따라 그 활용범위가 확대되고 있다.

　이 책은 처음 기계공작법을 공부하는 기계계열 학생들이 실제 현장에서 사용되고 있는 여러 가지의 전통적인 기계가공 방법들을 배우는데 중점을 두어 집필하였다. 가공기술에 대한 기본개념을 확립하고 가공기술에 대한 전반적인 이해를 돕도록 쉽게 서술하고 편하게 읽어볼 수 있도록 내용을 구성하였다. 그리고 기계공작법 관련 용어들은 아직 잘못 사용되고 있는 경우가 많이 있는데 이 책에서는 한국산업표준(KS) 규격과 대한기계학회의 기계용어집을 참조하여 올바른 용어 사용에 심혈을 기울였다.

　저자들의 많은 노력에도 불구하고 내용이 자세하게 기술되지 못하여 미흡한 부분이나 오류가 있을 것으로 생각되며, 독자들의 많은 조언을 구하는 바이다.

　이 책의 출판에 여러 가지 노고를 아끼지 않으신 도서출판 청호의 관계자 여러분에게 감사를 드리며, 이 책이 기계공작법을 처음 공부하는 학생들이나 기계가공에 관심을 갖고 있는 독자들에게 조금이나마 도움을 주었으면 한다.

저자 씀

차례

제1편   주 조

제 3 편 용 접

제 4 편 **열처리**

제 5 편 측정과 수기가공

제 6 편　절삭가공

제 7 편 연삭 및 정밀입자가공

제 8 편 　특수가공

제1편 주조

제1장 주조개요

주조는 인류가 소재를 이용하여 제품을 가공하는 방법 중에서 역사가 가장 오래된 가공법이다. 고대 이집트나 중국의 많은 주조품들이 출토되고, 우리나라에서도 청동기시대부터 주조기술이 발전하여 삼국시대에는 불교의 영향을 받아서 공예품, 불상 등의 우수한 주조품들이 많이 전해지고 있다. 주조기술은 20세기에 접어들어서 새로운 기술이 개발되면서 급속히 발전하고 있다.

주조(casting)란 주조공장(foundry shop)에서 주물(castings)을 만드는 과정을 말한다. 제품의 형상에 따라 모형(pattern)을 만들고, 이것을 주물사로 다져서 주형(mold)을 만든다. 용해로에서 금속을 녹여 주형에 주입한 후 응고시킨다. 주형을 해체하고 탕도를 절단하여 후처리한다. 이와 같이 주물이 만들어지는 과정을 주조공정(casting process)이라 한다.

주조는 기계가공의 기초가 되는 소재를 제공하고, 주물은 각종 기계류, 자동차, 선박, 항공기 등 여러 제품에 널리 사용되고 있다. 따라서 주조는 산업 전반에 걸친 기반기술로 그 중요성이 매우 크다.

1. 주조공정

주조는 주물재료와 주조방법에 따라 여러 가지 종류가 있다. 가장 일반적인 사형주조공정에 대해서 살펴보면 다음과 같다.

(1) 모형제작

적합한 모형재료를 선택하고, 모형제작의 유의사항을 고려하여 모형을 제작한다. 내부 공간이 있는 주물은 코어모형도 제작해야 한다.

(2) 주형재료

주물의 재료, 형상, 생산량 등을 고려하여 모래, 점결제, 첨가제의 종류와 배합비율을 결정하고 적당한 수분을 첨가하여 주형재료를 준비한다.

(3) 주형제작 준비(또는 선정)

주형상자에 모형과 탕도계, 압탕 등을 조립하고 주형재료를 다져서 주형을 제작한다. 필요에 따라 코어(core)를 조립한다.

(4) 용해

용해로에서 잉곳(ingot), 고철 등을 용해하고, 주물재료에 적합한 원소를 첨가하여 합금한다.

(5) 주입 및 냉각

용해금속을 레이들(ladle)로 떠서 주형에 주입하고, 일정시간동안 냉각한다.

(6) 주형해체 및 다듬질

주물이 냉각되면 주형을 해체하여 표면의 모래를 털고, 탕도나 압탕 등을 절단한다.

(7) 열처리

주물의 기계적인 성질을 고려하여 적절한 열처리를 한다.

(8) 검사

주물의 외관 형상과 치수를 측정하고, 비파괴검사로 주물의 결함 등을 조사한다.

주조공정을 도식적으로 나타내면 〔그림 1-1〕과 같다.

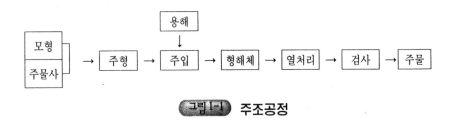

그림1-1 주조공정

2. 주조의 분류

주조는 여러 가지 방법으로 분류할 수 있으나, 주물의 재료와 주형의 종류에 따라 분류하는 것이 일반적이다.

2.1 주물재료에 의한 분류

주물은 주조성을 고려하여 사용용도와 요구되는 기계적 성질에 따라 여러 가지 재료가 사용되고 있다. 일반적으로 많이 사용되고 있는 주물재료를 분류하면 〔표 1-1〕과 같다.

[표 1·1] 주물재료에 의한 분류

```
             ┌─ 철주물 ──┬─ 보통주철 ─── 회주철
             │           ├─ 고급주철 ─┬─ 퍼얼라이트주철
             │           │           └─ 미이하나이트주철
             │           └─ 특수주철 ─┬─ 구상흑연주철
             │                       ├─ 가단주철
             │                       ├─ 합금주철
             │                       └─ 칠드주철
  주물 ──────┼─ 주강주물
             │
             ├─ 동합금주물 ─┬─ 황동제 주물
             │             └─ 청동제 주물
             ├─ 경합금주물 ─┬─ 알루미늄합금주물
             │             └─ 마그네슘합금주물
             └─ 베어링용 합금주물
```

2.2 주형에 의한 분류

주형은 일반적으로 사형을 많이 사용하고 있으나, 최근에는 셸모울딩 주형법이나 인베스트먼트 주형법 등이 개발되어 주조기술이 획기적으로 발전되었으며, 금형을 사용하여 주조공정이 기계화되고 정밀주조가 가능하게 되었다. 주형의 종류에 따라 분류하면 〔표 1-2〕와 같다.

[표 1·2]   주형에 의한 분류

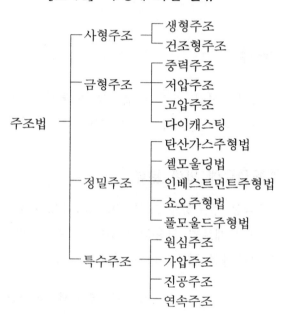

3. 금속의 주조특성

3.1 유동성

유동성(fluidity)이란 소정의 주입온도로 쇳물을 주형에 주입할 때, 주형 내부를 흘러 응고하여 정지할 때까지의 유동길이를 말한다.

유동성은 대표적으로 점도로 나타낼 수 있는데, 점도가 높으면 유동성이 나빠진다. 점도는 보통 합금의 조성에 따라 다르고, 합금내의 비금속 개재물, 가스 등의 혼입물이 있을 때 점도가 높아진다. 그러나 용융합금의 용해도가 높아지면 점도가 급격히 떨어지므로 유동성이 좋아진다. 또 표면장력이 크면 유동성이 나빠진다.

3.2 수축

수축(shrinkage)이란 주물의 체적과 치수의 전반적인 감소를 말한다. 수축량은 용융금속의 수축, 응고시의 금속의 수축 또는 팽창, 응고상태에서 냉각에 의한 수축을 모두 합한 것이다.

합금용탕이 주형 안에서 냉각, 응고하는 과정은 쇳물이 냉각함에 따라 체적감소가 일어나고, 전 표면이 짧은 시간에 미립으로 된 피막이 생기며, 점차 이 피막이 두꺼워진다. 피막이 생긴 후부터 용융금속의 냉각과 응고는 외부 분위기와 접촉없이 피막내부에서 진행된다. 내부에서 응고할 때 체적의 감소 또는 팽창이 일어나고, 고체상태에서 냉각되면서 체적이 감소하고, 심하면 주물내부에 수축공이 발생한다.

수축은 금속의 화학조성에 따라 변화한다. 회주철의 경우 탄소와 규소 함유량이 증가하거나 망간과 황의 함유량이 감소함에 따라 수축이 작아진다. 또 마그네슘이 존재하면 수축이 커진다.

3.3 주조응력

주조응력(casting stress)은 주물내부의 수축이 제약을 받아 생기는 수축응력, 냉각이 균일하지 않아 생기는 열응력, 결정구조의 변화로 생기는 상응력 등이 있다.

주물에 주조응력이 생기면 그 크기에 따라 다음과 같은 영향을 준다.

① 주조응력이 합금의 항복점보다 작으면 주물내에 내부응력으로 남고, 내부의 기공이나 사용하면서 생기는 응력에 의하여 점차 커진다.

② 주조응력이 합금의 항복점보다 크고 파괴강도보다 작으면 물체에 비틀림이 생긴다.

③ 주조응력이 합금의 파괴강도보다 크면 주물에 균열이 생기고 파괴가 일어난다.

주물의 내부응력은 대부분 열처리로 제거할 수 있다. 이 열처리는 먼저 합금의 탄성이 현저히 감소되는 온도까지 주물을 서서히 가열했다가 단계적으로 균일하게 냉각시킨다. 이러한 열처리를 풀림처리(annealing)라 한다.

3.4 편석

주물의 각 부분에서 또는 합금의 각 수지상정(dendrite) 내에서 화학조성이 균일하지 않은 것을 주물의 편석(segregation)이라 한다.

주물의 각 부분에 생긴 거시적 편석을 대역편석이라 하고, 합금의 결정립 안에 생긴 편석을 입내편석이라 한다. 합금성분의 비중차이에 의한 편석을 비중편석이라 한다.

3.5 가스의 흡수

금속과 합금은 여러 종류의 가스를 흡수하는 능력을 가지고 있다. 가스가 응고 중에 미처 빠져나가지 못하면 주물 내부에 기포(bubble)가 생기는데 이것을 기공이라 한다. 기공은 주물결함에서 큰 비중을 차지한다.

가스가 용융금속이나 고체 금속에 존재하는 경우는 다음 두가지 형태가 있다.

① 가스로서 용융금속에 용해되어 있거나, 고체금속에 고용되어 있는 경우.

② 가스가 용융금속과 반응하여 화합물을 만들어 결정체 또는 유리모양의 슬래그(slag)로서 존재하는 경우.

가스의 용해성질은 온도와 압력에 따라 달라지며, 특히 수소는 금속 내부로 침투하여 금속의 성질을 취약하게 하는 가장 해로운 가스이다.

4. 주조의 장단점

주조는 소성가공과 비교해서 다음과 같은 장단점을 가지고 있다.

(1) 장점
① 복잡한 형상을 쉽게 제조할 수 있다.
② 내부의 형상을 만들기 쉽다.
③ 부피나 무게가 큰 제품을 쉽게 가공할 수 있다.
④ 재료의 성분조정이나 합금을 만들 수 있다.
⑤ 가공비가 비교적 싸다.

(2) 단점
① 결정조직이 거칠어서 기계적 성질이 떨어진다.
② 재질이 균일하지 못하다.
③ 응고시 수축하여 치수가 정밀하지 않다.
④ 가공시간(lead time)이 길다.
⑤ 수량이 적을 경우 가공비가 비싸진다.

최근에는 새로운 주조기술이 개발되어 이러한 단점들을 많이 보완하고 있다.

제2장 주물재료

1. 회주철

철강은 순철(Fe)을 주성분으로 하고 탄소함유량에 의해 철(鐵 iron)과 강(鋼 steel)으로 구분된다. 탄소함유량이 2.14% 이상이면 철이 되고, 그 이하이면 강이 된다.

철은 강에 비하여 인장강도가 작고 취성이 크며 고온에서도 소성변형이 잘 되지 않는 단점이 있으나, 주조성이 우수하며 복잡한 형상으로도 주조되고 가격이 저렴하므로 널리 사용된다. 주철은 용광로에서 만들어진 선철(pig iron)의 잉곳(ingot)과 철강의 파쇄(scrap)와 필요한 성분을 첨가하여 용해로에서 녹여 만든다.

주철은 탄소(C) 이외에 규소(Si), 망간(Mn), 인(P), 황(S) 등의 원소가 들어 있고, 실용 주철은 C=2.5~4.5%, Si=0.5~3.0%, Mn=0.5~2.0%, P=0.1~1.0%, S=0.05~0.15%의 범위이다.

주철 중의 탄소는 유리탄소와 화합탄소(FeC)의 형태로 존재한다. 쇳물을 서냉하면 유리탄소의 비율이 커지고 급냉하면 화합탄소의 비율이 커진다. 주철에서 유리탄소의 혼합비가 커서 단면이 회색인 것을 회주철(gray cast iron)이라 하고, 화합탄소의 혼합비가 커서 단면이 백색인 것을 백주철(white cast iron)이라 하고, 그 중간을 반주철(mottled cast iron)이라 한다.

일반적으로 주물은 회주철을 주로 사용한다. 백주철은 경도와 내마모성이 회주철보다 크나 취성이 있어 주철롤러나 캠노우즈 등 표면경도를 요하는 곳을 급냉(chill)하여 사용한다.

회주철은 강에 비해 인장강도가 낮고 연성이 부족하나, 주조성과 절삭성이 우수하고, 진동흡수성이 좋고, 가격도 저렴하여 가장 흔히 사용되는 주물재료이다. 회주철의 규격은 〔표 2-1〕과 같다. 회주철은 인장강도를 개선하기 위해서는 강파쇠를 섞어 용해하고, 백선화를 방지하기 위해서는 출탕시에 Ca-Si 등의 접종제를 첨가하여 C, Si 원소를 줄인다.

[표 2·1] 회주철의 기계적성질 (KS D 4301)

종류	기호	주철제품의 주요두께 (mm)	주조상태의 시편지름 (mm)	인장강도 (kg/cm²)	항절시험 최대하중 (kg)	항절시험 디플랙션 (mm)	경도 (브리넬)
회주철품 1종	GC 10	4이상 50이하	30	10이상	700 이상	3.5 이상	201 이하
회주철품 2종	GC 15	4이상 8이하	13	19이상	180 이상	2.0 이상	241 이하
〃	GC 15	8이상 15이하	20	17이상	400 이상	2.5 이상	223 이하
〃	GC 15	15이상 30이하	30	15이상	800 이상	4.0 이상	212 이하
〃	GC 15	30이상 50이하	45	13이상	170 이상	6.0 이상	201 이하
회주철품 3종	GC 20	4이상 8이하	13	24이상	200 이상	2.0 이상	255 이하
〃	GC 20	8이상 15이하	20	22이상	450 이상	3.0 이상	235 이하
〃	GC 20	15이상 30이하	30	20이상	900 이상	4.5 이상	223 이하
〃	GC 20	30이상 50이하	45	17이상	2000 이상	6.5 이상	217 이하
회주철품 4종	GC 25	4이상 8이하	13	28이상	220 이상	2.0 이상	269 이하
〃	GC 25	8이상 15이하	20	26이상	500 이상	3.0 이상	248 이하
〃	GC 25	15이상 30이하	30	25이상	1000 이상	5.0 이상	241 이하
〃	GC 25	30이상 50이하	45	22이상	2300 이상	7.0 이상	229 이하
회주철품 5종	GC 30	8이상 15이하	20	31이상	550 이상	3.5 이상	269 이하
〃	GC 30	15이상 30이하	30	30이상	1100 이상	5.5 이상	262 이하
〃	GC 30	30이상 50이하	45	27이상	2600 이상	7.5 이상	248 이하
회주철품 6종	GC 35	15이상 30이하	30	35이상	1200 이상	5.5 이상	227 이하
〃	GC 35	30이상 50이하	45	32이상	2900 이상	7.5 이상	769 이하

2. 고급주철 및 특수주철

회주철은 인장강도가 낮으므로 그 성질을 개선하여, 인장강도를 30kg/㎟ 이상으로 높인 주철을 고급주철이라 한다. 강도의 개선은 흑연의 분포상태와 형태를 변화시키거나 바탕조직(basic structure)을 변화시키거나 특수원소를 첨가하여 열처리하는 방법 등이 있다.

2.1 퍼얼라이트주철

주철의 바탕조직을 퍼얼라이트(pearlite)나 소르바이트(sorbite)로 만들고, 흑연을 미세하게 분포시켜 강인하게 한 것을 퍼얼라이트주철이라 한다.

란츠(Lanz)법은 백선화하기 쉬운 성분의 쇳물으로 퍼얼라이트조직을 만들고 주형을 예열해서 주입 후에 서냉시킨다.

에멜(Emmel)법은 쇳물에 많은 강파쇠를 넣어 탄소량을 줄여 기지를 퍼얼라이트로 만든다. 그러면 강에 가까운 강도를 얻을 수 있으나 주조성이 떨어진다. 이 주철을 반강주철이라고도 한다.

2.2 미이하나이트주철

미이하나이트(Meehanite)주철은 선철에 많은 양의 강을 배합해서 저탄소, 저규소 성분의 쇳물에 규화칼슘($CaSi_2$)을 접종해서 흑연을 균일하게 미세화하고 기지를 퍼얼라이트로 만든다. 이것은 회주철에 비해 조직이 치밀하고, 〔표 2-2〕와 같이 기계적 성질이 우수하고, 내마모성과 내열성

[표 2-2] 미이하나이트주철의 기계적 성질

종 류	인장강도 [kg/㎟]	항복점 [kg/㎟]	경 도 (H_B)
MG 60	42~45	37~42	215~240
GA	3,5~42	32~39	196~222
Super A	35~42	32~39	240~310

이 좋아 자동차의 브레이크드럼, 크랭크축, 기어, 캠 등에 널리 사용된다.

2.3 합금주철

합금주철은 주철에 Mn, Ni, Cr, Mo, V, B 등의 특수원소를 첨가하여 강도, 경도, 인성, 내열성, 절삭성 등의 기계적 성질을 용도에 맞게 개선한 주철의 총칭이다. 첨가 원소의 양과 개선되는 기계적 성질은 〔표 2-3〕과 같다.

[표 2·3] 합금의 성분과 효과

원소	%	주 요 효 과
Mn	0.25~0.40	황과 화합하여 취성을 방지함.
	〉1%	변태점을 저하시키고 변태를 둔화시켜 경화능을 증대시킴.
S	0.08~0.15	쾌삭성을 줌.
Ni	2~5	강인성을 줌.
	12~20	내식성을 줌.
Cr	0.5~2	경화능을 증대시킴.
	4~18	내식성을 줌.
Mo	0.2~5	안정한 탄화물 형성, 결정립 성장 방지.
V	0.15	안정한 탄화물 형성, 연성을 유지한 채 강도 향상시킴. 결정립 미세화를 촉진시킴.
B	0.001~0.003	강력한 경화능 촉진제.
W		고온에서 높은 경도를 줌.
Si	0.2~0.7	강도를 향상시킴.
	2	spring 강
	높은 함유율	자성을 향상시킴.
Cu	0.1~0.4	내식성을 줌.
Al	소량	질화강의 합금성분.
Ti	...	탄소를 불활성 입자로 고정시킴.
		chromium 강의 martensite 경도를 저하시킴.

2.4. 구상흑연주철

구상흑연주철(nodular cast iron, ductile cast iron)은 주철의 편상흑연을 응고과정에서 구상흑연으로 변화시킨 것이다. 구상화 방법은 Ca, Mg,

Ce 등의 원소를 첨가하고, 특수 원소로 접종한다. 바탕조직에 따라 퍼얼라이트형과 페라이트형으로 구분되며, 페라이트형은 연신율이 크다.

구상흑연주철은 고탄소, 고규소, 저인, 저황의 주철이다. 인장강도 40~70kg/㎟, 연신율 5~20%이고 내마모성, 내열성, 절삭성이 좋고 용접도 가능하여 자동차 부품, 고급 기계부품 등 사용용도가 다양하다.

2.5 가단주철

주철은 주강에 비해 주조성이 우수하나 강도가 낮고 연성이 없어 충격에 약하다. 가단주철(malleable cast iron)은 주철의 우수한 주조성과 주강의 기계적 성질을 함께 갖춘 재료이다.

가단이란 단조가 가능하다는 의미가 아니고 연성을 가진다는 의미이다. 제조 방법은 조직을 백주철로 주조한 후, 장시간 풀림처리를 하여 탈탄하거나 흑연의 상태를 개선한 것이다. 가단주철은 풀림처리 방법에 따라서 백심가단주철과 흑심가단주철이 있다.

(1) 백심가단주철

백심가단주철은 백주철을 풀림처리할 때 산화철로 싸서 밀폐한 후 950℃ 정도에서 장시간 가열하면 바탕조직이 탈탄되어 페라이트 조직으로 변하고, 내부의 시멘타이트 조직은 구상화된다. 파단면이 백색을 띠므로 백심가단주철이라 한다.

백심가단주철은 인장강도가 40kg/㎟, 연신율이 10% 정도가 되어 인성과 용접성이 우수하다.

(2) 흑심가단주철

흑심가단주철은 백주철을 950℃ 정도에서 2차에 걸친 풀림처리를 하면 1차에서 오스테나이트와 시멘타이트의 혼합조직이 되고, 2차 풀림처리에서 시멘타이트의 탄소가 흑연화해서 미세하게 분리된다. 표면은 백색이지만 내부는 유리된 흑연에 의해 회색을 띠므로 흑심가단주철이라 한다.

혹심가단주철은 인장강도가 40kg/㎟, 연신율이 20% 정도로 우수하여 자동차 부품이나 기계 부품으로 많이 사용된다.

3. 주강

3.1 보통주강

주강(cast steel)은 주철에 비해 탄소함유량이 1.7% 이하로서 강의 성질에 가까운 금속이다. 주강은 인장강도가 35~60kg/㎟ 이고 연신율이 10~25% 정도로 기계적 성질이 우수하다. 그러나 주조성이 주철보다 좋지 못하고, 유동성이 작으며 응고시 수축이 크다. 그러므로 단면이 얇고 복잡한 제품은 제작하기 어렵고, 주조 후에는 내부응력을 제거하기 위해 풀림처리가 필요하다.

주강은 탄소함유량에 따라 C=0.2% 이하인 저탄소강, C=0.2~0.5%인 중탄소강, C=0.5% 이상인 고탄소강으로 분류한다. 고탄소강일수록 강도가 크나 용접성은 떨어진다.

[표 2-4] 탄소강주강의 기계적 성질

종 류	기호	인 장 시 험			단면수축율 (%)	굽힘각도	내측반지름 (㎜)
		인장강도 (kg/㎟)	항복점 (kg/㎟)	연신율 (%)			
탄소강주강 1종	SC 37	37 이상	18 이상	26 이상	35 이상	120°	25
2종	SC 42	42 이상	21 이상	24 이상	35 이상	120°	25
3종	SC 46	46 이상	23 이상	22 이상	30 이상	90°	25
4종	SC 49	49 이상	25 이상	20 이상	25 이상	90°	25

3.2 합금주강

합금주강은 주강에 Mn, Cr, Mo 등의 합금성분을 첨가하여 기계적 성질을 개선한 재료이다. 합금주강은 KS D 4102에서 저망간주강품, 실리콘

망간주강품, 망간크롬주강품 등이 규격화되어 있다.

4. 동합금(copper alloy)

4.1 황동

황동(brass)은 Cu에 Zn을 첨가한 합금으로 Zn의 함유량에 따라서 인장
강도와 연신율이 변한다. 황동은 주조성이 청동에 비해 좋으나 내식성은
떨어진다. 황동은 일반 주물용황동과 소량의 망간을 첨가한 망간황동, 규
소를 첨가한 실루민황동 등이 있다.

[표 2·5] 황동주물의 특성 (KS D 6001)

| 종류 | 기호 | 화학성분 | | | | | | 인장시험 | | 용도 |
		Cu	Zn	Pb	Sn	Al	Fe	인장강도 (kg/mm²)	연신율 (%)	
황동주물 1종	BsC 1	83.0~88.0	잔부	0.5이하	Sn, Al, Fe의 합계가 1.0이하			15이상	25이상	플랜지 전기 부속품
황동주물 2종	BsC 2	65.0~70.0	잔부	0.5~3.0	1.0 이하	0.5 이하	0.8 이하	20 이상	20이상	전기제품, 일반기계부품
황동주물 3종	BsC 3	60.0~65.0	잔부	0.5~3.0	1.0 이하	0.5 이하	0.8 이하	25 이상	20이상	건축장식품, 기계부품

4.2 청동

청동(bronze)은 Cu에 Sn을 첨가한 합금으로 보통 청동주물은 〔표 2-6〕
와 같이 성분에 따라 KS에서는 5가지로 규격화되어 있다. 청동은 황동에
비해 내식성, 내마멸성이 좋다.

청동을 용해할 때 탈산제로서 소량의 인을 첨가하면 인청동이 되는데
경도, 내마멸성, 내식성이 좋아 베어링, 밸브, 기어 등의 재료로 사용된다.
또 Al을 10% 정도 첨가하면 알루미늄청동이 되고 강도를 요하는 기계 및
선박기관의 부품에 사용된다.

[표 2-6] 청동주물의 특성(KS D 6002)

종류	기호	화학성분 (%)					인장시험		용 도
		Cu	Sn	Zn	Pb	불순물	인장강도 (kg/㎟)	연신율 (%)	
청동주물 1종	BrC 1	86.0~90.0	7.0~9.0	3.0~5.0	1.0이하	1.0이하	25이상	20이상	기계적 성질, 내식성이 우수하여 밸브, 콕 및 기계부속품
청동주물 2종	BrC 2	86.5~89.5	9.0~11.0	1.0~3.0	1.0이하	1.0이하	25이상	15이상	
청동주물 3종	BrC 3	81.0~87.0	4.0~6.0	4.0~7.0	3.0~6.0	2.0이하	20이상	15이상	절삭성이 양호하여, 기계 부품 및 밸브 및 콕 등에 적합
청동주물 4종	BrC 4	86.0~90.0	5.0~7.0	3.0~5.0	1.0~3.0	1.5이하	22이상	18이상	
청동주물 5종	BrC 5	79.0~83.0	2.0~4.0	8.0~12.0	3.0~7.0	2.0이하	17이상	15이상	절삭성이 양호하여 급수, 배수 및 건축용 등에 적합

5. 경합금

5.1 알루미늄합금

알루미늄합금은 철강 및 구리합금에 비해 용융점이 낮고 비중이 작으며 강도가 비교적 크다. 그러나 응고시 수축이 크고 가스를 흡수하여 기공이 많이 발생하는 단점이 있다.

알루미늄합금은 성분에 따라서 Cu계, Si계, Zn계 등으로 나누어지고 그 종류도 다양하다. 〔표 2-7〕과 〔표 2-8〕은 많이 사용되고 있는 알루미늄합금재료의 성분과 기계적 성질을 나타낸다.

[표 2-7] 알루미늄합금의 특성

명 칭	성 분 (%) (나머지 Al)						인장강도 (kg/㎟)	연신율 (%)	상 태
	Cu	Ni	Mg	Mn	Si	Fe			
No.12 합금	8	-	-	-	-	-	12~16 20	2~4 1.3	모래주형 〃
Y 합금	4	2	1.5	-	11~	-	17~20	8~4	〃
주조용 알루미늄 합금	-	-	-	-	13	0.3~0.6	35~44	20~15	열처리한 것
듀랄루민	4	-	0.5	0.5	0.3~0.5		46~62	21~2	열처리한 후 상온가공한 것

[표 2·8] 알루미늄다이캐스팅 합금성분

	기호	Cu	Si	Mg	Zn	Fe	Mn	Ni	Sn	Al	인장강도	연신율
1종	Al DC1	0.6 이하	11.0 ~13.0	0.1 이하	0.5 이하	1.3 이하	0.3 이하	0.5 이하	0.5 이하	잔부	20 이상	2.0% 이상
2종	Al DC2	〃	0.0 ~10.6	0.4 ~0.6	〃	〃	〃	〃	〃	〃	26 이상	3.0% 이상
3종	Al DC3	0.2 이하	0.3 〃	0.4 ~11.0	0.1 〃	1.8	〃	0.1 〃		〃	24 이상	4% 이상
4종	Al DC4	0.12 〃	1.0 〃	2.5 ~4.0	0.4 〃	0.8	0.4 ~0.5	〃	〃	〃		5% 이상
5종	Al DC5	0.6 〃	4.5 ~6.0	0.3 이하	0.5 〃	2.0 〃	0.3 이상	0.5 이하			18 이상	3% 이상
6종	Al DC6	2.0 ~0.45	4.5 ~7.5	0.3 〃	1.0 〃	1.3 〃	〃	〃	0.3 〃	〃	20 이상	2% 이상
7종	Al DC7	0.2 ~0.45	7.5 ~9.5	〃	〃	〃	0.5 이하		〃	〃	24 이상	2% 이상
8종	Al DC8	0.2 ~0.45	10.5 ~12.0	〃	〃	〃	〃		0.35 〃	〃	26 이상	1% 이상

왼쪽 세로 제목: 알루미늄 다이캐스팅 합금

[비고] 기계적 성질은 JIS 5202를 참고한 값이다.

5.2 마그네슘합금

마그네슘합금은 비중이 1.75~2.0 정도로 알루미늄합금 보다 가볍고 절삭성이 우수하여 비행기나 자동차 부품에서 큰 강도가 요구되지 않는 곳에 사용된다. Mg-Al-Zn계 합금을 일렉트론(elektron)이라 하고, Mg가 90%, Al과 Zn 등이 10% 정도 합금되었다. 또 미국의 Dow 금속사에서 개발한 도오메탈(Dow-metal)도 대표적인 마그네슘합금이다.

[표 2·9] 마그네슘 합금주물의 특성

명 칭	성 분 (%) (나머지 Mg)				인장강도 (kg/㎟)	연신율 (%)	상 태
	Al	Zn	Mn	Si			
일레트론 AZF	4	3	0.3	0.2	17~21	5~6	모래 주형
도 오 메 탈 H	5.5~6.5	2.4~3.3	0.1~0.3	〈 0.5	〉 17	〉 4	모래 주형

제3장 모 형

1. 모형의 종류

1.1 모형의 재료

(1) 목재

목재는 모형의 재료로서 옛날부터 가장 많이 사용하였으므로 모형을 총칭하여 목형이라고도 부른다.

목재의 장점은 가벼워 취급하기 쉽고, 열팽창계수가 작고, 못이나 접착제로 접합이 쉽고, 무엇보다 주변에서 쉽게 구할 수 있어 가격이 싸다.

목재의 단점은 조직이 불균일하고, 수분에 의해 변형이 크고, 부패하기 쉽고, 가공면이 거칠다.

목형에 많이 사용되는 목재는 미송, 나왕, 소나무, 벗나무, 박달나무, 전나무 등이다.

목재는 수분이 증발하면서 변형이 심하므로 사용 전에 충분히 건조시켜야 한다. 목재의 건조법은 자연건조법과 인공건조법이 있다. 자연건조법은 오랜 기간 옥외에 방치하여 건조시키는 방법으로 비용이 적게 든다. 인공건조법은 건조실에서 증기, 열풍, 진공, 약제 등으로 단시간에 건조시키는 방법이다.

(2) 금속

금속모형은 변형이 거의 없고, 치수가 정밀하고, 수명이 길다. 그러나 제작비가 비싸고, 무게가 무거워 취급이 어려운 단점이 있다.

따라서 한 제품을 대량생산하거나, 매치플레이트(match plate)와 같이 형상이 가늘고 변형이 쉬운 모형 등에 사용된다. 금속의 재료는 알루미늄, 동합금 등 가볍고 사용목적에 알맞은 재료를 선택한다.

(3) 합성수지

합성수지는 가볍고, 재질이 균일하고, 변형이 작고, 가공면이 깨끗하다. 합성수지모형은 목형이나 금속모형의 단점을 모두 보완할 수 있고, 최근 에는 모형용 합성수지가 많이 개발되어 기존의 목재 재료가 합성수지로 대체되고 있다.

(4) 석고

석고를 물에 개서 점액상의 것을 틀에 넣어 응고시켜 모형을 만들거나, 석고 덩어리를 깎아서 만든다. 석고모형은 변형이 거의 없고, 복잡한 형상 을 만들기 쉽고, 표면이 깨끗하다. 그러나 충격에 약하고 가격이 비싸다.

(5) 기타 재료

기타 특수한 용도로 발포성수지, 왁스, 납, 시멘트 등이 사용된다.

1.2 모형의 구조

(1) 현형

주조시 수축여유와 가공여유 등을 고려하여 제품과 같은 형상으로 만든 것을 현형(solid pattern)이라 한다. 현형은 주형제작을 고려하여 여러 조 각으로 나누어 제작된다.

① 단체모형 : 구조가 간단한 모형으로 분할하지 않고 일체로 제작한 모 형이다.

② 분할모형 : 상형과 하형 두 개로 분할된 모형으로 가장 일반적인 현형의 형태이다.

③ 조립모형 : 형상이 복잡한 모형으로 세 개 이상으로 분할된 모형이다.

분할모형과 조립모형은 접합면에 돌기부(dowel pin)와 구멍(dowel hole)을 만들어서 모형을 조립한다. 또한 모형을 빼기 힘든 부분은 잔형(loose piece)을 붙여서 따로 빼낸다.

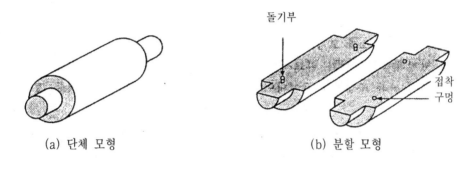

(a) 단체 모형   (b) 분할 모형

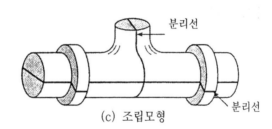

(c) 조립모형

그림 3-1 현형

(2) 회전모형

회전모형(sweeping pattern)은 주물의 형상이 축을 중심으로한 회전체일 때 회전단면의 반쪽을 평판으로 만들고, 목마를 중심축으로 회전시켜 주형을 제작한다. 회전모형은 주형이 정밀하지 못하므로 대형주물을 소량 생산할 때 사용된다.

(3) 고르개모형

고르개모형(strickle pattern)은 주물의 형상이 일정한 단면으로 길이가 길 때 단면에 해당하는 긁기판을 안내판에 따라 긁어서 주형을 제작한다.

(4) 부분모형

부분모형(section pattern)은 각 부분이 연속적으로 반복되어 있을 때 한 부분만 모형을 만들어 연속적으로 주형을 만들어 간다. 이것은 대형기어나 대형풀리를 소량 생산할 때 사용된다.

(5) 골격모형

골격모형(skeleton pattern)은 주물이 대형이고 형상이 간단할 때 나무나 철근으로 골격을 만들고, 여기에 점토나 석고로 살을 채워 모형을 만들거나, 얇은 합판이나 양철판으로 덮어 씌워 만든다.

(6) 매치플레이트

매치플레이트(match plate)는 소형주물을 대량생산할 때 쇳물통로 역할을 하는 한 개의 형판에 여러 개의 모형을 양면으로 붙이고, 주형상자에 조립하여 조형한다. 매치플레이트는 일반적으로 금속형을 사용한다.

(7) 코어모형

주물의 내부에 빈 공간이나 오목하게 들어간 공간을 만들기 위한 모형을 코어(core)라 한다. 코어는 주형의 내부에 조립되어 주입시 쇳물에 둘러싸이므로 내열성, 통기성, 강도 등이 특별히 요구되므로 외형과는 별도로 제작된다. 이러한 코어를 제작하기 위한 모형을 코어모형(core box)이라 한다.

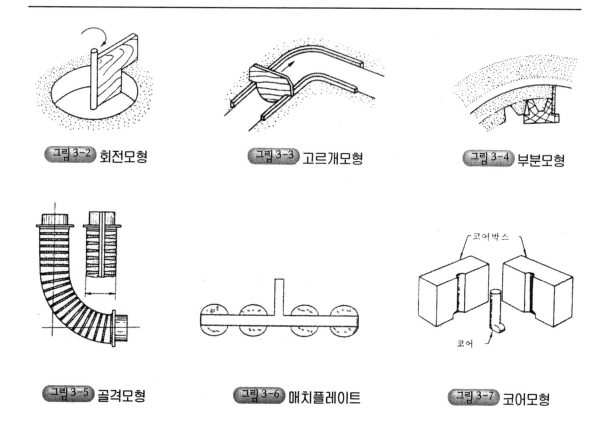

그림 3-2 회전모형

그림 3-3 고르개모형

그림 3-4 부분모형

그림 3-5 골격모형

그림 3-6 매치플레이트

그림 3-7 코어모형

2. 모형제작의 고려사항

2.1 수축여유

주형에 주입된 용융금속은 응고하면서 수축되고, 응고 후 냉각되면서 수축된다. 그러므로 모형은 실제 주물보다 크게 만들어 주는데, 이와 같은 수축에 대한 보정량을 수축여유(shrinkage allowance)라 한다.

모형의 길이를 L, 실제 주물의 길이를 l 이라면 재료의 수축률 ϕ 는 다음과 같다.

$$\phi = \frac{L - l}{L}$$

주물의 길이 l과 수축율 ϕ로 모형의 길이 L은 다음 식으로 구한다.

$$L = l + \frac{\phi}{1-\phi} \times l$$

여기서 $\frac{\phi}{1-\phi} \times l$이 수축여유이다. 모형을 제작할 때는 이 수축여유를 고려한 주물자(shrinkage scale)가 사용된다.

일반적으로 수축여유는 주물의 재질뿐만 아니라 주물의 형상, 크기, 주입온도, 냉각속도 등에 따라서도 차이가 있다. 〔표 3-1〕는 각종 주물재료의 수축여유이다.

[표 3·1] 주물의 수축여유

주 물 재 료	수 축 여 유	
	길이 1m에 대하여(mm)	길이 1자(1ft)에 대하여 (in)
주 철	8	1/8
가 단 주 철	15	3/16
주 강	20	1/4
알 루 미 늄	20	1/4
황동, 청동, 포금 등	15	3/16

2.2 가공여유

주물의 표면을 절삭가공할 경우에 가공량만큼 크게 만들어 주어야 한다. 이 여유량을 가공여유(machining allowance)라 한다. 가공여유가 너무 크면 가공비가 많이 들고, 너무 작으면 주물 불량이 발생하기 쉽다. 가공여유는 주물의 크기, 주물의 정밀도, 가공정밀도 등에 따라 달라진다. 일반적으로 정밀가공에는 1~5mm, 거친가공에는 5~10mm 정도 준다.

2.3 모형의 테이퍼 또는 구배

주형을 파손하지 않고 모형을 뽑기 위하여 모형의 수직면에 약간의 구배(draft)나 테이퍼(taper)를 주어야 한다. 일반적으로 구배는 1/100~2/100 정도 준다.

2.4 라운딩(모서리 붙임)

모형의 각진 모서리를 둥글게 만드는 것을 라운딩이라 한다. 모서리가 각지면 모형을 뽑을 때 주형이 파손되기 쉽다. 또 주형의 용융금속이 표면에서 내부로 응고할 때 결정립(dendrite)이 성장하게 되는데 이 때 모서리가 각져 있으면 대각선 방향으로 결정 경계가 생겨서 충격을 받으면 파괴되기 쉽다.

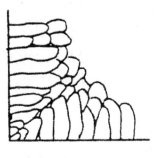

（a）결정조직이 나쁨

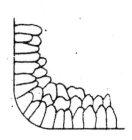

（b）결정조직이 좋음

그림3-8 결정립의 성장

2.5 덧붙임

주물의 형상이나 두께가 고르지 못하면 냉각속도가 달라진다. 이로 인해 내부응력이 생겨 변형이나 균열이 발생한다. 이것을 방지하기 위해 냉각속도의 차이가 많은 부분을 서로 연결하여 내부응력을 제거한다. 이것을 덧붙임(stop off)이라 한다. 덧붙임은 제품과 무관하므로 주조 후에 잘라낸다.

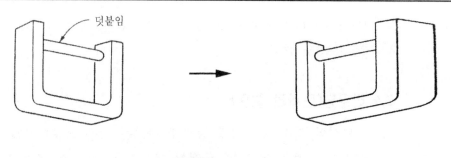

그림 3-9 덧붙임

2.6 코어프린트

주형에 코어를 조립하여 얹을 부분을 코어시트(core seat)라 하는데, 이 부분을 만들기 위한 모형의 돌기부를 코어프린트(core print)라 한다.

코어는 주형내에서 정확한 위치에 고정되어야 한다. 한쪽만 지지되는 경우에는 코어프린트의 길이를 길게 하고, 주물과 동일한 재료의 코어받침대(chaplet)를 사용하여 코어의 흔들림을 방지해야 한다.

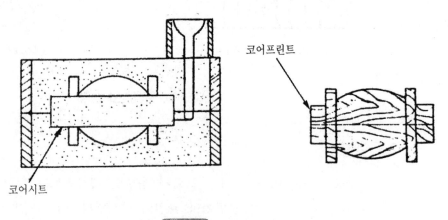

그림 3-10 코어프린트

3. 모형의 검사와 정리

3.1 모형의 검사

모형을 제작하기 위해 수축율, 가공여유, 구배 등을 고려하여 모형을 설계한 도면을 현도라고 한다. 모형제작이 완료되면 현도에서 지시한대로 가공이 되었는지 검사한다. 검사 항목은 치수공차, 형상공차, 거칠기공차 등을 측정하고, 모형제작에 고려해야할 수축여유, 가공여유, 구배, 라운딩, 덧붙임, 코어프린트 등이 적절한지, 주형제작 후 모형뽑기에 이상이 없는지를 조사한다.

3.2 모형의 도장

모형은 모래 주형으로부터 쉽게 분리되고, 내마모성을 크게 하며, 습기에 의한 변형, 녹이나 부식을 방지하면서, 표면정밀도를 향상하기 위해 일반적으로 도장을 한다.

목형은 래커나 와니스 등으로 칠하고, 금속형은 페인트나 에나멜 등을 칠한다.

3.3 모형의 관리

목형은 환기가 잘되는 곳에 보관하여 부패나 변형이 없도록 하고, 재사용에 편리하도록 제품번호, 목형번호, 주문번호, 제작일자 등을 기록하여 관리한다.

제4장 주 형

1. 주형의 종류

주형은 주형재료에 따라 사형과 금형으로 분류된다. 사형은 건조상태에 따라 생형과 건조형으로 분류되고, 금속주형은 주조방법에 따라 중력주조, 저압주조, 고압주조, 다이캐스팅 등으로 구분된다. 그외 주형의 형상과 조형방법에 따른 특수주형이 있다.

1.1 사형

(1) 생형

주물사로 주형을 제작한 후 수분을 건조하지 않은 상태로 주조하는 주형을 생형(green sand mold)이라 한다. 생형은 건조형에 비해 주형의 강도가 낮고, 통기성이 불량하며, 주입시 수증기에 의해 주물에 기포가 생기기 쉽다. 생형은 주로 비철금속이나 정밀도가 낮은 회주철 주물에 사용된다.

(2) 건조형

건조형(dry sand mold)은 조형 후 건조로에 넣고 150~250℃의 온도로 1시간 이상 건조한 주형이다. 생형에 비해 강도와 통기성이 우수하여 형상이 복잡한 주형이나 코어 제작에 사용된다. 주강주물이나 고급주물은 주로 건조형을 사용한다.

(3) 표면건조형

바닥주형이나 혼성주형과 같이 주형 전체의 건조가 불가능할 경우 주형 표면만 건조시켜 수분을 제거하고 주형강도를 높인다.

1.2 금속주형

금속으로 제작한 주형을 금속주형 또는 금형(metal mold)이라 한다. 금형은 사형에 비해 반영구적으로 사용할 수 있어 비철금속이나 정밀도가 높은 소형주물을 대량생산할 때 사용된다. 금형의 재료는 주조금속에 따라 열에 대한 저항성이 큰 내열강으로 제작된다.

2. 주물사

2.1 주물사의 구비조건

주물사(molding sand)는 사형의 재료로서 모래입자를 주성분으로 하고 여기에 자연산이나 인공의 점결제와 주형의 성질을 개선하기 위한 첨가제를 가하여 적당량의 수분으로 배합한 것이다. 주물사의 특징은 ① 주형을 제작하기 용이하고, ② 세밀한 부분까지 표현이 가능하며, ③ 재사용이 가능하고, ④ 가격이 비싸지 않아야 한다는 것이다. 주물사의 배합은 주형의 성능에 직접적인 영향을 미치므로 주물사는 다음과 같은 구비조건이 필요하다.

(1) 점결성(cohesiveness)

주형에서 응집되어 어떤 형상을 유지할 수 있는 성질. 이 특성은 모래에 첨가물(진흙, 물, 수지 등)을 첨가함으로써 얻을 수 있다.

(2) 내열성(refractoriness)

고온의 쇳물과 같은 고열에서 견디어 내는 성질

(3) 통기성(permeability)

주형을 구성하는 주물사의 틈 사이로 기체가 **빠져나갈** 수 있는 성질

(4) 붕괴성(collapsibility)

금속이 응고·수축할 때 파괴가 일어나지 않고, 주물로부터 쉽게 떨어질 수 있도록 하는 성질.

2.2 주물사 시험법

주조공장에서는 아래와 같은 여러 가지의 주물사 시험방법을 거쳐, 각 주형에 따라 그 요구조건을 만족하였을 때, 주형제작에 그 주물사가 사용되어질 수 있다.

(1) 수분측정 시험 (KS A 5355)

수분함유량은 주형의 강도에 큰 영향을 주므로 주물사에 알맞은 양의 수분이 함유되어 있는가를 시험한다.

(2) 점토분 시험 (KS A 5301)

주물사의 점토분을 사립과 분리시켜 점토분의 함유량을 측정하는 시험이다.

(3) 입도 시험 (KS A 5302)

주물사의 입도별 분포를 측정하는 시험으로 시료는 점토분 시험에서 점토와 미분을 제거하고 남은 모래를 사용한다.

(4) 통기도 시험 (KS A 5303)

통기도는 일정한 압력으로 보내어진 기체가 흐르는 정도를 나타낸다. 통기도는 모래입자의 크기, 점결제의 성질과 양, 다지기 강도 등에 의해 그 값이 달라진다.

(5) 강도 시험 (KS A 5304)

주물사의 강도시험으로는 젖은 상태 및 건조 상태에서의 전단력, 항압력, 항장력 등의 시험이 있다.

(6) 표면경도 시험 (KS A 5304)

주형의 다짐 정도를 측정하는 시험으로 경도계는 생형용과 건조형으로 구분하여 사용한다.

2.3 모래의 종류

모래는 주물의 기계적 성질과 품질에 많은 영향을 미치므로 주조금속의 종류, 주물의 크기와 형상 등을 고려하여 선택해야 한다. 또 모래의 종류에 따라 점결제와 첨가제를 적절하게 배합한다.

(1) 천연사

자연에서 채취한 모래로서 산지에 따라 산사, 하천사, 해사 등이 있다. 산사는 점토분이 2~30% 함유하고 불순물도 많아 주로 생형에 사용한다. 하천사는 점토분과 불순물이 적어 일반주물에 가장 많이 사용된다. 해사는 염분을 충분히 제거하고 사용한다.

(2) 인조규사

규사는 SiO_2를 주성분으로 하고 Fe_2O_3, Al_2O_3, MgO, CaO 등의 불순물이 소량 함유되어 있다. 인조규사는 석영질의 암석을 파쇄하여 만들거나, 석영질의 천연사를 처리하여 만든다. 인조규사는 천연사에 비해 강도, 내화성 등이 우수하여 주강이나 특수주철의 주조에 사용된다.

(3) 특수사

① 올리빈사 : 주성분이 MgO 46%, SiO_2 43% 정도이며, 내화도 1700℃ 정도이다. 열팽창이 작고 균일하며 입도가 작아 주형의 표면사나 도형제로 많이 사용된다.

② 지르콘사 : 화성암이 풍화하여 퇴적한 모래로서 65% 정도의 ZrO_2와 SiO_2로 구성되어 있다. 열팽창이 작고 내화도가 2200℃인 고가의 모래로서 특수주물에 사용된다.

③ 샤모트사 : 내화점토를 1300℃ 이상 가열하여 파쇄한 모래로서 내화성이 크고 노화가 잘되지 않아 대량생산용 소형주물에 사용된다.

2.4 점결제

(1) 무기질 점결제

점토는 석영, 장석 등의 암석이 풍화하여 지름 0.01mm 이하로 된 미세한 입자로서 Si, Al, O, Fe, Mg와 그밖에 알카리금속 등의 화학적 성분과 수분의 혼합물이다. 점토의 종류는 내화점토, 벤토나이트(bentonite), 특수점토 등이 있다.

(2) 유기질 점결제

유기질 점결제는 공업의 부산물을 주로 사용하고, 무기질 점결제에 비해 열분해온도가 비교적 낮다. 즉, 쇳물과 접촉하여 500℃ 전후에서 점결력이 소실된다. 따라서 붕괴성이 좋아야 하는 코어 등에 많이 사용된다. 유기질 점결제로는 유류, 곡분류, 당류, 합성수지, 피치(pitch) 등이 있다.

(3) 특수 점결제

특수 점결제로는 주조방법에 따라서 규산나트륨, 시멘트, 석고 등이 있다.

2.5 첨가제

주형은 모래와 점결제만으로 제작할 수 있지만 주형의 성질을 향상시키기 위하여 첨가제를 사용한다. 예를 들면 강도, 성형성, 통기성, 내열성, 붕괴성, 표면정밀도 등의 성질을 향상시킨다.

[표 4·1] 첨가제의 종류와 사용목적

첨가제	첨가량	사용목적	비고
곡분	0.2%이하	습태, 건태강도 및 붕괴성향상	
피치	3.0%이하	Fe계 주물의 고온강도 증가, 주물표면 향상	코크스의 부산물
아스팔트	3.0%이하	"	석유정제 부산물
시콜(seacoal)	2~8%	표면미려, 후처리작업 용이	주철에 사용
흑연	0.2~2.0%	조형성 향상, 표면미려	
연료용기름	0.01~0.1%	조형성 향상	
목분, 쌀겨	0.5~2.0%	완충제, 붕괴성, 유동성 향상	
규사분	5~10%	고온강도 증가	200메쉬이상사용
산화철	미량	고온강도 증가	

2.6 도형제

주물사로 조형한 주형은 표면의 입자간 틈새에 쇳물이 스며들어 내화도가 떨어진다. 따라서 쇳물의 물리적 침투나 화학반응을 방지하고, 주형표면을 깨끗하게 하기 위해 주형표면을 도장하는 물질을 도형제(coating agent)라 한다.

(1) 흑연 및 숯가루

주형의 내화도를 높이고 환원가스를 발생시켜주는 목적으로 흑연이나 숯가루 등의 탄소계 물질이 대형주물에 많이 사용된다. 도포방법은 건조한 분말을 생형에 뿌리거나 점토 등과 혼합하여 붓으로 도장한다.

(2) 운모분말

활석분말이라고도 하며 내열성은 흑연보다 작지만 표면을 평활하게 한다. 운모분말 단독으로도 사용되지만 흑연분말과 혼합하여 도장한다.

2.7 주물사의 용도별 종류

(1) 생형사(green sand)

생형은 일반주철과 비철금속에 주로 사용된다. 생형은 점토 함량이 많은 산사(山砂)에 점결성을 증가시키기 위하여 점토와 고사(사용한 모래)를 적당량 배합하여 사용한다. 여기에 용도에 따라 첨가제를 섞는다.

(2) 건조형사(dry sand)

고급주철이나 주강은 강도와 통기성이 필요하여 건조형을 사용한다. 하천사나 규사에 점토를 섞고, 건조시의 균열을 방지하고 내화성과 통기성을 향상시키기 위해 흑연, 코크스분말, 아마인유 등의 첨가제를 배합한다.

(3) 코어사(core sand)

코어는 주형내에서 쇳물로 둘러싸여 고온, 고압을 받는다. 따라서 내열성, 강도, 통기도 등이 우수해야 하고, 붕괴성이 좋아 주조 후 쉽게 제거할 수 있어야 한다. 따라서 성능이 우수한 모래와 점토에 합성수지, 흑연, 당밀, 아마인유 등의 첨가제를 배합한다.

(4) 표면사(facing sand)

고온의 쇳물과 직접 접촉하는 주형표면의 주물사를 표면사라고 한다. 표면사는 신사의 비율을 크게 하고, 코크스분말, 흑연분말 등의 첨가제를 배합한다. 대형주물은 경제성을 고려하여 주형표면에 40~50mm의 표면사를 뿌리고, 뒷면은 사용한 모래 비율이 큰 일반주물사를 채운다.

(5) 분리사(parting sand)

주형상자의 윗상자와 아래상자를 분리할 때 주형이 접착하는 것을 방지하기 위해 상형과 하형사이의 경계면에 뿌리는 점토분이 적은 건조한 모래를 분리사라 한다.

3. 주형제작 방안

주형은 주형상자의 사용 방법에 따라 바닥주형법, 혼성주형법, 조립주형법으로 구분한다.

바닥주형법은 주형상자를 사용하지 않고 바닥의 주물사에 모형을 다져 주입한다. 주물표면은 평면으로 대기중에 노출되므로 표면치수가 중요하지 않은 대형주물을 소량생산할 때 사용한다.

혼성주형법은 주형하부는 바닥주형법을 쓰고 주형상부는 주형상자를 덮어 주입하여 대형주물의 상부 형상을 만든다.

조립주형법은 주물 전체를 주형상자에 만든다. 따라서 주물크기에 제한이 있으나 정밀한 주물을 대량생산할 수 있다.

대부분의 주물은 조립주형법을 사용하므로 조립주형법을 중심으로 주형제작 방안을 살펴본다.

3.1 주형의 구조

주형은 탕구계, 압탕, 공기뽑기, 냉각쇠, 코어받침 등으로 구성된다.

탕구계란 용융금속을 주입하기 위한 통로를 총칭하며 주입컵, 탕구, 탕도, 주입구로 구성된다. 탕구계를 제작할 때는 다음과 같은 사항을 고려해야 한다.

① 구석진 부분까지 쇳물이 충만될 수 있을 것.

② 정숙한 주입으로 층류상태의 흐름이 될 수 있을 것.

③ 가스의 방출이 용이할 것.

④ 불순물의 분리가 용이할 것.

⑤ 주형에 충만된 쇳물에 가압효과가 있는 높이로 할 것.

또 주형의 구성요소들은 주물의 형상과 크기, 용융금속의 재질, 주탕온도, 주형상자의 크기 등의 영향을 많이 받는다.

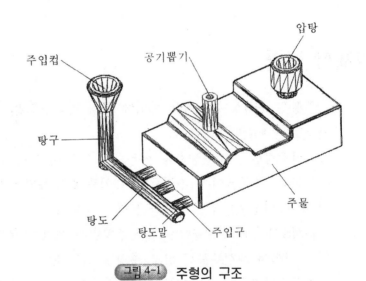

그림 4-1 주형의 구조

(1) 주입컵(pouring cup)

쇳물을 주형에 주입하는 부분을 주입컵 혹은 탕구웅덩이, 쇳물받이라 한다. 쇳물이 탕구에 직접 떨어지지 않고 주입컵에 고여서 슬래그와 불순물을 제거하고 서서히 탕구에 들어가도록 한다.

(2) 탕구(sprue)

쇳물이 주입컵에서 수직으로 흘러가는 통로를 탕구라 한다. 탕구는 보통 원통형으로 설치하지만 탕구가 크고 높은 대형주물은 쇳물의 유속과 유량을 고려하여 윗면이 넓은 원뿔모양으로 한다.

(3) 탕도(runner)

탕구의 쇳물이 수평으로 흘러 주입구로 보내지는 통로를 탕도라 한다. 탕도에는 탕도말(runner extension)을 설치하여 처음 주형으로 유입되는 불순물이 많이 포함되어 있는 쇳물이 캐비티에 들어가는 것을 방지시키기도 한다.

(4) 주입구(gate)

탕도의 쇳물이 주형내부에 들어가는 부분을 주입구라 한다. 주입구에서 주형에 흘러드는 쇳물은 주형과 마찰하여 파손되지 않고, 내부의 공기를 밀어내고 주형의 구석까지 잘 채워지도록 해야하고, 주물의 각부가 고르게 냉각되어 균열이나 수축 등의 결함이 생기지 않아야 한다. 따라서 주입구의 크기, 개수, 위치, 방향 등의 설계가 중요하다.

(5) 압탕(riser, feeder)

압탕은 덧쇳물이라고도 하고 대형주물이나 수축량이 많은 주물일수록 역할이 중요하다. 압탕의 설치위치는 주입구에서 멀고 주물의 형상에서 높은 곳에 설치한다. 압탕의 형상은 보통 원추형으로 하고 절단을 쉽게 하기 위해 제품과의 접촉부는 단면을 작게한다. 압탕의 역할을 요약하면 다음과 같다.

① 쇳물이 응고할 때 수축으로 인한 쇳물 부족을 보충한다.
② 주형 내의 쇳물에 압력을 가하여 조직을 치밀하게 한다.
③ 주형내의 슬래그와 불순물을 밖으로 밀어낸다.
④ 주형내의 공기와 가스를 밖으로 배출한다.
⑤ 쇳물의 주입량을 알 수 있다.

(6) 공기뽑기(vent)

주형내의 공기나 수증기는 대부분 압탕으로 배출되지만 부분적으로 튀어나온 곳은 공기뽑기 구멍을 뚫어야 쇳물이 채워질 수 있다.

(7) 코어받침(chaplet)

코어를 주형에 넣어 조립할 때 코어프린트에 지지되지만, 외팔보로 한쪽만 지지되거나 코어의 길이가 길면 쇳물의 부력이나 코어의 자중으로 위치가 벗어나므로 코어를 지지하는 코어받침을 사용한다. 코어받침은 주물과 같은 재료의 금속으로 얇게 만들어 주입후 고온의 쇳물에 녹아 주물의 일부가 된다.

(8) 냉각쇠

내부냉각쇠와 외부냉각쇠 두 종류가 있다. 내부냉각쇠는 수축공 발생이 예상되는 부분에 설치하여 냉각쇠가 수축공을 대체하도록 한다. 외부냉각쇠는 두께가 두꺼운 부분에 설치하여 냉각속도를 균일하게 해주어서 수축공이 생기는 것을 방지시킨다. 또한 냉각쇠는 부분적으로 급속하게 냉각시켜 단단한 조직을 만들기 위해서 사용하기도 한다.

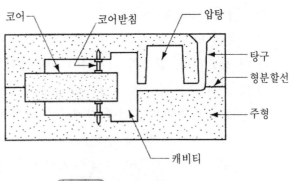

그림 4-2 코어 받침

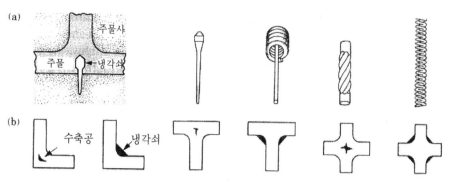

그림 4-3 냉각쇠 사용예 (a) 내부냉각쇠, (b) 외부냉각쇠

3.2 주형의 설계

(1) 탕구계통의 설계

① 탕구비 : 탕구, 탕도, 주입구의 단면적비를 탕구비라 한다. 탕구비는 쇳물을 조용하고 빠르게 주입되도록 설계하고 주물의 종류에 따라 달라진다. [표 4-2]는 일반적으로 사용되는 비가압식 주입의 탕구비이다.

[표 4-2] 주물의 종류와 탕구비

합금의 종류	탕구비	비고
주철	1 : 0.81 : 0.625	10t 이상의 것
	1 : 0.86 : 0.715	10t 이하의 것
	1 : 0.96 : 0.9	엷은 판상의 것
	1 : 0.95 : 0.9	라디에이터
	1 : 0.75 : 0.25	탕도가 탕구 한쪽에 있을 때
	1 : 0.75 : 0.25	탕도가 탕구 양쪽에 있을 때
가단주철	1 : 0.5 : 2.45	살이 두꺼운 것
	1 : 0.6 : 1.67	살이 엷은 것
주강	1 : 2 : 2	운동량을 감소시키는 방법
	1 : 2 : 1	압력을 높이는 방법
고력황동, 청동	1 : 2.88 : 4.80	탕도 양측
Al-합금	1 : 4 : 4	탕도 양측
	1 : 6 : 6	탕도 양측
Mg-합금	1 : 2 : 2 - 1 : 4 : 4	

② 탕구높이 : 탕구높이와 유량과의 관계는 다음 식과 같으며, 경험식을 이용하기도 한다.

$$Q = CA\sqrt{2gh}$$

여기서 Q : 유량(cm^3/s)

C : 유량계수

A : 탕구의 최소단면적(cm^2)

g : 중력가속도(980cm/s^2)

h : 탕구높이(cm)

③ 압탕의 크기 : 압탕은 주물보다 응고가 지연되어야 한다. 압탕의 크기는 재료에 따라 차이가 있으며, 상세한 것은 여러 가지 계산식과 경험치를 이용한다.

④ 압상력과 중추 : 주형에 쇳물을 주입하면 주형이 접촉면에 직각방향으로 받는 쇳물의 부력을 압상력이라 한다. 압상력이 상형의 무게보다 크면 상형이 들려 쇳물이 흘러나온다. 이것을 막기 위해 상형에 중추를 올려 놓는다.

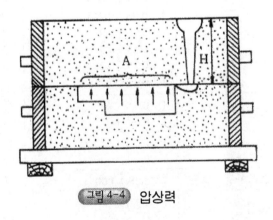

그림 4-4 압상력

⑤ 쇳물의 주입시간 : 주입속도가 빠르면 주형내면이 파손되기 쉽고, 주

형내의 공기가 빠지기 어렵고, 불순물이 부유할 시간적 여유가 없다. 반대로 주입속도가 느리면 유동성이 불량해서 주형의 구석진 부분까지 채워지기 어렵고, 재질이 균일하지 않아 취성이 큰 주물이 되기 쉽다.

주물 중량에 따른 주입시간은 여러 경험식에 의한다.

(2) 주물제품의 설계

다른 설계에서도 마찬가지이겠지만, 주형의 설계는 오랜 기간에 걸쳐서 개발된 창의적이고 특수한 방법과 적절한 설계원리들이 발달하였다. 이러한 원리들은 주로 실제 생산경험에 의한 것이고, 최근에는 수리적 방법이나 컴퓨터를 이용한 설계기술들이 주조제품의 생산속도를 높이고 주조제품의 품질을 향상시키는데 널리 사용되고 있다.

아래의 〔그림 4-5〕는 주형의 형상 중에서 날카로운 모서리(corner) 부위, 각(angle) 부위, 필릿(fillet) 부위 등은 금속이 응고하는 동안 균열이나 찢어짐(tearing)의 발생을 일으킬 수 있으므로 **피하는** 것이 좋은 것을 나타낸 것이다.

필릿부분은 특히 응력집중(stress concentration)을 완화시키고 용탕의 주입시 잘 채워질 수 있도록 반경이 주의깊게 선택되어야 한다. 필릿부위의 반지름이 너무 크면 그 부분의 재료의 부피도 너무 크게 되고 결과적으로 냉각속도가 떨어지게 된다.

〔그림 4-6〕과 같이 주물품의 단면의 변화도 부드럽게 이어져야 한다. 이때 단면이 가장 큰 지역(단면에 가장 큰 내접원이 그려지는 곳)은 냉각속도가 매우 느리므로 열점(hot spot)이라고 하고 여기에는 수축공 등이 집중하게 된다. 따라서 생산비용이 많이 들더라도 주형 안에 금속의 냉각쇠를 넣어 열점을 줄이거나 제거해야 한다. 넓은 면은 냉각동안 온도구배에 의해 뒤틀림이 생기거나 금속주입시 불균일한 유동으로 인해 나쁜 표면을 만들 수 있기 때문에 피해야 한다.

일반적으로 분리선(parting line)은 평면에 두는 것이 좋고 가능하면 주조 중앙의 평탄한 평면보다는 모서리나 옆면에 두는 것이 좋다.

이런 방법으로 분리선의 플래쉬 부분은 보이지 않게 할 수 있다. 분리선의 위치는 주형의 설계와 용이함, 코어의 모양과 수효, 지지방법, 탕구계 등에 영향을 미치므로 매우 중요하다. 주형 중 건조사형 코어는 부가적인 시간과 비용이 필요하므로 피하거나 최소화되어야 한다. 코어부위에 대한 주물설계의 수정에 대한 두가지 예가 [그림 4-7]에 나타나 있다.

[그림 4-7]는 주물의 응고시간을 줄이고 재료를 절약하기 위해 단면적을 줄인 것이며, 제품 전체에 걸쳐 단면의 두께를 균일하게 한 것이다. 또한 더 좋은 치수와 형상의 정확도를 얻기 위해 설계를 수정할 수도 있다.

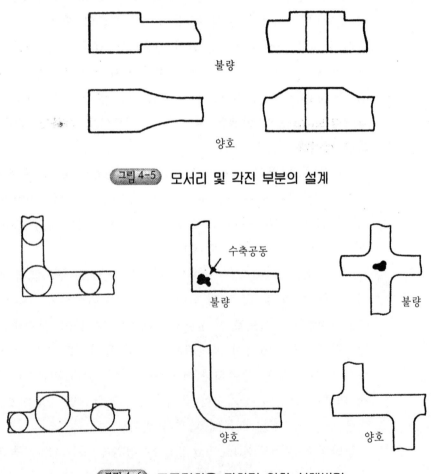

그림 4-5 모서리 및 각진 부분의 설계

그림 4-6 주물결함을 피하기 위한 설계변경

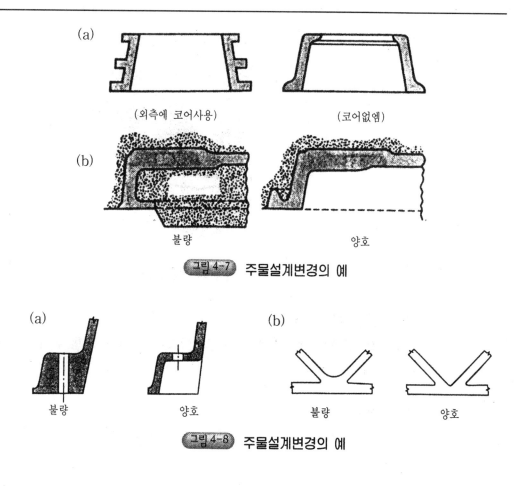

(a)

(외측에 코어사용)   (코어없엠)

(b)

불량   양호

그림 4-7 주물설계변경의 예

(a)   (b)

불량   양호   불량   양호

그림 4-8 주물설계변경의 예

4. 조형 공구 및 기계

4.1 조형공구

(1) 주형상자(molding flask)

주형상자는 주물의 재료, 크기, 형상 등에 따라 나무나 금속으로 제작한다. 주형상자는 상하 2개 또는 상중하 3개의 상자를 조립하여 사용한다.

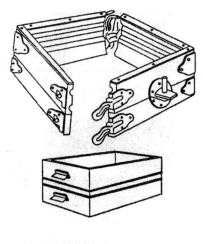

그림 4-9   주형상자

(2) 정반(molding board)

정반은 평면으로된 판으로 주형도마라고도 하며 모형과 주형상자를 올려놓고 주물사를 다진다.

(3) 수공구(hand tool)

주형을 제작하기 위한 다지기공구, 다듬질공구, 보조공구 등이 있다.

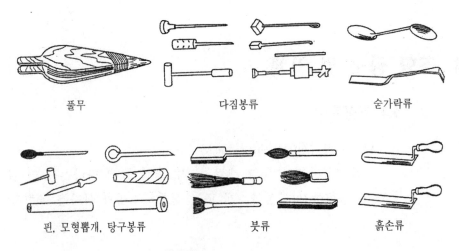

풀무	다짐봉류	숟가락류
핀, 모형뽑개, 탕구봉류	붓류	흙손류

그림 4-10   조형용 수공구

4.2 조형기계

(1) 혼사기(sand mixer)

신사와 고사, 모래, 점토, 첨가제 등을 혼합하는데 사용한다.

(2) 자기 분리기(magnetic seperator)

모래나 고사 중의 철분을 전자석으로 뽑아내는데 사용한다.

(3) 진동식 조형기(jolt molding machine)

진동식 조형기는 주형상자에 모형과 주물사를 올려놓고 압축공기나 기계적인 진동을 가하여 주물사를 다진다. 이 방법은 하부는 견고하게 다져지나 상부는 잘 다져지지 않는다.

(4) 압축식 조형기(squeeze molding machine)

압축식 조형기는 주형상자에 모형과 주물사를 올려놓고 상부에서 평판으로 주물사를 압축하여 다진다. 이 방법은 상부가 견고하게 다져지나 모형 부근이 골고루 다져지지 않는다.

(5) 진동-압축식 조형기(jolt-squeeze molding machine)

진동식과 압축식을 조합하여 진동으로 다진후 상부를 압축하여 상하부를 골고루 다진다. 진동-압축식 조형기는 자동화하여 주형반전과 모형인발의 기능을 동시에 수행하는 조형기로 많이 개발되어 있다.

(6) 코어 조형기(core molding machine)

코어 조형기는 코어를 능률적으로 제작하는 조형기로 코어박스를 물리고 주물사를 스크루로 밀어넣어 조형한다.

(7) 샌드슬링거(sand slinger)

샌드슬링거는 회전하는 임펠러(impeller)로 주물사를 주형상자에 고속으로 뿌리는 조형기이다. 이 방법은 모형 부근과 상하부에 주물사가 골고루 다져지고 생산성도 우수하다.

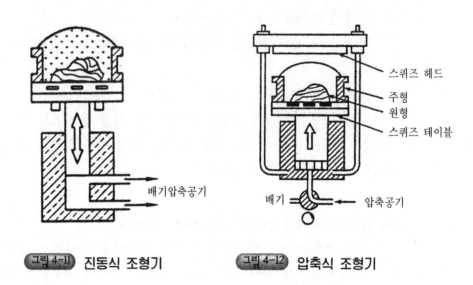

스퀴즈 헤드
주형
원형
스퀴즈 테이블

배기압축공기

배기 ← 압축공기

그림 4-11 진동식 조형기

그림 4-12 압축식 조형기

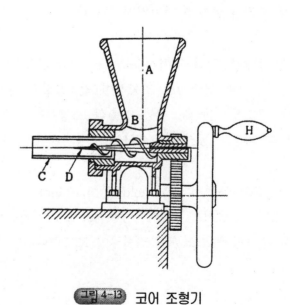

그림 4-13 코어 조형기

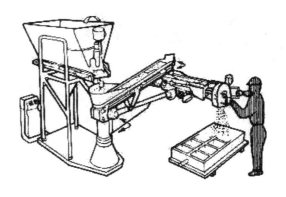

그림 4-14 샌드 슬링거

제5장 용해와 후처리

1. 용해로

주조용 용해로(melting furnace)의 선택은 지금(地金)의 종류, 용해량, 용해온도, 금속의 순도와 정련도, 시설·유지비용 등을 고려하여야 한다. [표 5-1]는 많이 사용되는 용해로의 종류를 요약한 것이다.

[표 5·1] 주조용 용해로의 종류

종류	형식		열원	용해금속	용해량
큐폴라	-		코크스	주철	1~20t
도가니로	-		코크스, 중유, 가스	구리합금, 경합금 (주철, 주강)	< 300kg
반사로	-		석탄, 중유, 가스	구리합금, 주철	500~50,000kg
전기로	아크로	직적 아크식	전력 (저전압 고전류) 50~60Hz	주강 (주철)	1~20t
		간접 아크식		구리합금 (특수주강)	1~10t
	유도로	고주파	500~10,000Hz	주강, 주철	200~10,000kg
		저주파	50~60Hz	구리합금, 경합금, 주철	200~20,000kg

1.1 큐폴라(cupola)

큐폴라는 주철을 경제적으로 용해하는데 가장 많이 사용되는 용해로이다. 최근에는 고급주철을 용해하는데 전기로도 사용된다.

큐폴라의 구조는 〔그림 5-1〕과 같이 내화벽돌과 내화점토로 원통형을 만들고 외부를 강철판으로 둘러싼다. 노의 바닥에 쇳물이 나오는 출탕구를 두고, 그 위에 용재출구와 송풍구를 둔다. 장입부의 상부에 장입구를 두고 그 위는 굴뚝으로 쓰인다. 큐폴라의 용량은 시간당 용해할 수 있는 주철의 중량(ton)으로 표시한다.

노에 장입하는 물질을 총칭하여 지금이라 하는데 하부에서 상부로 코크스, 석회석, 선철의 순으로 계속 쌓아 둔다. 하부층의 코크스는 점화용으로 베드코크스라 하고 노지름의 1~1.5배 높이로 쌓아 연소되면 선철의 용해가 시작되고, 상부층은 이 열로 예열되면서 연속적으로 용해한다. 석회석은 철의 산화를 방지하고, 유동성이 좋은 슬래그를 만든다. 이 슬래그는 장입물과 철의 불순물을 부상시키고, 쇳물 표면의 과열을 방지한다. 코크스, 석회석, 선철의 장입 중량비율은 〔표 5-2〕와 같다.

조업완료 방법은 송풍을 정지하고, 쇳물과 슬래그를 모두 유출시킨후, 노의 내부를 청소한다.

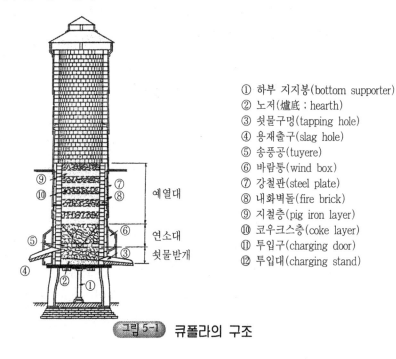

① 하부 지지봉(bottom supporter)
② 노저(爐底 : hearth)
③ 쇳물구멍(tapping hole)
④ 용재출구(slag hole)
⑤ 송풍공(tuyere)
⑥ 바람통(wind box)
⑦ 강철판(steel plate)
⑧ 내화벽돌(fire brick)
⑨ 지철층(pig iron layer)
⑩ 코우크스층(coke layer)
⑪ 투입구(charging door)
⑫ 투입대(charging stand)

예열대
연소대
쇳물받개

그림 5-1 큐폴라의 구조

[표 5-2] 큐폴라의 장입 비율

큐폴라의 용량 (ton)	1회 장입량(kg)		
	선철 및 고철	코크스	석회석
1	150	15~17	4.5~6
2	300~400	30~35	10~12
3	400~500	40~45	14~17
4	500~600	50~55	18~24

1.2 도가니로(crucible furnace)

도가니로는 내화점토나 흑연으로 만든 도가니 속에 금속을 넣고 코크스, 중유, 가스 등을 연료로 도가니 벽을 가열하여 용해한다. 도가니로는 금속이 연료와 직접 접촉하지 않아 불순물의 혼입이 없고, 산화작용을 일으키지 않아 양질의 쇳물을 만들 수 있다. 그러나 도가니의 수명이 짧고, 용량이 제한되고, 연료소비량이 많은 단점이 있다. 따라서 구리합금이나 경합금을 소량 용해할 때 사용된다.

도가니로의 규격은 도가니에서 용해할 수 있는 구리의 중량(kg)을 번호(#)로 표시한다. 일반적으로 10번~250번 정도의 도가니가 많이 사용된다.

1.3 반사로(reverberatory furnace)

반사로는 연소실과 용해실로 구성되어 있다. 연소실에서 석탄, 중유, 가스 등으로 연소한 화염이 아치 모양의 천장을 가열시키고, 그 반사열로 장입된 금속을 용해한다. 용해실의 천장은 표면적이 넓은 아치형으로 하여 반사열효율을 높인다. 반사로의 크기는 1회에 용해할 수 있는 금속의 중량(ton)으로 표시하고, 15~40ton 정도가 많이 사용된다.

반사로는 평면적이 커서 부피가 큰 금속을 대용량으로 용해할 수 있고, 화염이 금속에 직접 접촉하지 않아 연소가스의 영향을 많이 받지 않는다. 그러나 반사열을 이용하므로 열효율이 낮고 용해온도가 낮아서, 주철 이상의 고열 용해는 어렵고 비철금속을 대량으로 용해할 때 많이 사용된다.

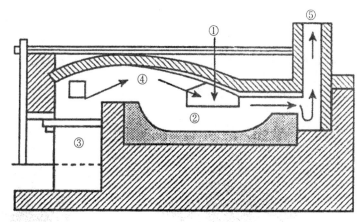

① 연소실 ② 연료투입구 ③ 연소실 ④ 천장 ⑤ 금속장입구 ⑥ 연돌

그림 5-2 반사로의 구조

1.4 전기로(electric furnace)

전기로는 전기를 열원으로 하는 용해로로서 그 특징은 다음과 같다.

① 연료의 유입이 없어 산화나 불순물이 혼입하지 않는다.

② 쇳물의 온도를 저온에서 고온까지 광범위하고 정확하게 조절할 수 있다.

③ 저용량에서 고용량까지 노의 종류가 다양하다.

④ 쇳물의 성분을 다양하게 조절하여 특수·정밀주조가 가능하다.

⑤ 노의 가격과 전기에너지 비용이 비싸다.

전기로는 전기에너지를 열로 변환하는 방법에 따라 아크로(arc furnace), 유도로(induction furnace), 저항로(resistance furnace)로 분류할 수 있다.

(1) 아크로

아크로는 아크의 발생 방법에 의해 직접아크로와 간접아크로가 있다.

직접아크로는 탄소전극과 장입금속 사이에서 발생하는 아크열과 전류가 장입금속을 통과할 때 발생하는 저항열로 금속을 용해한다. 이 노는 용해 온도가 높아서 주강, 공구강, 스텐레스강 등의 용해에 적합하다.

간접아크로는 두 개의 탄소전극 사이에서 발생하는 아크의 복사열과 반사열로 금속을 용해한다. 아크의 발생부위에서 과열되므로, 2개의 회전판이 롤러에 의해 요동되면서 균일하게 가열한다. 이 노는 용해온도가 낮아서 비철합금의 용해에 적합하다.

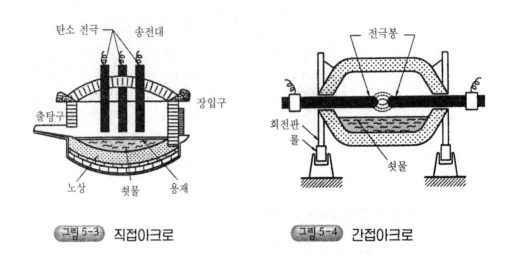

그림 5-3 직접아크로   **그림 5-4** 간접아크로

(2) 유도로

유도로는 1차코일에서 유도된 2차전류로 장입금속을 용해하는 노로서 전류의 주파수에 따라 고주파유도로와 저주파유도로가 있다.

고주파유도로는 도가니 외주에 감겨진 1차코일에 500Hz 이상의 고주파전류를 공급하면 도가니 속의 장입금속에 유도된 전류의 저항열로 용해시킨다. 이 노는 용해온도가 높고 불순물의 개입이 없어 양질의 쇳물을 만들 수 있다. 그러나 전기의 손실이 커서 공구강, 스텐레스강, 특수강 등의 소량 용해에 사용된다.

저주파유도로는 철심의 1차코일에 50~60Hz의 저주파전류를 공급하면 2차코일에 유도된 전류로 금속을 용해한다. 이 노는 연속적으로 금속을 용해할 수 있어 비철합금의 용해나 주철의 큐폴라 대용으로 많이 사용된다.

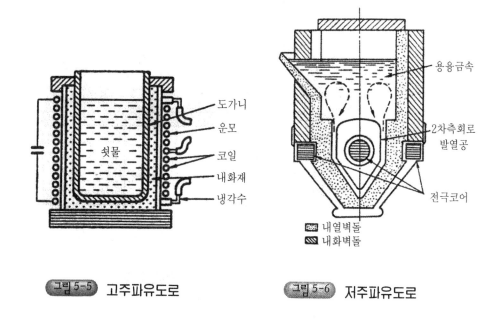

도가니
운모
쇳물
코일
내화재
냉각수

용융금속
2차측회로
발열공
전극코어

▨ 내열벽돌
▧ 내화벽돌

그림 5-5 고주파유도로

그림 5-6 저주파유도로

(3) 저항로

저항로는 전기저항이 큰 탄소, 니크롬(Ni-Cr), 철크롬(Fe-Cr) 등의 재료에 전류를 흘려 발생하는 줄열(Joule heat)로 장입금속을 용해하는 노이다.

저항로는 온도조절이 용이하고 작업이 깨끗하나 에너지효율이 낮아, 다이캐스팅의 보온로나 비철금속을 소량으로 용해하는데 사용된다.

1.5 평로(open hearth furnace)

평로는 대량으로 선철과 고철을 용해하고 정련·제강하는 노이다.

평로의 구조는 용해실 좌우에 축열실이 있어 용해실로 공급되는 공기와 연료가 1,000℃ 정도로 예열되고, 연소실의 온도는 1,700~2,000℃가 되어 열효율이 높다. 연료는 중유나 가스가 주로 사용된다. 용량은 5ton 정도의 소형에서 500ton까지 대형이 있다.

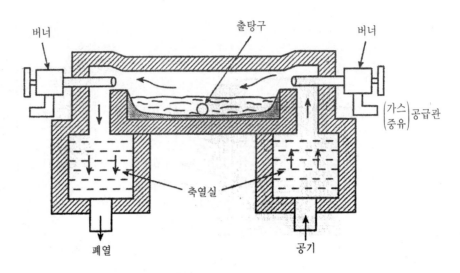

그림 5-7 평로의 구조

1.6 전로(converter)

전로는 금속을 직접 용해하지 않고 용광로, 큐폴라 등의 노에서 용해된 쇳물을 장입하고, 고압공기를 불어넣어 C, Si, Mn, P, S 등의 성분을 연소 제거하여 제강하는 노이다. 전로의 크기는 1회의 제강중량으로 표시하고, 1~5ton 정도가 많이 사용된다.

그림 5-8 전로의 제강작업

2. 용탕의 처리

용해로에서 만들어진 용융금속은 주형에 주입하기 전에 목적하는 성분, 온도, 가스함유량 등을 조절하는 여러 가지 처리를 한다. 용탕의 처리로서 탈가스, 탈황, 접종, 흑연의 구상화처리, 개량처리 등이 있다.

2.1 탈가스(degasing)

쇳물속에 들어있는 수소, 산소, 질소 등의 가스는 기포와 같은 주물불량의 원인이 되므로 이를 제거시켜서 주입하는 것이 좋다. 탈가스법에는 불활성가스 주입법, 진공 탈가스법, 탈가스제 사용법, 재용해법 등이 있다.

2.2 탈황(desulfurization)

주철에서 황은 흑연화를 저해하고, 유동성을 나쁘게 하며, 접종효과를 감소시킨다. 따라서 이를 감소시키기 위한 탈황제로서는 탄산나트륨 (Na_2CO_3), 칼슘카바이드(CaC_2), 석회질소, 마그네슘 등이 쓰인다.

2.3 접종(inoculation)

쇳물을 주형에 주입하기 전에 Si, Fe-Si, Ca-Si 등을 첨가하여 주철의 재질을 개선하는 방법을 접종이라 한다. 접종은 간단한 방법으로 현저한 효과를 얻을 수 있어서 현재 많은 공장에서 시행하고 있다. 접종을 함으로써 기계적 강도를 증가시킬 뿐만 아니라 조직의 개선 급냉방지, 질량효과의 개선 등을 얻을 수 있다.

2.4 흑연의 구상화처리

흑연의 구상화처리에 사용되는 첨가금속으로는 보통 Mg, Mg계합금, Cr계합금, 회토류원소(rare earth elements) 등이 실용화되고 있다. 흑연의 구상화처리는 구상화 첨가금속의 성질과 반응이 잘 되어야 한다. 주철의 흑연을 구상화시키는데 필요한 Mg의 최소함량은 0.01%이며, 구상화제로서 Mg만 첨가할 경우는 함량이 0.2% 이상이어야 한다.

2.5 개량처리(modification)

공정합금의 쇳물에 특수한 원소를 첨가하거나 급냉시키면, 공정온도가 낮아지고 공정점의 조성이 이동하여 미세한 조직을 얻을 수 있고, 기계적 성질이 개선되는 효과를 개량처리라 한다. 이러한 종류의 공정합금은 Al-Si합금이 대표적이다.

3. 후처리

주물을 주형에서 분리시켜 주물사나 내화물을 제거하고, 주물표면을 청정한 후 압탕, 탕도 등을 제거하고, 필요에 따라 보수하고 열처리하여 출고한다. 이러한 일련의 작업을 후처리라 한다.

3.1 탈사

탈사란 주형을 해체하여 주물에 붙은 주물사와 코어를 제거하는 작업을 말한다. 소량인 경우는 수동으로 두들겨 제거하지만 대량인 경우는 탈사기를 사용한다. 탈사기로는 펀치아웃머신(punch-out machine), 셰이크아웃머신(shake-out machine), 녹아웃머신(knock-out machine) 등이 있다.

3.2 주물표면의 청정

주물표면에 붙어있는 모래나 부착물을 제거하기 위해 쇼트블라스트(shot blast), 샌드블라스트(sand blast), 하이드로블라스트(hydro blast), 텀블러(tumbler), 진동연마기 등을 사용한다.

3.3 압탕 및 탕도제거

주물제품과 무관한 탕도(runner), 압탕(feeder), 공기뽑기, 플래시(flash) 등을 제거한다. 간단한 형상은 해머로 두들겨 제거하고, 본체에 영향을 주지않고 정밀하게 제거하기 위해서는 기계톱, 절단기, 가스절단, 아크절단 등의 방법을 사용한다.

3.4 주물의 보수

주물결함을 보수를 통해 보완하여 사용할 수 있게 하는 작업으로 제품에 따라 경제적인 방법을 선택해야 한다. 주물의 보수는 용접, 충전재의 투입, 침투법, 메탈라이징(metalizing), 납땜 등의 방법이 이용되고 있다.

제6장 특수 주조법

1. 고압주조법

　　고압주조법(high pressure casting process)은 금속주형에 쇳물을 넣고 용융상태 또는 반용융상태에서 응고가 완료될 때까지 펀치로 고압력을 가하여 성형하는 주조법이다. 이 방법은 주조와 단조를 조합한 가공법으로 쇳물단조법이라고도 한다.

　　고압주조에는 직접가압법과 간접가압법이 있다. 전자는 모양이 비교적 단순하고 두꺼운 주물에 적합하고, 후자는 얇은 주물에 적합하다.

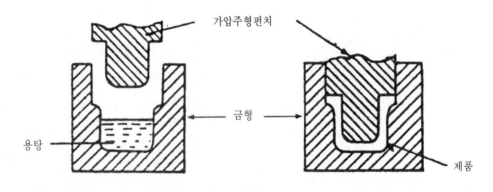

(a) 직접가압법

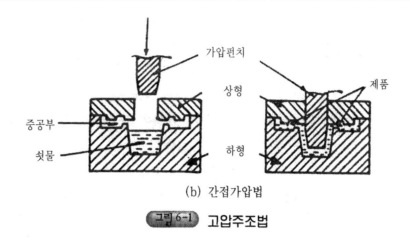

(b) 간접가압법

그림 6-1 고압주조법

고압주조는 가압효과에 의해서 기공이 제거되고, 조직이 미세화되고, 강도가 커지고, 표면정밀도가 좋아진다.

고압주조는 알루미늄합금, 구리합금에 주로 사용되며, 그외 주철, 주강 등에도 사용된다. 주철과 주강의 큰 문제점은 급냉(chill)부가 발생한다. 냉금을 방지하기 위해서는 금속의 성분을 조정하고, 접종제를 주입하고, 금형을 가열하여 냉각속도를 조절한다.

2. 중력주조법

중력주조법(重力鑄造法 gravity casting process)은 사형(砂型) 대신에 금속주형을 사용하고 외부의 가압력 없이 중력으로 주입하는 주조법으로 중력다이캐스팅이라고도 한다.

금형의 가격은 비싸지만 반영구적으로 사용하여 대량생산 측면에서 보면 생산성이 높고, 치수가 정밀하고, 주물의 기계적성질이 우수하다.

중력주조법은 Al, Mg, Cu 등의 비철합금에 주로 사용되지만, 주철과 주강에도 사용된다. 주입 전에 금형은 적절한 온도로 예열하여 응고속도를 늦추어 급냉에 의한 균열을 방지한다. 주철과 주강은 특히 냉금과 풀림처리(annealing)에 대한 대책이 필요하다.

3. 저압주조법

저압주조법(low pressure gas casting process)은 공기나 불활성가스를 $0.2kg/cm^2$ 정도의 저압력을 가하여 중력과 반대 방향으로 쇳물을 밀어 올려 금형에 주입하는 주조법이다.

저압주조법은 중력주조법과 비슷하지만, 중력과 반대 방향으로 주입하는 점과 주입속도를 제어하면서 주입하는 점이 다르다. 일정시간 가압한 후 압력을 제거하면 주형의 쇳물은 응고되지만 탕구 이하의 쇳물은 주입관을 역류하여 도가니 안에 떨어진다.

저압주조의 장점은 중력주조와 같지만 쇳물이 도가니 안에서 직접 금형으로 주입되므로 쇳물의 산화가 거의 없다. 또 중력주조의 탕구나 압탕이 필요없어 쇳물이 크게 절약된다. 주조수율이 90~98%로서, 중력주조의 50~60%나 다이캐스팅의 75~80%보다 훨씬 높다.

주형은 금형을 주로 사용하지만 용도에 따라서 흑연주형, 셀주형, 탄산가스주형 등을 사용할 수 있다.

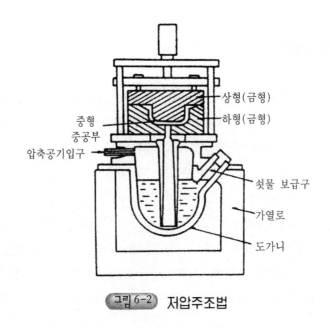

상형(금형)
하형(금형)
중형
중공부
압축공기입구
쇳물 보급구
가열로
도가니

그림 6-2 저압주조법

4. 다이캐스팅

4.1 다이캐스팅의 특징

다이캐스팅(die casting process)은 용융금속을 대기압 이상의 압력으로 금형에 고속으로 압입하는 주조법이다. 다이캐스팅은 비철금속을 정밀하게 대량생산하는 주조법으로 자동차 부품, 정밀기계 부품, 전기·전자 부품 등의 생산에 널리 쓰인다. 다이캐스팅의 특징을 요약하면 다음과 같다.

① 주물의 정밀도가 크고 표면이 깨끗하다.

② 주물의 조직이 치밀하고 강도가 크다.

③ 얇고 형상이 복잡한 제품을 만들 수 있다.

④ 가공속도가 빨라 대량생산에 적합하다.

⑤ 금형과 장비의 가격이 고가이다.

⑥ 용해온도가 1000℃ 이하인 비철금속에 적합하고, 그 이상인 철강합금은 부적합하다.

⑦ 금형의 크기와 구조에 제한이 있으며, 대형주물에는 적합하지 않다.

4.2 다이캐스팅 주조기

다이캐스팅머신(die casting machine)의 주요 부분은 쇳물 압입장치, 금형, 금형 개폐장치 등으로 구성되어 있다. 기구의 동력방식은 압축공기식과 유압식이 있다. 쇳물의 주입방식은 열가압실식과 냉가압실식이 있다.

다이캐스팅 제품은 얇고 복잡한 형상에 적합하므로 체적에 대한 표면적의 비가 크다. 그러므로 단시간에 쇳물을 주입하기 위해 주입속도가 커지고 주입압력이 커진다. 주입속도는 일반적으로 0.05~0.15초 정도이다. 주입속도가 너무 크면 공기를 흡입하여 기포가 발생하므로 주입구 단면적으로 주입속도를 조절한다.

(1) 열가압실(hot chamber)식

열가압실식은 쇳물을 도가니에서 직접 금형으로 압입하는 방식이다. 그러므로 가압장치가 쇳물 안에 있어야 하므로 비교적 용융점이 낮은 납합금, 주석합금, 아연합금 등에 사용된다.

이 방식은 가공시간이 빠르고, 주조수율이 높다.

(2) 냉가압실(cold chamber)식

냉가압실식은 쇳물을 외부에서 용해하여 주입하는 방식이다. 쇳물은 레이들(쇳물바가지)로 떠서 주입되므로 작업이 신속하게 이루어져야 하고, 최근에는 자동급탕장치가 많이 사용된다.

이 방식은 알루미늄합금, 마그네슘합금, 구리합금 등 용융점이 비교적 높은 비철금속에 사용되고, 일반적으로 많이 사용하는 방식이다.

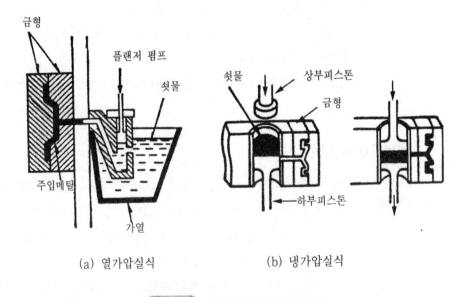

(a) 열가압실식   (b) 냉가압실식

그림 6-3 다이캐스팅 주조방법

4.3 다이캐스팅 금형

금형은 고가이므로 제품의 원가에 큰 비중을 차지한다. 금형은 사용회수가 증가하면 표면에 균열이 발생하여 확대되면서 수명이 완료된다. 금형의 수명은 주물의 용해온도에 큰 영향을 받는다.

금형에는 고압이 걸리기 때문에 완전히 체결되지 않으면 서로 풀어지려고 한다. 다이캐스팅 기계의 용량은 금형을 닫은 채로 유지할 수 있는 체결력으로 정하며 약 25~3000톤에 이른다.

다이캐스팅 금형은 단일공동부(single cavity), 복수공동부(multiple cavity), 조합공동부(combination cavity), 또는 유니트금형(unit die) 등이 있다. 금형은 보통 고강도 다이강 또는 주강으로 만들며, 용탕의 온도가 높을수록 마모도 증가한다. 금형의 수명은 약 50만회 이상 정도이다. 금형은 제품의 분리를 위하여 기울기가 주어져야하며 윤활제를 금형면에 바르기도 한다.

〔그림 6-4〕는 다이캐스팅 금형의 종류를 나타낸 것이다.

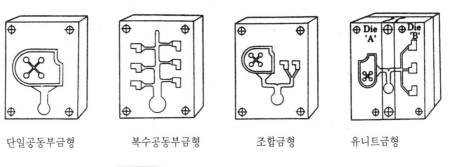

| 단일공동부금형 | 복수공동부금형 | 조합금형 | 유니트금형 |

그림 6-4 다이캐스팅 금형의 종류

5. 탄산가스주형법

탄산가스주형법(CO_2 process)은 모래에 점결제로 물유리(규산소다: $Na_2O \cdot SiO_2$)를 5~6% 섞어 조형하고, 탄산가스를 통과시켜 주형을 신속하게 경화시키는 방법이다.

이 방법은 주형건조에 필요한 시간과 경비를 줄이는 장점이 있다. 코어를 만들 때는 보강재를 줄일 수 있고, 모형을 묻은 채 경화함으로써 주형의 정밀도를 높일 수 있다. 그러나 원형을 제거하기 위하여 원형의 기울기를 크게 해야 하고 주물사의 붕괴성이 불량하고 주물사의 회수율이 낮다.

6. 셸모울딩법

6.1 셸모울딩법의 특징

셸모울딩법(shell molding process)은 금속모형을 가열하고, 열경화성 수지를 섞은 모래를 덮어 일정시간 가열하면 수지가 녹아 얇은 막의 셸을 만든다. 이 셸을 조립하여 주형으로 사용한다. 열경화성 수지는 페놀수지를 주로 사용하고, 모래에 4~6%의 수지분말을 혼합한 것을 레진샌드(resin sand)라 한다.

셸모울딩은 주철, 주강, 비철합금의 정밀주조에 널리 사용되고, 그 특징은 다음과 같다.

① 주물의 정밀도가 높고 표면이 깨끗하다.

② 주형에 수분이 없고 주형이 얇아 통기성이 좋아서 기공이 발생하지 않는다.

③ 자동화하여 생산성이 좋고 대량생산에 적합하다.

6.2 주형제작 공정

① 금형을 200~300℃ 정도로 가열한다.

② 이형제인 실리콘유(silicon oil) 등을 금형 표면에 분사한다.

③ 레진샌드가 든 상자를 덮어 일정시간 소결한다.

④ 상자를 반전하여 소결되지 않은 레진샌드를 제거한다.

⑤ 상자를 다시 반전하여 셀 뒷면을 소결한다.

⑥ 금속모형에서 셀을 분리한다.

⑦ 셀의 상하형을 접착제나 클램프 등으로 조립한다.

⑧ 셀을 주형상자에 넣고 뒷면에 모래(back sand)나 강구 등의 충진재로 고정시키고, 셀 내부는 도형제를 바른다.

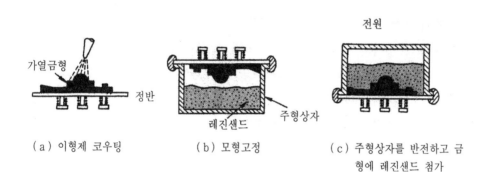

(a) 이형제 코우팅　　(b) 모형고정　　(c) 주형상자를 반전하고 금형에 레진샌드 첨가

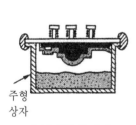 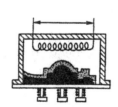  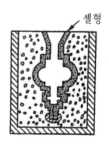

(d) 여분의 레진샌드 제거　　(e) 레진샌드형 가열　　(f) 셀형 뽑기　　(g) 셀모울드 주형

그림 6-5　셀모울딩 공정

7. 인베스트먼트 주형법

7.1 인베스트먼트 주형법의 특징

인베스트먼트 주형법(investment molding process)은 모형을 왁스(wax)로 만들고, 왁스모형 표면에 내화제를 피복하여 경화시킨 후, 가열하여 왁스를 녹여내어 주형을 만든다. 일명 로스트왁스 주형법(lost wax process)이라고 한다.

인베스트먼트 주형법은 형상이 복잡한 제품을 정밀하게 주조하는 방법으로서 오래 전부터 공예품이나 불상 등의 제작에 사용되었고, 현재에도 터빈블레이드, 골프채 헤드 등의 정밀주조법으로 많이 사용되고 있다.

인베스트먼트 주형법의 특징은 다음과 같다.

① 주물의 표면이 깨끗하고 정밀하다.

② 주형이 일체이고 복잡한 형상의 주조에 적합하다.

③ 주물재료가 주강, 특수강, 경합금 등 다양하다.

④ 주물의 크기에 제한을 받는다.

⑤ 생산성이 낮고 주형제작비가 비싸다.

7.2 주형제작 공정

인베스트먼트 주형법은 〔그림 6-6〕에 나타내었으며 그림의 순서는 아래와 같다.

① 왁스모형 제작용 금형에서 왁스모형을 만든다.

② 왁스모형에 탕구계를 만든다.

③ 규사에 점결제로 에틸실리케이트(ethyl silicate)를 섞고, 이것을 왁스모형 표면에 도포한다. 이 주형재료인 도포제를 인베스트먼트(investment)라 하며 내화성이 우수하다.

④ 상온에서 일정시간 경화시킨다.

⑤ 주형을 1차로 150~200℃ 가열하여 왁스모형을 녹여낸다. 2차로 800 ~1000℃ 가열하여 주형을 경화시킨다.

⑥ 주형에 쇳물을 주입한다.

⑦ 주형을 해체하고 탕구계를 절단하여 제품을 완성한다.

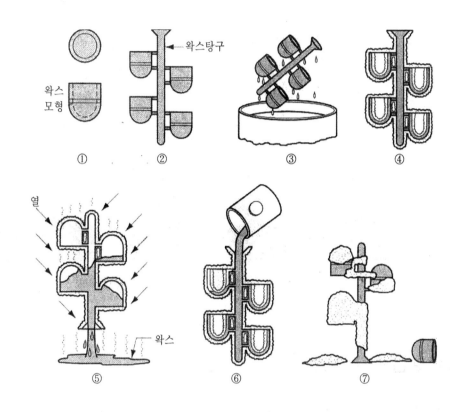

그림 6-6 인베스트먼트 주형법

8. 쇼오주형법

쇼오주형법(Shaw process)은 인베스트먼트주형법과 유사한 정밀주조법 이다. 주형재료는 내화도가 높은 알루미나, 지르콘사, 규사 등의 분말에 점결제로 규산졸을 섞은 것을 쇼오슬러리라 부르고, 이것을 모형에 피복하여 일정시간 경과하여 조형한다. 주형은 고무처럼 탄력이 있어 역구배나 형상이 복잡해도 모형을 빼기 쉽고, 주형이 약간 변형하여도 탄성복귀한다. 이 주형을 다시 가열하여 소성하면 표면에 미세한 균열(hair crack)이 생겨 통기성이 좋고 표면이 정밀하다. 이 주형의 특징은 다음과 같다.

① 복잡한 형상이나 곡면의 주조에 적합하다.
② 대형주물의 제작이 가능하다.
③ 주형은 탄력이 있어 모형빼기가 쉽다.
④ 치수와 표면이 정밀하다.
⑤ 대량생산이 어렵고, 주형재료비가 비싸다.

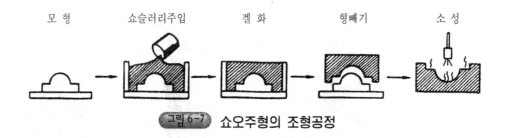

모 형   쇼슬러리주입   겔 화   형빼기   소 성

그림 6-7 쇼오주형의 조형공정

9. 풀 모울드주형법

풀모울드주형법(full mold process)은 모형으로 가볍고 열에 약한 발포성 폴리스틸렌(polystyrene)을 사용한다. 이 모형은 주물사에 매몰하여 조형한 후 빼내지 않고 쇳물을 주입한다. 모형은 열에 의해 소실되고 그 공간에 쇳물이 채워진다. 풀모울드주형법의 특징은 다음과 같다.

① 모형이 가벼워 대형모형도 취급이 편리하다.
② 접착제로 복잡한 형상을 조립하기 쉽다.
③ 모형의 분할과 코어프린트 등이 필요없다.
④ 모형의 가공이 쉽다.

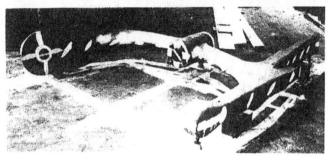

그림6-8 풀모울드 주형법

10. 원심주조법

원심주조법(centrifugal casting process)은 주형을 회전시킨 상태에서 용융금속을 주입하여 주조하는 방법이다. 코어가 필요없으며 원심력에 의해 쇳물이 주형표면에 압착응고하여 치밀한 조직을 만든다.

원심주조법은 주형의 형상에 의해 진원심주조, 반원심주조, 원심가압주조가 있다. 진원심주조는 원통형의 주형을 수평으로 회전하면서 쇳물을 일정량으로 주입하는 방식으로 주철관, 강관, 실린더라이나, 베어링부싱 등의 원통형 중공제품을 제작하는 방식이다. 반원심주조는 기어, 차륜, 풀리 등의 대칭축을 수직으로 회전시키면서 회전축 중앙의 탕구에 쇳물을 주입하면 원심력으로 주형에 채워진다. 원심가압주조는 탕도 끝에 캐비티를 위치시켜 원심력에 의해 쇳물을 공급하는 방법으로 방사선상에 여러 개의 캐비티를 설치할 수 있다.

원심주조법의 특징은 다음과 같다.

① 원심력에 의해 쇳물이 가압되어 주물의 조직이 치밀해 진다.

② 코어, 탕구, 압탕 등이 필요하지 않다.

③ 주조비가 싸다.

④ 대량생산에 적합하다.

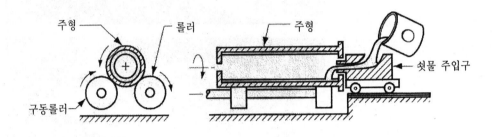

그림 6-9 진원심주조

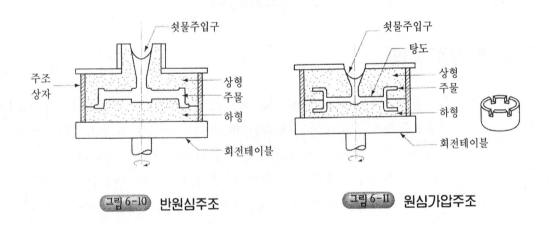

그림 6-10 반원심주조   그림 6-11 원심가압주조

11. 진공주조법

　　대기 중에서 금속을 용해하고 주조하면 용융금속 중에 산소, 수소, 질소 등의 가스가 들어가 결함이 발생하기 쉽다. 따라서 주조시 공기의 접촉을 차단하고 함유되어있는 가스를 제거하기 위해 진공상태에서 용해 및 주조작업을 하는 것을 진공주조법(vacuum casting process)이라고 하고, 진공을 유지하는 장소에 따라 진공용해, 용해 후 진공유지, 주입시 진공유지 등의 방법이 있고, 용도에 따라 이들 방법 중 두 가지 이상을 채택할 수도 있다.

　　진공주조에 의해 금속의 기계적 성질을 향상시킬 수 있으며, 인장강도는 약간 향상되고, 연신율과 단면수축율은 현저하게 향상된다.

12. 연속주조법

　　잉곳(ingot)을 주조하여 분괴하는 전통적인 방법은 용해→조괴→가열→분괴→가열→압연 등의 과정을 개별적인 공정으로 가공한다. 연속주조법 (continuous casting process)은 용해에서 분괴까지의 공정을 연속적으로 실시한다. 이렇게 생산된 잉곳은 편석이나 수축공이 없고 품질이 균일하다. 또한 간단한 설비로 공정을 줄여 제품을 값싸게 대량생산할 수 있다.

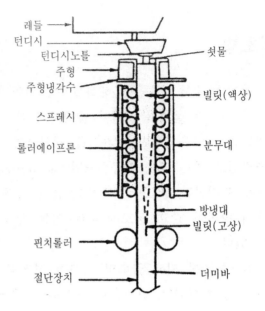

레들
턴디시
턴디시노틀
주형
주형냉각수
쇳물
빌릿(액상)
스프레시
롤러에이프론
분무대
방냉대
빌릿(고상)
펀치롤러
절단장치
더미바

그림 6-12 연속주조법

제7장 주물결함과 검사

1. 주물의 결함

1.1 기공(blow hole)

용융금속 내부에 침투한 가스나 주형에서 발생한 수증기, 주형 내부의 공기 등이 외부로 배출되지 못하고 내부에 남아 있는 것을 기공이라 한다. 기공을 방지하기 위한 방법은 다음과 같다.

① 주형의 통기성을 좋게 한다.

② 압탕을 높게 설치하여 압력을 가한다.

③ 주입쇳물의 온도를 낮춘다.

④ 주형과 코어의 수분함량을 줄인다.

1.2 수축공(shrinkage cavity)

쇳물은 표면부터 응고가 시작되어 내부로 진행된다. 마지막 응고되는 부분에 응고수축에 의한 쇳물부족으로 빈 공간이 생기는 것을 수축공이라 한다. 수축공을 방지하기 위한 방법은 다음과 같다.

① 압탕을 높게 설치하여 고압으로 쇳물을 보충한다.

② 압탕의 위치를 적절하게 설치한다.

③ 탕도를 알맞게 설계하여 냉각속도를 조절한다.

④ 냉각쇠를 설치한다.

1.3 편석(segregation)

주물의 각 부분에서 불순물이 집중되거나, 성분의 비중 차이로 성분간의 경계가 발생하거나, 응고속도의 차이로 결정 간의 경계가 발생하는 것을 주물의 편석(segregation)이라 한다.

편석을 방지하기 위한 방법은 다음과 같다.

① 합금성분을 조절한다.

② 용해를 적절히 한다.

③ 냉각속도를 균일하게 조절한다.

1.4 변형(deformation)과 균열(crack)

용융금속이 응고·냉각할 때 수축이 생긴다. 이 수축이 각 부분에서 균일하지 않을 때 내부응력이 생기고, 이로 인해 변형과 균열이 발생한다.

변형과 균열을 방지하기 위한 방법은 다음과 같다.

① 주물의 두께변화를 심하지 않게 설계한다.

② 냉각속도를 균일하게 하고 급냉되지 않도록 한다.

③ 각진 모서리는 둥글게(rounding) 한다.

④ 덧붙임하여 냉각속도를 조절한다.

1.5 주물표면 불량

주물표면의 조도가 불량하거나 이물질이 부착하면 제품품질에 큰 영향을 준다. 이를 방지하기 위한 방법은 다음과 같다.

① 모형을 다듬질하고 도장한다.

② 주형의 주물사 입도를 작게하고 도장한다.

③ 주입온도를 적절하게 한다.

1.6 치수불량

치수불량을 방지하기 위한 방법은 다음과 같다.

① 주물자의 선정을 적절히 한다.

② 목형의 변형과 치수를 검사한다.

③ 주형과 코어의 조립을 올바르게 한다.

④ 중추의 무게를 알맞게 한다.

2. 주물의 검사

주조시 발생된 주물의 결함은 제품의 성능과 품질에 큰 영향을 미치므로, 주기적으로 주물의 결함 유무를 확인하여야 한다. 이를 위한 검사법은 크게 파괴검사와 비파괴검사로 나눌 수 있으며 주물에 적용하는 검사법과 대상이 되는 결함은 다음과 같다.

2.1 육안 검사법

(1) 외관검사법 : 표면조도, 치수, 균열, 수축공

(2) 파면검사법 : 기포, 편석, 수축공, 균열

(3) 형광검사법 : 균열

2.2 물리적 검사법

(1) 타진음향법 : 균열, 수축공

(2) 압력시험법 : 기공, 수축공, 균열

(3) 현미경검사법 : 결정입자, 금속의 조직, 편석

(4) 자기탐상법 : 균열

(5) 초음파탐상법 : 균열, 기포, 수축공

(6) 방사선검사법 : 균열, 기포, 수축공

2.3 기계적 시험법

(1) 인장시험

(2) 압축시험

(3) 경도시험

(4) 충격시험

(5) 마모시험

(6) 피로시험

제2편 소성 가공

제1장 소성 가공 개요

1. 소성변형

1.1 재료의 기계적 성질

재료(material)를 원하는 형상으로 만들기 위한 방법 중에서 널리 사용되고 있는 한 가지 방법은 소재에 다양한 방법으로 힘(force)을 가하여 이 때 발생하는 변형(deformation)을 이용하여 원하는 형상으로 만드는 것이다. 재료가 변형하는 과정에서 요구되는 기계적 성질은 여러 가지가 있으며, 이를 표현하기 위한 용어도 매우 다양하다. 이 중에서 몇 가지만 먼저 알아본다.

(1) 강도(strength)

재료가 파단에 이르기까지 외부에서 작용하는 힘에 저항하는 능력을 표시하는 것으로 인장강도, 압축강도, 비틀림강도, 굽힘강도 등 힘에 따라서 여러 가지 강도가 정의되어 있다.

(2) 경도(hardness)

재료의 일부에 외부에서 힘을 가했을 경우, 힘을 받는 국부적인 부분에서 압입으로 인해 생기는 영구적인 변형에 대한 저항 정도를 표시하는 것이다. 즉, 재료의 단단한 정도를 나타낸다.

(3) 가단성 또는 전성(malleability)

재료를 해머(hammer)로 두드릴 때 압축력에 의하여 변형되어 넓게 펴지는 성질이다.

(4) 연성(ductility)

재료에 하중을 가했을 때 파단에 이를 때까지 길이 방향으로 늘어나는 성질이다. 연성의 반대 개념으로는 취성(brittleness)이 있다.

(5) 가소성(plasticity)

재료에 힘을 가할 때 고체상태에서 유동하는 성질로 연성과 전성을 포함한 것이다. 일반적으로 재료를 가열하면 가소성이 커지며, 가소성이 큰 재료는 상온에서 가공을 한다.

(6) 인성(toughness)

재료가 파단될 때까지 외력에 의해 가해진 에너지를 흡수하는 능력이다. 큰 충격하중에도 잘 견디어 파괴가 일어나지 않는다면 인성이 크다고 말한다.

1.2 응력과 변형률

재료의 기계적 성질 중에서 강도를 알기 위하여 만능시험기(universal testing machine)에서 인장시험(tensile testing)을 실시하여, 시험편을 인장하는 힘과 시험편의 늘어난 길이(연신량 ; elongation)의 변화를 그래프로 나타낼 수 있다. 이때 인장력을 시험편 단면적으로 나누어서 표시하고, 연신량을 처음의 기준점 사이의 거리로 나누어 백분율로 표시한다. 이와 같이 표시한 양을 각각 응력(stress), 변형률(strain)이라 한다.

시험편의 처음의 단면적을 A_0, 기준점 간의 거리를 l_0, 가한 힘을 F, 힘이 가해져 변형한 후의 길이를 l 이라 하면 응력과 변형률은 다음 식으로 나타낸다.

응력 : $\sigma = \dfrac{F}{A_o}$

변형률 : $\varepsilon = \dfrac{l - l_o}{l_o}$

일반적으로 재료는 처음에는 응력이 증가하면 변형률도 증가되며 그 재료가 견딜 수 없는 응력에 도달하면 파단된다. 응력과 변형률 사이의 변화를 나타낸 곡선을 응력-변형률 선도(stress-strain curve)라 한다. 〔그림 1-1〕과 같은 대표적인 예를 들어 응력-변형률 선도의 곡선상의 위치에 따른 특징을 설명하면 다음과 같다.

A점 : 비례한도(proportional limit) : 응력과 변형률이 비례 관계를 유지하는 한도
B점 : 탄성한도(elastic limit) : 힘을 제거하면 시험편이 원래 상태로 돌아오는 한도
C점 : 항복점(yield point) : 힘을 제거해도 영구적인 변형이 남기 시작하는 점
D점 : 최대 하중점(point of maximum load) : 곡선 위에서 최대의 응력에 해당하는 점
E점 : 파단점(fracture point) : 시험편이 파단되는 점

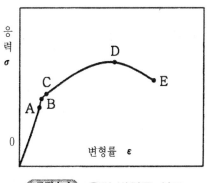

그림1-1 응력-변형률 선도

1.3 탄성변형과 소성변형

물체의 외부에서 하중을 가하면 재료 내부에는 변형이 생긴다. 이 하중의 크기가 작을 때에는 이를 제거하면 재료는 원래의 상태로 복귀하며, 이러한 성질을 탄성변형(elastic deformation)이라 한다. 그러나 외부에서 작용하는 하중이 어느 한계 이상으로 커지게 되면 외력을 제거하여도 재료는 원상태로 완전히 복귀되지 않고 일부의 변형이 남게 된다. 이와 같이 변형이 남는 것을 소성변형(plastic deformation)이라 하고, 이러한 재료의 성질을 소성(plasticity)이라고 한다.

1.4 소성변형의 원리

대개의 금속재료들은 원자들이 일정한 모양의 격자구조로 배치되어 있는 결정(crystal)으로 이루어진 결정체 구조를 갖고 있다. 금속에서 볼 수 있는 세 가지의 기본적인 원자배열 구조는 〔그림 1-2〕와 같이 체심입방격자(BCC ; body centered cubic), 면심입방격자(FCC ; face centered cubic), 조밀육방격자(HCP ; hexagonal close-packed) 등이 있으며, 이 결정구조에서 원자들 사이의 거리는 약 0.1nm(1nm=10^{-9}m)이다.

이들 결정구조에서 원자들의 배열방법에 따라 금속의 기계적 성질이 결정되고, 다른 금속을 첨가함으로써 원자배열을 바꾸어 기계적 성질을 개선할 수도 있으며 이것을 합금이라고 한다.

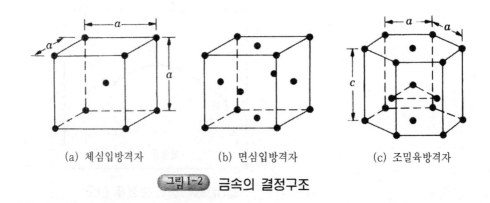

(a) 체심입방격자   (b) 면심입방격자   (c) 조밀육방격자

그림 1-2 금속의 결정구조

재료가 외력을 받아 소성변형을 일으킬 때, 재료를 구성하고 있는 결정 격자는 슬립, 쌍정 등의 원리에 따라 변형하며, 이것은 전위라고 하는 결정격자의 결함의 영향을 많이 받는 것으로 알려져 있다.

(1) 슬립(slip)

재료의 외부에서 하중을 가하면 결정면에서 〔그림 1-3〕과 같이 미끄러짐이 발생하면서 변형이 생기기 시작하여 일정하게 미끄럼면이 형성되면서 파괴된다. 이와 같이 재료의 결정면에서 어떤 원인에 의하여 결정이 서로 어긋나는 상태를 슬립이라 하며, 대부분의 재료의 변형은 이것에 의한 변형이다.

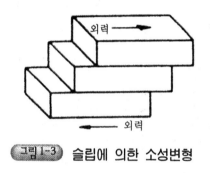

그림 1-3 슬립에 의한 소성변형

(2) 쌍정(twinning)

쌍정은 〔그림 1-4〕에 표시한 바와 같이 어떤 면을 경계로 한 쪽의 결정이 회전을 일으키고 다른 쪽의 결정은 회전이 일어나지 않을 때의 변형이다. 쌍정의 변형은 슬립과 같이 특정의 결정면이며, 특정의 결정 방향으로 정해진 거리만큼 원자가 이동함으로써 생긴다.

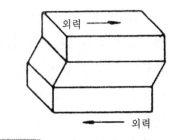

그림1-4 쌍정에 의한 소성변형

(3) 전위(dislocation)

[그림 1-5]에 나타난 바와 같이 원자격자 구조의 배치상에 생기는 결함으로, 형상에 따라 인상(刃狀, edge)전위와 나사(screw)전위의 두 종류가 있다.전위를 포함하는 슬립면은 완전한 격자로 구성된 면보다 슬립을 일으키는 데 필요한 힘이 작다.

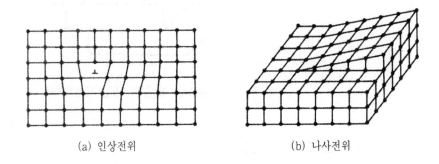

(a) 인상전위   (b) 나사전위

그림1-5 단결정에서의 전위

2. 소성가공

여러 재료들이 소성변형을 일으킬 수 있는 성질을 갖고 있으며 이를 이용하여 제품을 만들 수 있는 데 이러한 가공을 소성가공(plastic working)이라고 한다. 소성가공을 함으로써 재료의 형상이나 치수를 목적하는 데

로 변화시킬 수 있고, 재료의 성질도 변화시킬 수 있다.

일반적으로 금속재료는 비금속재료에 비하여 매우 큰 소성변형을 일으키기 때문에 소성가공에 널리 이용된다. 금속재료의 85% 정도는 다음 단계로 소성가공을 하기 위하여, 먼저 주조공정에 의해 잉곳(ingot), 슬래브(slab), 빌릿(billet) 등의 중간 소재 상태로 만들어진다.

소성가공은 옛날부터 절삭가공과 더불어 기계가공의 쌍벽이라고 불리고 있다. 특히 최근에는 기계정도의 향상, 재료의 발전 및 새로운 아이디어에 의한 성형법의 등장 등에 의해 소성가공의 최대 특징인 대량생산, 고속가공에 더해서 종래 곤란하다고 여겨졌던 고정도의 가공까지 비교적 용이하게 되었다.

또한 소성가공의 분야가 매우 넓어져서 가전제품, 항공기, 자동차 등에 사용되는 박판의 판금 프레스에서부터 압연, 인발, 전조, 고에너지속도 성형 등 금속재료를 사용하는 거의 모든 분야에 이르고 있다.

2.1 소성가공의 특징

소성가공의 주요한 특징은 절삭가공과는 달리 칩(chip)이 생성되지 않으므로 재료의 사용률이 높고, 절삭가공에 비하여 생산성이 높으며, 절삭가공 또는 주조나 용접 제품에 비하여 강도가 크다.

소성가공의 장단점을 요약해 보면 다음과 같다.

(1) 장점
- 제품의 기계적 성질이 우수하며, 재질이 균일하다.
- 표면 품질과 가공 정밀도는 주조보다 양호하다.
- 절삭가공보다 염가이므로, 대량생산에 유리하다.
- 성형속도가 빨라서 가공시간이 짧다
- 주조보다는 비싸지만, 수량이 많을 경우 제작비가 싸다.

(2) 단점

- 표면 품질과 가공정도가 절삭가공보다는 못하다.
- 비교적 복잡한 형상을 만들기 어렵다.
- 금형이 필요하며, 매우 고가이다.
- 수량이 적을 경우 생산이 어렵다.
- 큰 가공력을 필요로 하여 대규모 생산설비가 필요하며 설비비가 비싸다.
- 제품의 공정설계에 시간과 경험이 많이 소요된다.

2.2 열간가공과 냉간가공

재료가 반복적인 소성변형을 받게 되면 하중에 대한 저항능력이 커지게 되며 이러한 현상을 가공경화(work hardening) 또는 변형경화(strain hardening)라고 한다. 가공경화된 금속을 가열하면 특정한 온도범위에서 재료 내부의 응력이 완화되며 이 현상을 회복(recovery) 현상이라고 한다. 이와 같은 회복 현상이 일어나도 경도나 강도와 같은 기계적 성질의 변화는 크지 않다.

그러나 이것을 더욱 가열하면 차차 내부응력이 없는 새로운 결정핵이 결정 경계에 나타난다. 이것이 성장되어 새로운 결정이 생기게 되어 새롭고 연화된 조직을 형성하는데 이 때의 새로운 결정을 재결정(recrystallization)이라 하고, 1시간 동안에 재결정이 완료되는 온도를 재결정 온도라고 하며 몇 가지의 재료에 대하여 〔표 1-1〕에 나타내었다.

이러한 재결정온도 이상에서는 강도가 낮아지고, 연신율이 높아져서 소

[표 1-1] 금속의 재결정온도

금 속	Fe	Ni	Cu	Al	W	Mo
재결정 온도(℃)	450	600	200	180	1000	900
금 속	Au	Ag	Pt	Zn	Pb	Sn
재결정 온도(℃)	200	200	450	18	-3	-10

성변형이 매우 용이해진다. 금속의 소성가공을 가공온도에 따라 분류하면, 재결정 온도 이상에서 가공하는 것을 열간가공이라 하고, 재결정 온도 이하에서 가공하는 것을 냉간가공이라 한다.

(1) 열간가공(hot working)

재결정 온도 이상의 온도에서 가공하는 것을 열간가공 또는 고온가공이라고 한다. 열간가공은 안정된 범위 내에서 1회에 많은 양의 변형을 할 수 있어 가공시간을 짧게 할 수 있는 장점이 있으나 가공된 제품의 표면이 산화되어 변질되기 쉽고 냉각됨에 따라 형상, 치수, 조직 및 기계적 성질 등이 불균일하게 되는 단점도 있다. 따라서 일반적으로 열간가공에서는 변형을 많이 시키고, 냉간가공에서 형상, 치수를 맞추며, 조직 및 기계적 성질을 향상시켜서 재질을 균일화하게 된다. 그러나 납, 주석, 아연 등은 재결정 온도가 상온이하로 상온에서 가공이 열간가공이 되며, 가공경화가 생기지 않는다.

(2) 냉간가공(cold working)

재결정 온도 이하에서 가공할 때를 냉간가공 또는 상온가공이라 하며, 가공물의 성형을 정밀하게 하고 동시에 강도를 크게 할 목적으로 사용한다. 철, 구리, 황동 등은 상온에서 소성변형을 받으면 가공경화를 일으키며 가공경화로 인장강도, 항복점, 탄성한계 및 경도 등은 증가되나 연신율, 단면 수축률은 감소된다.

2.3 소성가공의 종류

소성가공법을 분류하는 최근의 경향은 소재의 크기와 형상을 기준으로 삼는 것이다. 이 경우에는 소성가공법 전체를 부피성형가공(bulk deformation process)과 판재성형가공(sheet metal forming process)으로 크게 분류한다.

부피성형가공에서는 소재의 부피에 비하여 표면적이 비교적 작으므로 '부피(bulk)'라는 용어를 사용하고 있다. 모든 부피성형가공에서는 소재의 두께 또는 단면적이 변한다. 대표적인 부피성형가공법은 단조, 압연, 인발,

압출 등이 있다.

반면에 판재성형가공에서는 소재의 두께에 비하여 표면적이 큰 편으로, 이 경우에도 여러 종류의 금형을 사용하여 소재의 형상을 변화시키지만, 두께의 변화는 바람직하지 않으며 때로는 쉽게 파단으로 이어지기도 한다. 판재성형가공법을 프레스가공이라고도 한다.

2.4 소성가공용 재료

소성가공의 소재로 사용하는 금속재료로는 주로 다음과 같은 것이 대표적이다.

(1) 탄소강(carbon steel)

탄소 함유량(C=0.035~2.0%)과 용도 등에 따라 연강, 경강, 구조용강, 공구강 등 여러 가지 명칭으로 불리고 있다. 탄소강의 기계적 성질은 탄소 함유량이 증가함에 따라 강도, 경도, 항복점 등은 증가하고 연신율, 충격값 등은 감소한다. 따라서 탄소함유량이 많아지면, 소성가공이 점차 어려워진다.

[표 1-2] 탄소강의 주요 용도

탄소 함유량(%)	주요 용도
C < 0.2	리벳, 전선, 파이프
C=0.13~0.2	리벳, 건축용, 교량용, 캔
0.2 ~0.35	선박용, 건축용, 드럼통, 보일러용
0.36~0.5	레일, 차축, 볼트 및 너트
0.5 ~0.7	차축, 스프링, 기어
0.7 ~0.8	압축용 금형, 수공구, 각종 공구
0.8 ~0.9	단조용 금형, 스프링, 석공 공구
0.9 ~1.05	탭, 다이스, 펀치, 목공용 톱
1.05~1.2	커터, 리머, 펀치, 탭, 줄칼
1.2 ~1.3	선반 바이트, 커터, 면도칼
1.3 ~1.5	핵소오, 선반 바이트, 플레이너 바이트

(2) 합금강(alloy steel)

탄소강에 Ni, Cr, W, Co, V, Mn, Si 등의 합금 원소를 한 가지 이상 함유하여 일반 탄소강보다 성질이 우수한 Cr강, Ni-Cr강 등을 만든다. 합금강은 일명 특수강이라고도 하며 구조용, 공구용, 특수 목적용 등으로 구분되며 그 용도가 대단히 넓다.

(3) 구리 합금

구리 합금으로는 황동과 청동이 있다. 황동(brass)은 판재, 봉재, 파이프, 탄피 등에 사용되며, 냉간가공을 하면 경도와 인장강도는 증가되고 연신율은 감소된다.

청동(bronze)은 판재, 봉재, 축(shaft) 등에 사용되며, 주석이 소량 첨가된 것은 냉간가공하고 다량 첨가된 것은 500~600℃에서 열간가공한다.

(4) 알루미늄 합금

알루미늄 합금은 봉재, 판재, 선재, 파이프 등의 제작에 이용되며, 가공 정도와 열처리에 따라 성질이 다르다.

제2장 단조 가공

1. 단조의 개요

단조(forging)란 소성변형 영역에서 재료에 충격력 또는 압력을 가하여 공작물을 성형하는 소성가공법을 말한다. 단조는 주로 열간가공으로 작업이 이루어지며, 소재에 하중을 가하여 결정격자를 미세화하고 조직을 균일화하여 기계적 성질을 개선하고 동시에 원하는 제품형상으로 성형하는 가장 오래된 금속가공법 중의 하나이다.

단조의 소재로 사용되고 있는 재료의 외부는 결정격자가 거칠게 형성되어 있고 내부에는 기공, 편석 등의 결함이 존재하지만, 열간에서 단조를 하면 내부의 여러 가지 결함도 제거되므로 소재의 기계적 성질이 개선된다. 또한 〔그림 2-1〕과 같이 단조되는 방향으로 금속결정조직이 흐르게 되므로 섬유형태의 조직이 나타나게 되어 강도가 증가한다.

(a) 주조품
조직의 흐름이 없다.

(b) 절삭가공품
절삭가공에 의해 조직의
흐름이 절단.

(c) 단조품
윤곽을 따라 조직이 흐름.

그림 2-1 주조품, 절삭가공품 및 단조품의 결정조직의 비교

2. 단조의 종류

단조 작업을 분류하면 자유단조와 형단조로 크게 나눌 수 있으며, 그 외에 업셋단조, 냉간단조, 압연단조, 로타리 스웨이징, 단접 등 여러 가지 가 있다.

2.1 자유 단조

자유단조는 작업대 위에 소재를 올려놓고 해머로 타격하여 원하는 형상 으로 만드는 방법으로서, 횡방향의 변형은 구속을 받지 않는다. 자유단조 의 기본작업은 다음과 같으며, 이 외에도 구멍 뚫기, 굽히기, 계단 만들기, 탭 작업, 절단, 비틀기, 단접 등이 있다.

(1) 늘리기(drawing down)

굵은 소재를 해머로 타격하여 길이를 증가시킴과 동시에 단면적을 감소 시키는 작업이다. 원형 단면으로 늘리는 경우에는 원형 탭(tap) 공구를 사 용한다.

(2) 업세팅(upsetting)

긴 소재를 축 방향으로 압축하여 굵고 짧게 하는 작업이다.

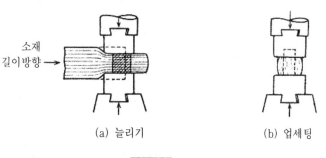

(a) 늘리기　　　　　　(b) 업세팅

그림 2-2　자유단조

2.2 형단조

[그림 2-3]과 같이 상하 한 쌍의 다이를 사용하여 소재를 다이 위에 놓고 이것을 가압하여 소재를 성형하는 작업을 형단조라 한다. 형단조는 보통 강을 800~1250℃로 가열하여 하형 틀에 올려놓고 상형 틀로서 압축력을 가하면 재료가 형 안에 채워지면서 완성품으로 단조하는 방식이며 조직이 미세해지고 강도가 커진다.

형단조는 스패너(spanner), 크랭크축(crank shaft), 커넥팅로드(connecting rod), 차축 등의 가공에 활용한다. 형단조의 특징으로는 대량 생산에 적합하여 경제적이며, 섬유 조직이 제품 형상에 가깝게 되므로 제품의 기계적 성질이 향상되고, 제품의 형상 치수가 일정한 반면, 다이 제작비가 고가이며 대형 공작물은 가공이 곤란하다는 단점이 있다.

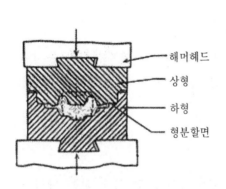

그림 2-3 형단조와 형단조시 사용하는 금형

(1) 다이의 재료

형단조에 사용하는 다이 재료는 높은 온도에서 견디는 강도와 경도, 재료와의 사이에 가해지는 압력 등에 견딜 것, 충격에 대한 인성, 균열이 발생하지 않을 것, 마모에 대하여 저항이 클 것, 다이 수명이 길고 경제성이 있을 것 등이 요구된다. 따라서 다이재료는 질량이 크고 담금질이 양호한 재료이어야 하며, 주로 Ni-Cr-Mo 강, Cr-Mo-V 강이 사용되고 있다.

(2) 다이의 예열

다이의 장착이 끝나면 재료의 접촉시에 온도 저하를 작게 하여 재료의 변형을 방지하고, 다이의 인성을 높여 균열을 방지할 목적으로 예열을 한다. 다이는 작업 전에 반드시 150~250℃로 예열하도록 한다.

(3) 소재의 가열

소재를 가열하기 위해서는 소재의 표면 및 내부 조직에 영향을 미치지 않도록 신속하게 온도를 상승시키고 균일하게 가열하는 동시에 산화를 방지하고 고온에서 장시간 가열하지 않도록 주의하여야 한다.

(4) 단조비(단련 성형비)

단조공정에서의 단련 정도를 표시하기 위해 사용되는 표시방법이다. 소재의 최초 단면적을 A_0, 가공 후의 단면적을 A_1 이라 하면, A_1 / A_0 를 단조비라 한다.

2.3 업셋팅(upsetting)

업셋팅 또는 업셋단조는 가열된 재료를 형틀에 고정하고 한쪽 끝을 돌출시켜 돌출부를 축방향으로 공구를 사용하여 소재에 타격을 가하여 성형한다. 업셋팅은 봉재의 끝부분이나 중간부분을 축방향으로 압축하여 지름이 큰 부분을 가진 제품을 만드는 것으로 이 때 가공부의 재료의 조직은 미세화되고 섬유의 흐름이 연속된 것으로 재료가 얻어지므로 기어 소재 등의 제조에 적합하다. 고정구를 사용하여 재료를 견고하게 고정한 채 작업하므로 가공부분 이외의 변화는 없다.

□ 업셋팅의 3원칙

업셋팅을 행할 때 1회의 업셋량이 어느 한계값을 넘게 되면 소재의 좌굴(buckling)로 인하여 정상적인 가공을 할 수 없게 된다. 이러한 좌굴방지 조건을 단조에서 업셋팅 3원칙이라 한다.

① 제1원칙 : 1회의 타격으로 완료하려면 업셋할 소재의 길이는 소재지름의 3배 이내이어야 한다. ($l \leq 3d_o$)
② 제2원칙 : 제품 지름이 소재의 지름의 1.5배보다 작을 때는, 업셋할 소재의 길이가 지름의 6배 이하이면 양호한 작업이 이루어진다. ($l \leq 6d_o$)
③ 제3원칙 : 제품 지름이 소재의 지름의 1.5배 이하이고 소재의 길이가 제품 지름의 6배 이하일 때, 다이의 바깥으로 소재가 돌출되는 길이는 소재의 지름보다 작아야 한다. ($l'' < d_o$)

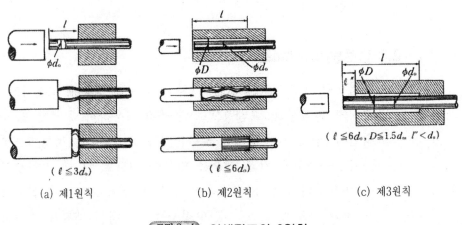

(a) 제1원칙　　　　　(b) 제2원칙　　　　　(c) 제3원칙

그림 2-4　업셋단조의 3원칙

2.4 냉간단조(cold forging)

냉간단조는 주로 봉재, 판재를 상온에서 압축성형하는 가공법으로 압축·

성형가공법이라고도 한다. 이 중 콜드 헤딩(cold heading)은 볼트, 리벳의 머리 제작에 사용되며, 코이닝(coining)은 압인가공이라고도 하며 소재에 요철을 주는 것으로 화폐나 메달 등의 가공에 사용된다.

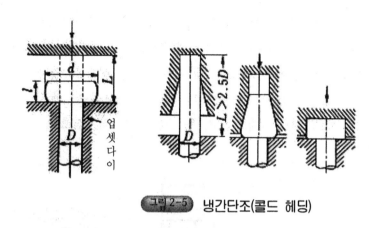

그림 2-5 냉간단조(콜드 헤딩)

2.5 압연단조(roll forging)

〔그림 2-6〕과 같이 한 쌍의 반원통 롤러 표면 위에 형상을 조각하여, 롤러를 회전시키면서 성형단조하는 것을 압연단조라고 한다.

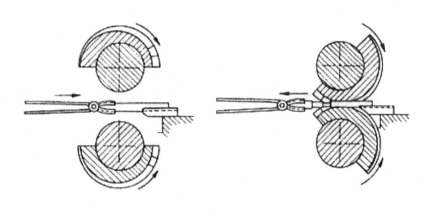

그림 2-6 압연단조

2.6 로터리 스웨이징(rotary swaging)

다이를 회전시키면서 단조하는 것으로 스웨이징, 또는 반경방향 단조 (radial forging)이라고도 한다. 반경방향으로 운동하는 다이로 봉재나 관 재의 직경을 줄이는 작업이다.

〔그림 2-7〕와 같이 회전하는 램에 다이를 대향시켜 놓고, 유성롤이 램 위에 왔을 때 다이는 중심을 향해 눌리고 중앙에 삽입한 소재를 단조하 고 롤러가 램에서 떠났을 때 다이는 원심력으로 열린다. 롤의 수와 회전 수에 의하여 1분간 수천 회의 타격이 가능하며, 타격하는 위치가 중복되 므로 제품표면은 매끄럽고, 봉, 관, 선의 직경감소나 각종 성형에 이용된 다.

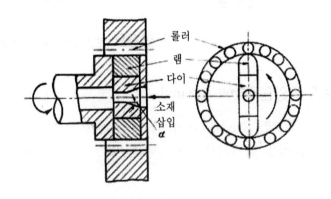

그림 2-7 로터리 스웨이징 가공

2.7 단접(forge welding, blacksmith welding)

연강을 가열하면 용융온도 부근에서 점성 및 금속간의 친화력이 크게 된다. 이것을 두 소재로 접촉시키고 해머로 압력을 가하면 접합되어 일체 가 되며 이 작업을 단접이라 한다.

연강의 단접 온도는 1100~1200℃가 적당하며, 용제로서 봉사를 사용하 여 접합 표면에 생긴 산화철을 제거한다. 단접 방법에는 〔그림 2-8〕과 같 이 맞대기 단접, 겹치기 단접, 쪼개어 물리기 단접 등이 있다.

(a) 맞대기 단접   (b) 겹치기 단접   (c) 쪼개어 물리기 단접

그림 2-8 단접 작업

3. 단조용 공구 및 기계

3.1 단조용 공구

단조용 공구는 일반적으로 다음과 같이 분류된다.

(1) 앤빌(anvil)

앤빌은 가공 재료를 올려 놓는 작업대로서 단조작업에 가장 중요한 도구이다.

(2) 이형공대(이형대틀, swage block)

앤빌 대용으로도 사용되며, 여러 형상과 치수의 구멍을 가진 주철 또는 강철제 블록이다.

(3) 집게(tongs)

가열된 재료를 집는 집게는 용도상 여러 가지 형상이 있다.

(4) 해머

재료를 타격하는 공구로서 손망치(hand hammer), 대메(sledge

hammer)가 있다.

(5) 다듬개
가공물의 표면에 대고 위에서 때려 다듬기하여 형상을 만드는 공구이다.

(6) 정(chisel)
재료를 절단하는 데 사용하는 공구이다.

(7) 단조용 탭(swage)
원형, 사각형, 육각형 등의 단면 형상을 성형하기 위한 공구이다.

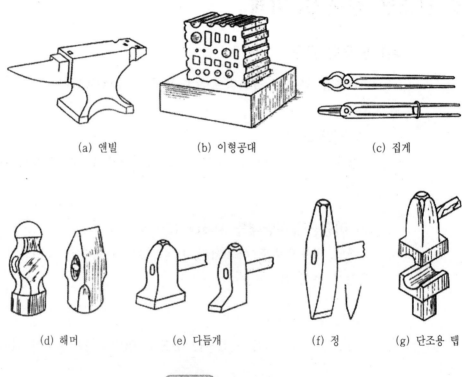

(a) 앤빌   (b) 이형공대   (c) 집게

(d) 해머   (e) 다듬개   (f) 정   (g) 단조용 탭

그림 2-9 단조용 공구

3.2 단조 기계

단조 기계에는 순간적 타격력을 사용하여 가공물에 수 차례 타격을 가하여 가공물을 변형시키는 단조용 해머와 정적으로 강력한 압력을 장시간 가하는 단조용 프레스로 구별할 수 있다.

단조작업은 단조 방법, 금형의 형상, 가공속도, 가공온도, 중량 등의 조건을 고려하여 재료의 크기와 기계 용량을 결정하여야 한다. 단조작업에 있어 중요한 것은 단조물의 표면만을 변형시킬 것이 아니라 재료 내부까지 충분한 단련 효과가 미칠 수 있도록 기계 용량과 운전조건을 선택하는 일이다.

(1) 단조용 해머(hammer)

해머는 낙하중량과 타격속도에 의해 결정되는 타격 에너지가 소재의 변형에 필요한 에너지보다 커야만 목적하는 타격 효과를 얻을 수 있다. 이때 해머의 낙하중량은 일정하므로 일반적으로 타격속도를 변경하여 타격력을 가감한다.

(가) 레버 해머(lever hammer) : 인력용 해머를 동력화한 것으로 보통 레버 해머라 한다. 해머의 중량은 100 kg 정도이며 타격횟수가 빠르며 구조가 간단한 것이 특징이나 앤빌면과 램면과의 평행이 유지되지 않는 결점이 있다.

(나) 스프링 해머(spring hammer) : 해머의 가속도를 크게 하여 타격 에너지를 증대하기 위하여 크랭크 축에 겹판 스프링을 연결하여 스프링에 달린 해머를 상하 운동시켜 단조를 한다. 행정(stroke)이 짧고 타격속도가 크므로 주로 공구 등의 소형물의 단조에 적합하다.

(다) 낙하 해머(drop hammer) : 해머가 장착된 램을 벨트, 로프 등을 이용하여 끌어올린 후 일정한 높이에서 자유낙하시켜 강력한 타격을 가하는 단조기이다. 해머의 중량이 가벼워도 높이에 따라서 타격력을 증대할 수 있고 일정한 타격력을 얻을 수 있으므로 주로 형단조에 사용한다.

(라) 공기 해머(air hammer) : 압축공기를 이용하여 피스톤을 동작시켜 낙하추의 힘으로 가공물을 단조한다. 피스톤의 상하에 교대로 압축 공기를 보내면 해머는 상하운동에 의하여 강한 타격을 준다. 공기 해머는 조정이 쉽고 간편하기 때문에 널리 사용된다.

(마) 증기 해머(steam hammer) : 증기 피스톤의 피스톤 봉(piston rod)에 램을 고정하고 증기 압력에 의하여 대형물 재료에 강력한 타격을 가 하기 위하여 사용된다. 증기 해머는 조정이 쉽고 연속 타격이 가능 하고, 수동으로 타격력을 미세하게 조절할 수 있는 특징이 있다.

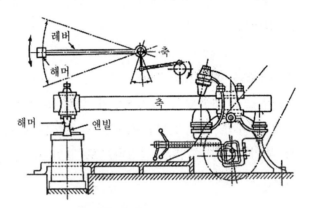

그림 2-10 레버 해머

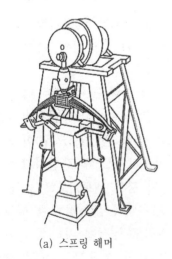

(a) 스프링 해머

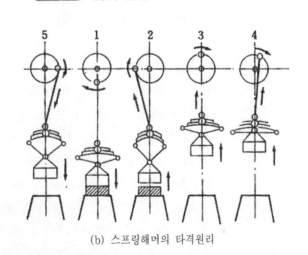

(b) 스프링해머의 타격원리

그림 2-11 스프링해머

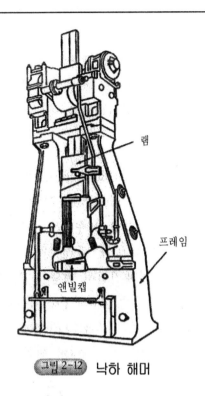

램

프레임

앤빌캡

그림 2-12 낙하 해머

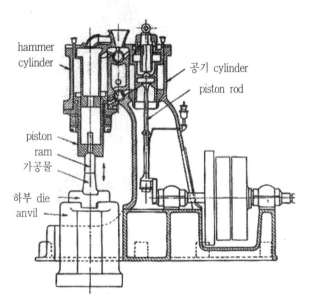

hammer
cylinder

공기 cylinder

piston rod

piston
ram
가공물

하부 die

anvil

그림 2-13 공기 해머

(2) 단조용 프레스

단조 프레스는 수압 프레스와 동력 프레스로 구별되며, 단조 작업 이외에도 프레스 작업에도 사용된다. 단조 프레스는 해머에 비하여 타격작용이 내부까지 잘 전달되므로 에너지의 손실 및 기계의 진동을 작게 할 수 있다.

(가) 수압 프레스(hydraulic press) : 유압 또는 수압으로 램을 밀어내는 프레스로서 단조기계 중에서 가장 큰 압축력을 전달할 수 있다.

수압 프레스의 압축력은 정적으로 재료 단면 전체에 미치므로 대형물을 단조할 때 유리하며, 금속의 유동시간이 충분하여 압축력이 서서히 가해지면서 변형이 재료의 내부까지 미친다.

(나) 동력 프레스(power press) : 동력 프레스로는 크랭크 프레스(crank press), 마찰 프레스(friction press), 토글 프레스(toggle press) 등이 있으며, 이 중 대량 생산용으로 크랭크 프레스가 많이 사용된다.

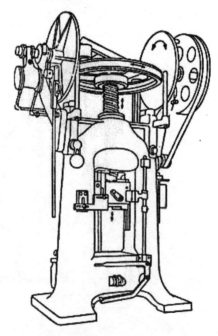

그림 2-14 동력 프레스(마찰 프레스)

4. 소재 가열방법

4.1 단조작업 온도

단조 소재는 단조용 가열로를 이용하여 가열하며, 가열방법에 따라 재질이 변하기 쉬우므로 너무 급속하게 고온으로 가열하지 않는다. 알루미늄과 같이 열전도성이 좋은 재료는 대형물도 전체를 균일한 온도로 가열하기 용이하나, 열전도성이 불량한 탄소강, 합금강은 재료가 큰 경우에 균일 온도로 가열하기 쉽지 않다. 대형물이나 합금강 등은 불균일하게 가열하면 균열이 생기기 쉽다.

일반적으로 크고 두꺼운 재료의 경우, 외부는 가열이 잘 되나 내부는 가열이 어렵다. 이와 같이 가열된 재료를 단조하면 표면은 충분한 단련효과를 나타내나 내부는 단련의 효과가 적어 내부응력이나 변형이 발생하는 원인이 되므로, 재료를 가열할 때는 열전도성과 소재의 크기를 고려하여 가열시간을 적절하게 결정하여야 한다. 또한 고온에 소재를 장시간 노출시키면 표면의 산화 등의 해가 발생되므로 가열시간은 단시간에 하여야 한다.

단조가공을 하면 결정입자는 미세화된다. 그러나 단조는 주로 열간가공이므로 작업이 완료된 온도가 재결정 온도 이상일 경우에는 결정입자는 다시 성장한다. 이것은 재질이 연화되는 것을 의미하며 바람직한 현상이 아니므로, 단조가공 완료온도는 재결정 온도 근처로 하는 것이 좋다.

〔표 2-1〕은 최고 단조온도와 단조 완료온도를 표시한 것이다.

[표 2·1] 각종 금속재료의 단조온도

단조재료	최고단조 온도(℃)	단조완료 온도(℃)	단조재료	최고단조 온도(℃)	단조완료 온도(℃)
탄소강 잉곳	1200	800	고속도강(HSS)	1250	950
특수강 잉곳	1200	800	스프링강	1200	900
탄소강	1300~1100	800	니켈청동	850	700
니켈(Ni)강	1200	850	인청동	600	400
크롬(Cr)강	1200	850	듀랄루민	550	400
Ni-Cr강	1200	850	구리	800	700
스테인레스강	1300	900	황동	750~850	500~700

4.2 온도의 측정

단조재료의 가열에서 열효율을 좋게 하며 신속하고 효율적인 작업을 하기 위해서는 가열로의 온도조절, 연료, 공기 등의 유량조절 등을 정확하게 하여야 한다. 특히 온도조절 문제는 작업의 난이도, 능률, 재료의 활용에 영향을 미친다.

온도 측정방법에는 열전 고온도계(thermoelectric pyrometer), 광 고온계(optical pyrometer), 복사 고온계(radiation pyrometer), 제게르 콘(seger cone), 육안 색별법 등이 사용된다.

4.3 가열로의 종류

단조용 가열로는 가열재료의 종류, 크기 및 연소 가스와의 접촉 여부 등에 따라 적절한 것을 선택한다. 아래는 단조용 가열로를 열원의 종류에 따라 구분하였으며, 열처리용으로 이용되는 것도 있다.

(1) 중유로

시설비와 운전비가 저렴하고 조작이 용이하나 특수 분사용 장치가 필요하다. 바나듐산화물(V_2O_5), 아황산가스(SO_2) 등 연소 생성물 속에 함유된 유해 성분으로 인하여 소재가 손상을 입는 경우가 있다.

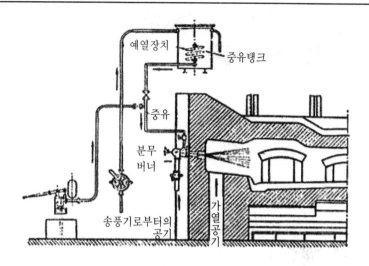

그림 2-15 중유로

(2) 가스로

시설비가 저렴하고 연료비는 많이 든다. 취급이 용이하고 온도 조절이 쉽다. 연소가스 속의 유해성분이 적기 때문에 대기오염 측면에서 중유로보다 낫다.

(3) 전기 저항로

온도조절이 가장 용이하고 작업이 쉬우며 재질의 변화가 작은 장점이 있다. 저항체로서 비철합금 가열에는 니크롬 등의 금속 발열체를 사용하며 철강, 내열합금 등의 가열에는 탄화규소 등의 비금속 발열체를 사용한 것이 사용된다.

(4) 고주파 유도로

1~10kHz 정도의 고주파 전류를 통한 코일 속에 재료를 놓고 재료에서 발생하는 와전류를 이용하여 가열하는 가열로이다. 재료가 빨리 가열되어 시간이 적게 걸리며 스케일(scale)의 발생이 적고 제품 표면이 좋은 이점이 있다.

제3장 압연가공

1. 압연의 개요

압연(rolling)은 회전하는 롤러 사이에 재료를 통과시켜 재료의 소성변형을 이용하여 판재, 봉재, 단면재 등을 성형하는 작업이다. 압연의 특징은 재료의 주조조직이 파괴되고 재료 내부의 기포가 압착되어 결정조직이 미세화되므로 재질이 균일해지며, 주조 및 단조에 비하여 작업속도가 빨라 생산비가 저렴한 장점 등을 들 수 있다.

금속의 압연은 작업완료온도가 재결정 온도 이상인지 이하인지에 따라 열간압연(hot rolling)과 냉간압연(cold rolling)으로 구별한다. 열간압연에서는 재료의 소성이 크고 변형저항이 작으므로 압연가공에 소비되는 동력이 적고 큰 변형을 용이하게 할 수 있어 단조품과 같은 우수한 성질 재료가 된다.

정밀한 제품을 가공할 경우는 일반적으로 냉간압연하며 압연 후에 필요에 따라 풀림처리를 하여 제품 치수의 정확성과 연성을 회복시키는 작업도 한다. 열간압연 재료는 재질에 방향성이 생기지 않으나 냉간압연한 재료는 방향성이 생겨 세로 방향과 가로 방향과의 기계적 물리적 성질이 달라 풀림하여 사용한다. 〔그림 3-1〕은 압연작업에서 생기는 조직변화를 나타낸 것이다.

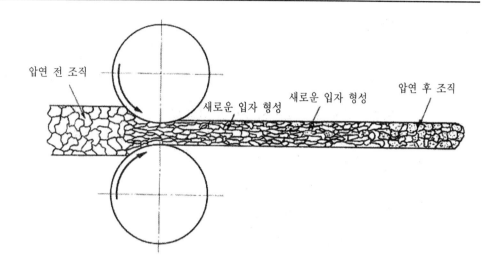

압연 전 조직

새로운 입자 형성　　새로운 입자 형성　　압연 후 조직

그림 3-1 압연가공 전후의 금속 조직

2. 압연의 원리

2.1 압하율

압연에 의한 변형 정도를 나타내는 것으로서 입구의 두께와 출구의 두께 차를 압하량이라 하고, 압하량을 압연 전의 두께로 나눈 값을 백분율로 표시한 것을 압하율이라 한다. 롤러 통과 전의 두께를 H_0, 통과 후의 두께를 H_1이라 하면 압하량은 $(H_0 - H_1)$이며, 압하율은 $(H_0 - H_1)/H_0 \times 100(\%)$ 이다.

압하율을 크게 하려면 직경이 큰 롤러를 사용하고, 롤러의 회전속도를 빠르게 하고, 압연재의 온도를 높게 한다.

2.2 압연조건

[그림 3-2]와 같이 판재를 원통형 롤러로 압연하는 경우에 소재가 롤러면에서 받는 힘을 P, 소재와 롤러간의 마찰계수를 μ라고 하면, 롤러와 소재 사이에는 마찰력 μP가 작용한다. 따라서 롤러가 소재를 끌어당기려면, 마찰력 μP의 수평방향 분력 $\mu P \cos\theta$가 롤러에서 받는 힘 P의 수평방향 분력 $P \sin\theta$ 보다 커야 한다.

따라서 아래의 식이 성립하고,

$$\mu P \cos\theta \geq P \sin\theta$$

이를 정리하면 다음과 같다.

$$\mu \geq \tan\theta$$

여기서 θ는 소재가 롤러와 접속하는 구간의 각으로 접촉각이라 한다.

따라서 접촉각 θ와 마찰계수 μ의 관계에서 $\tan\theta < \mu$인 경우에는 소재가 자력으로 압입되어 압연이 가능하고, $\tan\theta = \mu$인 경우는 소재에 힘을 가하면 압연 가능하며, $\tan\theta > \mu$인 경우에는 소재가 미끄러져 압입되지 않으므로 압연이 불가능하다.

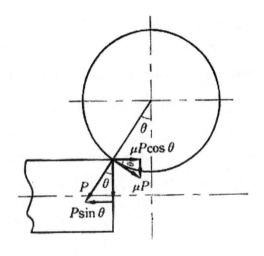

그림 3-2 압연시의 접촉각

3. 롤러와 압연기

3.1 롤러의 구조

롤러(roller)는 압연기의 주요 부품으로 제품의 형상이나 압하율이 결정된다. 롤러는 압연작용에 사용되는 몸체(body), 몸체를 지지하는 저어널부(journal) 및 구동부의 웨블러(webbler) 등으로 구성되어 있다.

롤러의 표면 형상에 따라 판재용에는 평 롤러(plain surface roller)가 사용되고, 형재용으로 홈붙임 롤러(groove roller)가 사용된다. 롤러의 표면 홈을 공형(caliber) 또는 패스(pass)라고 한다.

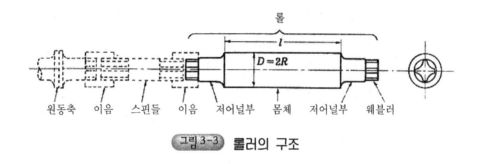

그림3-3 롤러의 구조

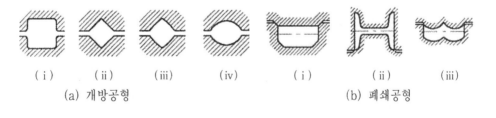

(ⅰ)　　(ⅱ)　　(ⅲ)　　(ⅳ)　　　　(ⅰ)　　　(ⅱ)　　(ⅲ)

(a) 개방공형　　　　　　　　　(b) 폐쇄공형

그림3-4 공형의 형상

3.2 롤러의 재질

롤러의 재질은 내마모성, 내열성, 내충격성이 우수하고 충분한 강도를 가져 절손이 생기지 않아야 한다. 롤러의 재질에 따라 주철 롤러와 강철 롤러로 구분한다.

3.3 압연기의 종류

압연기의 종류에는 여러 가지가 있다. 롤러의 수와 조립 형식에 따라 분류하면 다음과 같다.

(1) 2단 압연기

가장 간단한 구조로서 롤러와 롤러 사이에서 압연을 하는 것으로 롤러를 한 방향만으로 회전시켜 압연하는 비가역식과 롤러의 회전 방향을 역전시킬 수 있는 가역식이 있으며, 주로 소형 재료의 압연에 사용된다.

연속식 2단 압연기는 여러 대의 2단 압연기로 연속작업할 수 있어서 대량생산에 사용된다.

3단 압연기는 3개의 롤러로 구성된 압연기이다. 서로 인접된 롤러는 반대 방향으로 회전하며 롤러를 역전시키지 않아도 재료를 왕복운동시킬 수 있어서 대형 압연물에 사용한다.

(2) 4단 압연기

2개의 작업 롤러(work roller)와 2개의 지지롤러(back up roller)로 구성되어 있고 작은 작업 롤러로 압연하며 큰 지지 롤러로 작업 롤러를 지지하는 구조로 되어 있다. 이것은 작업 롤러가 작아 동력 소비가 적고 얇은 판까지 압연할 수 있으며, 일반적으로 작업 롤러를 구동한다.

가역식 4단 압연기는 4단 압연기에 가역장치가 설치된 압연기로서 롤러의 전후에서 장력을 주어 압하작용이 잘 되므로, 얇고 폭이 넓은 띠강 압연에 적합하다.

연속식 4단 압연기는 직렬식 압연기라고도 하며, 4단 압연기를 여러 대 연속적으로 배열한 것으로 대형 판재의 압연 및 고속 압연에 사용된다.

(3) 스테켈 압연기(steckel roller)

보통의 압연기와 같이 로울러가 구동하는 것이 아니라, 감는 기계(리일)가 소재에 인장력을 가해서 압연을 하는 것으로 연질재의 박판 압연에 사용한다.

C.M.P 4단 압연기는 스테켈 압연기와 가역 4단 압연기의 장점을 모아서 만든 압연기로 지지 롤러가 구동하여 작업 롤러에 큰 힘을 전달하며, 리일로 전방 및 후방장력을 주면서 압연한다.

(4) 20단 압연기(sendzimir mill)

롤러의 지름이 아주 작은 압연기로 작업 롤러의 간격을 정밀하게 조절할 수 있어 강력한 압연을 할 수 있으며 압연 재료가 균일한 장점이 있다. 특히, 스테인리스강과 같은 변형 저항이 큰 재료를 효과적으로 압연할 수 있다.

(5) 유니버설 압연기(universal mill)

유니버설 압연기는 I형강, H형강, 레일 등을 압연하기 위한 압연기로서 동일 평면에 상하 수평 롤러와 좌우 수직 롤러의 축심이 있는 압연기이다.

유니버설 압연기에서 재료는 상하 수평 롤러 사이 및 상하 수평 롤러의 측면과 좌우의 수직 롤러 사이에 형성되는 공간에서 재료를 압연하므로 H형강의 플랜지의 선단부는 압연되지 않고 선단부는 둥글게 되며, 또 플랜지의 폭도 규정 치수로 하는 것이 어려우므로 선단부를 압연하는 에징 압연기(edging mill)와 짜 맞추어서 사용한다.

(6) 유성 압연기(planetary roller)

큰 지름의 롤러 주위에 작은 작업 롤러를 다수 배치하여 이 작업 롤러의 공전 및 자전에 의해서 압연을 하는 압연기이다. 1회의 압연으로 큰 압하율을 얻을 수 있으며, 소재는 입구 쪽에 설치된 압입용 롤러에 의해서 물리게 된다.

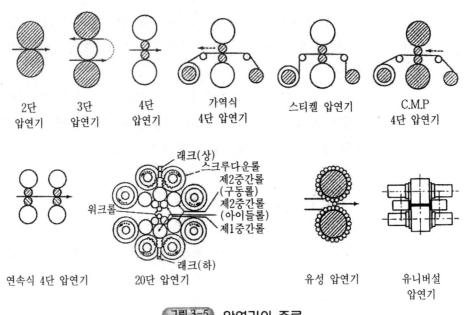

2단 압연기　　3단 압연기　　4단 압연기　　가역식 4단 압연기　　스티켈 압연기　　C.M.P 4단 압연기

연속식 4단 압연기　　20단 압연기　　유성 압연기　　유니버설 압연기

래크(상)
스크루다운롤
제2중간롤(구동롤)
제2중간롤(아이들롤)
제1중간롤
워크롤
래크(하)

그림 3-5 압연기의 종류

4. 압연의 종류

4.1 압연재의 종류

영국에서 분류하여 사용하는 강철의 압연재에 대한 종류와 구분은 다음과 같다.

(1) 블룸(bloom)

사각형 또는 정방형 단면의 소재로 치수는 250 mm×250 mm에서 450 mm×450 mm 정도이다.

(2) 슬래브(slab)

장방형의 단면 현상이며, 두께 50~150 mm, 폭 600~150 mm인 판재이다.

(3) 빌릿(billet)

4각형 단면 현상이며, 치수는 50 mm×50 mm에서 120 mm×120 mm 정도의 단면을 갖는 작은 강편의 4각형 봉재이다.

(4) 바(bar)

지름 12~100 mm 범위의 봉재, 또는 단면이 100 mm×100 mm 범위의 사각 단면 형상의 긴 봉재이다.

(5) 로드(rod)

지름이 12 mm 이하인 긴 봉재이다.

(6) 섹션(section)

각종 단면 형상을 갖는 단면재이다.

(7) 플랫(flat)

두께 6~18 mm, 폭 20~450 mm 정도의 평평한 판재이다.

(8) 라운드(round)

봉재로서 지름이 200 mm 이상이다.

(9) 좁은 스트립(narrow strip)

두께 0.75~15 mm이고, 폭 450 mm 이하인 코일로 된 긴 판재이다.

(10) 플레이트(plate)

두께 3~75 mm의 긴 판이다.

(11) 넓은 스트립(wide strip)

두께 0.75∼15 mm, 폭 450 mm 이상인 코일로 된 긴 판재이다.

4.2 분괴 압연

강괴나 주괴(ingot)를 제품의 중간재로 만드는 작업을 분괴(bloom)압연
이라 한다. 분괴압연은 가열로에서 1200℃ 내외로 균일하게 가열하여 신
속하게 작업한다.

4.3 후판 압연

두께 6 mm 이상의 판을 후판이라 하며, 조선, 건축, 교량, 보일러, 차량,
압력 용기, 산업기계 등에 사용된다. 슬래브를 가열하여 후판으로 압연하
는 경우 가열, 거친 압연, 다듬질 압연, 교정, 열처리 등의 공정순서를 따른
다.

4.4 형강 압연

봉재 압연기 또는 형강 압연기를 사용하여 봉강, 홈형강, H형강, 철도
레일 등을 압연하려면 블룸 또는 빌릿을 가열하여 형강 압연기로 여러
회 반복하여 각 형상의 홈 롤러로 압연하면 단면적을 감소시키면서 롤러
구멍의 형상을 바꾸어 작업이 진행된다. 압연기의 형식으로는 연속 가공
시 3단식 압연기나 유니버설 압연기가 사용된다.

〔그림 3-6〕은 각종 압연형강의 종류를, 〔그림 3-7〕은 형강의 압연순서
를 도시한 것이다.

등변산현강	원형단면
부등변산형강	각강
채널형강	육각강
I형강	팔각강
Z형강	평강
T형강	크로스바
레일	홈레일

그림 3-6 각종 압연형강의 종류

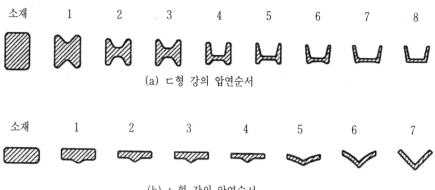

소재　1　2　3　4　5　6　7　8

(a) ㄷ형 강의 압연순서

소재　1　2　3　4　5　6　7

(b) ㄴ형 강의 압연순서

그림 3-7 형강의 압연순서

제4장 인발 가공

1. 인발의 개요

인발 가공(drawing)이란 [그림 4-1]과 같이 테이퍼 구멍을 가진 다이 (die)를 사용하여 인발기로 재료를 잡아당겨 다이의 구멍을 통과시킴으로 써 공작물의 단면적을 감소시키는 것을 말한다.

이것은 다이 벽면과 재료 사이에는 압축력이 작용하여 소성변형을 일으 켜 재료의 단면이 다이의 최소 단면 형상 치수를 갖게 하는 가공법이다. 소재는 인장되면서 지름이 작아지므로 가공원리상 복잡하고 다양한 제품 을 만들기는 곤란하다.

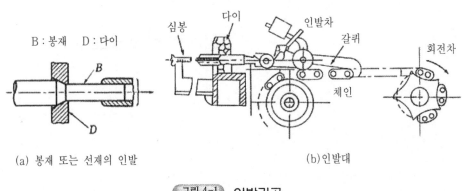

(a) 봉재 또는 선재의 인발   (b) 인발대

그림 4-1 인발가공

2. 인발의 종류

인발의 종류는 단면의 형상, 다이의 종류 및 인발기 등을 기준으로 나눌 수 있다.

2.1 봉재 인발(bar drawing)

인발기(draw bench)를 사용하여 다이에서 재료를 인발하여 소요 형상의 봉재를 제작한다. 다이 구멍의 형상에는 원형, 각형 등이 있다.

2.2 선재 인발(wire drawing)

지름 5 mm 이하의 가는 선재(wire)의 인발을 선재 인발 또는 신선이라 하며, 다이에서 선재를 뽑을 때 사용하는 인발용 기계를 신선기라고 한다. 선재 인발된 선재는 권선기를 이용하여 감는다. 주로 냉간가공하며 선재의 굵기는 최소 0.01mm까지 신선가공이 된다.

선재는 코일에 감기기 때문에 일정한 곡률 반지름을 가지고 횡방향에 파도결이 남아 있으므로 교정기를 이용하여 고정한다.

2.3 관재 인발(tube drawing)

관재를 인발하여 바깥지름을 일정한 치수로 가공할 때에는 다이를 고정시키고, 안지름도 일정한 치수로 인발할 때에는 맨드릴(mandrel)이나 플러그(plug)를 함께 사용하여 인발한다.

2.4 롤러 다이법

고정 다이 대신 롤러 다이를 사용하는 방법으로 형재, 선재 제작에 사용된다. 가공하고자 하는 공작물 단면 현상과 같은 공형이 있는 롤러를 사용하며, 소재로는 원형의 봉재 또는 판재를 사용한다. 소재를 롤러에 넣고 잡아당기면 롤러 사이에서 단면이 감소하며 소요의 형상이 된다. 소재의 인발에 의하여 롤러는 회전하기 때문에 마찰이 작은 반면 진원도는 좋지 않다. 가공력이 인장력이기 때문에 어떤 경우라도 1회에 크게 단면을 감축시킬 수 없다.

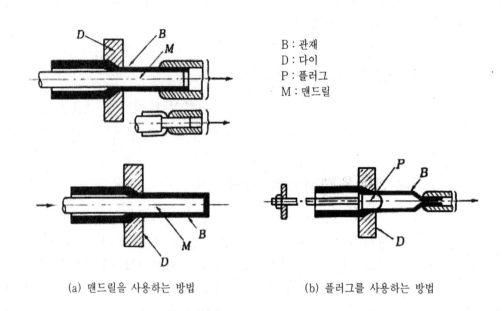

B : 관재
D : 다이
P : 플러그
M : 맨드릴

(a) 맨드릴을 사용하는 방법   (b) 플러그를 사용하는 방법

그림 4-2 관재 인발

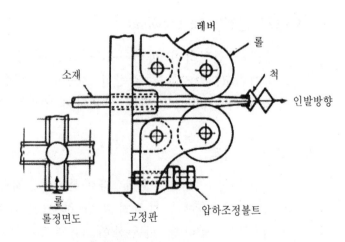

그림 4-3 롤러 다이법

3. 인발 작업

3.1 다이의 형상

인발에 사용되는 다이의 형상과 명칭은 [그림 4-4]와 같으며 다이각은 연질재료의 경우에는 크게 하고, 경질재료에는 작게 한다. 각도 α의 값은 사용재료에 따라 황동 및 청동은 $9\sim12°$, 알루미늄, 금, 은에 대해서는 $16\sim18°$, 강철은 $6\sim11°$ 정도이다.

도입부(bell)는 윤활유를 받아들이는 역할을 하는 부분이며, 안내부 (approach)에서는 단면 감소가 이루어지며, 정형부(bearing)는 극히 작은 테이퍼를 가지며. 여유부(relief)는 다이에 강도를 주기 위한 것이다.

다이의 재질은 충분한 강도를 가져야 하며 내마모성이 높고 표면을 매우 평활하게 다듬질 가공하여야 한다. 다이의 재료는 초경합금을 주로 사용하지만, 0.5 mm 이하의 구멍지름의 다이는 다이아몬드를 사용한다.

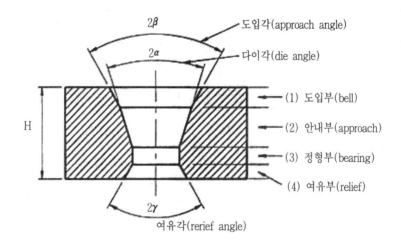

그림 4-4 인발 다이의 형상

3.2 인발에서의 윤활

인발작업에서 윤활제의 선택은 매우 중요하다. 인발할 때 다이의 압력이 대단히 높기 때문에 경계 윤활(boundary lubrication) 상태가 되어야 마찰력을 감소시키고 다이의 마모를 적게 하여 제품의 표면을 매끈하게 가공할 수 있다.

윤활방법에는 건식과 습식이 있다. 건식 윤활제로는 석회, 그리스(grease), 비누, 흑연 등이 사용되고, 습식 윤활제로는 식물성 윤활유, 식물성 윤활유에 비눗물을 혼합한 것이 사용된다. 〔그림 4-5〕는 신선기에서의 습식윤활을 나타낸 것이다.

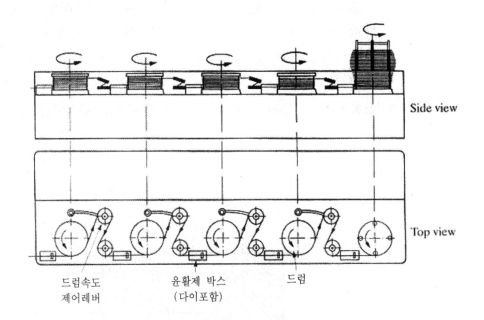

드럼속도
제어레버

윤활제 박스
(다이포함)

드럼

Side view

Top view

그림 4-5 신선기에서의 윤활

제5장 압출 가공

1. 압출의 개요

다이를 설치한 용기(container) 속에 알루미늄, 아연, 구리, 마그네슘합
금 등 가소성이 큰 소재(billet)를 넣고, 강력한 압력을 가하여 각종 단면
재(section), 관재(pipe), 선재(wire)를 성형하는 것을 압출(extrusion)이라
한다.

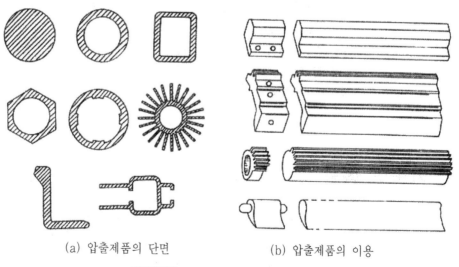

(a) 압출제품의 단면   (b) 압출제품의 이용

그림 5-1 압출가공에 의한 제품

이 방법은 압출 압력이 높으므로 제품의 조직이 치밀하여 기계적 성질이 향상되고 1회 압출로 제품 제작이 가능하여 다량생산에 적합한 이점이 있으나 설비비가 많이 든다.

〔그림 5-1〕는 압출가공에 의한 제품과 이용을 나타낸 것이며, 〔표 5-1〕와 〔표 5-2〕는 열간 및 냉간 압출 소재에 따른 용도를 나타낸 것이다.

[표 5·1] 열간 압출 재료에 따른 용도

재 료 명	용 도
Pb 및 그 합금	가스, 수도관, 케이블선 피복, 땜납선, 또는 봉
Cu 및 그 합금	전선, 콘덴서 및 열 교환기용 파이프, 가구, 관 이음
Al 및 Al 합금	건축재료, 차량, 선박구조 장식료, 가정용 기구
Zn 및 그 합금	전기접점, 메탈스프레이와이어, 수도관
강철 및 특수강	기계, 차량부품, 토목, 건축구조부재, 보일러 파이프 열교환기, 화학기계
Ni 및 그 합금	가스터빈 블레이드, 각종 내열 부재

[표 5·2] 냉간 압출 재료에 따른 용도

재 료 명	용 도
Pb, Sn 및 그 합금	각종 파이프, 케이스, 용기
Cu 및 그 합금	각종 전기용 기구와 부품, 기계용 부품, 탄피
Al 및 특수강	각종 케이스, 각종 파이프, 전기 기구, 식용품 케이스
Zn 및 그 합금	건전지 케이스

2. 압출의 종류

2.1 직접 압출법(direct extrusion process)

램(ram)의 진행방향과 압출재의 이동방향이 동일하므로, 전방압출이라고도 한다. 소재의 외부는 용기와의 마찰을 일으키며 이동하므로 압출이 끝나면 직접 압출에서는 20~30%의 소재가 잔류한다.

2.2 간접 압출법(indirect extrusion process)

램의 진행방향과 압출재의 이동방향이 반대인 경우이며, 후방압출이라고도 한다. 직접 압출법에 비하여 재료의 손실이 적고 소요동력이 작은 장점이 있으나 조작이 불편하고 표면상태가 좋지 못한 단점이 있다.

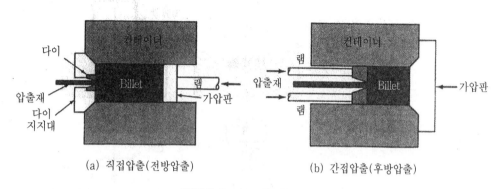

(a) 직접압출(전방압출)   (b) 간접압출(후방압출)

그림 5-2 직접압출과 간접압출

2.3 충격 압출법(impact extrusion process)

아연, 주석, 납, 알루미늄, 구리 등의 비철금속합금은 크랭크 프레스를 사용하여 큰 충격력을 가하여 상온에서 압출 가공이 가능하다. 이 방법은 제품의 두께가 얇은 원통 형상인 치약 튜브, 화장품 케이스, 건전지 케이스용 등의 제작에 사용된다.

최근에는 윤활방법과 다이설계기술이 발달하여, 철강재료도 특별히 가열하지 않고 냉간 압출할 수 있게 되었다.

2.4 정수압 압출법(hydrostatic extrusion)

직접압출은 소재와 다이, 컨테이너 간에 상당히 큰 마찰력이 작용하므로, 압출압력도 매우 높아져 경질재료의 압출은 곤란하다. 이것을 〔그림

5-4]와 같이 고압액체를 매개로 압출을 하면, 이 매체가 소재와 컨테이너의 접촉면 사이를 지나 외부로 새어 나가려 함에 따라 유체윤활 상태가 되어 마찰력이 저하되고 소재의 변형이 용이해진다. 이것을 정수압압출 또는 액압압출이라고 한다.

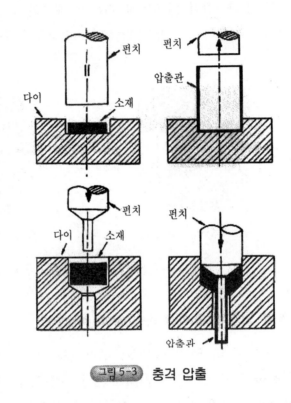

그림 5-3 충격 압출

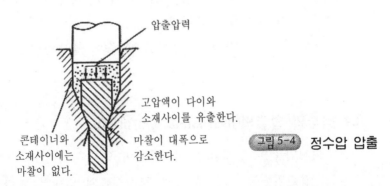

그림 5-4 정수압 압출

3. 압출 작업

3.1 압출기와 공구

압출기의 주요 부분은 컨테이너, 램, 다이로 구성되어 있으며, 용량은 일반적으로 1,000~4,000 ton이고 최대 15,000 ton에 달하는 것도 있다. 압출기로는 유압식 프레스, 토글 프레스, 크랭크 프레스 등이 사용된다.

다이의 재질은 Cr-W강, Cr-Mo강 등이 사용된다. 다이의 구멍은 제작될 제품의 지름보다 약간 작게 한다. 베어링 면의 길이를 짧게 하면 소재와 베어링간의 마찰력이 작기 때문에 소요동력은 작아지나, 베어링면이 쉽게 마모되어 수명이 짧게 된다.

3.2 압출에서의 윤활

윤활제로서 열간 압출에는 등유 또는 실린더유에 흑연을 혼합하여 사용한다. 흑연의 양은 5~35% 정도이며, 부유성을 좋게 하기 위하여 기름에 풀리는 비누를 섞을 때도 있다.

납, 주석, 아연 등은 고온에서 가소성이 좋기 때문에 가공하기가 쉬워 윤활제는 사용하지 않는다. 강철제는 윤활제로 유리를 이용한다. 냉간 충격압출에서 강철을 압출할 때에는 소재를 15% 황산(H_2SO_4)으로 산세(酸洗)하고 인산염 피복을 한 다음, 윤활제로서 에멀션(emulsion) 수용액을 사용한다.

3.3 압출제품의 결함

압출재료인 빌릿의 2/3 정도가 압출된 후에는 빌릿 표면이 산화피막과 함께 제품의 중심으로 유동되어 압출제품의 내부에 결함이 생기며, 이를 파이프 결함(pipe defect)이라 한다. 이것을 방지하기 위한 방법으로 빌릿의 2/3 정도가 압출되었을 때 잔류재료를 제거하고, 가압판의 지름을 컨

테이너보다 작게 하여 압출시에 산화피막이 있는 표면재료를 컨테이너에 잔류하게 한다.

표면결함은 압출 변형속도와 온도가 너무 크거나 높을 때 생긴다. 압출에서 선단은 후단에 비하여 받는 압력이 작기 때문에 강도가 후단에서보다 낮다.

내부결함은 다이각이 너무 크던가 불순물 양이 많을 경우에 중심선의 정수압 인장응력 상태가 원인이 되어 중심부에 발생하는 균열로 다이각의 감소나 압출비와 마찰을 증가시키면 내부결함을 방지할 수 있다.

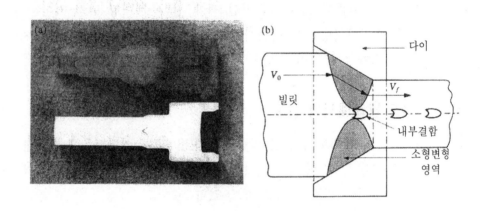

그림 5-5 압출제품의 내부결함

제6장 프레스 가공

1. 프레스 가공의 개요

박판금속 즉, 판재를 소재로 하여 이어 붙임없이 소성변형에 의하여 필요한 형상으로 성형하는 과정을 스탬핑(stamping), 박판성형(sheet metal forming) 혹은 프레스 가공(press working)으로 부른다. 이 가공법은 단조, 압출, 압연 등과 같은 부피성형법과 함께 금속 소성가공법의 하나의 큰 줄기를 이루고 있다.

프레스 가공은 주로 펀치와 다이로 한 쌍의 형을 사용하여 소재의 소성변형을 이용하여 판재를 가공하는 방법으로서 각종 용기, 장식품, 자동차, 선박, 건축 구조물 등 광범위한 공업제품의 생산에 응용되고 있으며, 대표적인 성형품으로서는 자동차의 차체를 예로 들 수 있으며, 비행기의 기체 부품, 가전제품의 케이스류, 주방용구, 캔 등이 있다.

프레스 가공의 특징은 제품의 강도가 높고 경량이며, 재료 사용률이 높고, 가공속도가 빠르고 능률이 좋으며, 제품의 정도가 높고 품질이 균일하다는 점이다. 가공 재료로는 금속 이외에 종이, 합성수지 등도 사용된다.

프레스 가공은 주로 냉간가공이며, 두꺼운 판재의 경우는 열간가공으로 하기도 한다. 프레스가공을 크게 세 가지로 분류하면 전단가공, 성형가공(굽힘가공, 디프 드로잉 등), 압축가공으로 나눌 수 있다.

2. 전단가공

2.1 전단 현상

〔그림 6-1〕과 같이 펀치와 다이 사이에 소재(strip)을 넣고 펀치에 힘을 가하면 펀치가 소재를 눌러 날(edge)끝이 접촉하는 재료의 표면은 압축력을 받게 된다. 가공이 진행됨에 따라 소재의 표면에 작용하는 힘에 의하여 재료는 탄성한도를 넘어서게 되고 소성변형을 일으키게 된다. 가공이 계속 진행되면 날끝 부근의 응력이 파단의 한도를 넘어 이 부분의 소재에 균열(crack)이 발생되기 시작하고 이것이 성장하여 전단이 일어난다.

전단각(shear angle)은 전단 공구가 작은 힘으로도 전단할 수 있도록 아랫날에 대하여 윗날이 경사지게 하는 각도이다. 전단각은 보통 5~10° 정도이며 12°를 넘지 않게 하고, 날 끝각은 70~90°, 여유각은 2~3°로 한다. 제품의 전단작업에 필요한 힘은 전단면의 면적과 재료의 전단강도에 따라 결정된다.

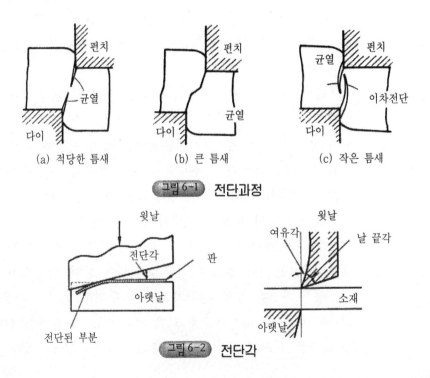

      (a) 적당한 틈새   (b) 큰 틈새   (c) 작은 틈새

그림 6-1 전단과정

그림 6-2 전단각

2.2 전단 가공의 종류

전단 가공은 펀치와 다이가 가지는 두 날을 이용하여 재료에 전단응력을 발생하게 힘을 가하여 재료의 불필요한 부분을 잘라내어 어떤 형상을 가진 제품으로 가공하는 것을 말하고, 다음과 같은 종류가 있다.

(1) 블랭킹(blanking)

미리 결정된 크기로 재단된 판재를 사용하여 제품의 외형을 전단하는 가공을 블랭킹이라 한다. 블랭킹시에는 다이의 제원을 제품과 동일하게 하고 펀치에 틈새를 준다.

(2) 펀칭(punching)

판재나 블랭킹 가공된 소재에서 필요없는 내부 부분을 전단으로 제거하는 가공이다. 펀칭시에는 펀치의 제원을 기준으로 하고 다이에 틈새를 준다.

(3) 노칭(notching)

소재나 제품 또는 부품의 가장자리를 다양한 모양으로 따내기하여 제품으로 가공하는 것을 노칭이라 한다.

(4) 슬리팅(slitting)

슬리팅 롤러를 사용하여 큰 판재를 주어진 길이나 윤곽선에 따라 판의 일부를 전단하거나, 넓은 폭의 코일을 좁은 코일로 만들 때 사용한다.

(5) 트리밍(trimming)

성형 가공된 제품의 윤곽이나 드로잉된 용기의 플랜지(flange)를 소요의 형상과 치수로 잘라내는 것이다.

(6) 셰이빙(shaving)

전단가공된 제품을 정확한 치수로 다듬질하거나 전단면을 깨끗하게 하기 위하여 시행하는 미소량의 전단가공을 셰이빙이라 한다.

(7) 분단 가공(parting)

제품을 분리하는 가공이다.

(8) 루브링(louvering)

펀치와 다이에서 한쪽만 전단이 되고 다른 쪽은 굽힘과 드로잉의 혼합 작용으로 바늘창 모양으로 가공하는 것을 말한다. 용도는 자동차, 식품 저 장고의 통풍구 또는 방열창에 이용된다.

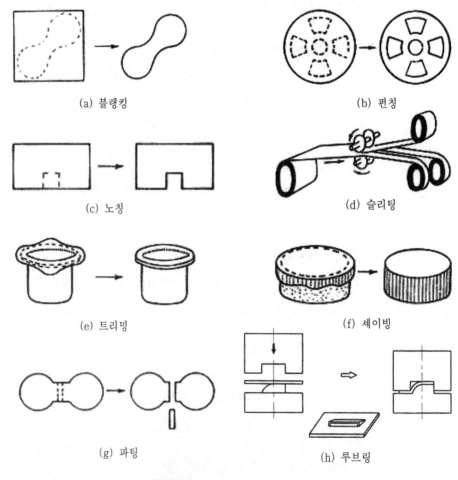

(a) 블랭킹

(b) 펀칭

(c) 노칭

(d) 슬리팅

(e) 트리밍

(f) 셰이빙

(g) 파팅

(h) 루브링

그림 6-3 전단가공의 종류

3. 굽힘 가공

3.1 굽힘 변형

(1) 최소 굽힘 반지름

〔그림 6-4〕와 같이 펀치와 다이 사이에 소재를 놓고 펀치에 힘을 가하면, 펀치를 기준으로 하여 내측은 압축력을 받고, 외측은 인장력을 받아 소재가 굽힘변형된다. 이 때 소재에 발생하는 인장 및 압축응력은 소재의 표면에서 가장 크고 중심에 접근할수록 작아지며, 중앙에는 인장과 압축이 생기지 않는 면이 있고 이 면을 중립면이라 한다.

소재를 굽힐 때 굽힘 반지름이 너무 작아지면 재료가 인장을 받는 외측 표면에 균열이 생겨 가공이 불가능하게 된다. 이 한계를 최소 굽힘 반지름이라 하고, 이 최소 굽힘 반지름의 크기는 가공소재의 재질, 판 두께, 가공방법 등에 따라서 달라진다.

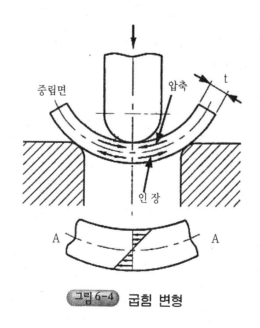

그림 6-4 굽힘 변형

최소 굽힘 반지름은 굽힘방향에 따라 달라지므로 굽힘의 절곡선을 압연방향과 직각으로 하면 굽힘 반지름을 작게 할 수 있다. 〔그림 6-5〕와 같이 한 제품에 평행하지 않은 2개 이상의 절곡선이 있을 때에는 어느 쪽도 압연방향과 평행하지 않도록 굽힘방향을 배치한다.

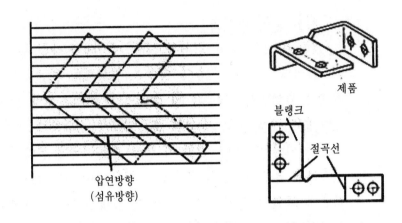

압연방향
(섬유방향)

제품

블랭크

절곡선

그림 6-5 굽힘가공 소재의 블랭킹 방향배치

(2) 스프링 백(spring back)

굽힘가공에서 탄성한계 이상의 힘을 가하여도 하중이 제거된 후에 〔그림 6-6〕과 같이 소재가 약간 원래 상태로 돌아가는 일이 있다. 즉 굽힘금형으로 제품을 가공할 때 펀치와 다이 사이에서 굽힘가공된 제품의 각도는 금형의 각도와 약간의 차이가 생기는 현상을 스프링 백이라 한다.

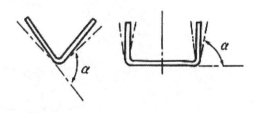

그림 6-6 스프링 백

일반적으로 스프링 백의 크기는 판 두께, 굽힘 반지름 및 가공조건에 따라 다르지만 그 양이 작을수록 제품이 정밀도가 좋아지므로 가공에 있어서는 될 수 있는 한 스프링 백이 작게 일어나도록 하여야 한다.

(3) 재료 길이 계산

굽힘가공에서 재료 길이란 제품을 원하는 모양과 치수로 굽히는데 필요

[표 6·1] 각종 굽힘 형상에서의 재료 길이

굽힘의 종류	형상	전개 길이(mm)
V굽힘 (굽힘각 1개)		$L = l_1 + l_2 + \dfrac{\pi}{2}(r_i + kt)$
U굽힘 (굽힘각 2개)		$L = l_1 + l_2 + l_3 + \pi(r_i + kt)$
일반적인 굽힘 (굽힘각 다수)		$L = l_1 + l_2 + \cdots\cdots + l_n$ $+ \dfrac{\pi}{2}(r_i + k_1 t)$ $+ \dfrac{\pi}{2}(r_{i2} + k_2 t) + \cdots + \dfrac{\pi}{2}(r_{in-1} + k_{n-1} t)$
반원 U 굽힘		$L = 2l + \pi(r_i + kt)$
컬 굽힘		$L = 1.5\pi\rho + 2R - t$ $\rho = R - k_0 t$

한 굽히기 전의 길이를 말하고, 이 펼친 재료 길이는 굽힘 부분에서 중립면의 길이가 굽힘가공 전의 펼친 길이와 같다는 조건에서 구할 수 있다.

중립면의 위치는 판두께(t)에 대해서 굽힘 반지름(R)이 클 때는 판 두께의 중앙에 있으나 굽힘 반지름이 작아짐에 따라 중립면은 굽힘 중심쪽으로 기울어진다. 판의 안쪽에서 중립축까지의 거리를 s라 하면 s=kt 가된다. 이 k는 중립면 위치의 이동계수라 한다.

〔표 6-1〕은 각종 굽힘 가공한 제품의 펼친 재료 길이 계산식이다.

위의 계산식에 의하여 계산된 가공소재의 펼친 길이도 정확하지 못하므로 최종의 펼친 길이는 시험작업에 의하여 결정한다.

펼친 재료 길이의 정확을 기하기 위하여 중립면 이동계수 k의 값은 〔표 6-2〕과 같다. 이 때 k의 값은 굽힘 반지름과 가공소재 두께의 비(R / t)에 의하여 결정된 것이다.

[표 6·2] 중립면 이동계수 k의 값

90° 굽힘가공 (연강)	R/t	0.1	0.25	0.5	1.0	2.0	3.0	4.0
	k	0.32	0.35	0.38	0.42	0.455	0.47	0.475
컬링가공 (연강)	R/t	2.0	2.2	2.4	2.6	2.8	3.0	3.2
	k	0.44	0.46	0.48	0.49	0.5	0.5	0.5

3.2 굽힘 가공의 종류

굽힘가공은 소재에 소성영역에 달할 수 있는 힘을 가하여 굽혀 목적하는 형상으로 가공하는 방법으로, 박판의 경우는 냉간가공, 후판은 열간가공한다. 굽힘가공에는 굽힘프레스(press brake)를 사용하여 펀치와 다이를 이용한 굽힘가공법, 폴딩머신(folding machine)를 이용한 굽힘가공, 일반프레스 및 롤러를 이용한 굽힘가공법 등이 있다.

(1) 굽힘 가공(bending)

평평한 판이나 소재를 그 중립면에 있는 굽힘축 주위를 움직임으로써 재료에 굽힘변형을 주는 가공을 말한다. 굽혀진 안쪽은 압축을 받고, 바깥쪽은 인장을 받는다. 막대, 판, 형강 재료의 굽힘이나 곡선축 둘레의 굽힘 등이 있다.

(2) 성형 가공(forming)

소재의 모양을 여러 형상으로 변형시키는 가공을 말한다. 성형가공은 전단가공을 제외한 소성가공 전체를 의미한다.

(3) 딤플링(dimpling)

미리 뚫려 있는 구멍에 그 안지름보다 큰 지름의 펀치를 이용하여 구멍의 가장자리를 판면과 직각으로 구멍둘레에 테를 만드는 가공이다.

(4) 비딩(beading)

용기 또는 판재에 폭이 좁은 선 모양의 돌기(bead)를 만드는 가공이다.

(5) 컬링(curling)

판, 원통 또는 원통 용기의 끝 부분에 원형 단면이 테두리를 만드는 가공이며, 이것은 제품의 강도를 높여주고 끝 부분의 예리함을 없게 하여 안전을 높이기 위하여 행하여지는 가공이다.

(6) 시밍(seaming)

여러 겹으로 구부려 두 장의 판을 연결시키는 가공이다.

(7) 네킹(necking)

원통 또는 원통 용기 끝 부분의 지름을 감소시키는 가공이며 이를 목조르기 가공이라고도 한다.

(8) 엠보싱(embossing)

소재에 두께의 변화를 일으키지 않고 상하 반대로 여러 가지 모양의 요

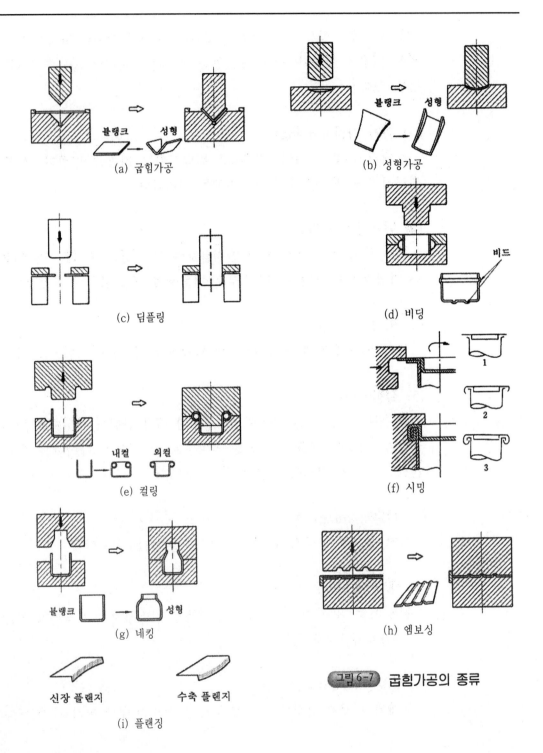

(a) 굽힘가공

블랭크 성형

(b) 성형가공

블랭크 성형

(c) 딤플링

(d) 비딩

비드

(e) 컬링

내컬 외컬

(f) 시밍

1

2

3

(g) 네킹

블랭크 성형

(h) 엠보싱

신장 플랜지   수축 플랜지

(i) 플랜징

그림 6-7 굽힘가공의 종류

철을 만드는 가공이다.

(9) 플랜징(flanging)

용기 또는 관 모양의 부품 끝 부분에 금형에 의하여 가장자리를 만드는 가공이다. 원통의 바깥쪽 플랜지를 만드는 가공을 신장 플랜지 가공, 원통의 안쪽 플랜지를 만드는 가공을 수축 플랜지 가공이라 한다.

(10) 관의 굽힘가공(tube bending)

관은 중앙이 비어 있으므로 굽힘시에 발생하는 축방향 저항력이 작아서 굽힘부에 주름이 생기는 등 결함이 많이 발생한다. 이 때는 관 속에 저항할 수 잇는 물체를 채워 넣어야 불량을 막을 수 있는데 주로 모래, 송진, 납, 스프링 등을 이용한다.

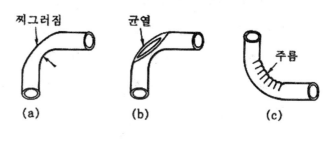

그림 6-8 관의 굽힘시 발생하는 결함

4. 디프 드로잉(deep drawing)

디프 드로잉이란 블랭킹한 제품을 이용하여 펀치와 다이를 사용하여 원통형, 각통형, 반구형, 원추형의 탄피, 주전자 등 이음새 없는 중공 용기를 성형하는 가공이다. 성형 과정에서 가공판재가 원주 방향으로는 압축응력을, 이것과 직각 방향으로는 인장응력을 받는 것이 이 가공의 특징이다.

이 가공은 원주방향의 압축응력 때문에 가공재료에 주름이 생기기 쉬우므로 이것을 방지하기 위해 블랭크 홀더(blank holder)형을 사용하는 것이 보통이다.

4.1 디프 드로잉 조건

(1) 펀치의 곡률 반지름(punch radius ; r_p)

펀치의 곡률 반지름의 크기 r_p가 작으면 극단적인 굽힘이 되어 용기 모서리 부분의 인장 변형이 커지고, 또한 블랭크의 두께가 감소되어 파단되기 쉽다. 반대로 r_p가 크면 주름이 발생하여 변형 중 블랭크의 원주 지름이 펀치 지름보다 작아지므로 블랭크가 파단되기 쉽다. 이 값은 재료가 경질일수록 큰 값을, 연질일수록 작은 값을 택한다.

(2) 다이의 곡률 반지름(die radius ; r_D)

다이의 곡률 반지름 r_D가 클수록 드로잉은 용이하나 블랭크 홀더의 압력이 크게 작용하지 못하므로 주름이 발생할 경우가 있다. 반대로 r_D가 너무 작으면 블랭크는 급격한 굽힘과 수축을 동시에 받게 되어 드로잉 하중이 상당히 커진다.

(3) 펀치와 다이의 간격(clearance ; u_D)

펀치와 다이 사이의 간격은 소재의 두께와 다이나 펀치의 벽과 마찰을 줄이기 위한 여유로 소재의 강도나 가공 정밀도에 따라 달라진다. 제품의 치수확보가 요구된다면 이 여유를 가능한 한 소재의 두께와 근접하게 한다.

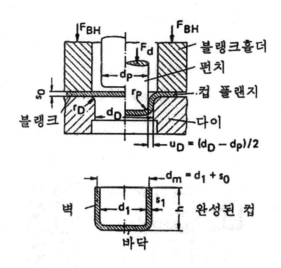

그림 6-9 원통형 용기의 딥 드로잉

4.2 디프 드로잉의 종류

(1) 디프 드로잉(deep drawing)

평평한 판재를 펀치에 의하여 다이 속으로 이동시켜 이음매 없는 중공 용기를 만드는 가공이다.

(2) 재드로잉(redrawing)

〔그림 6-10〕(a)와 같이 한 번의 작업으로 가공하기 어려운 제품을 작은 지름으로 재차 디프 드로잉하는 가공이다.

(3) 역드로잉(reverse drawing)

〔그림 6-10〕(b)와 같이 두 회의 디프 드로잉공정을 한 세트의 금형에서 수행하는 작업으로 소재의 성형성이 좋아야 하며, 특수한 프레스가 필요하다.

(4) 아이어닝(ironing)

[그림 6-10](c)와 같이 가공용기의 바깥지름보다 조금 작은 안지름을 가진 다이 속에 펀치로 가공물을 밀어 넣어서 원통 용기의 벽 두께를 얇고 고르게 하여 원통도를 향상시키며 그 표면을 매끄럽게 하는 가공이다.

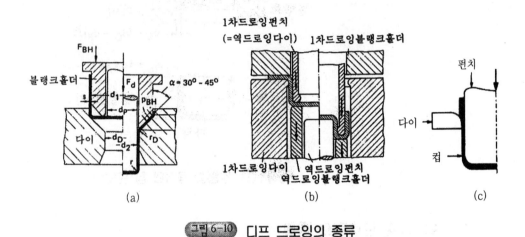

그림 6-10 디프 드로잉의 종류

5. 기타 판재 가공

5.1 스피닝(spinning)

스피닝 가공은 펀치에 상당하는 목대 또는 금속대의 내형과 소재판을 [그림 6-11]과 같이 선반의 주축대에 설치하여 3000rpm 정도의 속도로 회전시켜 외측으로부터 롤러로 소재판을 형에 눌러대며 성형한다.

전단 스피닝(shear spinning ; flow turning, 회전단조라고도 함)은 성형 시에 소재의 두께도 얇게 하여 튜브 등을 만드는 스피닝의 한 형태이다.

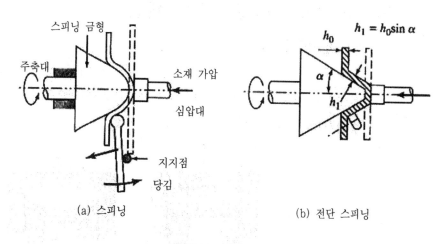

스피닝 금형	$h_1 = h_0\sin\alpha$
주축대	h_0
소재 가압	α
심압대	h_1
지지점	
당김	

(a) 스피닝   (b) 전단 스피닝

그림 6-11 스피닝

5.2 인장성형법(stretch forming)

제품의 굽힘 반지름이 매우 큰 경우에는 프레스 가공으로서는 스프링 백이 크고 제품 정도가 좋지 않으며 가공이 어렵다. 인장성형법은 〔그림 6-12〕와 같이 소재에 인장을 가하여 성형함으로써 재료내부에 압축응력이 생기지 않도록 해서 스프링 백이 극히 작은 곡면을 성형하는 방법이다.

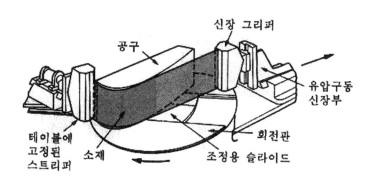

그림 6-12 인장성형법

5.3 고무압 또는 액압을 이용한 성형법

(1) 게이린법(Guerin process)

금속으로 가공된 펀치 대신에 고정구 내에서 임의의 형상으로 변형할 수 있는 고무가 펀치의 역할을 하여 다이에 압착시킴으로써 펀칭 또는 성형하는 방법

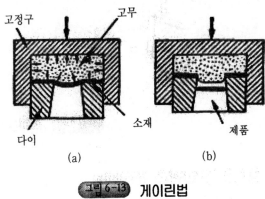

그림 6-13 게이린법

(2) 마아포옴법(marforming)

게이린법에 의한 장치에 압판과 압력을 가하는 액압장치를 부가한 것으로 이 방법의 장점은 재료 측부의 고무 압력으로 펀치의 측면을 가압하여 디프 드로잉 가공을 용이하게 할 수 있다.

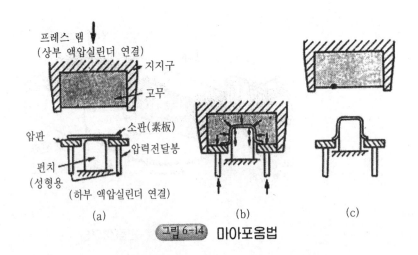

그림 6-14 마아포옴법

(3) 하이드로포옴법(hydroforming)

마아포옴법의 고무 대신에 밸브로 유압을 조절한 유압실 속에 강체 편치를 밀어 넣어 딥 드로잉 성형을 한다. 유압실과 펀치간에는 고무막(두께 6.5 mm 정도)이 있어 유압은 이 고무막을 거쳐 소재 및 펀치에 작용한다.

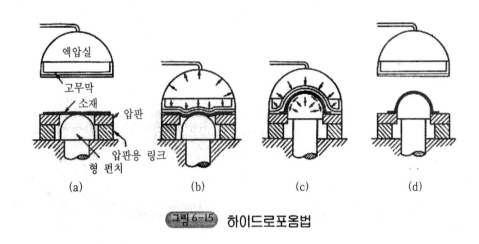

그림 6-15 하이드로포옴법

(4) 벌징(bulging)

분할다이 내의 원통 또는 원추형 소재 속에 오일이나 고무같은 충전재를 채워서 유압용 램이 작동하여 이 소재 원통을 확장시켜 용기 내부를 가공하는 방법이다. 벌징으로 만들어지는 제품은 주전자, 배럴, 드럼통의 주름 등이다.

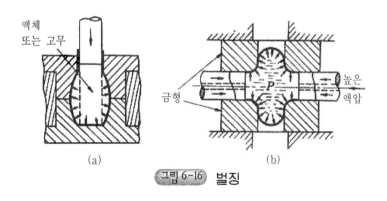

그림 6-16 벌징

5.4 고에너지속도 성형

(1) 폭발성형(explosive forming)

소재는 금형 위에 고정시키고, 금형공동부는 진공으로 한 뒤 물이 채워진 탱크 안에 설치한다. 폭약을 소재에서 적당히 떨어진 높이에서 폭발시키면, 폭약은 단시간에 고온, 고압의 가스로 되어 충격파를 발생시키며, 이에 따른 높은 압력으로 판재를 성형하게 된다.

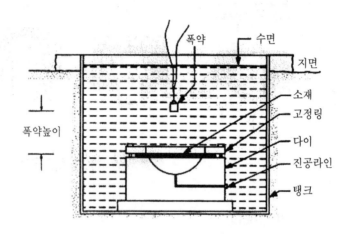

그림 6-17 폭발성형

(2) 전자기 성형(magnetic-pulse forming)

전자기성형은 저장된 전기를 자기코일로 갑자기 방출하여 가공하는 방법이다. 〔그림 6-18〕과 같이 링모양의 자기코일로 관모양의 소재를 감싸고, 코일에 의해 생성된 자기장이 소재를 통과하면서 소재 위에 와전류(eddy current)를 발생시키고, 이 와전류로 자체의 자기장이 생성된다. 두 자기장에 의해 발생되는 힘은 서로 반대 방향이므로, 코일과 소재간에는 반발력이 생겨서 소재를 내부 맨드릴에 밀착시키게 된다.

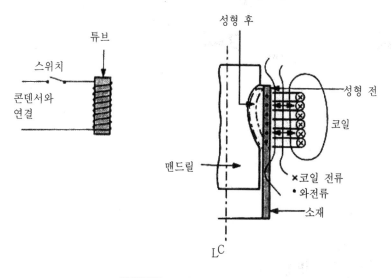

그림 6-18 전자기성형

(3) 액중 방전 성형(electrohydraulic forming)

일련의 콘덴서에 직류로 저장된 전기에너지를 가는 전선으로 연결된 전극봉에서 방전시켜서 에너지원으로 사용한다. 전극봉을 통하여 에너지가 급격히 방출되면 충격파를 발생하고, 판재를 성형할 수 있게 된다.

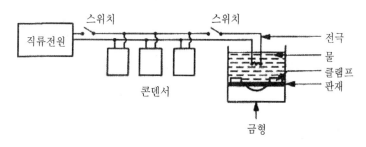

그림 6-19 액중 방전 성형

제7장 제관 가공

1. 제관의 개요

제관가공(pipe making)이란 관재, 즉 파이프를 제작하는 방법을 말하며, 이 방법은 이음매있는 관(seamed pipe) 제조법과 이음매없는 관(seamless pipe) 제조법으로 분류된다.

2. 이음매있는 관의 제조법

이음매있는 관은 접합방법에 따라 단접관과 용접관으로 나눌 수 있다.

2.1 단접관

단접관은 강철 스트립(strip)을 길이 약 6m 정도로 절단하여 1300℃ 정도까지 가열하여 〔그림 7-1〕과 같이 원추형 다이를 통과시켜 양단부를 압축시켜 접합하거나, 가압 롤러로 눌러 단접시킨다. 이 때 가열로 인한 산화 피막 등의 스케일은 다이와의 마찰로 인하여 벗겨진다.

단접관은 강도가 크게 요구되지 않는 작은 지름의 강관으로 이용된다.

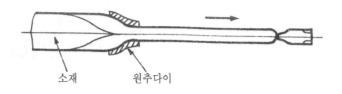

소재   원추다이

그림 7-1 단접관의 제조

2.2 용접관

비교적 직경이 큰 관의 제조에는 판재를 굽혀서 용접한 용접관이 사용된다. 용접관에는 가스 용접관, 전기 저항 용접관, 고주파 용접관 등으로 나눌 수 있다.

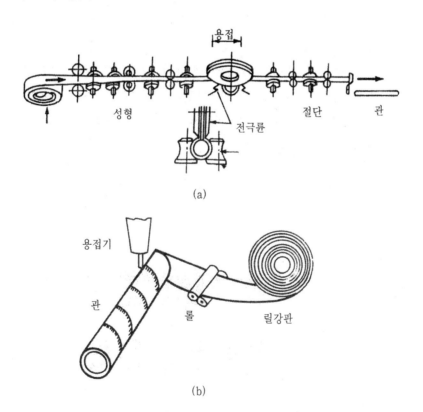

용접

성형   전극륜   절단   관

(a)

용접기

관   롤   릴강판

(b)

그림 7-2 용접관의 제조

〔그림 7-2〕(a)는 전기저항 용접으로 연속적으로 관을 제조하는 것을 나타낸 것이다. 지름이 큰 경우에는 〔그림 7-2〕(b)와 같이 밴드 스트립을 나선 모양으로 감아 접촉부위를 용접하는 방법을 사용한다.

3. 이음매없는 관의 제조법

이음매없는 관은 압연, 인발, 압출에 의해 제조할 수 있으나, 여기서는 특수 압연에 의한 것만 다루기로 한다.

3.1 만네스만 압연기(만네스만 천공기, Mannesmann piercing mill)

이 방법은 봉재가 두 개의 롤러에 의해 회전 압축력을 받을 때 중심에는 공극이 생기기 쉬운 상태가 되는 원리를 이용한 것이다. 〔그림 7-3〕과 같이 롤러의 표면은 5~10° 경사져 있고, 중심부는 약 25 mm 정도가 동일한 지름으로서 평탄부를 이룬다. 두 롤러는 서로 6~12° 정도 교차되어 있어 이 각도의 크기에 의하여 소재의 진행속도가 결정된다. 2개의 롤러 회전방향은 같은 방향이다.

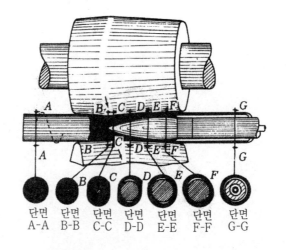

그림 7-3 만네스만 제관법(천공기)

롤러가 회전운동을 하게 되면 가공물이 전진운동을 한다. 롤러의 중심부 지름이 크기 때문에 표면속도가 증가하여 소재는 심한 비틀림과 동시에 표면이 인장을 받아 늘어나게 되므로 지름이 감소만으로는 보충할 수가 없어 소재의 중심의 재료가 외측으로 유동하게 된다. 이 때 소재의 중심에 심봉(mandrel)을 압입하고 소재와 함께 회전시키면 천공작업이 촉진된다. 소재가 롤러 사이에서 이탈되지 못하도록 안내장치가 설치되어 있다.

3.2 플러그 압연기(plug mill)

롤러 사이에 고온의 관 소재를 놓고 소재 안에 플러그를 넣은 상태에서 회전시켜 압연하는 것으로서 관의 지름을 조정하고 벽의 두께를 감소시킬 수 있다. 롤러를 1회 통과하고 난 뒤 뒤돌리기 롤러에 의해 처음 자리로 되돌리고, 관을 90° 돌려 다시 롤러를 통과시켜 제품을 완성한다.

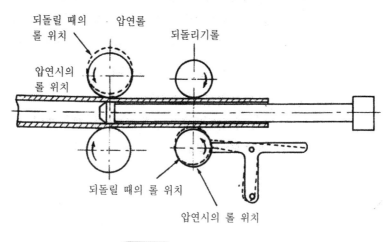

그림 7-4 플러그 제관법

3.3 마관기(reeling mill) 및 정형기(sizing mill)

마관기는 관의 내외면을 매끈하게 하여 표면에 광택을 만들며, 정형기는 관을 소정의 치수와 진원에 가깝도록 완성하는 압연기이다.

제8장 전조 가공

1. 전조의 개요

원통형의 소재를 다이 사이에 넣고 다이를 직선 또는 회전운동시켜 다이와는 반대의 윤곽으로 재료를 유동시켜 성형하는 소성가공을 전조(form rolling)라 한다. 전조로 제조되는 기계부품에는 볼, 원통롤러, 링, 나사, 기어, 스플라인축 등이 있으며, 전조는 제품에 따라 특수한 구조와 장치를 갖춘 전용기로 작업한다.

나사나 기어 등은 절삭가공에 의하여 제조되어 왔으나, 비교적 작은 치수의 것은 전조로써 양산하게 되었다. 전조가공을 하면 강도를 필요로 하는 나사의 골이나 기어의 이뿌리 부분이 가공경화되어 강해질 뿐만 아니라, 재료의 유동으로 섬유조직이 절단되지 않고 치밀한 흐름선이 되므로 강도, 충격 등에 강하게 된다. 또 칩을 발생하지 않으므로 재료가 절약될 뿐만 아니라, 가공시간이 대단히 짧고 균일한 제품을 대량생산하는 데 적합하다.

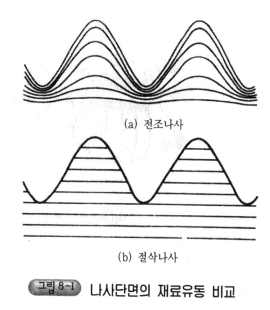

(a) 전조나사

(b) 절삭나사

그림 8-1 나사단면의 재료유동 비교

2. 볼(ball)의 전조

〔그림 8-2〕은 롤러에 의한 볼의 전조공정을 나타낸 것으로, 연속적인 전조를 위하여 경사압연방식을 취하고 있다. 2개의 롤러는 같은 평면 위에 있지 않으며, 각 롤러 표면에는 일종의 나사산이 있고, 산의 높이는 봉재의 진행방향에 따라 높게 되어 있다. 골은 볼을 형성하는 가공면이므로 원의 일부를 구성하고 있다. 산이 봉재를 파고 들어가서 끝으로 절단하는 역할을 한다.

볼을 전조할 때 소재는 800~1000℃의 열간에서 작업하는 경우가 많으며, 지름 25 mm부터 125 mm까지의 볼을 분당 40~180개 제조할 수 있다. 전조용 공구재료는 합금공구강이 쓰이고 있으나, 소재의 경도가 높을 때 그대로 전조하면 공구의 수명이 현저하게 단축되므로 소재를 충분히 풀림처리할 필요가 있다.

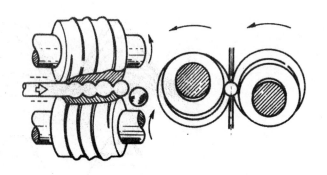

그림 8-2 볼의 전조가공

3. 나사의 전조

만들어야 할 나사와 나사산의 모양 및 피치가 같은 나사홈을 가진 전조 다이를 이용하여 나사 소재의 표면에 눌러대고 굴리면 전조나사가 만들어진다. 즉, 소재는 다이의 나사산으로 눌러진 부분이 오목 들어가서 나사골이 되고, 이 부분이 다이의 나사골 쪽으로 소성 유동하여 나사산이 된다.

전조나사는 절삭가공한 나사에 비하여 인장강도가 크고, 나사면도 매끈하고 아름답다. 냉간전조하는 것이 보통이고 생산속도도 극히 높아서 작은 나사의 경우 분당 170개 이상의 생산능력이 있다. 다이를 한 번 설치하면 재연삭하지 않고 5만개에서 100만개의 나사를 만들 수 있다.

나사전조기의 종류에는 평형 다이식 전조기와 원통 다이식 전조기가 있으며, 이 두 방식의 장점을 모아 대량생산에 적합하게 만든 로터리 플래니터리 전조기(rotary planetary thread rolling machine)가 있다.

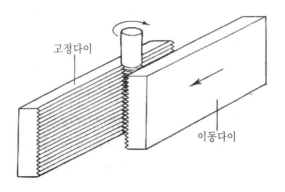

그림 8-3 평다이를 이용한 나사전조

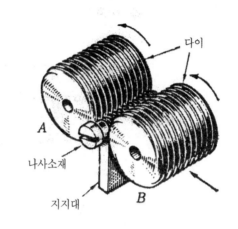

그림 8-4 롤러다이를 이용한 나사전조

4. 기어의 전조

나사와 같은 원리에 의하여 기어도 전조로 제작할 수 있다. 그러나 나사전조와 같이 잇줄 방향으로 공구를 굴릴 수 없으므로, 압연 효과면에서 볼 때 변형은 그리 쉽지 않다. 현재 실용되고 있는 전조법으로서는 랙형 다이법, 피니언형 다이법 등이 있다.

〔그림 8-5〕(a)는 랙형 다이법으로서 2개의 평행한 랙형 다이 사이에 소

재를 넣고 압력을 가하면서 다이에 왕복운동을 주면, 다이에 의하여 소재의 바깥둘레에는 점차적으로 깊은 홈과 산이 생기고, 다이인 랙과 물고 돌아갈 수 있는 기어가 창성된다. 이 방법은 비교적 작은 기어의 경우에 좋으며 큰 지름의 기어에서는 랙형 다이가 길어지고 장치가 대형이 된다.

[그림 8-5](b)는 피니언형 다이법으로 모양이 기어와 같은 전조 다이를 반경 방향으로 접근시켜 가압하면서 회전시켜서 전조하는 방법이며, 모듈이 큰 기어의 열간전조에 적합하다. 열간전조에 있어서의 기어 소재의 가열방법으로서는 전체를 가열하는 것이 아니고, 치형을 구성하여야 할 바깥둘레 부분만 국부적으로 가열한다. 주로 산소와 아세틸렌가스에 의한 화염가열법과 고주파를 이용한 고주파 유도전류 가열법이 쓰이고 있다.

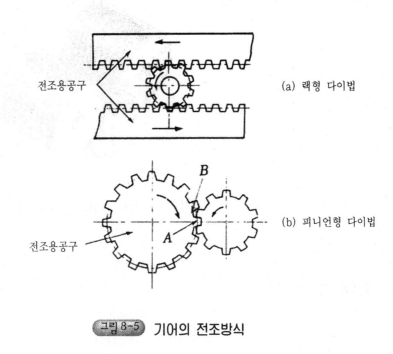

전조용공구　　　　　　　　　　　　　　(a) 랙형 다이법

전조용공구　　　　　　　　　　　　　　(b) 피니언형 다이법

그림 8-5 기어의 전조방식

제9장 분말야금

1. 분말야금 개요

분말야금(powder metallurgy)은 철, 구리, 알루미늄, 주석, 니켈, 티타늄 등의 금속분말을 첨가제와 혼합시키고 금형으로 압축한 후 소결하여 제품을 만드는 공정이다.

이러한 방법은 1900년대 초에 텅스텐 필라멘트를 만들기 위해 처음으로 사용되었다. 분말야금에 의한 제품으로는 기어, 캠, 부싱, 절삭공구와 필터, 기름함유 베어링과 같은 다공질 제품, 피스톤 링, 밸브 가이드, 커넥팅 로드같은 자동차 부품 등, 볼펜에 이용되는 아주 작은 볼에서부터 50 kg의 무게를 갖는 대형제품까지 다양하게 만들어낼 수 있다. 〔그림 9-1〕은 분말야금으로 제작한 각종 기계부품의 사진이다.

분말야금은 주조나 단조, 기계가공 등의 공정에 대하여 경쟁력을 갖고 있으며, 특히 고강도와 고경도의 합금으로 만들어지는 복잡한 모양의 제품의 경우 매우 유리하다. 이 공정으로 만들어지는 제품은 복잡한 형상이나 제품의 성분조절이 용이하고 우수한 치수정확도를 가진다. 그러나 고가의 금형비와 분말재료비, 크기나 두께 등에 따르는 설계의 제약과 일반적인 제품의 강도 저하가 단점으로 나타나고 있다.

분말야금으로 제작한 제품

2. 분말야금의 공정

기본적으로 분말야금 공정은 다음과 같은 공정으로 구성되어 있다.

(1) 분말제조 공정
(2) 혼합(blending) 공정
(3) 압축(compaction) 공정
(4) 소결(sintering) 공정
(5) 마무리 공정

2.1 분말제조 공정

금속분말을 만드는 데는 몇 가지 방법이 있으며, 최종 제품의 요구사양에 따라 제조방법을 선택한다. 분말입자의 크기는 $0.1 \sim 1000 \, \mu m$ 정도이며, 모양, 화학적 성질, 표면특성 등은 사용되는 공정에 따라 달라진다.

(1) 입자화(atomization)

작은 구멍으로 용융금속을 통과시키면서 불활성가스나 공기, 물 제트를 분사시키면, 용탕이 흩어지면서 냉각되어 고체의 금속분말이 만들어진다. 또 다른 방법으로는 불활성 가스로 채워진 챔버에서 소모성 전극봉을 빠르게 회전시키는 방법 등이 있다.

(2) 환원(reduction)

금속산화물을 산화시키기 위해 수소, 일산화탄소 등의 가스를 환원제로 이용한다. 이 때 매우 미세한 금속산화물을 금속상태로 환원된다. 이 방법에 의하여 만들어지는 분말은 부드럽고 다공질이며 균일한 크기의 구형 또는 각형 모양을 갖는다.

(3) 분쇄(comminution)

기계적 분쇄는 볼분쇄기(ball mill)를 이용하여 분쇄하거나 연성이 낮은 금속은 연삭하여 금속을 작은 입자로 만든다. 이 때 취성을 가지는 재료는 구형의 입자모양을 가지지만, 연성의 재료는 편상으로 부서지므로 분말야금 방법에 적당하지 않다.

(4) 기계적 합금(mechanical alloying)

1960년대에 개발된 기계적 합금은 둘 이상의 순금속분말을 볼분쇄기에서 혼합한다. 경도가 높은 볼의 충격으로 분말들이 서로 확산에 의해 붙게 되고 합금분말이 형성된다.

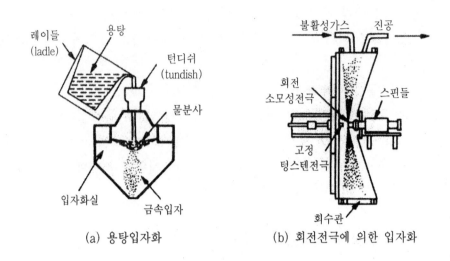

(a) 용탕입자화   (b) 회전전극에 의한 입자화

그림 9-2 분말제조 공정(입자화)

2.2 혼합(blending)공정

혼합공정에서는 금속분말에 윤활제와 점결제(binder)를 혼합한다.

분말야금 제품은 재료의 한 성분에 의해서만 그 성질이 좌우되지 않는다. 제품의 기계적 강도는 밀도가 높을수록 향상되므로 입자가 작을수록 강도상으로는 유리하지만, 혼합하는 동안 유리되는 성질이 있으므로 여러 가지 크기의 다른 입자들을 혼합하는 것이 좋다.

윤활제로는 스테아린산이나 흑연과 같은 것이 많이 쓰이고 있는데 이것들은 초기 강도를 저하시키지만 유동성과 압축성을 높여준다. 점결제는 금속분말을 결합시키기 위해서 사용되며 성형 후의 강도를 향상시켜 준다.

2.3 압축(compaction)공정

분말야금의 전체공정 중에는 가장 중요한 단계로서 압축의 밀도와 균일성을 결정하는 공정이다. 압축방법은 수압식 또는 하이브리드 프레스

(hybrid press, 기계식＋유공압식)가 가끔 쓰이나 대개는 기계적인 프레스를 사용한다. 프레스의 용량은 사용하는 용도에 따라 차이가 있으나 주로 100 ton~300 ton 안팎의 것이 사용된다.

분말이 다이 안에 채워질 때는 중력으로 인해 밀려와서 약간 넘치게 쌓인다. 나머지 넘는 것은 깎아 털어내고 프레스가 닫히면서 압축된다. 복잡한 형상의 경우에는 유연한 금형안에 넣고 가스 또는 액체속에 넣어 고압으로 성형하는 정수압압축(isostatic compaction)을 이용한다.

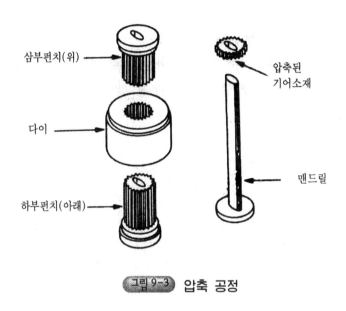

삼부펀치(위)

다이

하부펀치(아래)

압축된 기어소재

맨드릴

그림 9-3 압축 공정

2.4 소결(sintering)공정

소결이란 압축된 상태의 제품이 완전한 기계적 특성 및 강도를 갖도록 일정한 온도에서 구워내는 작업을 말한다. 소결 온도는 대개 주성분 재료의 용융점의 70~80%를 유지하며 내화성물질의 경우는 90% 정도의 온도를 유지한다. 이 때 여러 성분이 섞여 있으면 어떤 물질은 용융점 이상이 되어 녹게 되고 이것은 높은 용융점의 입자가 만드는 기공을 채우게 된다.

소결은 주로 다음의 세 단계로 이루어진다.

(1) 예열(preheat)

결합을 방해하는 윤활제 또는 다른 점결제를 제거하기 위하여 고온의 공기로 내부를 태운다. 휘발성물질이 있으면 제품에 기공이 포함되어 투수성을 갖는다.

(2) 소결(sintering)

실제적으로 분말입자가 결합을 시도하는 상태의 온도영역으로서 시간은 충분한 밀도가 나타날 때까지 보통 10분~수 시간이 될 때가 있다.

(3) 냉각영역(cooling zone)

제품이 갑자기 대기 중으로 방출될 때 산화 또는 열충격을 막기 위해 적절히 온도를 강하시킴으로써 결함을 방지하여야 한다.

2.5 2차공정

소결 후에는 제품의 밀도를 높이고 치수를 정확하게 위하여 재가압(repressing), 정형(sizing), 코이닝(coining) 등의 가공을 하기도 한다. 재가압은 제품의 밀도를 증가시키고 기계적 성질을 향상시키는 작업이며, 정형은 치수 정밀도를 향상시키는 것이 주 목적이다. 그리고 코이닝은 표면형상을 세밀하게 다듬어주는 작업이다. 2차가압은 성형시 압력과 같거나 약간 큰 압력을 가해주며 약간의 소성변형이 일어나고 냉각작업시에는 25~50% 정도의 강도 향상 효과가 있다.

제3편 용접

제1장 용접 개요

1. 서론

용접(熔接 ; welding)은 금속을 부분적으로 가열하여 용융상태나 반용융 상태에서 금속원자간의 친화력으로 두 금속을 접합하는 방법이다. 금속을 접합하는 방법은 볼트, 리벳, 키이, 핀 등으로 결합하는 기계적 접합과 용접에 의한 금속적 접합으로 구분된다.

용접의 역사는 금속을 해머로 두들겨 접합하는 단접이나 납땜 등은 역사가 대단히 오래 되었다. 그러나 용접기술이 본격적으로 발달한 것은 전기가 발명된 것을 시점으로 하여 가스용접, 아크용접, 전기저항용접, 특수 용접 등 현재 사용되고 있는 용접법은 대부분 19세기 후반에 발명되어 20세기에 들어서 상당한 발전을 하였다.

용접기술의 발달은 용접재료의 발달과 용접 구조물의 안정성 설계, 시공방법, 품질검사 방법 등을 포함하여 그 방법과 응용에서 광범위한 분야에 걸쳐있다. 또한 컴퓨터에 의한 수치제어(CNC)와 자동제어 기술이 접목하여 비약적인 발전을 하고 있다.

2. 용접의 특징

(1) 용접의 장점
① 자재가 절약되고, 중량이 감소한다.
② 시공의 공정수가 감소된다.
③ 작업이 비교적 간단하고, 자동화가 용이하다.
④ 이음 효율이 크다.
⑤ 기체와 액체의 기밀성이 우수하다.

(2) 용접의 단점
① 분해·조립이 어렵다.
② 품질검사가 어렵다.
③ 열에 의해 변형이 크다.
④ 열에 의해 모재의 재질이 변하기 쉽다.
⑤ 응력집중이 심하고, 균열에 의해 파괴되기 쉽다.

3. 용접의 분류

용접은 접합하는 방법에 따라 융접(fusion welding), 압접(pressure welding), 납접(soldering and brazing)으로 구분할 수 있다.

(1) 융접
모재(base metal)의 접합부와 용가재(filler metal)을 가열하여 용융시켜 접합하는 방법을 융접이라 한다. 열원에 따라 가스용접, 아크용접, 특수용접 등이 있다.

(2) 압접

접합부를 가열하거나 냉간상태에서 기계적 압력을 가하여 접합하는 방법을 압접이라 한다. 가열 방법에 따라서 전기저항용접, 특수압접 등이 있다.

(3) 납접

모재는 녹이지 않고 모재보다 융점이 낮은 용가재(납합금)를 녹여 표면장력에 의한 흡인력으로 접합하는 방법을 납접 혹은 납땜이라 한다.

[표 1-1] 용접의 분류

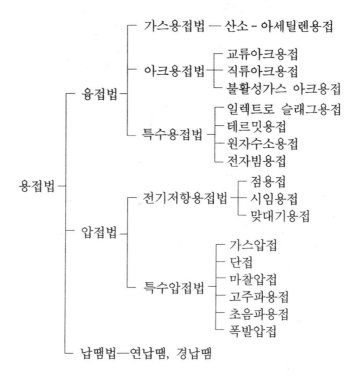

4. 용접부의 모양 및 용접자세

4.1 용접부의 모양

용접 이음의 종류는 판의 두께, 구조물의 형상에 따라 〔그림 1-1〕과 같은 종류가 있다.

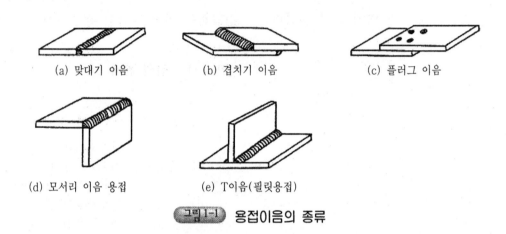

(a) 맞대기 이음　　　　　(b) 겹치기 이음　　　　　(c) 플러그 이음

(d) 모서리 이음 용접　　　　　(e) T이음(필릿용접)

그림 1-1　용접이음의 종류

이것을 용접부의 형상으로 보면 맞대기 용접(butt welding, groove welding), 필릿 용접(fillet welding), 플러그 용접(plug welding), 덧살올림 용접(built-up welding)으로 분류할 수 있다. 플러그 용접은 포개진 두 부재의 한쪽에 구멍을 뚫고 용접을 한다. 덧살올림 용접은 부재의 표면에 용착금속을 입히는 작업으로 마모된 부재를 보수하거나 내마모성이 우수한 금속을 표면에 피복할 때 이용된다.

판의 두께나 구조물의 강도에 따라 용착금속의 크기는 목두께나 다리길이로 표시하며 필릿 용접과 그루브(groove) 용접의 목두께는 〔그림 1-2〕와 같다.

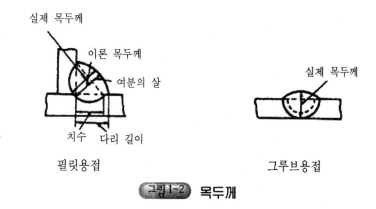

필릿용접   그루브용접

그림1-2 목두께

맞대기 용접의 판의 두께에 따라 그루브를 만들어 용접하고 그루브의
각부 명칭은 〔그림 1-3〕과 같다.

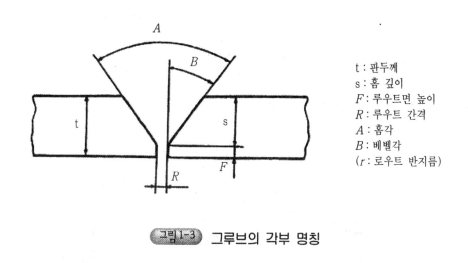

t : 판두께
s : 홈 깊이
F : 루우트면 높이
R : 루우트 간격
A : 홈각
B : 베벨각
(r : 로우트 반지름)

그림1-3 그루브의 각부 명칭

그루브의 종류는 〔그림 1-4〕와 같다. 여기서 L형, J형, K형, 양면 J형은
평면 구조물에 접합할 경우 사용한다.

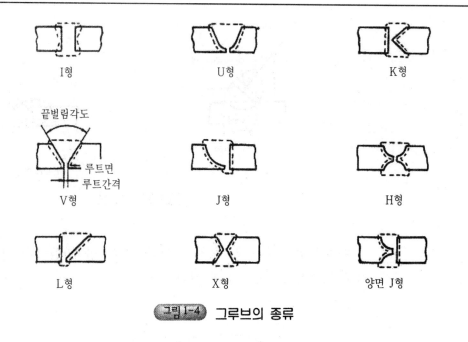

I형	U형	K형
V형	J형	H형
L형	X형	양면 J형

그림1-4 그루브의 종류

4.2 용접자세

용접자세는 소형물일 경우 작업대 위에서 아래보기용접을 하지만 대형
물은 형상에 따라 수평용접, 수직용접, 위보기용접을 하고 이에 따른 용접
봉의 규격도 달라져야 한다.

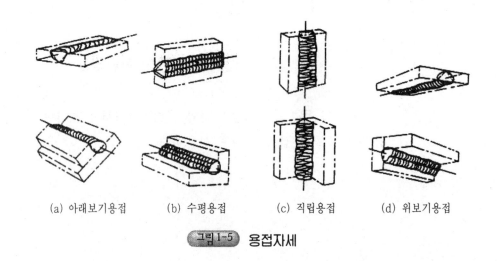

   (a) 아래보기용접   (b) 수평용접   (c) 직립용접   (d) 위보기용접

그림1-5 용접자세

5. 용접기호

용접구조물은 강도계산을 해서 도면을 작성하는데, 용접도면은 치수만으로는 상세한 내용을 알 수 없으므로 용접기호로써 용접부의 모양, 크기, 용접방법 등을 나타낸다.

5.1 용접부의 기호

용접부의 기호는 KS B 0052에서 〔표 1-2〕와 〔표 1-3〕과 같이 기본기호와 보조기호로 나타낸다.

[표 1·2] 기본기호(KS B 0052)

용접부의 모양	기본기호	비 고
I형	‖	업셋 용접, 플레시 용접, 마찰 용접 등을 포함한다.
V형, 양면 V형 (X형)	∨	X형은 설명선의 기선(이하 기선이라 한다)에 대하칭으로 이 기호를 기재한다. 업셋 용접, 플레시 용접, 마찰 용접 등을 포함한다.
V형, 양면 V형 (K형)	V	K형은 기선에 대칭으로 이 기호를 기재한다. 기호의 세로선은 왼쪽에 쓴다. 업셋 용접, 플레시 용접, 마찰 용접 등을 포함한다.
J형, 양면 J형	Ⴁ	양면 J형은 기선에 대칭으로 이 기호를 기재한다. 기호의 세로선은 왼쪽에 쓴다.
U형, 양면 U형 (H형)	Y	H형은 기선에 세로선은 왼쪽에 쓴다.
플레어 V형 플레어 X형	⌣	플레어 X형은 기선에 대칭으로 이 기호를 기재한다.
플레어 V형 플레어 K형	Ⅰ⌒	플레어 K형은 기선에 대칭으로 이 기호를 기재한다. 기호의 세로선은 왼쪽에 쓴다.
양쪽 플랜지형	⋀	
한쪽 플랜지형	⋀	

용접부의 모양	기본 기호	비 고
필 릿	▷	기호의 세로선은 왼쪽에 쓴다. 병렬용접일 경우에는 기선에 대칭으로 이 기호를 기재한다. 다만, 지그 용접일 경우에는 ▽ ▽ 와 같은 기호를 사용할 수 있다.
플러그, 슬럿	⊓	
비드, 덧붙임	⌒	덧붙임 용접일 경우에는, 이 기호 2개를 나란히 기재한다.
스폿, 프로젝션, 시임	○	겹치기 이음의 저항용접, 아크용접, 전자 빔용접 등에 의한 용접부를 나타낸다. 다만, 필릿 용접은 제외된다. 시임 용접일 경우에는 ⊖ 기재한다.

[표 1·3] 보조기호(KS B 0052)

구 분		보조 기호	비 고
용접부의 표면모양	평 탄 볼 록 오 목	‾ ⌒ ⌣	기선의 바깥쪽을 향하여 볼록하다. 기선의 바깥쪽을 향하여 오목하다.
다듬질 방법	치 평 연 삭 절 삭 지정하지 않 음	C G M F	그라인더 다듬질의 경우. 기계 다듬질의 경우. 다듬질 방법을 지정하지 않을 경우.
현장 용접 온 둘레 용접 온 둘레 현장 용접		⌐ ○ ⌐	온 둘레 용접이 분명할 때는 생략하여도 좋다.

5.2 용접기호의 기입방법

기본기호는 용접방향이 화살쪽일 경우는 기선의 아래쪽에 기입하고, 화살 반대쪽일 경우는 기선의 위쪽에 기입한다. 보조기호, 치수, 강도 등의 시공내용은 기선에서 기본기호와 같은 쪽에 기입한다.

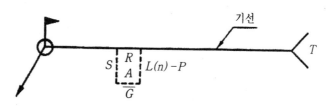

(a) 화살쪽으로 용접할 경우

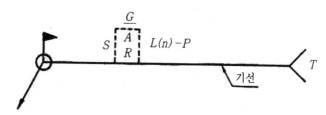

(b) 화살 반대쪽으로 용접할 경우

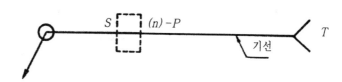

(c) 겹치기 이음의 저항용접일 경우

⬚ : 기본 기호

S : 용접부의 단면 치수 또는 강도(홈 깊이, 필릿의 다리 길이, 플러그 구멍의 지름, 슬럿 홈의 나비, 시임의 나비, 스폿 용접의 너깃 지름 또는 단점의 강도 등)

R : 루트 간격　　　　　　　　　　　　A : 홈 각도

L : 단속 필릿 용접의 용접 길이, 슬럿 용접의 홈 길이 또는 필요할 경우에는 용접길이

n : 단속 필릿 용접, 플러그 용접, 슬럿 용접, 스폿 용접 등의 수

P : 단속 필릿 용접, 플러그 용접, 슬럿 용접, 스폿 용접 등의 피치

T : 특별 지시 사항(J형, U형 등의 루트 반지름, 용접 방법, 기타)

― : 표면 모양의 보조 기호　　　　　　G : 다듬질 방법의 보조 기호

⚑ : 온 둘레 현장 용접의 보조 기호　　○ : 온 둘레 용접의 보조 기호

그림 1-6 용접기호의 기입방법

제2장 가스용접

1. 가스용접의 개요

　　가스용접은 아세틸렌(C_2H_2), 프로판(C_3H_8), 부탄(C_4H_{10}), 도시가스 등의 가연성 가스와 산소를 혼합하여 그 연소열로 모재와 용가재를 녹여 용접하는 방법이다. 이들 가스 중에서 산소-아세틸렌 가스의 연소온도가 가장 높아서 가스용접은 대부분 산소-아세틸렌 용접(oxy-acetylene welding)이다.

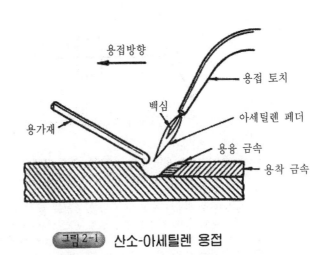

그림 2-1　산소-아세틸렌 용접

　　산소-아세틸렌 용접은 아크용접에 비해 열원의 온도가 낮고 열의 집중성이 낮아서 가열시간이 오래 걸리고, 용접 후의 변형이 심하여 후판이나 정밀한 용접에는 적합하지 않다. 그러나 전기가 필요없고, 장비가 비교적 간단하고, 가열할 때 열량조절이 쉬워서 박판용접이나 현장용접에 사용범위가 넓다.

산소-아세틸렌 가스의 화학반응은 다음 식과 같다.

$$C_2H_2 + O_2 \rightarrow 2CO + H_2 + heat$$

이 불꽃이 백심을 만들고, 다시 공기중의 산소와 2차 반응을 하여 겉불꽃을 만든다.

$$2CO + H_2 + 1.5O_2 \rightarrow 2CO_2 + H_2O + heat$$

화염의 온도는 백심의 끝에서 2~3 mm 떨어진 곳에서 3400℃ 정도의 최고 온도가 된다.

화염은 산소와 아세틸렌의 혼합비에 의해서 산화화염, 중성화염, 탄화화염으로 구분된다. 산소와 아세틸렌의 용적비가 1.1 : 1 일 경우 중성화염이 되고, 이보다 산소가 많으면 불꽃이 짧고 밝은 산화화염이 되고, 산소가 적으면 불꽃이 길고 담황색의 탄화화염이 된다. 일반적인 강의 용접은 대부분 중성화염을 사용한다. 산화화염은 황동, 청동, 납땜 등에 사용하고, 탄화화염은 산화를 적극 방지할 목적으로 고탄소강, 모넬 등의 용접에 사용한다.

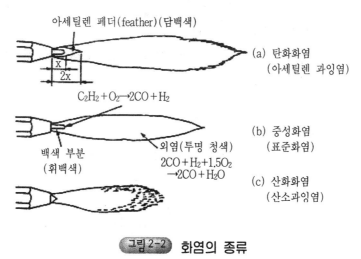

그림 2-2 화염의 종류

2. 가스용접 장치

2.1 용접용 가스

(1) 산소

산소는 보통 액체공기를 분류하여 제조하고, 때로는 물을 전기분해하여 얻는 경우도 있다. 산소용기(oxygen bombe)는 고압 용기로서 250 kg/cm^2의 수압시험을 하여 150기압으로 압축하여 충전한다. 공업용 산소의 KS규격은 순도가 99.3% 이상으로 규정되어 있다.

산소용기의 크기는 일반적으로 충전되어 있는 산소의 대기압(1 kg/cm^2) 환산 용적으로 나타낸다.

$$L = P \times V$$

여기서 L : 용기 속의 산소량(ℓ)

P : 용기 속의 압력(kg/cm^2)

V : 용기의 내부 용적(ℓ)

예를 들면 150기압으로 압축하여 내부 용적 40 ℓ 의 산소 용기에 충전하였을 때 산소량은 6000 ℓ 이다.

고압의 산소를 작업에 필요한 압력으로 낮추어서 적당한 유량을 얻기 위해 압력조정기가 사용된다.

(2) 아세틸렌

아세틸렌 발생장치 내에서 카바이드와 물을 혼합하면 다음과 같은 화학 반응을 하여 아세틸렌 가스가 발생한다.

$$CaC_2 + 2H_2O \rightarrow C_2H_2 + Ca(OH)_2 + 31.87cal$$

에세틸렌가스 발생기는 혼합방식에 따라 투입식(carbide to water), 수주식(water to carbide), 침지식(dipping)이 있다. 투입식은 물에 카바이드를 투입하는 방식으로 일시에 다량의 가스를 제조하기 용이하다. 수주식은 카바이드에 물을 주입하는 방식으로 가스의 용량조절이 용이하나 순도가 낮다. 침지식은 카바이드를 물에 담그는 높이를 조절하는 방식으로 순도가 낮고 소용량에 사용한다.

순수한 아세틸렌 가스는 무색이고 냄새가 나지 않으나 카바이드의 불순물에 의해 황화수소, 인화수소, 암모니아가스 등이 섞여 악취가 나고, 용접부의 재질을 해치므로 청정기를 통과시켜 정화하여 제조한다.

아세틸렌 가스는 탄화수소 가스 중에서도 매우 불안정한 화합물로서 열이나 압축에 의해서 폭발하기 쉽다. 이와 같은 위험을 방지하기 위하여 용기 안에 석면, 규조토, 목탄 등의 다공성 물질을 채우고 액체 아세톤을 포화시킨다. 아세틸렌 가스는 아세톤에 잘 용해되는 성질이 있다. 아세톤에 용해된 아세틸렌가스를 다공성 물질에 넣어 둔 것을 용해 아세틸렌이라 한다. 용해 아세틸렌은 취급이 안전하고, 아세틸렌과 산소의 혼합비 조절이 용이하고, 순도가 높으므로 가스용접에서 보편적으로 사용한다.

2.2 용접장치

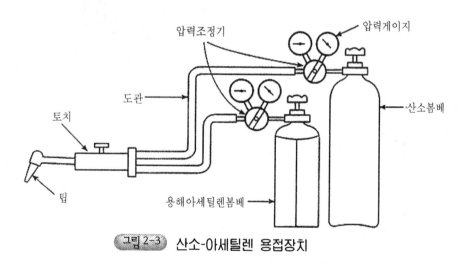

그림 2-3 산소-아세틸렌 용접장치

산소-아세틸렌 용접의 주요 장치는 산소용기, 아세틸렌용기, 압력조정기, 호스, 토치 등으로 [그림 2-3]과 같이 연결하여 사용한다.

(1) 압력조정기

산소나 아세틸렌 용기에 충전된 가스의 압력은 고압이므로 그대로는 사용할 수 없다. 그러므로 토치의 크기나 용접 작업조건에 따라서 필요한 압력으로 감압하기 위해 압력조정기를 사용한다.

압력조정기는 용기내의 고압력을 나타내는 고압력계와 사용압력을 나타내는 저압압력계, 조정핸들, 조정밸브로 구성되어 있다. 조정핸들을 돌려서 적절한 사용압력을 맞춘다. 일반적인 작업에서 산소압력은 3~4 kg/cm^2 이하로 하고, 아세틸렌압력은 0.1~0.3 kg/cm^2 정도로 한다.

[그림 2-4]는 압력조정기의 외형을 나타낸 것이고, [그림 2-5]는 압력조정기의 내부구조를 나타낸 것이다.

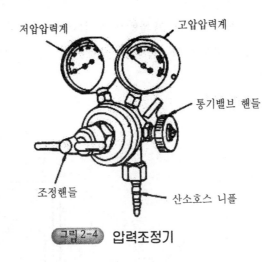

그림 2-4 압력조정기

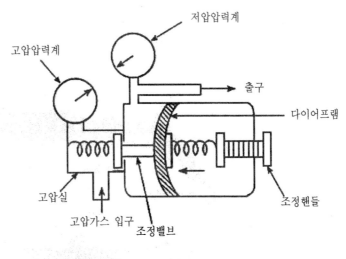

저압압력계

고압압력계

출구

다이어프램

고압실

고압가스 입구

조정밸브

조정핸들

그림 2-5 압력조정기의 구조

(2) 토치

토치는 산소조절 밸브와 아세틸렌 조절 코크가 있는 손잡이와 가스 혼합실, 연소하는 팁으로 구성되어 있다.

토치는 사용하는 아세틸렌 가스의 압력에 따라 저압식, 중압식, 고압식으로 분류된다. 저압식 토치는 아세틸렌 가스의 압력이 0.07 kg/cm^2 이하에 사용하고 일반적으로 많이 사용된다. 중압식 토치는 아세틸렌 가스의 압력이 $0.07 \sim 0.3 \text{ kg/cm}^2$ 범위에서 사용된다. 고압식 토치는 아세틸렌 가스의 압력이 0.3 kg/cm^2 이상에서 사용하나 산소가 아세틸렌 도관으로 역류할 위험이 있어 많이 사용하지 않는다.

가스 혼합실은 고압의 산소로 저압의 아세틸렌 가스를 흡인하는 인젝터(injector) 장치를 가지고 있다. 인젝터는 산소 분출구의 니들밸브의 산소량 조절 여부에 따라 가변압식(프랑스식)과 불변압식(독일식)이 있다. 가변압식은 산소 분출구가 토치에 설치되어 있어 팁이 소형, 경량으로 작업이 쉽다. 팁의 번호는 중성염으로 용접할 때 매 시간당 아세틸렌 가스의 소비량(ℓ/h)으로 표시한다. 즉, 100번 팁은 시간당 아세틸렌 소비량이 100ℓ이다. 불변압식은 산소 노즐의 단면적이 일정하므로 산소 압력 밸브로 조정한다. 팁의 번호는 연강판을 용접할 때 판의 두께를 기준으로 나타낸다. 즉 5번 팁은 두께 4~6 mm의 연강판을 용접하는데 적합하다.

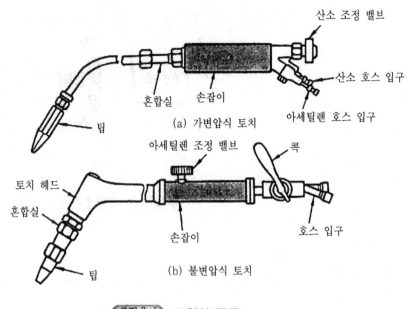

(a) 가변압식 토치

(b) 불변압식 토치

그림 2-6 토치의 종류

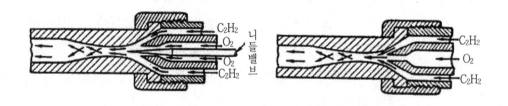

그림 2-7 토치의 가스 혼합실

[표 2·1] 불변압식(A형) 토치의 규격(KS B 4602)

종류	번호	산소 압력 [kg/cm²]	흰 불꽃의 길이 [mm]	판두께 [mm]
A 1호	1	1	5	1~1.5
	2	1.5	8	1.5~2
	3	1.8	10	2~4
	5	2	13	4~6
	7	2.3	14	6~8
A 2호	10	3	15	8~12
	13	3.5	16	12~15
	16	4	17	15~18
	20	4.5	18	18~22
	24	4.5	18	22~25
A 3호	30	5	21	25 이상
	40	5	21	25 이상
	50	5	21	25 이상

[표 2·2] 가변압식(B형) 토치의 규격(KS B 4602)

종류	번호	산소 압력 [kg/cm²]	흰 불꽃의 길이 [mm]	판두께 [mm]
B 00호	10	1.5	2	0.5
	16	1.5	3	0.5
	25	1.5	4	0.5
	40	1.5	5	0.5
B 00호	50	2	7	0.5~1
	71	2	8	1~1.5
	100	2	10	1~1.5
	140	2	11	1.5~2
	200	2	12	1.5~2

2.3 용접봉과 용제

(1) 용접봉

연강용 가스 용접봉의 규격은 KS D 7005에 규정되어 있으며, 아크 용접봉의 심선과 같이 인, 황, 동의 유해 성분이 극히 적은 저탄소강이 사용된다. 용접봉의 지름은 1~6 mm가 사용되며 모재의 두께에 따라 〔표 2-3〕과 같이 선택한다.

[표 2·3] 연강용 가스 용접봉의 규격(KS D 7005)

용접봉의 종류	시험편의 처리	인장강도 [kg/mm]	연신율 [%]
GA 46	SR	46 이상	20 이상
	NSR	51 이상	17 이상
GA 43	SR	43 이상	25 이상
	NSR	44 이상	20 이상
GA 35	SR	35 이상	28 이상
	NSR	37 이상	23 이상
GB 46	SR	46 이상	18 이상
	NSR	51 이상	15 이상
GB 43	SR	43 이상	20 이상
	NSR	44 이상	15 이상
GB 35	SR	35 이상	20 이상
	NSR	37 이상	15 이상
GB 32	NSR	32 이상	15 이상

[표 2·4] 연강의 판두께와 용접봉의 지름(단위 : mm)

모재의 두께	2.5 이하	2.5~6.0	5~8	7~10	9~15
용접봉의 지름	1.0~1.6	1.6~3.2	3.2~4.0	4~5	4~6

(2) 용제

모재의 용접 부분에 있는 산화물이나 불순물을 용해하고, 또 이것이 용제와 결합하여 슬래그(slag)로 만들어져서 용착금속을 보호한다. 일반적으로 용제분말은 물이나 알콜에 섞어 점성체로 만든후 용접봉을 예열하여 묻히거나 모재에 발라서 사용한다.

연강은 산화철 자체가 용제작용을 하므로 용제를 보통 사용하지 않는다. 특별히 청정작용을 돕기위해 붕산, 규산나트륨 등이 사용된다. 주철, 고탄소강, 특수강에는 탄산나트륨, 붕산 등이 사용된다. 동합금은 붕산, 규

산나트륨, 불화나트륨 등이 사용되고, 경합금은 염화칼륨, 청화리듐, 불화
칼슘 등이 사용된다.

3. 가스용접 작업

가스용접은 토치를 오른손에 잡고 용접봉은 왼손에 잡고 한다. 모재에
대해 토치와 용접봉의 진행방향에 따라 전진법과 후진법이 있다. 일반적
으로 전진법이 많이 사용된다.

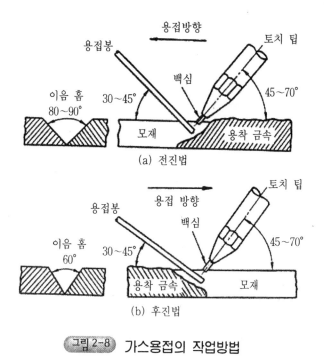

그림 2-8 가스용접의 작업방법

전진법은 토치와 용접봉을 왼쪽으로 이동하면서 용접해 가는 방법으로
좌진법이라고도 한다. 전진법은 판두께 5 mm 이하의 용접에서 주로 사용
하는 용접법이다.

후진법은 토치와 용접봉을 오른쪽으로 이동하면서 용접해 가는 방법으

로 우진법이라고도 한다. 후진법은 판두께 5 mm 이상의 용접에 사용되며, 용착금속의 급냉이 방지되고 용접변형이 작은 특징이 있다.

큰 모재를 용접할 때는 용접의 진행에 따라 변형이 생겨 끝부분에는 용접부의 간격이 맞지 않을 수가 있다. 이것을 방지하기 위해 일정한 간격으로 가용접(track welding)을 한 후 용접을 진행한다.

제3장 아크용접

1. 아크용접의 개요

　아크용접(arc welding)은 전기로 아크를 발생시키고, 그 열에너지로 용접봉과 모재를 녹여 용접한다. 아크용접은 가스용접에 비해 열원의 온도가 높고 열의 집중성이 좋아 보다 정밀하고 효과적인 용접을 할 수 있다. 아크용접은 가장 널리 사용되고 있는 용접법이다.

　아크용접은 용접봉(electrode)과 모재(base metal) 사이에 교류 또는 직류 전압을 걸고, 용접봉을 모재에 살짝 접촉시켰다가 떼면 강한 빛과 열을 내는 아크가 발생한다. 이 열로 용접봉의 심선(core wire)이 녹아 금속증기 형태의 용적(globule)을 발산하고, 피복제(flux)는 실드가스(shield gas)로 공기를 차단하여 용융금속을 보호한다. 또 모재가 녹은 깊이를 용입(penetration)이라 하고 이것은 용적과 합쳐 용융풀(molten pool)를 이루고 응고하여 용착(deposit)한다. 이 용착금속이 작은 물결모양으로 연결된 선을 비드(bead)라 한다. 용착금속 위에는 금속의 산화물과 불순물, 용접봉의 피복제 성분 등이 합쳐 슬래그(slag)가 되어 비드 위를 덮는다. 슬래그는 금속의 산화를 방지하고 급냉을 방지하여 용착금속을 보호한다. 모재는 아크열로 일부가 녹아 용착금속이 되지만 녹지 않는 일부도 열영향부가 되어 변형이 생기고 잔류응력이 남는다. 이러한 잔류응력을 제거하기 위해 필요에 따라 풀림처리를 한다.

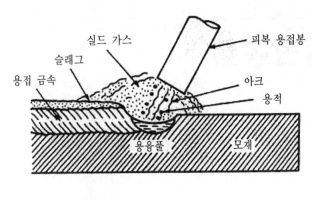

그림 3-1 아크 용접부의 형상

1.1 아크의 성질

용접봉과 모재 사이에 70~80V의 전압을 걸고 용접봉을 모재에 접촉시켰다가 약간 떼면 강한 빛을 내면서 아크(arc)가 발생한다. 이 아크에는 10~500A의 큰 전류가 흐른다. 이 전류는 금속중기나 주위의 기체를 양이온(positive ion)과 전자(electron)로 해리시킨다. 양이온은 음극에, 전자는 양극에 강하게 부딪치며 열을 발생한다. 양극과 음극 사이에 이온이 흘러 아크 기둥이 생기며, 이것을 아크 플라즈마(arc plasma)라 한다.

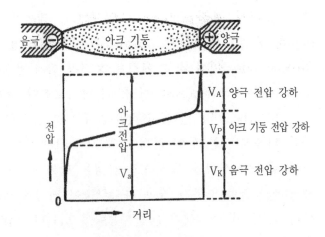

그림 3-2 아크의 전압 분포

아크 기둥의 전압 분포는 일정하지 않고 3영역으로 구분된다. 〔그림 3-2〕와 같이 양극 근처의 V_A를 양극 전압강하, 음극 근처의 V_K를 음극 전압강하, 아크기둥의 V_P를 아크기둥 전압강하라 하고, 이 전체의 전압 V_a를 아크 전압이라 한다.

$$V_a = V_A + V_P + V_K$$

양극과 음극의 전압강하는 거의 일정하며, 아크기둥 전압강하는 아크의 길이에 비례하여 증가한다. 따라서 아크 전압은 〔그림 3-3〕과 같이 아크 길이가 커지면 아크 전압도 거의 비례해서 커진다.

아크 길이를 일정하게 했을 때 아크 전압은 〔그림 3-4〕와 같이 아크 전류의 증가와 더불어 약간 증가한다.

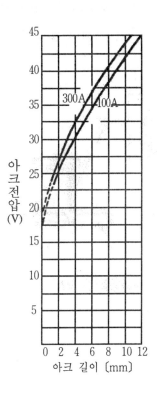

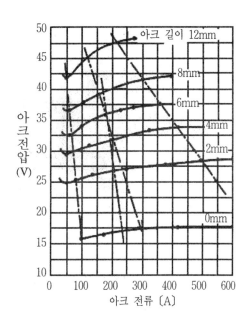

그림 3-3 아크 길이와 아크 전압과의 관계   그림 3-4 아크 전류와 아크 전압과의 관계

1.2 전원과 극성

아크용접에서 전원을 직류로 사용한 것을 직류용접(DC welding), 교류로 사용한 것을 교류용접(AC welding)이라 한다. 또 전극 역할을 하는 용접봉과 모재 중 어느 쪽이 양극이냐, 음극이냐에 따라 용접의 성능도 달라지는데, 이러한 전극에 관련된 성질을 극성(polarity)이라 한다.

(1) 직류용접과 극성

직류용접에서 〔그림 3-5〕(a)와 같이 모재를 양극에 연결한 것을 정극성이라 하고 (b)와 같이 모재를 음극에 연결한 것을 역극성이라 한다.

일반적으로 전자의 충격을 받는 양극 쪽이 음극보다 발열이 많다. 그래서 정극성은 모재가 발열이 많고 용입도 깊어서 두꺼운 판의 용접에 사용되고, 역극성은 얇은 판의 용접에 사용된다. 그러나 직류용접의 극성 선정은 용접봉의 재질, 용접이음의 형상, 모재의 재료 등에 따라 달라진다.

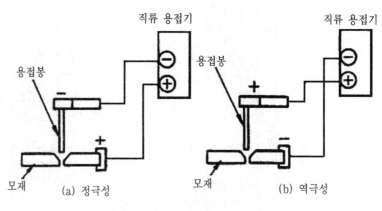

그림 3-5 직류용접의 극성

(2) 교류용접과 극성

교류용접에서는 전류의 방향이 1초에 교류 주파수만큼 변화하므로, 극성도 주파수만큼 변화한다. 따라서 극성에는 관계없이 용접봉과 모재에 발생하는 열량은 같다.

교류는 매 사이클마다 전압이 영(zero)인 점을 두 번씩 통과한다. 따라서 아크가 불안정해지므로 비피복 용접은 사용하기 어렵다. 피복 용접봉을 사용하면 고온으로 가열된 피복제에서 이온이 발생하여 아크를 안정되게 유지한다.

1.3 용접입열

외부에서 용접부에 주어지는 열량을 용접입열(weld heat input)이라 한다. 아크용접에서 단위 길이(cm) 당 발생하는 전기에너지, 즉 용접입열 H 는 아크전압 E(V), 아크전류 I(A), 용접속도 v(cm/min)라 하면 다음 식과 같다.

$$H = \frac{60EI}{v} \text{ (Joule/cm)}$$

예를 들면 아크전류가 100(A), 아크전압 30(V), 용접속도 20(cm/min)일 때 용접입열은 9,000(Joule/cm)이다. 실제 입열에너지는 이 전기에너지 이외에 피복제의 화학적 에너지도 가산된다.

용접입열 중 몇 %가 모재에 흡수되었는가의 비율을 아크의 열효율이라한다. 열효율은 아크의 길이, 모재의 형상, 용접봉의 종류, 용접 방법 등여러 인자에 영향을 받는다. 일반적인 아크용접의 열효율은 75~85% 정도이다.

2. 아크 용접기

용접에 필요한 전원을 공급하는 아크 용접기는 전원에 따라 교류용접기와 직류용접기로 구분된다. 또 용접기의 전기회로 형식에 의해 수하특성과 정전압특성이 있다.

2.1 용접기의 전기적 특성

(1) 수하특성

용접 작업을 할 때 손흔들림으로 아크의 길이가 변할 때 전류가 급변하면 아크가 불안정하고 용입도 균일하지 못하다. 그러므로 아크 길이가 변하여도 용접 전류의 변동이 아주 작게 한 것을 수하특성이라 하고, 특히 작동점 부근에서 경사가 급격해서 전류 변동이 거의 없는 것을 정전류특성이라 한다.

이 특성은 아크용접이나 TIG용접에서 수동으로 작업할 때 많이 사용된다.

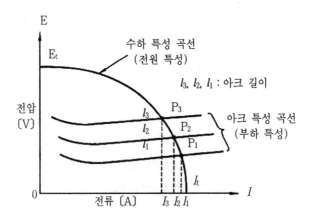

그림 3-6 수하특성

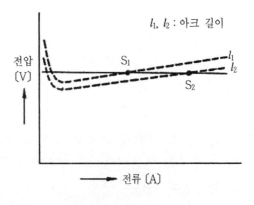

그림 3-7 정전압특성

(2) 정전압특성

전류가 증가하여도 전압을 일정하게 하면 아크 길이가 조금만 변하여도 전류의 변동이 크게 되는데 이와 같은 특성을 정전압특성이라 한다.

MIG용접이나 CO_2 아크용접 등의 자동용접에서는 심선을 일정한 속도로 공급한다. 〔그림 3-7〕에서 정상적인 아크 길이에서 약간 길어져 l_1이 되면 전류가 크게 감소하고, 심선의 용융도 감소하여 아크의 길이가 원상태로 돌아간다. 아크의 길이가 정상보다 짧아져 l_2가 되면 반대로 전류가 증가하고, 심선의 용융도 증가하여 아크의 길이가 원상태로 돌아간다. 이러한 현상을 정전압특성에서 아크의 자기제어(self-regulation) 작용이라 한다. 전류가 증가할 때 전압을 약간 상승시키면 전류의 변동이 더 커서 자기제어가 더욱 민감하다. 이러한 특성을 상승특성이라 한다.

2.2 직류 아크 용접기

직류 아크 용접기는 아크의 안정성이 좋으며, 모재의 재질이나 판두께에 따라 극성을 바꾸어서 용접이음 효율을 증대시키는 특징이 있다.

직류 아크 용접기에는 직류발전기를 이용하는 발전기형과 교류 전원을 정류하여 직류를 얻는 정류기형이 있다.

[표 3·1] 직류 아크 용접기의 특징

종 류	특 징
발전기형 - 전동기형 - 엔진형	· 완전한 직류를 얻을 수 있다. · 엔진형은 교류전원이 없는 곳에서도 사용이 가능하다. · 회전하므로 고장나기가 쉽고 소음이 난다. · 가격이 고가이다. · 보수와 점검이 어렵다.
정류기형	· 소음이 나지 않는다. · 취급이 간단하고 가격이 싸다. · 교류를 정류하므로 완전한 직류를 얻지 못한다. · 정류기 파손에 주의해야 한다. · 보수점검이 간단하다.

2.3 교류 아크 용접기

교류 아크 용접기는 일종의 변압기이며 가장 많이 사용되는 용접기이다. 일반적으로 1차측은 220V의 동력전원에 접속하고, 2차측은 무부하 전압이 70~80V가 되도록 만들어져 있다. 교류용접기는 직류용접기에 비해 아크의 안정성은 떨어지지만 구조가 간단하고 가격이 싸며 보수도 용이하다.

교류 아크 용접기는 용접전류를 조정하는 방식에 따라 가동철심형, 가동코일형, 탭전환형, 가포화 리액터형 등이 있다.

[표 3·2] 교류 아크 용접기의 특징

용접기의 종류	특 징
탭전환형	· 코일의 감긴 수에 따라 전류가 조정된다. · 탭전환부 소손이 심하다. · 넓은 범위는 전류조정이 어렵다. · 주로 소형에 사용되었으나 현재는 별로 사용되지 않는다.
가동코일형	· 1차, 2차코일 중 하나를 이동하여 누설자속을 변화시켜 전류를 조정한다. · 아크 안정도가 높고 미세전류 조정이 가능하다. · 가격이 비싸며 현재 거의 사용되지 않는다.
가동철심형	· 가동 보조철심으로 누설자속을 가감하여 전류를 조정 · 광범위한 전류 조정이 어렵다. · 미세한 전류 조정이 가능하다. · 현재 가장 많이 사용된다.
가포화리액터형	· 가변저항의 변화로 용접전류를 조정한다. · 전기적 전류 조정으로 소음이 없고 기계수명이 길다. · 원격조작이 간단하게 된다.

3. 용접봉

3.1 용접봉의 개요

아크용접의 용접봉은 심선(core wire)에 피복제를 도포하여 건조시킨 피복용접봉과 피복제를 입히지 않은 비피복용접봉으로 구분된다. 피복용접봉은 수동용접에 사용되고, 비피복용접봉은 자동용접에 주로 사용된다.

피복용접봉의 한쪽 끝은 홀더에 물려 전류를 통하도록 25 mm 정도 피복하지 않고, 다른 쪽은 아크 발생이 쉽도록 3 mm 이하로 피복하지 않는다.

피복용접봉의 심선은 모재와 함께 용착하므로 용접봉 선택의 최우선 기준이다. 주철, 특수강, 비철합금 등에는 모재성분과 동일한 것이 널리 사용되고, 연강에는 탄소가 비교적 적은 연강봉이 사용된다. 심선의 지름은 1~10 mm까지 있고, 길이는 심선의 지름에 따라 350~900 mm까지 있다.

3.2 피복제

피복제는 심선에 무기물이나 유기물을 피복하여 용융금속을 공기와 차단하고 슬래그를 만들어 용착금속을 보호한다. 이러한 목적을 달성하기 위한 피복제의 형식은 가스발생식, 슬래그생성식, 반가스발생식으로 구분된다.

가스발생식은 유기물을 많이 함유하여 가스발생이 많아 아크가 세고 안정되므로 용접속도가 빠르다. 그러나 스패터(spatter)가 많고 세심한 주의를 하지 않으면 깨끗한 비드를 만들기 어렵다.

슬래그생성식은 광물질과 같은 무기물을 사용하여 슬래그를 많이 생성한다. 이 방식은 작업이 편리하여 많이 사용하고 있다. 그러나 운봉법에 주의를 기울이지 않으면 용착금속에 슬래그가 혼입되고 용착금속과의 구분에도 주의를 요한다.

반가스발생식은 양쪽의 장점을 살려 슬래그생성식에 유기물을 첨가하여 제작한 것이다.

피복제의 역할은 다음과 같다.

① 아크를 안정시킨다.

② 공기를 차단하여 금속의 산화나 질화를 방지한다.

③ 용적을 미세하게 하여 용착효율을 높인다.

④ 용착금속을 탈산 정련한다.

⑤ 용착금속에 필요한 합금원소를 첨가한다.

⑥ 용착금속을 슬래그로 덮어 급냉을 방지한다.

3.3 용접봉의 규격과 특성

　연강용 피복 아크 용접봉은 가장 많이 사용되는 것으로 KS D 7004에 규정되어 있다. KS 기호의 의미는 다음과 같고, 용접봉의 종류와 특성은 〔표 3-3〕와 같으며, 용도는 〔표 3-4〕와 같다.

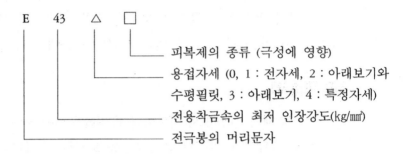

```
E    43    △    □
                 └──── 피복제의 종류 (극성에 영향)
            └──────── 용접자세 (0, 1 : 전자세, 2 : 아래보기와
                       수평필릿, 3 : 아래보기, 4 : 특정자세)
       └───────────── 전용착금속의 최저 인장강도(kg/㎟)
  └──────────────────── 전극봉의 머리문자
```

[표 3-3] 연강용 피복 아크 용접봉의 종류와 특성

용접봉의 종류	피복제의 계통	용접 자세	사용 전류의 종류	용착금속의 기계적 성질			
				인장강도 (kg/㎟)	항복점 (kg/㎟)	연신율 (%)	충격치 (0°CV샤르피) (kg-m)
E 4301	일미나이트계	F,V,OH,H	AC 또는 DC(±)	43	35	22	4.8
E 4303	라임티탄계	F,V,OH,H	AC 또는 DC(±)	43	35	22	2.8
E 4311	고셀룰로오스계	F,V,OH,H	AC 또는 DC(±)	43	35	22	2.8
E 4313	고산화티탄계	F,V,OH,H	AC 또는 DC(−)	43	35	17	—
E 4316	저수소계	F,V,OH,H	AC 또는 DC(+)	43	35	25	4.8
E 4324	철분산화티탄계	F,H - Fil	AC 또는 DC(±)	43	35	17	—
E 4326	철분저수소계	F,H - Fil	AC 또는 DC(±)	43	35	25	4.8
E 4327	철분산화철계	F,H - Fil	F에 AC 또는 DC H-Fil에서 AC 또는 DC(−)	43	35	25	2.8
E 4340	특수계	F, V, OH, H H - Fil의 전부 EH는 일부	AC 또는 DC(±)	43	35	22	2.8

(주) F : 아래보기, V : 수직, OH : 위보기, H : 수평, H-Fil : 수평필릿
　　AC : 교류, DC(±) : 직류양극성, DC(−) : 직류봉−, DC(+) : 직류봉+

[표 3-4] 연강용 피복 아크 용접봉의 작업성과 용도

용접봉의 종류	피복제 계통	작업성	용도
일미나이트계 (ilmenite type)	E 4301	용입이 깊고, 비이드가 깨끗하여, 일반용접에 가장 많이 사용.	조선, 건축, 교량, 차량 및 강 구조물.
라임티탄계 (lime titania type)	E 4303	용입은 중간 정도이며, 깨끗하고 박판에 좋다.	일미나인트와 같은 용도의 박판용.
고셀룰로우스계 (high cellulose type)	E 4311	용입이 깊으며 비이드가 거칠고 스패터가 많다.	슬래그가 적어 배관공사에 적당.
고산화티탄계 (ching titanium type)	E 4313	용입이 얕으며, 슬래그가 적고 인장강도가 크며, 박판에 좋다.	주로 다듬 용접 및 박판용 경구조물.
저수소계 (low hydrogen type)	E 4316	스패터가 적으며 유황이 많고 고탄소강 및 균열이 심한 부분에 사용.	기계적성질이 우수하여 내균열성 및 후판의 고탄소강에 사용.
철분산화티탄계 (iron powder titania type)	E 4324	스패터가 적으며 비이드가 깨끗하다.	외관이 양호하며 능률이 좋은 용접을 할 수 있다.
철분저수소계 (iron powder low hydrogen type)	E 4326	용입은 중간 정도이며 비이드가 깨끗하다.	기계적성질 및 내균열성이 우수. 후판의 고탄소강에 사용.
철분산화철계 (iron powder oxide type)	E 4327	용입이 깊으며 비이드가 깨끗하고 작업성이 우수하다.	아래보기, 수평필릿용접 전용.
특수계	E 4340	지정작업	용도에 따라 다름.

3.4 용접봉의 선택과 취급

용접봉을 선택할 때는 용접구조물의 형상, 재질, 강도 등을 고려해야 하고, 용접봉의 작업성과 시공방법을 고려해야 한다. 특히 용착금속의 내균열성은 용접봉 선택의 중요한 인자가 된다. 그림에서 염기성이 큰 저수소계와 일미나이트계가 내균열성이 크고, 산성이 큰 티탄계와 고셀룰로스계가 내균열성이 나쁘다.

용접봉은 습기에 민감하기 때문에 건조한 장소에 보관해야 한다. 용접봉에 습기가 차면 아크가 불안정하고 스패터가 많아지며, 용착금속의 기공이나 균열의 원인이 된다. 보통 용접봉은 사용전에 용접봉 건조기에서 70~100℃에서 30분 정도, 저수소계는 300~350℃에서 1시간 정도 건조시켜 사용한다.

4. 아크용접 작업

4.1 아크용접 도구

용접작업을 하기 전에 안전을 위해 여러 가지 보호기구가 필요하다. 용접 장소에서는 가스를 배출할 수 있도록 환기장치를 하고, 주위에 강렬한 불빛을 막도록 차광막을 설치한다. 작업자는 에이프런(apron), 각반, 장갑 등을 끼고, 아크발생 전에 핸드실드(hand shield)나 헬멧(helmet)을 쓰고 작업한다. 용접이 끝나면 치핑 해머, 정, 와이어브러시 등으로 슬래그를 제거한다.

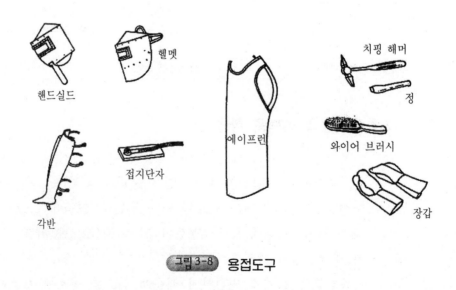

그림 3-8 용접도구

4.2 전류의 세기

용접전류는 용접물의 재질, 형상, 크기와 용접봉의 종류와 크기, 용접속도, 작업자의 숙련도 등에 따라 결정한다.

전류가 강하면 용융속도가 빨라져서 언더컷(undercut)이 생기기 쉽고 스패터가 많이 발생한다. 전류가 약하면 용적이 커지고 용입 불량이나 오버랩(overlap)이 생기기 쉽다.

[표 3·5] 아크용접의 표준 용접전류

용접봉 종류	용접 자세	봉 지름 [mm φ]						
		2.6	3.2	4.0	5.0	6.0	6.4	7.4
E 4301	F, V, OH, H	50~85	80~130 / 60~110	120~180 / 100~150	170~240 / 130~200	240~310 / —	— / —	300~370 / —
E 4303	F, V, OH, H	40~70	100~140 / 80~110	140~190 / 110~170	200~260 / 140~210	250~330 / —	— / —	310~390 / —
E 4311	F, V, OH, H	65~100 / 50~90	70~110 / 55~105	110~155 / 90~140	155~200 / 120~180	190~240 / —	— / —	— / —
E 4313	F, V, OH, H	50~75 / 30~70	80~130 / 70~120	125~195 / 100~160	170~230 / 120~200	230~300 / —	240~320 / —	— / —
E 4316	F, V, OH, H	55~95 / 50~90	90~130 / 80~115	130~180 / 110~170	180~240 / 150~210	250~310 / —	— / —	300~380 / —
E 4324	F, H-Fil	55~85 / 50~80	130~160	180~220	240~290	—	350~450	—
E 4326	F, H-Fil	—	—	140~180	180~220	240~270	270~300	290~320
E 4327	F, H-Fil	—	—	170~200	210~240	260~300	280~330	310~360

4.3 아크의 발생과 아크 길이

아크를 발생시킬 때에는 용접봉 끝을 모재면에서 10 mm 정도 되게 가까이 대고, 용접봉을 모재면에 살짝 접촉시켰다가 재빨리 떼어 3~4 mm 정도 유지하면 아크가 발생한다.

아크 발생법은 용접봉 끝을 모재면에 살짝 찍는 기분으로 아크를 발생시키는 것을 찍는 법(tapping method)이라 한다. 모재면을 살짝 긁는 기분으로 아크를 발생시키는 것을 긁는 법(scratch method)이라 한다. 찍는 법은 직류용접에서, 긁는 법은 교류용접에서 주로 사용한다.

아크의 길이는 일반적으로 3 mm 정도이며, 지름 2.6 mm 이하의 용접봉에서는 심선의 지름과 거의 같이 한다. 아크전압은 아크길이에 비례한다. 아크길이가 너무 길면 아크가 불안정하고, 열의 집중이 약해져서 스패터가 많아지고, 용융금속이 산화나 질화하기 쉽다.

아크를 끌 때는 용접의 정지점에서 아크를 짧게 하여 크레이터(crater)를 채운 다음 재빨리 용접봉을 들어 낸다.

4.4 아크 용접봉의 각도

용접봉의 각도는 모재와 용접봉이 이루는 각도로서 진행각과 작업각으로 나누어진다. 용접 중에 적당한 각도를 일정하게 유지해야 깨끗한 비드를 만들 수 있다. 진행각은 용접봉과 비드선이 이루는 각도로서 용접봉과 수직선 사이의 각도를 나타내며, 작업각은 비드 단면에서 용접봉과 모재 사이의 각도를 나타낸다. 〔그림 3-10〕는 용접 모양과 자세에서 일반적으로 사용하는 용접봉의 각도를 나타낸다.

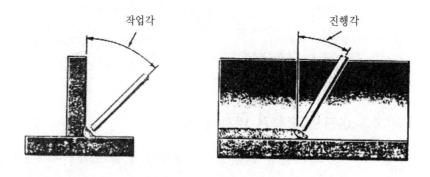

그림3-9 진행각과 작업각

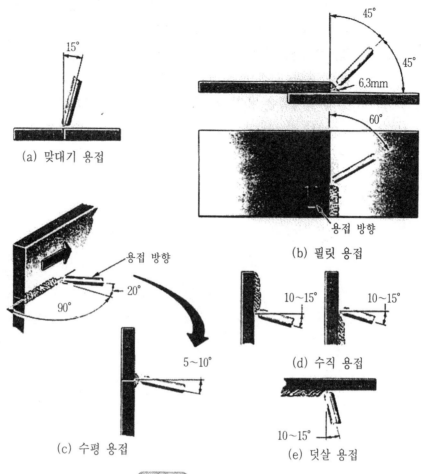

(a) 맞대기 용접

(b) 필릿 용접

용접 방향

(c) 수평 용접

(d) 수직 용접

(e) 덧살 용접

그림 3-10 용접봉의 각도

4.5 용접속도와 운봉법

용접속도는 모재에 대한 용접선 방향의 용접봉의 속도이다. 용접속도는 전류의 세기, 용접봉의 종류, 용접모양, 모재의 재질, 운봉법 등에 따라 달라진다. 용접부의 용입은 전류의 세기에 비례하고, 용접속도에 반비례한다.

깨끗하고 품질이 좋은 용접을 하기 위해서는 용접조건에 적당한 용접속도를 선택하고, 용접 중에 일정한 용접속도를 유지하는 것이 중요하다.

운봉법(motion of electrode)은 직선 운봉과 위빙(weaving) 운봉이 있다. 위빙은 용접자세와 홈의 형상, 크기 등에 따라서 지그잭, 원형, 타원형, 삼각형, 부채꼴 등의 위빙 모양이 있다. 일반적으로 직선 운봉은 용접부의 결함이 적으나 위빙은 정교하게 하지 않으면 결함이 생길 우려가 있다. 위빙폭은 용접봉 지름의 3배 이하로 하는 것이 좋다.

제4장 특수용접

1. 불활성가스 아크용접

1.1 개요

불활성가스 아크용접은 아크용접의 한 방법으로서 고온에서도 금속과 반응하지 않는 아르곤(Ar), 헬륨(He) 등 불활성가스(inert gas)의 분위기 속에서 아크를 발생시켜 용접하는 아크용접의 발전된 형태이다.

이 용접법은 불활성가스 텅스텐 아크용접(inert gas tungsten arc welding) 즉 TIG 용접과 불활성가스 금속 아크용접(inert gas metal arc welding) 즉 MIG 용접이 있다. TIG 용접은 비소모성인 텅스텐 전극으로 아크를 발생시키고 따로 용가재를 사용해서 3 mm 이하 얇은 판의 용접에 사용된다. MIG 용접은 소모성인 금속 전극으로 아크를 발생시키고, 금속전극은 용가재 역할도 겸하도록 하여 3 mm 이상의 두꺼운 판의 용접에 사용된다.

불활성가스 아크용접은 불활성가스가 공기를 차단하여 열의 집중성이 좋아 전자세 용접이 가능하고 용접부의 정밀도와 강도, 내균열성, 기밀성 등이 우수하다. 또 불활성가스가 용제 역할을 하므로 슬래그가 거의 없어 작업도 편리하다. 아크용접으로 용접이 힘든 합금강, 스텐레스강, 알루미늄 합금, 마그네슘 합금, 니켈 합금, 동합금 등의 용접을 용이하게 할 수 있다.

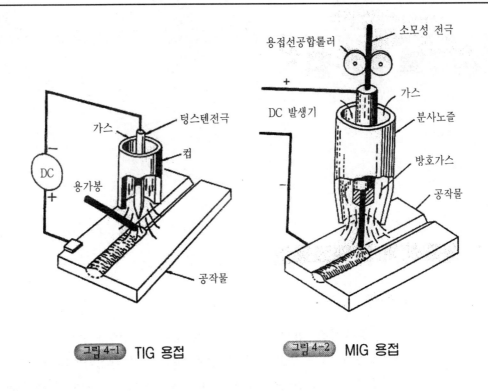

그림 4-1 TIG 용접 　　　　그림 4-2 MIG 용접

1.2 TIG 용접

　TIG 용접은 가스텅스텐 아크용접(GTAW : gas tungsten arc welding)
이라고도 하며, 사용하는 텅스텐 전극은 거의 소모되지 않고 아크를 발생
하므로 용가재(filler metal)를 별도로 공급해야 한다. 용접의 전원은 교류
나 직류를 모두 사용할 수 있다.

　직류 정극성은 모재의 발열이 많고 용입도 깊고 전극은 발열이 적어서
지름이 작은 전극을 사용한다. 직류 역극성은 전극의 발열이 많고 모재의
발열이 적어 전극지름을 크게 하고 용입은 얕고 넓어진다. 알루미늄이나
마그네슘에 직류 역극성으로 아르곤 가스를 쓰면 융점이 높은(2,000℃ 정
도) 산화피막(Al_2O_3, MgO)을 제거하는 작용을 한다. 이것을 음극 청정작
용(clean action)이라 한다.

　교류용접은 직류 정극성과 역극성의 중간 상태로 양자의 특성을 이용할
수 있고 산화피막의 청정작용도 약간 있다.

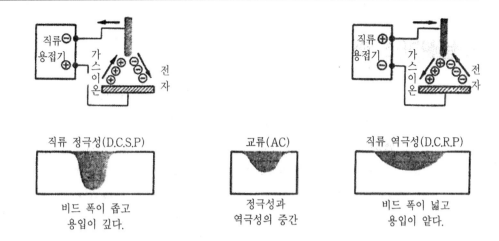

<table>
<tr><td>직류 정극성(D.C.S.P)</td><td>교류(AC)</td><td>직류 역극성(D.C.R.P)</td></tr>
<tr><td>비드 폭이 좁고
용입이 깊다.</td><td>정극성과
역극성의 중간</td><td>비드 폭이 넓고
용입이 얕다.</td></tr>
</table>

그림4-3 TIG 용접의 극성과 용입

1.3 MIG 용접

MIG 용접은 가스금속 아크용접(GMAW : gas metal arc welding)이라고도 하며, 금속 와이어를 연속적으로 공급하여 전극과 용가재 역할을 동시에 하므로 소모성 전극이라 한다. MIG 용접의 전원은 직류를 사용하고 와이어를 양극으로 하는 역극성으로 한다.

MIG 용접의 특징은 전류 밀도가 대단히 크고 아크열의 집중성이 좋아 용입이 깊고 전자세 용접이 용이하다. MIG 용접의 와이어 용융속도는 전류에 비례하여 증가하고 용착효율도 98% 이상된다. 3 mm 이상의 두꺼운 판의 용접에 이용된다.

MIG 용접은 정전압특성의 직류용접기를 사용하므로 아크의 길이가 약간 변하여도 자기제어(self-regulation) 작용으로 일정한 길이를 유지하므로 자동용접이 용이하다.

가스는 아르곤을 일반적으로 많이 사용하고, 아르곤은 모재의 청정작용도 한다. 헬륨가스를 쓰면 아르곤 보다 아크전압이 대단히 높아 입열량이 커지므로 용입이 증가하고 용접속도도 커진다.

2. 탄산가스 아크용접

탄산가스(이산화탄소) 아크용접(CO_2 arc welding)은 MIG 용접과 거의 비슷한 방법으로 불활성가스 대신에 가격이 싼 탄산가스를 사용한 용극식 용접법이다.

탄산가스는 불활성가스가 아니므로 고온에서 강한 산화성이 있어 용착 금속을 산화시키고 기포가 생기기 쉬우므로 Mn, Si 등의 탈산제(용제)가 필요하다. 용제를 공급하는 방식에 따라 용제를 함유한 용접봉을 쓰는 솔리드 와이어(solid wire) 방식(또는 플럭스 코어드 아크용접, FCAW : flux-cored arc welding), 탈산제를 피복한 용접봉을 공급하는 피복와이어 방식(또는 피복 아크용접, SMAW : Shielded metal arc welding), 자성을 가진 용제를 탄산가스에 섞어 분사하는 자성용제 방식이 있다.

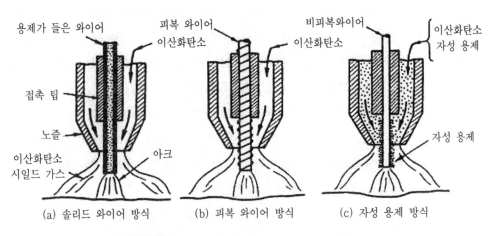

용제가 들은 와이어   피복 와이어   비피복와이어
이산화탄소   이산화탄소   이산화탄소 자성 용제
접촉 팁
노즐   자성 용제
이산화탄소 시일드 가스   아크

(a) 솔리드 와이어 방식   (b) 피복 와이어 방식   (c) 자성 용제 방식

그림 4-4 탄산가스 아크용접의 탈산제 공급 방식

탈산제가 필요한 이유는 탄산가스가 고온의 아크열에 의해

$$CO_2 = CO + O$$
$$Fe + O = FeO$$

와 같이 용융철을 산화하고

$$FeO + C = Fe + CO$$

와 같이 철의 탄소와 화합하여 CO의 기포가 생긴다. 그러나 탈산제를 첨가하면

$$FeO + Mn \rightarrow MnO + Fe$$
$$2FeO + Si \rightarrow SiO_2 + 2Fe$$

와 같이 MnO, SiO_2 등은 슬래그가 된다.

탄산가스 아크용접은 아크용접에 비해 전류밀도가 높아 용입이 깊고, 용접속도가 빠르고, 전자세로 자동용접이 가능하여 구조용강, 합금강, 스텐레스강 등의 용접에 널리 사용된다.

3. 서브머지드 아크용접

서브머지드 아크용접(submerged arc welding)은 〔그림 4-5〕와 같이 연속적으로 공급되는 용접봉 앞에서 용제 분말을 용접부에 쌓아 올리고, 그 안에서 아크를 발생시킨다. 이 용접은 아크가 용제 속에 잠겨서 발생하므로 잠호용접(潛弧熔接)이라고도 한다. 또 용제가 용융하여 생긴 슬래그도 전류가 통하여 저항열을 발생한다. 용제가 열에너지의 방출을 방지하므로 열효율이 좋아 열에너지가 크고 용입 깊이도 깊다. 따라서 두꺼운 판의 용접에서 용접속도가 빠르고 작업능률이 우수하다. 선박, 고압탱크, 차량, 대형구조물 등의 용접선이 긴 강철 용접에 많이 사용된다. 그러나 분말 용제를 사용하므로 아래보기 용접만 가능하다.

용제는 용도에 따라 여러 가지 종류가 있다. 많이 쓰이는 것으로는 SiO_2를 주성분으로 하고 MnO, CaO, MgO 등의 저수소계의 광물질을 고온에서 소성하여 분쇄한 것이다. 심선의 지름은 2.4~12.7 mm까지 있으

며, 팁과의 전기 접촉을 원활하게 하고 녹을 방지하기 위해 동도금한 것이 많이 사용된다.

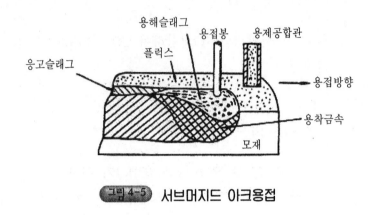

그림 4-5 서브머지드 아크용접

4. 일렉트로 슬래그 용접

일렉트로 슬래그 용접(electro-slag welding)은 〔그림 4-6〕와 같이 용융 슬래그와 용융 금속이 용접부로 부터 유출되지 않게 모재의 양측에 수냉식 받침판을 대어 주고, 용융 슬래그 속에서 전극 와이어를 연속적으로 공급한다. 용접 열원은 아크열이 아닌 와이어와 용융 슬래그 사이에 흐르는 전류의 저항열을 이용하는 특수용접이다. 용접이 시작될 때 분말 용제 속에서 아크가 순간적으로 발생하지만 용제가 용융하면 아크는 소멸하고 와이어는 주로 슬래그의 저항열로 녹는다. 이 때 수냉 받침판은 용접 진행에 따라 서서히 위로 이동한다.

전극 와이어의 지름은 보통 2.5~3.2 mm 정도이고, 피용접물의 두께에 따라 다극식으로 여러개 사용할 수도 있다. 용접 전류는 주로 교류의 정전압특성을 갖는 대전류를 사용하고 피용접물의 두께에 따라서 400~1000A, 전압은 35~50V 정도이다. 전극 와이어와 용제는 서브머지드 아크용접과 거의 같은 계통의 것이 사용된다.

이 용접의 특징은 홈 가공이 필요없이 I형 홈을 그대로 사용하므로 매우 두꺼운 판의 용접에 서브머지드 용접보다 경제적이다.

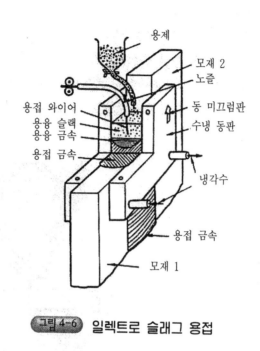

그림 4-6 일렉트로 슬래그 용접

5. 테르밋 용접

테르밋 용접(thermit welding)은 열원을 외부로부터 가하는 것이 아니라 테르밋 반응에 의해 생성되는 열을 이용하여 용융한 금속을 용접부에 주형을 만들어 주입하므로 주조용접이라고도 한다. 테르밋은 미세한 알루미늄 분말과 산화철의 혼합물로서 도가니에 넣고 점화하면 다음과 같은 테르밋 반응이 일어난다.

$$8Al + 3Fe_3O_4 \rightarrow 9Fe + 4Al_2O_3 + 710Kcal$$

여기서 생긴 철은 용착금속이 되고 산화알루미늄은 슬래그가 된다. 용착금속의 성분을 조정하기 위해 테르밋에 합금원소나 탈산제를 배합하여 사용한다.

　용접 방법은 용접부에 적당한 틈새를 만들고 그 주위에 주형을 설치하고, 주형 아래에 있는 예열구에서 모재를 적당한 온도(강의 경우 800～900℃)로 예열한 후, 도가니 속에서 테르밋 반응으로 용융된 금속을 주입한다.

　이 용접의 용도는 주로 레일의 접합, 차축, 선박의 프레임 등 비교적 큰 단면을 가진 주조나 단조품의 맞대기 용접과 보수 용접에 사용된다.

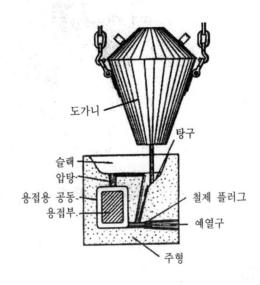

그림 4-7 테르밋 용접

6. 스터드 용접

　스터드 용접(stud welding)은 강봉이나 황동봉을 모재에 수직으로 접합하는 아크용접의 일종이다.

　[그림 4-8]와 같이 스터드 선단에 페룰(ferrule)이라는 보조링을 끼우고, 스터드를 모재에 접촉하여 통전한 후 약간 떼어 아크를 발생시켜 용융하

였을 때 압입하여 용착한다. 아크 발생 시간이 1초 내외의 짧은 시간에 용융된다. 이 때 보조링은 용제의 역할을 하고 열에 의해 자동적으로 붕괴된다.

용접 전원은 교류나 직류를 모두 사용할 수 있고, 스터드 용접총(stud welding gun)으로 자동용접하는 경우가 많다.

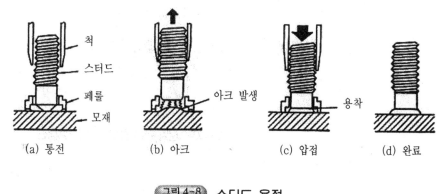

(a) 통전 (b) 아크 (c) 압접 (d) 완료

그림 4-8 스터드 용접

7. 전자빔 용접

이 용접방법은 전자의 운동에너지를 열에너지로 변환시키는 것이 그 기본 원리이다. 전자빔은 고속으로 용접부에 충동하여 열로 변한다. 생성된 열은 용접부위를 녹여서 두 금속을 결합시킨다. 〔그림 4-9〕는 전자빔 용접(electron beam welding) 장치의 기본 구성도이다. TV 브라운관에 있는 전자총과 기본원리는 같으나 TV에서 사용되는 것은 에너지 밀도가 매우 낮으며, 전자빔용접에 사용되는 것은 에너지 밀도가 매우 높다.

전자빔용접은 전자빔의 고에너지밀도 때문에 용접부의 폭이 매우 좁으며 용입깊이는 기존 용접법보다 훨씬 깊으며, 용접부의 뒤틀림이 거의 없고 강도가 높은 등 여러 장점이 있어서, 가격이 비싼 단점에도 불구하고 원자력, 제트엔진, 항공우주산업 뿐아니라 최근에는 자동차 부품산업에서도 널리 이용되고 있다.

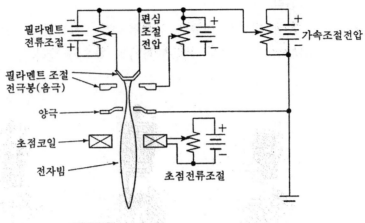

그림 4-9 전자빔용접의 기본 구성도

8. 레이저 용접

레이저빔은 고밀도 에너지를 얻을 수 있지만 집속되지 않은 레이저의 에너지 밀도는 금속을 녹일 수 있을 만큼 높지 않다. 따라서 렌즈로 레이저빔을 지름 0.25mm 정도 되도록 집속하여 레이저 에너지밀도를 6×10^6 W/cm^2 이상이 되도록 한다. 물체에 집속된 레이저빔의 에너지는 재료를 녹일만큼 높은 열로 변한다.

최초의 레이저는 루비레이저였지만, 용접에 사용되는 것은 고출력이 요구되므로 CO_2 레이저나 Nd:YAG 레이저 등이다. 이 레이저빔은 단색광이고, 에너지 밀도가 높으며, 직진성이 우수하다.

레이저 용접은 초기 설비 투자비가 많이 필요함에도 불구하고, 좁은 비드폭, 깊은 용입깊이, 열영향부가 매우 작은 등 많은 장점이 있으므로 항공우주산업에 널리 이용되어 왔다. 티타늄, 탄탈륨, 지르코늄, 텅스텐과 같은 금속용접에 주로 사용되며, 최근에는 반도체 회로기판, 카메라 부품,

시계용 배터리 용접 등에도 사용된다. 〔그림 4-10〕은 CO_2 레이저 용접장치를 나타낸 것이다.

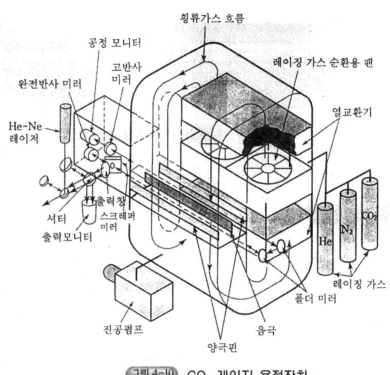

横류가스 흐름
공정 모니터
고반사 미러
완전반사 미러
레이징 가스 순환용 팬
He-Ne 레이저
열교환기
출력창
셔터
스크레퍼 미러
출력모니터
He
N₂
CO₂
레이징 가스
진공펌프
폴더 미러
음극
양극판

그림 4-10 CO_2 레이저 용접장치

9. 폭발용접

폭발용접(explosive welding)은 고상용접이며, 특수압접에 속한다. 폭발력이 강한 폭약을 사용하며 평판이나 원통모양의 철판을 금속학적으로 결합시키는데 사용된다. 기존의 용접방법으로 결합시키기 매우 어려운 이종금속의 용접은 폭발용접으로 쉽게 용접할 수 있다.

〔그림 4-11〕은 두 평판의 폭발용접배열을 보여준다.

금속격자구조로 형성된 군사용 복합재료들은 폭발용접에 의해 생산되고 있다.

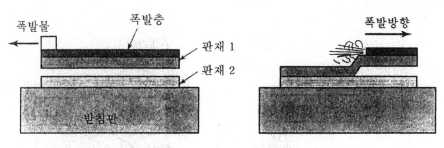

그림 4-11 두 평판의 폭발용접

10. 초음파 용접

특수압접의 형태로 고상용접의 하나인 초음파용접(ultrasonic welding)은 겹치기형 이음매를 얻기 위해서 동종 또는 이종금속의 박판이나 와이어용접에 널리 사용된다.

초음파진동은 이음부에 전달되고, 용접압력은 접합면에 수직으로 작용한다. 두 금속 사이의 접합을 위하여 표면의 불순물막은 초음파진동압력으로 분리되어지고 강인한 접합면을 얻을 수 있다.

초음파용접은 주로 전기 · 전자산업에서 얇은 판재를 용접할 때 많이 사용되며, 매우 짧은 시간에 용접이 이루어지며 자동화가 유리하다. 〔그림 4-12〕은 초음파 용접을 나타낸 것이다.

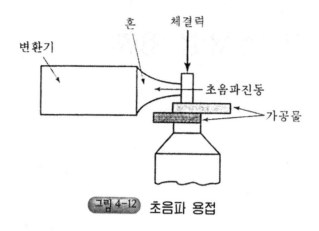

그림 4-12 초음파 용접

제5장

전기저항 용접

1. 전기저항 용접의 개요

전기저항 용접(electric resistance welding)은 용접부에 큰 전류를 흘려 발생하는 저항열을 열원으로 하여 접합부를 가열하고 동시에 큰 압력을 가하여 접합하는 압접법이다.

금속에 전류를 통하면 다음과 같은 주울 열(Joule's heat)이 발생한다.

$$Q = 0.24\, I^2 R\, t$$

여기서 Q : 발열량(cal), I : 전류(A), R : 저항(Ω), t : 통전시간(sec)

또 전기저항 용접에 필요한 열량의 크기는 재료의 용접성에 관계된다.

$$W = \rho\, /\, FK$$

여기서 W : 용접성, ρ : 비저항($\mu\,\Omega$cm), F : 용융점(℃), K : 열전도도(cal/cm・s・℃)

즉 비저항이 작고, 용융점이 높고, 열전도도가 좋은 금속은 용접이 어렵다. 특히 경금속은 용융점이 낮고, 비저항이 작고, 열전도도가 좋으므로 짧은 시간에 큰 전류를 사용하여 용접을 완료해야 한다.

[표 5·1] 각종 금속의 용접성

	비저항 ρ [$\mu\Omega$cm]	용융점 F [℃]	열전도도 K [cal/cm·s·℃]	용접성 W
순철	9.71	1539	0.18	3.5
0.2 탄소강	15.9	1430	0.11	10
스텐레스강	70	1415	0.088	130
동	1.67	1083	0.94	0.2
황동	5.87	905	0.3	2
인청동	8.78	1050	0.21	4
알루미늄	2.6	660	0.53	0.8
마그네슘	4.46	650	0.38	1.8
1100(알루미늄)	2.84	657	0.53	0.8
2024 - T6 (슈퍼듀랄루민)	4.4	638	0.35	2.0
7075 - T6 (엑스트라 듀랄루민)	5.07	638	0.31	2.5

2. 전기저항 용접의 종류

2.1 점 용접

점 용접(spot welding)은 두 판재를 전극사이에 끼워 놓고 전류를 통하면 판재 접촉면의 전기저항이 크므로 열이 집중해서 발생한다. 이 열이 용접온도에 이르렀을 때 전극으로 가압하여 용접한다. 전극은 동합금으로 만들고 수명연장을 위해 냉각수로 냉각한다. 이 때 생긴 판재 사이의 용접 접합부를 너깃(nugget)이라 한다.

점 용접에서 품질을 결정하는 전류의 세기, 통전시간, 가압력을 3요소라 한다. 작업은 큰 전류를 사용하여 몇 초 이내에 이루어지므로 용착금속이 산화나 질화되지 않고 변형이 작다.

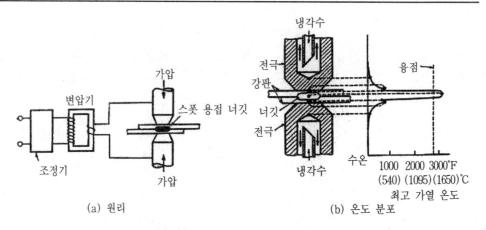

그림 5-1 점 용접과 온도 분포

2.2 시임 용접

시임 용접(seam welding)은 〔그림 5-2〕와 같이 회전하는 롤러형의 전극 사이에 판재를 끼워 발열과 동시에 압력을 가하여 접합한다. 이 용접은 점 용접을 연속적으로 반복한 것과 같아 액체나 기체의 기밀을 필요로 하는 이음부에 사용한다.

시임 용접에서 큰 전류를 연속적으로 공급하면 용접부 전체에 과다한 열량이 발생하므로 통전을 단속적으로 하여 과열을 방지하는 방법이 많이 사용된다. 통전시간과 단전시간과의 비는 동의 경우 1 : 1, 합금강의 경우는 1 : 3 정도로 한다.

시임 용접은 연속적으로 용접을 행하여 작업능률이 좋으나, 용접이 가능한 판 두께는 점 용접보다 광범위하지 못하며, 일반적으로 1 mm 이하의 얇은 판 접합에 사용된다.

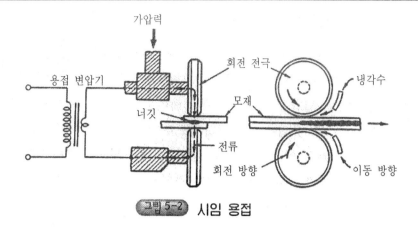

그림 5-2 시임 용접

2.3 프로젝션 용접

프로젝션 용접(projection welding)은 모재의 한쪽 또는 양쪽에 작은 돌기(projection)를 만들어 이 부분에 전류를 집중시키고 압력을 가해서 접합하는 점 용접의 변형이다. 전극은 평면전극을 사용하여 여러 개의 돌기를 한번에 접합하므로 작업능률이 좋다.

프로젝션 용접의 특징은 다음과 같다.

① 열용량이 크게 다른 모재의 두꺼운 판에 적합하다.

② 넓은 평면전극을 사용하여 전극의 수명이 길다.

③ 동시에 여러 개의 점을 용접하므로 작업 속도가 빠르다.

④ 짧은 피치(pitch)로 점 용접을 할 수 있다.

⑤ 돌기의 형상이 용접에 영향을 미친다.

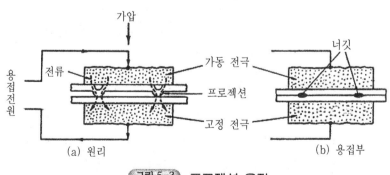

그림 5-3 프로젝션 용접

2.4 업셋 버트 용접

업셋 버트 용접(upset butt welding)은 용접물을 세게 맞대고 큰 전류를 흘려서 이음부를 가열한 후 일정한 온도가 되면 큰 압력으로 접합한다. 접합온도는 용융점 이하이고 온도가 낮을수록 큰 가압력이 필요하다.

이 용접은 큰 가압력으로 이음부가 튀어나오고 길이가 짧아져 업셋(upset)이 생긴다. 또 용접 전에 이음면을 깨끗이 해야 접합면의 산화나 기포를 방지할 수 있다. 플래시 버트 용접에 비해 가열시간이 길고 열영향부가 크다.

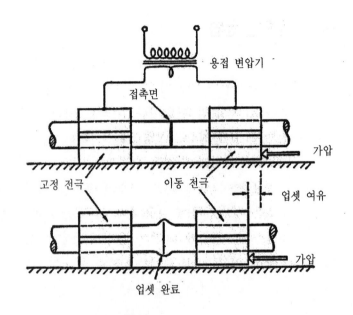

그림 5-4 업셋 버트 용접

2.5 플래시 버트 용접

플래시 버트 용접(flash butt welding)은 용접물을 접촉시키기 전에 전압을 걸어 놓고, 서서히 접근시킨다. 이 때 용접물의 돌출부가 국부적으로 접촉하면 전류가 집중되어 불꽃이 비산한다. 접촉과 불꽃비산을 반복하면서 용접면이 고르게 가열되었을 때 강한 압력을 가하면 용융부를 밀어내고 미용융부가 압접된다. 용접부는 돌출이 작고 거스러미가 생긴다.

플래시 버트 용접의 특징은 다음과 같다.

① 가열 범위가 좁아 열영향부가 작다.

② 용접면을 정밀하게 가공할 필요가 없고, 표면의 산화물이나 이물질은 불꽃으로 비산시킨다.

③ 용접이 정밀하고 강도가 크다.

④ 종류가 다른 재료도 용접이 가능하다.

⑤ 업셋 버트 용접보다 용접시간이 짧고 전력소비가 적다.

제6장 납땜

1. 개요

납땜은 접합하려는 금속을 용융시키지 않고 모재보다 용융점이 낮은 금속을 첨가하여 접합하는 방법이다. 모재는 종류가 다른 두 금속도 접합할 수 있다. 땜납은 모재보다 용융점이 낮아야 하고, 표면 장력이 적어 모재 표면에 잘 퍼지며, 유동성이 좋아서 틈에 잘 메워져야 한다. 이밖에도 사용 목적에 따라 강인성, 내마모성, 내식성, 전기전도도 등이 요구된다.

납접은 땜납의 용점에 의해 연납땜(soldering)과 경납땜(brazing)으로 구분된다. 연납은 용융점이 450℃보다 낮은 것이고, 경납은 그보다 높은 것을 말한다.

용제는 땜납을 이음면에 잘 침투시키는 역할을 하고, 땜납이나 모재 표면의 산화물을 제거하고, 가열 중에 생기는 산화도 방지한다. 용제는 인두 선단에 묻히거나, 이음면 부근에 칠한다. 납땜 후에는 용제를 깨끗이 닦아 내야 이음부의 부식을 방지할 수 있다.

2. 연납땜

연납땜은 기계적 강도가 낮으므로 강도를 필요로 하는 부분에는 적당하지 않으며, 용융점이 낮고 납땜이 용이하기 때문에 전기적인 접합이나 기밀, 수밀을 필요로 하는 장소에 사용된다.

모재는 강철, 황동, 구리, 니켈, 구리 등의 얇은 판재 또는 선재의 접합에 사용된다.

연납은 납(Pb)과 주석(Sn)의 합금이 주로 사용되며, 보통 주석 40%, 납 60%가 많이 사용된다.

용제는 염화아연($ZnCl_2$), 염산(HCl), 염화암모늄(NH_4Cl) 등이 사용된다.

3. 경납땜

경납땜은 연납에 비해 용융점이 높고, 강도가 크므로 내마모성, 내식성, 내열성 등이 필요한 곳에 사용된다. 경납용 용제는 붕사, 붕산, 빙정석, 산화동, 소금 등이 사용된다.

경납땜은 모재의 종류, 납땜 방법, 용도에 따라 다음과 같은 종류가 있다.

(1) 은납

은납은 황동에 은을 6~10% 배합한 것으로 융점이 비교적 낮고 유동성이 좋다. 인장강도, 전연성이 우수하여 구리, 철강, 스텐레스강 등의 접합에 널리 사용된다.

(2) 황동납

황동납은 Cu가 40~50%이고 나머지가 Zn으로 된 것으로 은납에 비해 값이 싸서 공업용으로 많이 사용된다. 황동, 구리 강철 등의 접합에 쓰인다.

(3) 인동납

인동납은 Cu가 주성분이며 소량의 Ag, P를 포함한 합금으로 되어 있다. 일반적으로 구리 및 구리합금의 접합에 쓰인다.

(4) 망간납

망간납은 Cu-Mn의 2원합금과 Cu-Mn-Zn의 3원합금 등이 있다. 저망간합금은 구리 및 구리합금에, 고망간합금은 철강의 접합에 쓰인다.

(5) 양은납

양은납은 Cu-Zn-Ni의 3원합금으로 융점이 높고 강인하므로 동, 황동, 니켈, 철강 등의 접합에 쓰인다.

(6) 알루미늄납

알루미늄납은 Al을 주성분으로 하고 Si, Cu 등을 합금한 것으로, 융점이 $600℃$ 정도로 높아 아연합금 등의 접합에 사용된다.

제7장 용접부의 결함과 검사

1. 용접부의 결함

1.1 균열(crack)

용접부에 생기는 균열은 용착금속 내에서 생기는 것과 모재와의 융합부에서 생기는 것이 있다.

용착금속 내에서 생기는 균열은 용접선에 대해 직각 방향인 것과 같은 방향인 것이 있다. 용접선과 같은 방향으로 변형이 억제되면 직각 방향으로 균열이 생기고, 용접선에 직각 방향으로 변형이 억제되면 용접선 방향으로 균열이 나타난다.

모재와의 융합부에서 생기는 균열은 급냉에 의한 재료의 경화나 적열취성에 의해 발생한다. 이 균열은 주철, 고탄소강, 불순물이 많은 금속에서 자주 발생한다.

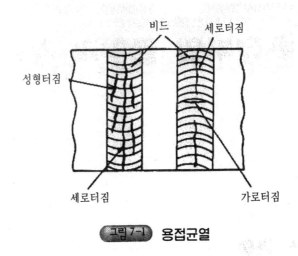

성형터짐

비드　　세로터짐

세로터짐　　　　　　가로터짐

그림 7-1　용접균열

1.2 용접변형과 잔류응력

용접에 의해 모재와 용착금속이 가열된 상태에서 냉각되면 수축된다. 이 수축에 의해 모재가 변형하고, 모재의 구조상 변형이 구속되면 잔류응력이 내부에 생기게 된다.

이러한 변형을 줄이기 위해서는 모재의 가열범위와 가열온도를 낮추어야 한다. 긴 용접선을 접합할 때는 일정한 간격으로 먼저 가용접을 하고, 그 간격을 부분적으로 용접하는 방법이 있다.

1.3 형상불량

용착금속의 형상불량은 언더컷(undercut), 오버랩(overlap), 용입불량 (poor penetration), 비드 파형(bead ripple)의 불균일, 크레이터(crater) 등이 있다. 이들은 제품의 외관 정밀도에 영향을 준다. 또 슬래그의 혼입, 강도 부족, 노치에 의한 응력집중을 일으켜 파괴의 원인이 된다.

이 결함들은 용접홈의 모양, 루트 간격, 용접 전류, 아크 길이, 운봉법 등에 의해 발생한다.

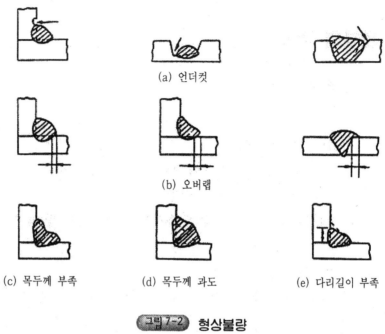

(a) 언더컷

(b) 오버랩

(c) 목두께 부족   (d) 목두께 과도   (e) 다리길이 부족

그림 7-2 형상불량

1.4 기타 결함

그 밖의 용접결함으로서는 불순물의 혼입, 기공, 은점(fish eye) 등이 있다.

불순물의 혼입은 용착금속 내에 슬래그나 비금속 개재물이 섞이는 것이다. 이것은 용접물의 기계적 성질을 해치므로 운봉법에 익숙해야 하고, 용접조건을 준수해야 한다.

기공은 용착금속 내에 CO가스, 수소, 질소 등의 가스가 혼입하여 발생된다. 이들은 용접봉이나 용접조건에 영향을 받는다. 모재의 재질에 따라서도 철강계는 CO가스, 알루미늄은 수소, 니켈합금은 질소가 기공의 원인이 된다.

2. 용접부의 검사

2.1 파괴 검사

(1) 기계적 시험

용접부의 사용 목적에 따라 시험편을 만들어 용접부의 성능을 시험한다. 정적인 시험으로는 인장시험, 굽힘시험, 경도시험, 크리프시험 등이 있으며, 동적인 시험으로는 충격시험, 피로시험 등이 있다.

(2) 천공 검사

용접부에 구멍을 뚫어 내부의 결함 유무를 검사한다.

(3) 파면 검사

용접부의 비드를 절단하여 내부의 결함이나 조직을 검사한다.

(4) 조직 검사

용접부의 파면 조직을 검사하는 방법으로는 마크로 시험과 마이크로 시험이 있다. 마크로 시험은 단면을 연마하여 에칭(etching)한 후 육안이나 확대경으로 관찰한다. 마이크로 시험은 연마, 세척, 건조, 에칭하여 현미경으로 미소 조직을 관찰한다.

2.2 비파괴 검사

(1) 외관 검사

용접제품을 육안 또는 확대경으로 비드형상, 용입, 언더컷, 오버랩, 균열 등의 외관 결함을 검사한다.

(2) 누설 검사

누설검사(leak test)는 파이프, 압력용기 등의 기밀이나 수밀을 조사한다. 보통 공기압이나 수압으로 검사하지만, 원자로 등의 정밀한 검사는 헬륨가스나 할로겐가스로 검사한다.

(3) 침투 검사

침투검사(penetrating inspection)는 침투성이 강한 침투액을 칠해서 결함 내에 스며들게 한 후, 표면을 깨끗이 닦고 검출액을 바르면 결함의 침투액 위치가 나타난다. 침투액은 형광 침투액과 염료 침투액이 있다.

침투 검사는 비교적 간단하고 신속하게 결함을 조사할 수 있다.

(4) 초음파 검사

초음파를 용접부에 가하여 되돌아오는 반사파를 전압으로 변환하여 화면에 나타나게 한다. 반사되는 초음파는 내부의 불연속부나 불균일한 밀도 등을 나타내므로 내부의 결함을 검출한다.

(5) 자기탐상 검사

자기탐상은 자분(magnetic flux) 검사와 와류(eddy current) 검사가 있다.

자분검사는 용접부에 강자성체 분말을 뿌리고 자력선을 통과시키면 결함부에 자력선의 교란이 일어나면 자분도 불균일하게 분포한다. 이 검사는 자성체의 용접에만 가능하다.

와류검사는 전류가 통하는 코일을 용접부에 접근시키면, 용접부에 와류가 발생하고 이 와류를 전압으로 변환하여 화면에 나타낸다. 내부에 결함이나 불균질부가 있으면 와류의 크기나 방향이 바뀌어 나타난다. 이 방법은 최근에 개발되어 비교적 간단한 방법으로 자성체나 비자성체의 내부 결함을 조사할 수 있다.

(6) 방사선투과 검사

방사선투과 검사(radiographic inspection)는 비파괴 검사 중 가장 널리 사용되고 있는 방법으로서, X선이나 γ선을 투과하여 내부 결함을 필름으로 촬영한다.

γ선은 파장이 짧고 투과력이 강해 X선이 투과하기 힘든 두꺼운 판에 사용된다. γ선은 방사성 물질인 라듐, 세슘, 이리듐, 코발트 등을 사용하고, 이들은 X선과 달리 끊임없이 방사선을 방출하므로 취급에 특히 주의를 요한다.

제4편 열처리

제1장 강의 열처리

1. 열처리의 목적

열처리(heat treatment)란 금속 또는 합금에 요구되는 강도, 경도, 내마모성, 내충격성, 가공성 등의 특정한 성능을 부여하기 위한 가공 방법이다. 재료를 가열 및 냉각하는데 있어서 가열과 냉각 온도 및 속도를 변화시키면 조직의 변화가 일어남과 동시에 기계적 성질의 변화가 일어나기 때문에 제품의 사용 목적에 적합한 성질을 얻을 수 있다.

열처리의 중요한 목적은 기계 부품, 공구 또는 금형의 내구성을 향상시키기 위한 것이다. 특히 일반 강과는 달리 특수 목적에 사용되는 합금강의 경우에는 열처리의 성패가 제품의 신뢰도를 좌우하는 척도가 되므로 수준 높은 열처리 기술이 필요한 것이다. 열처리의 목적을 열거하면 다음과 같다.

- 경도 및 강도를 향상시킨다.
- 조직을 미세화하여 편석을 제거한다.
- 조직을 안정화시킨다.
- 표면을 경화시킨다.
- 조직을 연질화하여 기계가공이 용이하도록 한다.
- 자성을 향상시킨다.

2. 강철의 변태와 조직

2.1 철의 변태

금속은 온도의 변화에 따라서 원자 배열이 변화하며, 이와 같이 결정격자가 변화하는 것을 변태(transformation)라 한다. 철(Fe)은 가열 및 냉각 과정에서 A_2, A_3, A_4의 변태가 일어난다.

A_2 변태는 768℃에서 일어나며 이 변태는 원자 배열이 변화하지 않고 자성만 변화하므로 자기 변태점이라 한다.

A_3 변태는 면심입방격자 배열이 체심입방격자로 변화하는 것으로, α-Fe이 γ-Fe로 되는 변태이며 910℃에서 일어난다.

A_4 변태는 체심입방격자 배열이 면심입방격자 배열로 변화하여 γ-Fe이 δ-Fe로 되며 1401℃에서 일어난다.

〔표 4-1〕은 철의 변태 온도 및 내용을 나타낸다.

[표 4-1] 철의 변태의 종류

변 태	온도(℃)	내 용
A_0	210	시멘타이트의 자기변태
A_1	723	오스테나이트 ⇔ 펄얼라이트 공석변태
A_2	768	α-Fe ⇔ β-Fe 의 자기변태
A_3	910	α-Fe ⇔ γ-Fe 의 동소변태
A_4	1401	γ-Fe ⇔ δ-Fe 의 동소변태
A_{cm}	723~1130	과공석강의 시멘타이트의 고용석출

2.2 철-탄소 평형상태도

〔그림 4-1〕은 철-탄소계 평형상태도이며 직선이나 곡선으로 이루어진 각 영역에 존재하는 상(phase)은 α, γ, δ의 각 고용체와 Fe_3C 및 액체의

5가지가 있다. 이 평형상태도는 철에 탄소를 섞으면 어떤 합금이 형성되고, 몇 도에서 용해되는지를 표시한 것으로 열처리에 이용될 뿐 아니라, 일부 금속이나 합금간에 존재하는 근본적인 차이를 설명해준다.

보통 철과 탄소의 합금은 ABCD의 액상선 온도 이상에서 완전히 용해된 상태이고 그 이하의 온도에서는 고체와 용체의 혼합 상태이며, AHJECF의 고상선온도이하에서는 완전한 고체 상태로 된다. 탄소량을 기준으로 E점(2.0%C)보다 적은 함유량의 Fe-C합금을 강(steel)이라 하고 E점보다 많은 Fe-C합금을 주철로 구별하고 있다.

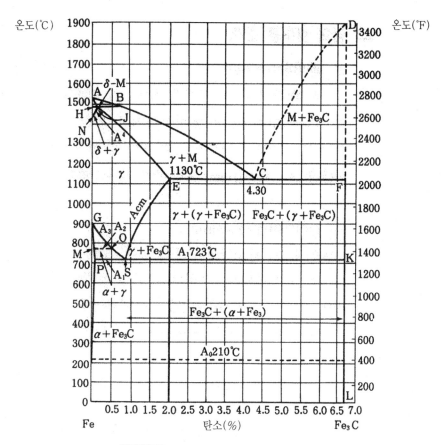

그림1-1 철-탄소 평형상태도

그림에서 GS는 A_3점, SE는 Acm선, S(0.8%C)는 공석점(eutectoid point)이며, PSK에 해당하는 온도(723℃)는 A_1변태점이라고 한다. 이 A_1 변태점에서 γ고용체(오스테나이트)가 α고용체(페라이트)로 변태하면 γ고용체에 고용되어 있던 탄소가 석출된다. 이 석출된 탄소는 철과 결합하여 Fe_3C(시멘타이트)를 만들며 다음과 같은 공석반응을 일으켜 α고용체와 Fe_3C의 혼합물(퍼얼라이트)을 만든다. 탄소 함유량 0.8%의 강을 공석강이라 하고, 0.8% 이하는 아공석강, 0.8% 이상을 과공석강이라 한다.

C점은 주철의 경우 1130℃ 용액으로부터 γ고용체와 Fe_3C가 동시에 정출되는 점이며 이를 공정점(eutectic point)이라 한다.

2.3 강의 현미경 조직

(1) 페라이트(ferrite)

지철(地鐵) 또는 α-철이라 하며, A_1변태점(723℃)에서 0.035%의 탄소가 고용된 고용체로서 현미경 조직이 백색으로 보이며, 강철 조직에 비하여 무르고 경도와 강도가 극히 작아 순철이라 한다. 브리넬경도(H_B)는 80, 인장강도는 30 kg/mm^2 정도이며, 상온으로부터 768℃까지 강자성체이다.

(2) 시멘타이트(cementite)

일반적으로 탄소강이나 주철 중에 섞여 있다. 6.67%C의 함유량과 Fe의 금속간 화합물(Fe_3C ; 탄화철)로서 침상조직을 형성한다. 비중은 7.8 정도이며 상온에서 강자성체이며, A_0변태점에서 자력을 상실한다. 브리넬경도(H_B)는 800정도이며, 취성(brittleness)이 매우 크다.

(3) 퍼얼라이트(pearlite)

페라이트와 시멘타이트가 서로 파상적으로 혼합된 조직으로 현미경 조직은 흑색이다. 보통 0.77%C가 함유된 강으로 A_1 변태점에서 반응되어 생긴 조직으로 브리넬경도(H_B)는 150~200, 인장강도는 60 kg/mm^2 정도의 강인한 성질이 있다.

(4) 오스테나이트(austenite)

탄소가 고용된 면심입방격자(FCC) 구조의 γ-Fe로서 매우 안정된 조직이다. 성질은 끈기가 있고 비자성체의 조직으로서 전기저항이 크고, 경도는 작으나 인장강도에 비하여 연신율이 크다. 탄소강의 경우는 이 조직을 얻기가 어려우나 Ni, Cr, Mn 등을 첨가하면 이 조직을 얻을 수 있다.

(5) 마르텐자이트(martensite)

극히 경하고 연성이 적은 강자성체이며 조직은 침상결정을 형성한다. 탄소강을 물로 담금질하면 α-마르텐자이트가 되어 상온에서는 불안정하며, 100~150℃로 가열하면 β-마르텐자이트로 변화하여 α-마르텐자이트보다 안정하다. 브리넬경도(H_B)는 720 정도이다.

(6) 트루스타이트(troostite)

보통 강을 기름으로 담금질하였을 때 일어나는 조직이며 마르텐자이트를 약 400℃로 풀림(tempering)하여도 쉽게 이 조직을 얻는다. 이 조직은 미세한 α+Fe$_3$C의 혼합조직으로서 부식이 쉽고 마르텐자이트보다 경도는 적으나 끈기가 있으며 연성이 우수하다. 공업적으로 유용한 조직이며 탄성한도가 놓다.

(7) 소르바이트(sorbite)

트루스타이트와 퍼얼라이트의 중간 조직으로 대형의 강재의 경우는 기름 중에 담금질했을 때 나타나고, 소형 강재는 공기 중에 냉각시켰을 때 많이 나타난다. 마르텐자이트 조직을 500~600℃에서 풀림시켜도 나타난다. 이 조직은 트루스타이트보다 연하고 끈기가 있기 때문에 양호한 강인성과 탄성이 요구되는 태엽, 스프링 등이 이 조직으로 되었다.

3. 강의 열처리

3.1 담금질(quenching)

담금질은 강을 정해진 온도 이상의 상태로 가열하여 물, 기름 등에 넣어서 급랭시켜 마르텐자이트 조직을 얻는 열처리 조작이다. 일반적으로 담금질의 목적은 높은 경도를 얻는데 있으므로 탄소 함유량에 따라 적당한 담금질 온도를 선택한다.

〔그림 1-2〕는 철-탄소(Fe-C) 평형상태도의 일부분으로서 탄소 함유량에 따른 담금질 온도의 관계를 표시한 것인데, 담금질 온도가 약간 낮으면 균일한 오스테나이트 조직을 얻기 어렵고 또한 담금질하여도 경화가 잘 되지 않는다. 한편 담금질 온도가 너무 높으면 과열로 인하여 조직이 거칠어질 뿐 아니라 담금질 중에 깨지는 일이 있으므로 주의를 요한다.

담금질 온도는 그림에서 나타낸 바와 같이 A_3 변태점 이상 $30\sim40℃$ 범위가 적당하고 과공석강에 있어서는 Acm선 이상의 온도에서 담금질하면 담금질 균열을 일으키므로 Acm선과 A_1점의 중간온도에서 담금질하는 것이 좋다.

담금질의 종류는 가열과 냉각방식에 따라 인상담금질과 항온열처리인 마르퀜칭, 오스템퍼링, 오스포밍 등 여러 가지가 있다.

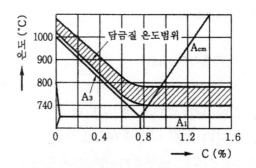

〔그림 1-2〕 탄소강의 담금질 온도

3.2 풀림(annealing)

풀림이란 강을 일정온도에서 일정시간 가열한 후 서서히 냉각시키는 조작을 말하며 그 목적은 다음과 같다.

① 강의 경도가 낮아져서 연화된다.
② 조직이 균일화, 미세화 및 표준화된다.
③ 가스 및 불순물의 방출과 확산을 일으키고 내부응력을 저하시킨다.

풀림의 종류는 여러 가지가 있으며, 강을 A_1(과공석강의 경우) 또는 A_3(아공석강의 경우) 이상의 고온으로 일정시간 가열한 후 천천히 노 안에서 냉각시키는 조작을 완전 풀림(full annealing)이라고 한다. 〔그림 4-3〕은 풀림온도를 표시한 것이며 경도(H_B)는 탄소의 함유량에 따라 달라진다.

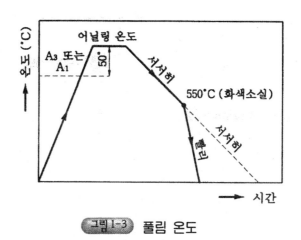

그림 1-3 풀림 온도

3.3 불림(normalizing)

강을 표준상태로 만들기 위한 열처리 조작이며 가공으로 인한 조직의 불균일을 제거하고 결정립을 미세화시켜 기계적 성질을 향상시킨다. A_3

또는 Acm 보다 50℃ 정도 높게 가열 조작에 의하여 섬유상 조직은 소실되고 과열조직과 주조조직이 개선되며 대기 중에 방랭하면 결정립이 미세해져 강인한 퍼얼라이트 조직이 된다. ·

　〔그림 1-4〕와 같이 일정한 불림 온도에서 상온에 이르기까지 대기 중에 방랭하는 불림 방법을 보통 불림(conventional normalizing)이라고 한다. 바람이 부는 곳이나 양지 바른 곳의 냉각속도가 달려지고 여름과 겨울은 동일한 조건의 공랭이라 하여도 불림의 효과에 영향을 미치므로 주의를 요한다. 이외에도 여러 가지 불림 방법이 있다.

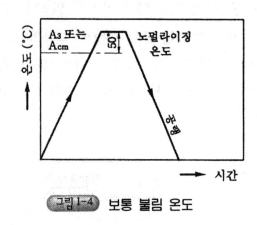

그림 1-4　보통 불림 온도

3.4 뜨임(tempering)

　담금질한 강은 경도는 높으나 취성(brittleness)이 크다. 그러나 경도가 조금 떨어져도 인성이 필요한 기계 부품은 담금질한 강을 재가열하여 인성을 증가시킨다. 이와 같이 담금질한 강을 적당한 온도로 A_1 변태점 이하에서 가열하여 인성을 증가시키는 조작을 뜨임이라 한다. 뜨임의 목적은 내부 응력을 제거하고, 강도 및 인성을 증대시키는 것이다.

제2장 표면경화

1. 표면경화의 개요

표면경화는 재료의 표면층은 경화시키고 내부는 강인성을 갖게 하는 처리이다. 이 표면경화 처리를 한 제품의 표면은 마모와 피로에 잘 견디며, 내부는 강인성을 갖게 되어 표면의 취성을 보완하며 내충격성은 커지게 된다.

강의 표면경화법은 화학적 방법과 물리적 방법으로 구분할 수 있으며, 화학적 방법에는 침탄법, 질화법, 청화법, 금속침투법 등, 물리적 방법에는 화염경화법, 고주파경화법 등이 있다.

2. 표면경화의 종류

2.1 침탄법(carburizing)

탄소강은 탄소량이 많을수록 경도가 크게 된다. 그러나 반대로 취성이 있어 충격에 대하여 약하게 된다. 마멸작용과 충격을 동시에 받는 기계부품 및 기구 등은 재료 내부는 탄소량이 적고, 인성이 큰 재질이 필요하며, 표면은 탄소량이 많고 마멸저항이 큰 것이 이상적이다.

이 목적을 위하여 강의 표면에 탄소를 침투시켜 표면을 고탄소강으로 만들어 표면만 경화시키는 방법을 침탄법이라 하고, 침탄법에는 침탄제에 따라 고체 침탄법, 가스 침탄법 등이 있다.

(1) 고체 침탄법

고체 침탄법이란 탄소 함유량이 적은 저탄소강을 목탄, 골탄 또는 $BaCO_3$와 목탄의 혼합물 등의 침탄제 속에 묻고 밀폐시켜 900~950℃의 온도로 가열하는 방법이다. 이렇게 하면 탄소가 재료 표면에 약 1 mm정도 침투하여 표면은 경강이 되고 내부는 연강이 된다. 이것을 재차 담금질하면 표면은 경화시키고 내부 조직은 미세화되어 적절한 품질을 얻을 수 있다.

(2) 가스 침탄법

가스 침탄법은 침탄제로 CO, CO_2, 메탄가스(CH_4), 에탄가스(C_2H_6), 프로판가스(C_3H_8), 부탄가스(C_4H_{10}) 등의 가스를 이용하며, 가열로에서 900~1000℃의 온도로 가열하는 방법이다. 침탄깊이는 온도가 높을수록, 시간이 길수록 깊게 된다. 가스 침탄법은 작은 물체의 침탄에 사용된다.

2.2 질화법(nitriding)

합금강을 암모니아(NH_3)가스와 같이 질소를 포함하고 있는 가스 중에서 장시간 가열하면 질소를 흡수하여 강의 표면에 질화물이 형성된다. 이것이 확산되어 표면을 경화하는 방법을 질화법이라 한다. 침탄법에 비하여 경화층은 얇으나 경도는 크다. 담금질할 필요가 없고 내마모성 및 내식성이 크며 고온이 되어도 변화되지 않으나 처리 시간이 길고 생산비가 많이 든다.

2.3 청화법(cyaniding)

청화법은 탄소, 질소가 철과 작용하여 침탄과 질화작용이 동시에 일어나서 표면경화가 이루어지는 것으로서 침탄 질화법이라고도 한다. 청화물로는 NaCN, KCN 등이 사용된다.

이 방법은 균일한 가열이 이루어지므로 변형이 적고 산화가 방지되며, 온도 조절이 용이하나, 침탄층이 얇고 비용이 많이 들며 가스가 유독한 결점을 가진다.

2.4 화염 경화법(flame hardening)

화염 경화법은 산소-아세틸렌 화염으로 제품의 표면을 외부로부터 가열하여 담금질하는 방법이다. 산소-아세틸렌 화염온도는 약 3500℃이므로 강의 표면을 용해하지 않도록 주의하여야 한다. 담금질 냉각액은 물을 사용하며 담금질 후에는 150~200℃로 뜨임한다.

2.5 고주파 경화법(induction hardening)

표면경화할 재료에 코일을 감아 고주파, 고전압의 전류를 흐르게 하면 여기서 발생한 전자에너지가 가공물의 표면에 도달하여 열에너지로 전환된다. 이 에너지는 소재의 내부까지 가열하지 않고, 표면에 집중되어 소재의 표면만 급속히 가열하여 적열되며, 이 때 냉각액으로 급랭시켜 표면을 경화시키는 방법이다.

고주파 경화법은 변형이 작은 양질의 담금질이 가능하며, 담금질 시간을 단축하여 경비가 절약된다.

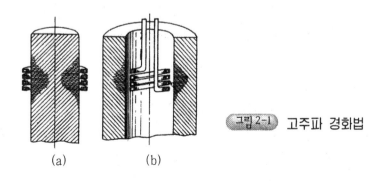

(a)   (b)

그림 2-1 고주파 경화법

2.6 금속 침투법(metallic cementation)

금속 침투법은 제품을 가열하여 그 표면에 다른 종류의 금속을 침투시켜 확산에 의하여 금속합금 피막층을 얻는 방법을 말하며, 침투 금속으로는 크롬(Cr), 알루미늄(Al), 아연(Zn), 규소(Si), 붕소(B) 등을 많이 사용하고 있다.

(1) 크로마이징(chromizing)

크롬(Cr)을 강의 표면에 침투시켜 내식, 내산, 내마멸성을 양호하게 하는 방법으로 다이스, 게이지, 절삭 공구 등에 이용된다.

Cr 또는 Fe-Cr 혼합 분말 중에 넣어 가열하는 고체 분말법, $CrCl_2$ 가스를 이용하는 가스 크로마이징 등이 있다.

(2) 칼로라이징(calorizing)

알루미늄(Al)을 강의 표면에 침투시켜 내부식성을 증가시키는 방법으로, Al 혼합 분말 속에서 노 내에서 가열하여 침투시킨다. 이 처리를 한 제품은 고온산화에 잘 견디는 성질이 있으므로 고온에서 사용되는 기계 기구의 부품에 이용된다.

(3) 실리콘나이징(siliconizing)

강의 표면에 규소(Si)의 침투로 내산성을 증가시켜 펌프축, 실린더 라이너, 나사 등에 사용한다. 강 부품을 규소 혼합 분말 속에 넣고 가열하여 Cl_2 가스를 통과시키면 $SiCl_4$ 가스가 발생하며 이 가스가 강에 침투하는 고체 분말법과 가열한 소재에 $SiCl_2$와 H_2의 혼합가스를 통과시켜 Si를 침투시키는 가스법이 있다.

(4) 보론나이징(boronizing)

강의 표면에 붕소(B)를 침투 및 확산시키는 방법으로 경도가 높아 처리 후에 담금질이 필요없으며, 경화 깊이는 약 0.15 mm 정도이다.

2.7 기타 표면 경화법

(1) 방전경화법
흑연봉을 양극(＋)에, 모재를 음극(－)에 연결하고, 여기에 100~200V의 전압을 가하여 공기 중에서 방전시키면 철강 표면에 2~3 mm 정도의 침탄 질화층이 만들어진다.

(2) 하드페이싱(hard facing)
용접 아크에 의하며 금속 표면을 경화시키는 방법

(3) 메탈 스프레이(metal spraying)
마멸된 부분에 금속 분말을 분사하여 표면을 경화시키는 방법

제3장 표면처리

1. 표면처리의 개요

제품 표면의 일부 또는 전부에 어떠한 특별한 성질이 요구되는 경우에는 부품이 가공된 후 계속하여 표면처리 공정이 수행된다. 제2장에서 다룬 표면경화도 넓은 의미에서 표면처리의 한 가지 목적을 달성하기 위한 것이다.

표면처리의 필요성은 다음과 같이 열거할 수 있다.

(가) 내마멸성, 내침식성, 압입저항성의 향상(공작기계의 안내면, 모든 기계류의 마멸되기 쉬운 표면, 축, 로울러, 캠, 기어 등의 기계요소들)

(나) 마찰의 조절 및 윤활의 향상(공작기계, 공구, 다이 등의 미끄럼면, 베어링 등에서 윤활제의 유지가 양호하도록 표면상태를 변화)

(다) 제품의 표면보호, 산화 방지

(라) 미려한 외관, 도장의 용이성 등

2. 표면처리의 종류

2.1 숏 피닝(shot peening)

주철, 유리, 혹은 세라믹 재료로 된 수많은 작은 구슬을 공작물 표면에 반복적으로 투사시키는 방법이다. 이 과정에서 표면에는 미소한 압입 흔적이 중첩하여 남게 된다. 소성변형은 불균일하나 소재의 피로수명을 향상시키는 효과가 있다.

2.2 클래딩(cladding)

금속소재의 표면 위에 내부식성을 가진 다른 금속재료를 로울러이나 다른 수단으로 가압하여 얇게 입히는 공정이다. 대표적인 응용 예로 순수 알루미늄 위에 내부식성 알루미늄 합금층을 입히는 알루미늄 클래딩(Alclad라고도 함)이라고 한다. 강의 표면에 스테인레스강이나 니켈합금층을 입히기도 한다.

2.3 증착법(vapor deposition)

피복재료의 화합물이 함유된 기체와 제품 표면의 화학반응을 통하여 제품을 피복하는 공정이다. 피복재료로는 금속, 합금, 세라믹, 탄화물, 질화물, 산화물, 붕화물 등이 사용되며 금속, 플라스틱, 유리, 종이 등이 모재로 사용될 수 있다. 이 방법은 여러 가지 절삭공구(예를 들면 바이트, 드릴, 리이머, 밀링커터 등), 다이와 펀치, 기타 마멸되기 쉬운 부품들의 피복에 응용되고 있다.

증착법은 크게 물리적 증착법(PVD)과 화학적 증착법(CVD)으로 구분되며, 물리적 증착법에는 진공증착법, 아크증착법, 스퍼터링(sputtering), 이온도금법(ion plating) 등의 방식들이 있다.

(1) 진공증착법

피복될 금속이 높은 온도와 진공상태에서 기화된 후, 모재의 표면에 모여 피복층을 형성하게 된다. 모재의 온도는 실온, 혹은 실온보다 약간 높게 하여 복잡한 형상에 대해서도 균일하게 피복할 수 있다.

(2) 아크증착법

극히 국부적인 전기아크를 발생하는 여러 개의 아크기화기를 이용하여 피복재료(음극)를 기화시킨다. 아크는 피복재료의 이온화된 증기로 된, 높은 반응성을 가진 플라즈마를 발생시키며, 피복재료의 증기는 모재(양극)의 표면에서 응축되어 피복된다.

진공증착법이나 아크증착법의 용도는 크게 기능용(고온에서의 산화방지용 피복, 전자제품, 광학제품)과 장식용(철물류, 가전제품, 보석류)으로 나눌 수 있다.

(3) 스퍼터링(sputtering)

불활성 가스(아르곤 가스) 등이 전기장에 의해 이온화되면서 생기는 양이온이 피복재료(음극)을 때리면 피복재료의 원자가 튀어 나와서 모재 표면에 응축되면서 피복층이 형성된다.

(4) 이온도금법(ion plating)

진공증착법과 스퍼터링이 복합된 경우를 나타내는 일반적인 명칭으로 사용되고 있다.

(5) 화학증착법(CVD)

일종의 열화학 공정으로 절삭공구의 TiN(티타늄 질화물) 피복에 대표적으로 사용되고 있다.

2.4 이온주입법(ion implantation)

이 방법은 이온도금법과는 달리, 이온들이 진공 속에서 가속되어 소재 표면을 통해 수 μm 정도의 깊이까지 내부로 침투하게 된다. 따라서 이온주입법은 소재의 표면 성질을 변화시켜 표면경도를 증가시키고 내마멸성 및 내부식성도 향상시킨다.

2.5 전기 도금(electroplating)

전기도금법은 전해액 속에 담겨 있는 소재(음극)와 도금재료(양극) 사이의 전위차에 의해 야기되는 전해작용을 이용하여 소재를 피복시키는 방법이다. 모든 금속은 전기도금할 수 있으며, 흔히 사용되는 도금재료로는 크롬, 니켈, 카드뮴, 구리, 아연, 주석 등이 있다. 도금은 내식성 및 내마멸성의 증가, 미려한 외관으로 표면을 처리하는데 유용한 방법이다.

2.6 양극처리법(anodizing)

산화법의 일종(양극 산화)인 이 방법에서는 소재 표면에 경하고 기공이 많은 산화층을 형성시키며, 이러한 산화층의 형성은 제품의 내부식성과 외관을 좋게 하는 효과를 가진다. 이 방법은 주로 알루미늄 재료에 적용되며, 알루미늄 기구나 용구들, 건축물 모형, 자동차의 내장 및 외장품, 사진틀, 열쇠, 스포츠용품 등에 이용되고 있다. 양극처리된 표면은 도색이 잘 되므로, 알루미늄과 같이 도색이 어려운 재료의 도색 예비공정으로도 이용된다.

2.7 도장(painting)

도장의 일차적인 목적은 제품의 표면보호에 있으므로 부품의 재질을 대기와 차단하여 방습 및 방청을 하는 것이다. 또한 디자인과 이에 따른 미려한 외관이 중요시되고 있다.

금속의 표면은 복잡한 형상을 하고 기름, 녹, 수분 등 상태가 양호하지 않으므로, 도장의 전처리 공정이 필요하다. 전처리 공정은 탈지, 수세, 녹 제거, 불용성 금속인산염 등 도장바탕 피막형성, 수세, 후처리, 건조 등으로 이루어져 있으며, 이 작업이 끝난 후 도장하고 건조한다.

제5편 측정과 수기가공

제1장 측정

1. 측정의 개요

기계제작과정에서 요소 부품이 되는 공작물의 치수, 형상, 표면 상태는 제작 도면에 표시된 일정한 요구를 만족시켜야 한다. 이를 위하여 이 값들을 물리적인 양 또는 크기로 나타내는 것을 측정(measurement)이라 한다. 또한 이 측정값과 대상 공작물의 기준치수를 비교하여 도면에 규정된 조건을 충족하는지의 여부를 확인하는 과정을 검사(inspection)라고 한다.

도면에 의해 제작된 기계 부품이 측정검사 과정에서 합격되었다면 이러한 기계 부품은 각각 다른 장소, 시간에 제작되어 한 곳에 모아져서 조립하여도 충분히 기능을 발휘할 수 있어야 한다. 이것을 호환성(inter-changeability)이라고 한다. 호환성은 바로 정확한 치수와 정밀한 측정을 통하여 실현이 가능한 것이며 생산 원가를 절감시킬 수 있다.

1.1 측정 방법

(1) 직접 측정(direct measurement)

제품치수가 요구하는 정도에 맞는 측정기 등으로 부품에 직접 접촉시켜 지시 눈금으로부터 치수를 직접 읽어내는 방법

(2) 비교 측정(comparative measurement)

정확한 값으로 제작된 표준게이지의 치수를 기준으로, 측정대상물을 비교하여 지시 눈금의 차이로부터 실제 제품의 치수를 구하는 방법

(3) 한계 게이지 측정(limit gauge measurement)

제품의 치수에 부여된 최대와 최소의 허용한계를 갖는 전용의 게이지를 제작, 사용하여 제품의 대량생산시 신속하게 합격여부를 검사할 수 있는 측정 방법

(4) 간접 측정(indirect measurement)

치수를 직접 측정할 수 없을 때, 이것과 관련이 있는 부분을 측정하여 계산이나 환산표에 의하여 실제의 측정값을 알아내는 측정방법

1.2 측정의 오차와 정도

(1) 측정 오차

측정의 오차(error)는 측정값에서 참값(true value)을 뺀 값으로 정의하며, 측정에는 반드시 측정오차를 포함하고 있다.

측정 오차에는 측정기의 구조적인 문제점에 따른 오차, 기기의 마모, 손실 등에서 오는 계기오차와 측정환경 변화에 따른 오차 등, 원인을 조사함으로써 보정될 수 있는 계통오차(systematic error)와 같은 조건 하에서 같은 측정기를 이용하여 반복 측정하더라도 측정값이 다르게 나타나는 원인 불명의 불규칙한 우연오차(random error)가 있다.

(2) 정도

일반적으로 정도라고 함은 측정오차의 작은 정도를 말하며, 오차가 작을수록 측정정도가 좋다고 말할 수 있다.

정도는 정확도와 정밀도로 구분할 수 있으며, 계통오차가 작은 정도, 즉, 참값에 대하여 한쪽으로의 치우침이 작은 정도를 정확도(accuracy),

우연오차 즉 측정값의 흩어짐이 작은 정도를 정밀도(precision)라고 한다.

2. 길이의 측정

2.1 측정 공구

(1) 자(scale)

길이의 측정에 가장 많이 이용되는 것은 눈금자(ruled scale)로서 주로 탄소공구강 또는 스테인레스강으로 제작하는데 그 이유는 팽창 수축이 적고 견고하고 내구성이 있기 때문이다.

줄자(tape scale)는 공장설비, 건축 등의 작업에서 간단한 측정에 사용하는 것으로 스프링 강 또는 천으로 제작된다.

진직자(straight edge)는 직선자 또는 직정규라고도 하며 다듬질면의 평면도 검사 등에 사용되며 온도의 영향을 받지 않는 범위에서 사용하여야 한다. 이들 재료는 강제, 주철제 또는 화강암으로 되어 있다.

(a) 칼날형(knife edge)　　　　　(b) 삼각형(triangular knife straight edge)

(c) 다리형(bridge type straight edge)　　　(d) 진직형(black granite straight edge)

그림1-1 각종 진직자

(2) 드릴 및 와이어 게이지(drill and wire gauge)

현장에서 기술자들이 자주 사용하며, 정확한 드릴의 선택과 와이어의 굵기를 확인하는데 이용되며, 치수는 호칭 번호에 의해 결정된다. 이것은 미국과 영국의 몇 가지 표준규격이 있다.

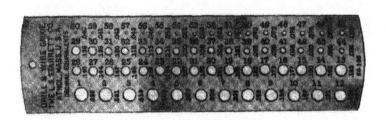

그림1-2 드릴 및 와이어 게이지

(3) 틈새 게이지(thickness gauge)

각각 여러 가지 두께를 가진 박강판을 조립하여 만든 것으로, 이를 몇 장씩 조합하여 미세한 틈새 간격을 측정한다.

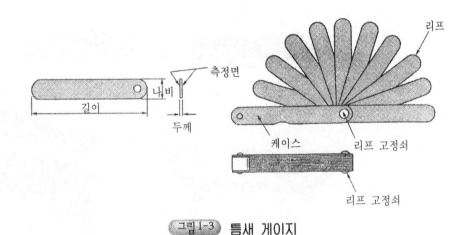

그림1-3 틈새 게이지

(4) 나사 피치 게이지(screw pitch gauge) 및 반지름 게이지(radius gauge)

나사 피치 게이지는 나사의 피치를 측정하는 게이지이다.

반지름 게이지는 여러 종류의 반지름으로 된 것을 조합한 것으로 모서리 부분의 라운딩 반지름 측정에 사용된다.

그림1-4 나사 피치 게이지   그림1-5 반지름 게이지

2.2 블록 게이지(block gauge)

블록 게이지는 비교 측정에서 길이의 기준으로 보통 직사각형의 양 단면을 평행 측정면으로 사용한다. 블록 게이지는 각각의 치수를 갖는 여러 개를 조합해 사용하여도 단면이 서로 잘 밀착되기 때문에 호칭 치수의 합으로 길이의 기준으로 삼는 것에 문제가 없다.

일반적으로 블록 게이지의 재질은 특수 공구강을 많이 사용하나 최근에는 세라믹을 이용한 것들이 제작되고 있다.

블록 게이지는 용도에 따라서 치수 정밀도 등급으로 KS에서 규정하고 있으며 [표 1-1]과 같다.

그림1-6 블록 게이지

[표 1·1] 블록 게이지의 정도를 나타내는 등급

등급	용도	검사주기
AA(00)급(참조용, 최고기준용)	표준용 블록 게이지의 참조 및 정도 점검, 연구용	3년
A(0)급 (표준용)	검사용 게이지, 공작용 게이지의 정도 점검, 측정기구의 정도 점검용	2년
B(1)급 (검사용)	기계공구 등의 검사, 측정기구의 영점 조정	1년
C(2)급 (공작용)	측정기구의 정도 조정, 공구류의 위치 결정용	6개월

2.3 버니어 캘리퍼스(vernier calipers)

버니어 캘리퍼스는 측정 정도가 비교적 낮은 일반 기계가공에서의 황삭과 중삭의 치수 측정에 널리 사용되고 있다.

버니어 캘리퍼스는 〔그림 1-7〕에 나타낸 바와 같이 눈금자와 2개의 조오(jaw) 및 깊이 바(depth bar)로 되어 있으며, 주척(어미자)의 눈금과 부척(아들자)의 눈금을 조합하여 공작물의 바깥지름, 안지름 및 깊이를 측정하는 측정기이다.

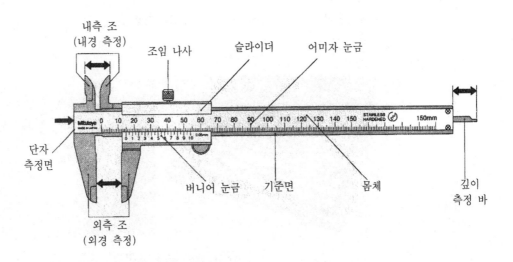

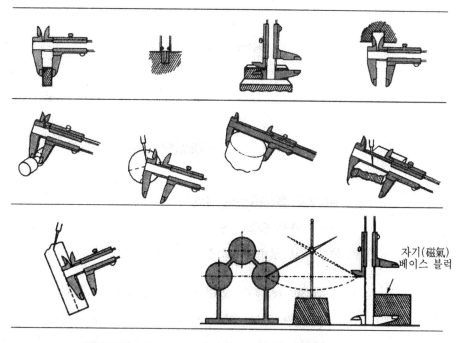

그림1-7 버니어 캘리퍼스의 명칭 및 측정 방법

(그림 내 라벨) 자기(磁氣) 베이스 블럭

(1) 눈금 읽는 방법

본척의 한 눈금이 1 mm이고, 본척의 19개 눈금이 부척에서는 20등분되어 있는 버니어 캘리퍼스의 경우에는 주척과 부척의 한 눈금의 차는 1 − (19／20) = 0.05 mm이며, 부척으로 읽을 수 있는 최소 측정 가능한 길이가 되는 것이다.

눈금을 읽을 때는 본척과 부척의 0점이 닿는 곳을 확인하여 본척을 읽은 후에, 부척의 눈금과 본척의 눈금이 합치되는 점을 찾아서 부척의 눈금 수에 최소 측정길이(이 경우에는 0.05 mm)를 곱한 값을 더 하면 된다.

예를 들면, 〔그림 1-8〕에서와 같이 본척의 최소 눈금이 1 mm단위이고, 부척은 19 mm를 20등분한 경우 부척의 1눈금이 0.05 mm로 표시된다. 그러므로 본척의 측정값 15 mm와 부척의 측정계산값은 0.85 mm가 되므로, 측정결과치는 15 + 0.85 = 15.85 mm가 된다.

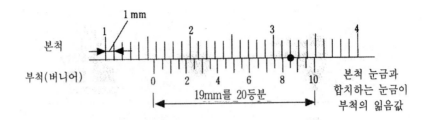

본척

부척(버니어)

1 mm

19mm를 20등분

본척 눈금과
합치하는 눈금이
부척의 읽음값

그림1-8 눈금 읽는 방법

(2) 버니어 캘리퍼스의 종류

버니어 캘리퍼스는 KS B 5203 규격에서 M1형, M2형, CB형, CM형으로 분류하고 있으며 그 특징은 다음과 같다.

① M1형 버니어 캘리퍼스 : 슬라이더가 홈형이며, 내측 측정용 조오 (jaw)가 있고, 300 mm 이하에는 깊이 측정자가 있다.

② M2형 버니어 캘리퍼스 : M1형에 미동 슬라이더 장치가 붙어 있는 것이며, 호칭치수는 130, 180, 280 mm가 있다.

③ CB형 버니어 캘리퍼스 : 슬라이더가 상자형으로 조오의 끝에서 내측 측정이 가능하고 이송바퀴에 의해 슬라이더를 미동시킬 수 있다. CB형은 경량이지만 화려하기 때문에 최근에는 CM형이 널리 사용된다. 조오의 두께때문에 5 mm 이하의 작은 안지름을 측정할 수 없다.

④ CM형 버니어 캘리퍼스 : 슬라이더가 홈형으로 조오의 끝에서 내측 측정이 가능하고 이송바퀴에 의해 미동이 가능하다. 최소 측정값은 1/50= 0.02 mm의 것이 일반적으로 사용된다.

이 외에도 특수한 용도의 버니어 캘리퍼스가 많이 사용되고 있다. 측정의 편리성을 위하여 측정값을 지침으로 지시하는 다이얼식 버니어 캘리퍼스, 숫자로 표시하는 디지털 버니어 캘리퍼스 등이 있다.

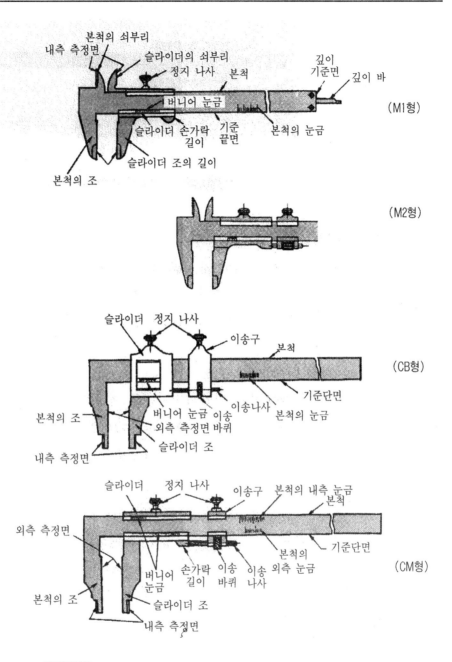

그림 1-9 버니어 캘리퍼스의 종류에 따른 형상과 각부 명칭

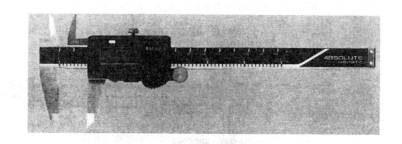

그림 1-10 디지털 버니어 캘리퍼스

2.4 마이크로미터(micrometer)

마이크로미터는 버니어 캘리퍼스와 함께 공작실에서 가장 널리 사용되는 길이 측정기로서, 측정 원리는 볼트에 너트를 끼워놓고 너트를 1회전시키면 나사의 피치만큼 너트가 이동하는 구조이다.

(1) 마이크로미터의 구조

나사가 1회전함에 따라 1피치만큼 전진하므로, 나사 피치를 0.5 mm로 하여 스핀들이 1 mm를 이동하려면 2회전이 필요하다. 1회전하는 딤블(thimble)의 원주는 50등분되어 있으므로 $0.5 \times \dfrac{1}{50} = 0.01$ mm가 최소 측정단위가 된다.

마이크로미터의 일반적인 측정 범위는 0~500 mm까지 25 mm의 간격으로 구분되어 있고, 앤빌을 바꾸어 측정 범위를 여러 가지로 변화시킬 수 있게 된 것도 있다. 또한 마이크로미터는 스핀들과 앤빌의 사이에 공작물을 끼울 때의 힘, 즉 측정압에 의하여 측정값이 달라지므로 항상 일정한 측정이 되도록 래칫 스톱(ratchet stop)을 사용하여 그 이상의 힘이 가해지면 공전하도록 되어 있다.

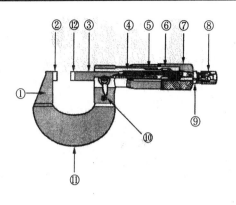

① 본체(frame)
② 앤빌(anvil carbidle)
③ 스핀들(spindle)
④ 내측 슬리브(inner sleeve)
⑤ 외측 슬리브(outer sleeve)
⑥ 조절 너트(adjustment nut)
⑦ 딤블(thimble)
⑧ 래칫 스톱(ratchet stop)
⑨ 나사 래칫(ratchet screw)
⑩ 클램프(clamp)
⑪ 본체 커버(frame cover)
⑫ 카바이드 팁(carbide tip)

[그림1-11] 마이크로미터 형상과 각부 명칭

(2) 마이크로미터의 눈금 읽기

먼저 마이크로미터의 0점 조정(zero setting)은 사용 전에 반드시 스핀들과 앤빌을 깨끗이 한 후 래칫 스톱을 돌려 측정면은 접촉시켰을 때 딤블의 0점과 슬리브의 기선이 일치하는가를 확인한다.

마이크로미터의 스핀들이 1회전하는 동안 피치가 0.5 mm인 딤블의 전 원둘레를 50등분한 것이므로, 딤블의 한 눈금은 스핀들이 0.01 mm의 이동량을 나타낸다.

이것을 기본으로 하여 마이크로미터의 눈금 읽기 예를 [그림 1-12]에 나타내었다.

- 슬리브 기선 상단의 눈금 : 5 mm
- 슬리브 기선 하단의 눈금 : 0.5 mm
- 딤블의 눈금 28개가 슬리브 기선과 일치되므로 : 28×0.01 mm=0.28 mm
- 마이크로미터의 읽음값 : 5.78 mm

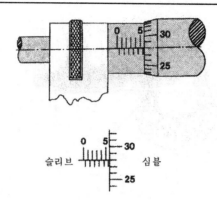

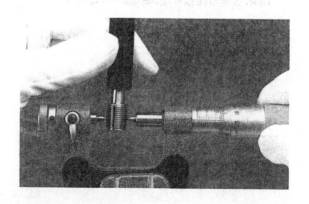

그림1-12 마이크로미터의 눈금 읽기의 예

(3) 마이크로미터의 종류

① 외측 마이크로미터 : 각형, 원통 등의 바깥 길이를 측정

② 내측 마이크로미터 : 구멍 등의 지름을 측정

③ 깊이 마이크로미터 : 구멍 등의 깊이나 계단 높이 등을 측정

④ 나사 마이크로미터 : 나사의 유효지름을 측정

⑤ V-앤빌 마이크로미터 : 홀수의 홈을 가진 공구 등의 바깥 지름을 측정

⑥ 기어 이두께 마이크로미터 : 볼형 핀을 이용하여 기어 이두께 등을 측정

그림1-13 나사 마이크로미터를 이용한 측정

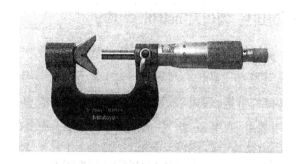

그림1-14 V-앤빌 마이크로미터

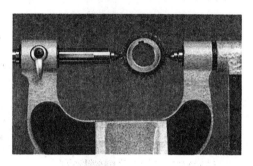

그림1-15 기어 이두께 마이크로미터

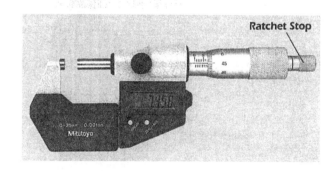

그림1-16 디지털 마이크로미터

2.5 하이트 게이지(height gauge)

하이트 게이지는 버니어 캘리퍼스를 수직으로 세운 모양으로 〔그림 1-17〕과 같이 스케일과 베이스 및 서어피스 게이지(surface gauge)를 하나로 합한 것이 기본 구조이며, 여기에 버니어 눈금을 붙여 정도가 높고 정확한 측정을 할 수 있도록 하였고, 스크라이버는 금긋기에 사용한다.

하이트 게이지의 종류는 여러 가지가 있으며, 그림에 나타낸 것은 HM 형 하이트 게이지로서 견고하여 금긋기에 적당하며 비교적 대형이다.

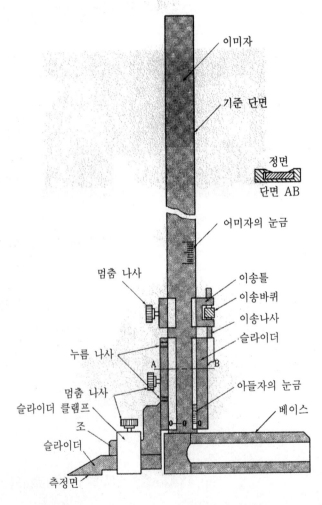

그림 1-17 HM형 하이트 게이지의 형상과 각부 명칭

2.6 다이얼 게이지(dial gauge)

다이얼 게이지는 비교 측정기로서 블록 게이지 등을 기준으로 0점을 설정한 후, 공작물의 높이나 지름 등을 측정하는데 사용한다.

다이얼 게이지는 공작물의 치수 변화에 따라 움직이는 스핀들의 직선운동을 스핀들의 일부에 가공된 래크(rack)와 피니언(pinion)에 의해 회전운동으로 변화시킨다. 이 회전운동은 같은 축에 고정된 기어와 지침 피니언에 의해 확대되어 지침 피니언 축에 붙은 지침에 의하여 눈금 상에 지시된다.

다이얼 게이지는 측정범위 10 mm, 지시 정밀도 0.01 mm가 가장 많이 사용되고 있다. 다이얼 게이지는 길이 측정 이외에도 평행도의 측정, 직각도의 측정, 진원도의 측정, 축의 굽힘 측정, 두께의 측정, 깊이의 측정, 공작기계의 정밀도 검사, 회전축의 흔들림 검사, 기계가공에 있어서의 이송량 측정 등 여러 용도에 사용된다.

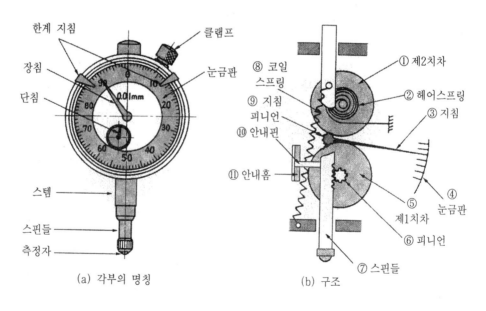

(a) 각부의 명칭　　　　(b) 구조

그림1-18 다이얼 게이지의 각부 명칭 및 구조

2.7 한계 게이지(limit gauge)

모든 제품은 제작시 공차 범위(최대 치수 — 최소 치수)가 주어지며, 한계 게이지는 이 공차 범위를 신속하게 측정하여 제품의 합격 여부를 판단한다.

한계 게이지는 통과측과 정지측을 가지고 있으며, 정지측으로 제품이 들어가지 않고(no go), 통과측으로는 제품이 들어가면(go), 그 제품은 주어진 공차 내에 있음을 나타내는 것이다.

(1) 한계 게이지의 종류

한계 게이지는 공작물의 형상에 따라 〔그림 1-19〕와 같이 링 게이지(ring gauge), 스냅 게이지(snap gauge) 등의 축 측정용 한계 게이지와 봉 게이지(bar gauge), 플러그 게이지(plug gauge) 등과 같은 구멍 측정용 한계 게이지로 나눌 수 있다.

또한 그 용도에 따라서 공작용 게이지, 검사용 게이지, 점검용 게이지 등으로 분류하여 사용한다.

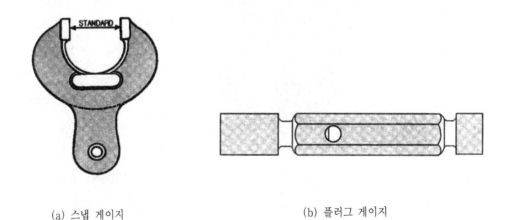

(a) 스냅 게이지   (b) 플러그 게이지

그림 1-19 한계 게이지의 종류

(2) 한계 게이지의 장·단점

① 사용시, 제품의 호환성을 얻을 수 있다.

② 필요 이상으로 정밀하지 않아도 되기 때문에 공작이 용이하다.

③ 측정이 쉽고 신속하며 다량의 검사에 적당하다.

④ 사용시, 분업 생산방식이 가능하다.

⑤ 가격이 비싸다.

⑥ 특별한 것은 고가의 공작기계가 있어야 제작이 가능하다.

3. 각도의 측정

각도의 단위에는 라디안(radian)과 도(degree)가 있다. 반지름과 같은 호에 대한 중심각을 1라디안이라 하며, 원주를 360등분한 호에 대한 중심각을 도(°)라 하며, 1 °의 1/60을 1분(′), 1′ 의 1/60을 1초(″)라 한다.

3.1 직각자(square)

공작물의 2개의 면을 정확하게 직각으로 완성 가공할 때, 또는 다듬질된 제품이 직각으로 되어 있는가를 검사할 때 사용한다.

3.2 조합 각도기(combination set)

홈이 있는 자에 직각자 틀(square head), 만능 분도기(bevel protractor), 센터 헤드(center head)를 나사로 고정하여 조합한 것이다.

이 중에서 직각자 틀은 직각이나 45° 등을 측정하는데 이용되며, 만능 분도기는 임의의 각도측정, 센터 헤드는 환봉의 중심을 구하는데 사용한다.

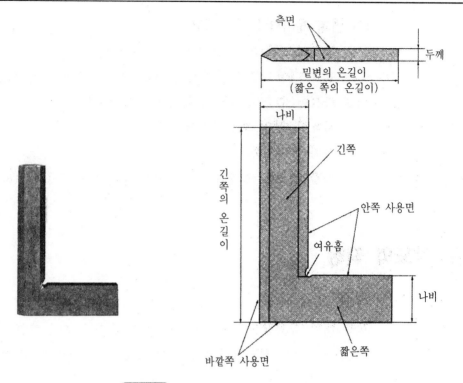

그림 1-20 직각자의 외형과 각부 명칭

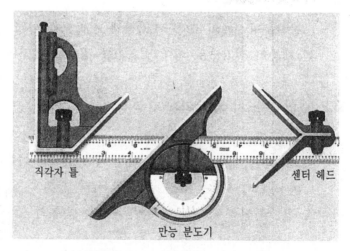

그림 1-21 조합 각도기의 각부 명칭

3.3 사인 바(sine bar)

사인 바는 〔그림 1-22〕와 같이 직각삼각형의 sine 원리를 이용하여 게이지 블록의 높이를 변화시킴에 따라 임의의 각도를 설정할 수 있는 장치이다.

각도의 설정은 롤러 중심간 거리 L인 사인 바의 한쪽 롤러 밑에 블록게이지를 정반 면과 공작물의 윗면이 평행이 될 때까지 고여서 높이 H가 되게 하고, 다음 식으로 각도 α를 구할 수 있다.

$$\sin \alpha = \frac{H}{L}$$

아래 그림에서는 H가 $\frac{L}{2}$이므로, 위 식에서 $\sin \alpha = \frac{1}{2}$이 되어 $\alpha = 30°$가 된다.

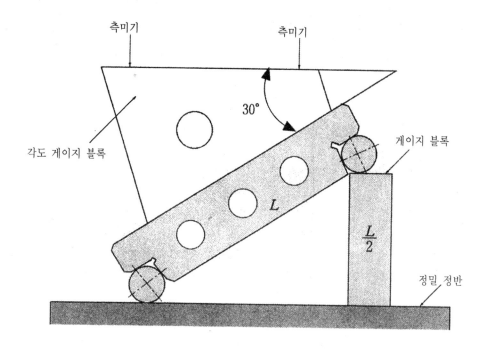

그림 1-22 사인 바의 측정법

3.4 각도 게이지 블록(angle gauge block)

길이 측정 기준으로 블록 게이지가 있는 것과 같이, 공업적인 각도 측정에는 요한슨식 각도 게이지와 N.P.L(National Physical Laboratory)식 각도 게이지가 있다. 이것은 다각면(polygon)과 같이 게이지, 지그 공구 등의 제작과 검사에 사용되며 원주 눈금의 교정에도 사용된다.

(1) 요한슨식 각도 게이지(Johanson type angle gauge)

1918년에 요한슨에 의해 고안된 것이며, 51 mm×19 mm×1.6 mm의 열처리된 강으로 만들어진 판 게이지이다. 지그, 공구, 측정기구 등의 검사에 반드시 필요한 것이며 1개 또는 2개의 조합으로 여러 가지 각도를 만들어 사용할 수 있게 되어 있다.

요한슨식 각도 게이지는 49개 또는 85개를 1조로 하고 있다. 각도 조합에서 85개조는 0~10° 와 350 ~ 360° 사이의 각도를 1° 간격으로, 그 외의 각도는 1분(′)간격으로 만들 수 있다. 〔그림 1-23(b)〕는 게이지 조합의 예이다.

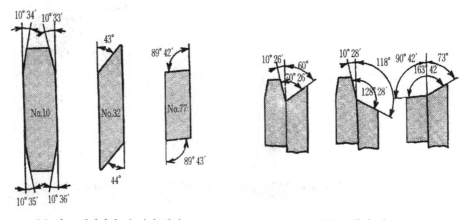

(a) 각도 게이지의 세 가지 형식   (b) 조합의 예

그림 1-23 요한슨식 각도 게이지

(2) N.P.L(National Physical Laboratory)식 각도 게이지

N.P.L식 각도 게이지는 길이 90 mm, 폭 16 mm의 측정면을 가진 쐐기 모양의 열처리된 여러 개의 블록이 1조로 구성된 게이지이다. 12개가 1조로 구성된 게이지의 경우에는 각각 6″, 18″, 30″, 1′, 3′, 9′, 27′, 1°, 3°, 9°, 27°, 41°의 각도를 가진 게이지가 한 조로 되어 있다.

이 게이지를 블록 게이지와 같은 방법으로 2개 이상 조합하여 5초부터 81° 사이를 임의로 6초 간격으로 만들 수 있다. N.P.L식 각도 게이지는 측정면이 요한슨식 각도 게이지보다 크며, 몇 개의 블록을 밀착하여 조합하면 임의의 각도를 만들 수 있으며, 조합 후의 오차는 개수에 따라 2~3″ 정도로 정밀하다.

〔그림 1-24〕는 N.P.L식 각도 게이지를 조합하여 사용하는 예이다.

24° = 27° − 3°(게이지 2개 사용)

10′ = 9′ + 1′(게이지 2개 사용)

18″ = 0.3′(게이지 1개 사용)

조합각도 = (27° − 3°) + (9′ + 1′) +18″ = 24° 10′ 18″

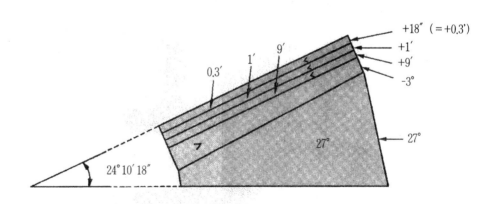

그림 1-24 N.P.L식 각도 게이지의 조합

4. 3차원 측정기

4.1 3차원 측정기 개요

3차원 측정기는 3차원 좌표 측정기(coordinate measuring machine ; CMM)라고도 하며, 공작물과의 접촉(또는 비접촉)을 감지하는 센서인 프로브(probe)가 장착되어 있어 공작물의 치수나 위치 등을 감지신호를 받은 시점에서의 접촉점의 3차원 공간 좌표값(X, Y, Z)으로 변환하는 작업을 기본 기능으로 하는 측정기이다.

대부분의 가공품은 실제로는 3차원적인 입체 형상이면서도 측정은 1차원적, 2차원적으로 행하여지고 있으며, 3차원 측정기는 입체적인 공작물, 제품의 위치, 거리, 치수, 형상 및 윤곽 등을 측정하는데 효과적이며, 최근 산업현장에서 중요한 비중을 차지하고 있다.

〔그림 1-25〕는 3차원 측정기의 외관을 나타낸 것이며, 〔그림 1-26〕은 3차원 측정기를 이용하여 구멍의 중심점 좌표를 구하는 작업과 곡면 형상의 자동차 휠을 측정하는 작업이다.

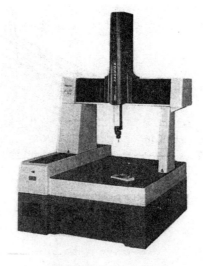

그림 1-25 3차원 측정기

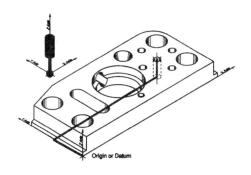

그림1-26 3차원 측정기를 이용한 측정

4.2 3차원 측정기의 측정 방법

3차원 측정기는 X, Y, Z축에 구동장치로 서보 모터가 장착되어 움직이며, 터치 트리거 프로브(touch trigger probe)라고 하는 내부에 6개 지점의 전기 접점이 트리거 신호를 발하는 센서를 공작물에 접촉시키는 방법으로 측정한다.

3차원 측정기를 이용한 측정은 측정물에 적합한 이동 및 측정 명령을 컴퓨터 소프트웨어를 이용하여 입력하여 자동적으로 이루어지거나, 최초의 측정물을 조이스틱 조작으로 측정하면, 이동 및 측정 명령을 자동적으로 기억하여 측정을 반복하기도 한다.

4.3 3차원 측정기의 사용 효과

최근 우수한 품질의 제품이 요구되면서 공장에서의 3차원 측정기 사용은 점점 늘어나고 있으며, 과거에는 오프라인(off-line) 측정 검사방법으로 검사실 내에 3차원 측정기를 설치하여 사용하였으나, 공장 생산라인에 3차원 측정기를 설치하여 인라인(in-line) 측정 검사하는 경우도 많아지고 있다.

이러한 추세에 따라 3차원 측정기의 사용 효과를 요약하면 다음과 같다.

(1) 측정 능률 향상

고정면을 제외한 전면을 측정, 측정 순서 기억 및 재현, 고속측정

(2) 복잡한 측정의 실현

금형, 자동차, 항공기 부품 등

(3) 측정의 고정도화

숙련도에 관계없이 일정한 조건으로 측정, 반복정도 향상, 개인 오차 배제

(4) 방대한 자료처리

통계적인 자료처리, 오차보정

(5) 측정의 자동화

대량 생산품뿐만 아니라 다품종 소량생산품의 검사자동화에 활용

제2장 수기가공 및 조립

1. 수기 가공의 개요

수기 가공은 공작기계를 사용하지 않고 정(chisel), 줄(file), 스크레이퍼 (scraper), 해머, 톱, 탭(tap) 등의 수공구를 사용하여 가공하는 작업을 총 칭한 것이며, 끝손질로서 기계부품을 완성 가공하는 경우가 많기 때문에 손다듬질이라고도 한다.

2. 금긋기 작업

금긋기 작업은 가공의 기준이 되는 중요한 작업으로 공작물의 모양과 크기, 금긋기 면의 상태, 가공 정도의 차이 등 여러 조건을 고려해서 알맞 은 공작물의 설치, 기준 잡기, 금긋기의 순서 등을 정한다.

금긋기 작업에 사용되는 공구 중 앞에서 취급한 측정기를 제외한 것은 다음과 같다.

(1) 정반(surface plate)

가공물의 일부 또는 전부에 완성 가공할 형상의 기준선을 그을 때, 가 공물을 놓는 평면대를 정반(surface plate)이라고 한다. 정반에는 금긋기 정반과 평면검사용 정반의 두 가지가 있다.

(2) 서어피스 게이지(surface gauge)

정반 위에 놓고 이동시키면서 공작물에 평행선을 긋거나 평행면의 검사용으로 사용된다. 최근에는 하이트 게이지를 금긋기에 많이 사용한다.

(3) 금긋기 바늘(scriber)

선을 긋는 바늘이며 바늘 끝은 다듬질한 공구강으로 제작되며 곧은 것과 굽은 것이 있다.

(4) 펀치(punch)

센터 펀치는 가공물의 중심 위치 표시 및 드릴로 구멍을 뚫을 자리 표시에 사용하며, 자리내기 펀치(dotting punch or prick punch)는 금긋기한 것의 흔적을 표시할 때에 사용된다.

(5) V-블록

금긋기 전용 공구로 90° 의 홈을 가지고 있다. 재료는 주철 또는 연강으로 만들고 2개를 한 쌍으로 사용된다.

그림 2-1 정반 및 V-블록

3. 정 작업(chipping)

정(chisel)은 쐐기형의 날카로운 날을 갖는 것으로 공작물 표면의 흑피나 다듬질 여유가 클 때, 해머로 정의 머리를 때려서 정의 선단으로 공작물의 여유 부분을 깎거나 잘라내는 작업을 할 때 사용한다. 정 작업에 사용되는 공구로는 정, 바이스, 해머 등이 있다.

정은 충격을 받기 때문에 탄소함유량 0.8~1.0%인 탄소강으로 열처리하여 타격에 무뎌지지 않도록 한다. 그 형상은 용도에 따라 평정 및 홈정이 있다.

바이스(vise)는 공작물을 고정하는 장치이며 주로 공작기계의 테이블이나 작업대에 설치되며 용도에 따라 여러 가지 종류가 있다.

해머(hammer)는 공구강 또는 주강으로 만들어 양쪽을 담금질한 후 풀림 처리하여 사용하며 크기는 머리의 무게로 한다.

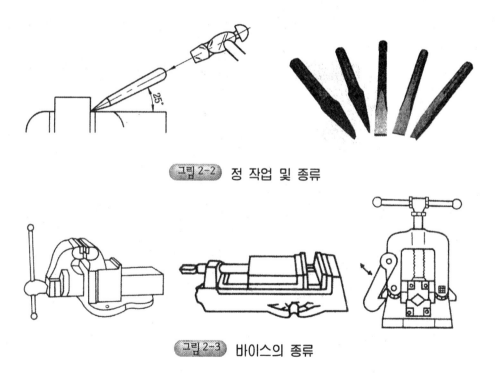

그림 2-2 정 작업 및 종류

그림 2-3 바이스의 종류

4. 줄 작업(filing)

줄을 사용하여 공작물의 평면이나 곡면을 다듬질하는 작업을 줄 작업이라 한다. 줄 작업은 기계가공이 어려운 부분, 기계가공 후의 끝손질, 조립할 때 서로 잘 맞지 않는 부분 등을 다듬질하는 작업이다.

4.1 줄(file)

줄은 탄소공구강으로 만들며 정이나 기계작업에서 나타난 돌기 부분을 깎는데 사용되는 손 작업용 공구이다. 줄의 크기는 자루를 제외한 전 길이로 표시한다.

(1) 줄 단면의 형상

줄 단면의 형상은 〔그림 2-4〕과 같다.

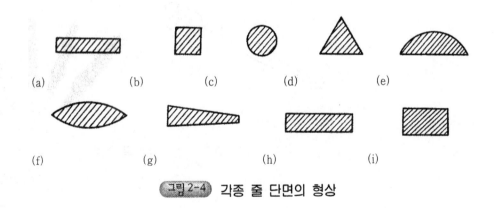

〔그림 2-4〕 각종 줄 단면의 형상

(2) 줄날의 형상

줄날의 형상은 줄눈의 방향에 따라 다음과 같은 종류가 있다.

① 단목(single cut) : 판금의 가장자리, 주석, 납, 알루미늄 다듬질 작업

② 복목(double cut) : 일반 다듬질용, 연질 금속

③ 삼단목(triple cut) : 연질 금속, 일반 철공용

④ 대목(rasp cut) : 목재, 피혁, 베이클라이트 등의 비금속

⑤ 파목(curved cut) : 납, 알루미늄, 플라스틱, 목재

줄날의 크기(grade of cut)는 줄날의 피치, 즉 줄의 길이 방향에서 인접한 줄날 사이의 거리의 평균값을 기준으로 아래와 같이 나눌 수 있다.

① 대황목(coarse) : 가장 거친 날

② 황목(bastard) : 거친 날

③ 중목(second) : 보통 날

④ 세목(smooth) : 가는 날

⑤ 유목(dead smooth) : 고운 날

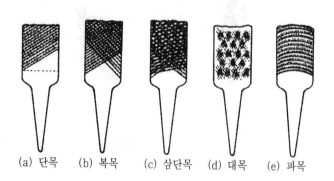

(a) 단목　(b) 복목　(c) 삼단목　(d) 대목　(e) 파목

그림 2-5 　줄눈의 방향에 따른 종류

4.2 줄의 운동방향

줄의 양끝에 각각 손을 대는 것이 일반적인 방법이며 한 손으로 잡을 때도 있다. 평면을 다듬질할 때에는 직진법(straight filing)과 사진법(diagonal filing), 병진법이 있으며, 사진법이 공작물을 깎아내는데 효과가 커서 많이 사용된다.

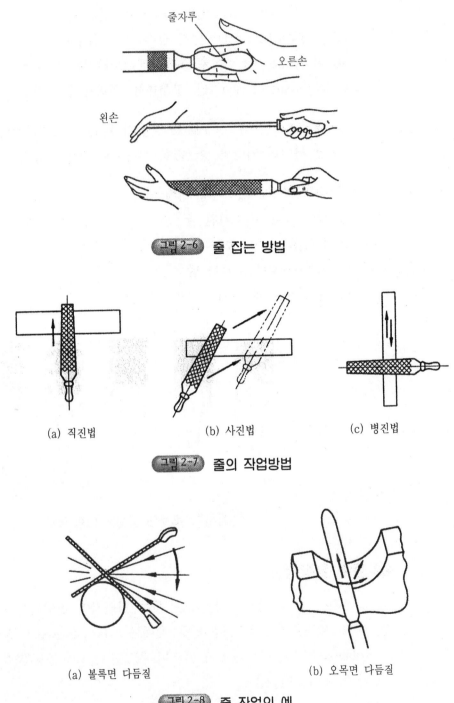

줄자루

오른손

왼손

그림 2-6 줄 잡는 방법

(a) 직진법   (b) 사진법   (c) 병진법

그림 2-7 줄의 작업방법

(a) 볼록면 다듬질   (b) 오목면 다듬질

그림 2-8 줄 작업의 예

4.3 쇠톱 작업(sawing)

쇠톱은 금속재료를 절단하는데 사용되는 공구로서 톱날을 톱틀(flame)에 끼워서 사용한다. 쇠톱은 톱날의 구멍을 톱틀과 조임대의 핀에 끼운 후 나비너트로 조일 수 있도록 되어 있다.

톱날은 탄소공구강, 합금공구강, 고속도강으로 만들며 한쪽에 날이 가공되어 있고 톱날의 잇수는 절단하는 재료의 종류에 따라 선택한다. 연강과 황동에 사용되는 톱날은 날이 거칠고 잇수가 적으며, 강이나 박강판에 사용되는 톱날은 잇수가 많은 것을 사용한다.

쇠톱의 절단작업은 밀 때에는 힘을 주고 당길 때에는 톱날에 힘을 가하지 않는다. 톱날의 절삭각도는 보통 수평으로 하고 절삭하는 재료에 따라 다르며 약 3~5° 경사지게 작업하는 것이 좋다.

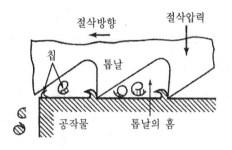

그림 2-9 톱날의 절삭원리

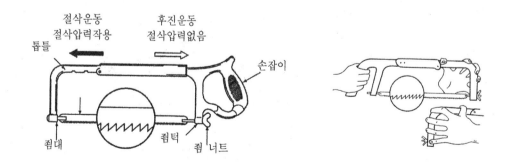

그림 2-10 톱틀의 구조와 잡는 방법

5. 스크레이퍼 작업(scraping)

스크레이퍼는 탄소강이나 고속도강을 열처리하여 만든 다듬질 공구로 형상에 따라 평 스크레이퍼(flat scraper), 곡면 스크레이퍼(hook scraper) 등이 있다. 이 작업은 절삭가공 또는 줄 작업 후에, 극히 평평한 평면이나 미끄럼면이 접촉하여 원활한 작동이 되도록 정밀한 다듬질을 필요로 할 때 사용되는 방법으로 주철, 황동, 베어링 메탈 등에 이용되며 열처리 경화된 강철에는 사용하기 어렵다.

공작물이 작고 중량이 가벼울 때에는 스크레이핑 작업 전에 검사용 정반 위에 놓고 평면이 잘 맞는지 안 맞는지를 검사한다. 공작물이 대형이거나 또는 중량이 클 때는 검사용 정반을 물품 위에 놓고 검사한다. 이때 적색 페인트, 광명단 등을 정반 위에 바르고 공작물의 접촉면을 전후, 좌우로 여러 번 이동시키면 높은 면이 착색된다. 그 후 이 부분을 스크레이퍼로 깎아낸다.

오목면이나 볼록면은 그 면에 알맞은 곡면 스크레이퍼를 사용하여 평면 스크레이퍼와 같은 방법으로 공작물의 높은 부분을 깎아내는 스크레이핑을 한다.

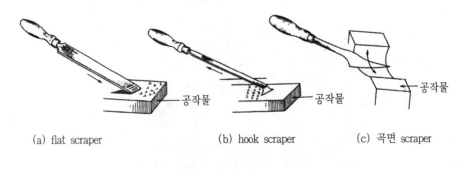

(a) flat scraper   (b) hook scraper   (c) 곡면 scraper

그림 2-11. 스크레이퍼의 종류

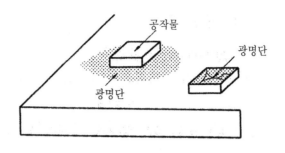

그림 2-12 스크레이핑 전의 평면 검사

그림 2-13 스크레이핑 작업 자세

6. 조립 작업

기계가공이나 수기가공에 의하여 제작된 기계 부품을 설계도면을 기준으로 정확한 위치에 결합하여 완성된 제품으로 만드는 최종 공정을 조립(assembly)이라고 한다. 조립작업은 수기가공과 밀접한 관계가 있으며 조립용 공구도 수기가공용 공구와 일치되는 경우가 많다. 여기서는 조립작업에 필요한 공구 중 수기가공에서 다루지 않은 공구를 설명한다.

6.1 조립 작업용 공구

(1) 드라이버(screw driver)

나사, 나사못, 홈붙이 작은 볼트 등을 조이거나 풀기 위하여 사용하는 공구로서, 합금강을 단조하여 만들고 끝은 열처리하여 내마모성을 갖게 한다. 끝모양에 따라 일자형, 십자형 등이 있다.

(2) 플라이어(plier)

플라이어는 주로 부품을 잡아당기고 접거나, 전선이나 가는 철사의 절단에 사용되며, 주로 공구강을 열처리하여 만든다.

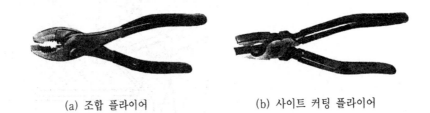

(a) 조합 플라이어   (b) 사이트 커팅 플라이어

그림 2-14 플라이어의 종류

(3) 스패너(spanner)

스패너는 볼트 머리 또는 너트(nut)를 잡고 돌리는 공구이며, 경강의 형단조품에 많이 사용된다.

입이 폭이 고정되고 한쪽에만 입이 있는 단구 렌치, 양쪽에 입이 있는 양구 렌치가 있으며 폭이 조절되는 조절 렌치 등이 있다.

박스 렌치(box wrench)는 엔진의 실린더 헤드(cylinder head)에서와 같이 너트가 인접하여 보통 렌치를 사용할 수 없을 때, 또는 깊은 곳에 너트가 있을 때 사용한다.

특수한 종류에는 파이프 렌치(pipe wrench), 탭 렌치(tap wrench), 래칫 렌치(ratchet wrench) 등이 있다.

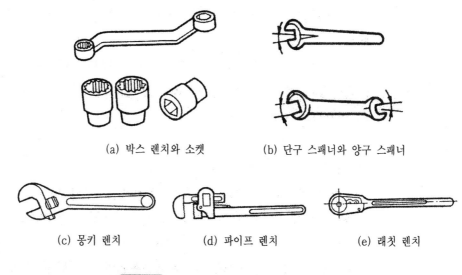

(a) 박스 렌치와 소켓   (b) 단구 스패너와 양구 스패너

(c) 몽키 렌치   (d) 파이프 렌치   (e) 래칫 렌치

그림 2-15 각종 스패너 및 렌치의 종류

6.2 조립 순서

(1) 도면 검토

조립작업의 준비로 조립도, 부분 조립도를 검토한다. 이에 따라 기계 전체의 구성, 각 부품 사이의 상호거리, 상대운동 관계 등에 대하여 중요 부품에서 말단 부품에 이르기까지 조립순서를 완전하게 이해하고 특수 자재 및 공구 등의 소요품목을 조사한다.

(2) 부품의 명세 검토

한 대의 기계의 완성에 필요한 부품을 준비하여야 한다. 이 때 필요한 부대 부품 등을 준비하여 조립에 필요한 계획을 작성하여 전체에 걸쳐 세부 사항까지 검토가 끝나면 수량은 물론이고 설계도와 부품 사양 조건에 만족되는 것인지 확인한다.

(3) 주요 부분과 부속품 조립

기계 전체의 구성에서 치수나 중량 또는 조립순서 측면에서 중요한 주요 부분품들이 있다. 이 주요 부품들을 먼저 조립한 후 부속품들을 조립한다.

조립 후에는 시운전하여 운동 부분에 대한 접촉상태 및 간격 등이 잘 맞도록 조정한다. 조정에는 전체적 조정과 부분적 조정이 있어, 서로 전후로 반복되는 일이 많다.

(4) 조립 후의 처치

조립과 관련된 작업으로는 운동부분에는 그리이스나 기름종이 등을 발라 방식처리하고 적당하게 주유하여 운동성능을 확보하도록 한다.

조립 후 외부 물질의 침입을 방지하기 위하여 여러 가지 구멍은 잘 막아 두어야 한다. 또한 중요한 완성 가공면은 적합한 소재를 이용하여 손상을 방지하고, 계기류 등 파손되기 쉬운 부품은 따로 포장한다.

(5) 도장

조립된 기계의 표면에 페인트를 칠하여 표면을 보호함과 동시에 깨끗하고 미려하게 하는 작업이다. 페인트 이외에 최근에는 각종 표면처리 방법도 사용되고 있다.

제6편 절삭가공

제1장

절삭가공 개요

1. 절삭가공의 종류

1.1 절삭 및 그 의의

절삭이란 공작물을 원하는 모양으로 만들기 위하여 공작물보다 경도가 높은 공구와 공작물을 상대운동 시켜 불필요한 부분을 칩(chip)으로 제거해서 원하는 모양으로 깎아내는 작업을 말한다. 기계제작에서 절삭가공이 차지하는 비중은 매우 높다.

주조나 소성가공으로 제작한 공작물도 정밀도를 요하거나 표면다듬질이 필요한 부분은 절삭가공을 통해서 완성된다.

절삭가공은 다른 가공방법에 비해 치수정밀도가 높고 표면거칠기를 매끄럽게 할 수 있고 부품의 형상을 정밀하게 가공할 수 있으며, 공작물의 물성이 크게 변하지 않는다. 또한, 기계요소들은 침탄, 질화 등의 표면경화 처리를 하는 경우가 많이 있는데 이때 수반되는 열변형을 수정하는데는 연삭 등의 절삭가공 방법이 독보적으로 사용된다. 그러나 절삭은 칩으로 재료를 제거하는 방식으로 주조나 소성가공에 비해 재료의 낭비와 에너지 소모가 많으며, 가공시간이 길어지게 된다.

가공에서 중요한 문제 중의 하나는 생산성이다. 즉, 어떻게 하면 저렴한 가격으로 빠른 시간 내에 제품을 제작할 수 있는가 하는 문제이다. 생산성에 대해서는 제품의 수량, 요구되는 정밀도 등 여러 가지가 고려되어

가공방법이나 가공순서가 결정되어야 한다.

생산성 측면에서 절삭은 크게 거친절삭(황삭)과 다듬질절삭(정삭)으로 구분된다. 거친절삭은 단시간 내에 많은 양의 재료를 제거하여 원하는 제품의 형상에 가깝게 가공하는 작업으로 절삭깊이를 깊게하고 절삭속도와 이송을 빠르게 해준다. 한편, 다듬질절삭은 정확한 치수와 요구되는 표면 거칠기를 얻기 위한 작업으로 절삭깊이는 매우 작으며, 이송은 작게주고 절삭속도는 거친절삭보다 빠르게 해서 가공한다. 경우에 따라서는 거친절삭과 다듬질절삭에 사용하는 공구를 달리하기도 한다.

절삭에는 여러 가지 종류의 공작기계가 사용되고 있다. 칩은 공구와 공작물의 상대운동에 의해서 발생되는 것으로 〔표 1-1〕에 각종 공작기계에서 공구와 공작물의 운동을 정리하였다.

[표 1·1] 공작기계에서 공작물과 공구의 운동

기계종류		공작물	공구
선반		회전운동	고정(이송)
드릴링머신		고정	회전운동(이송)
밀링머신		직선왕복운동(이송)	회전운동
셰이퍼, 슬로터		고정(이송)	직선왕복운동
플레이너		직선왕복운동	고정(이송)
브로칭머신		고정	직선왕복운동
호빙머신		회전운동	회전운동
연삭기	원통연삭	회전운동	회전운동
	평면연삭	직선왕복운동	회전운동

1.2 가공방법

절삭은 공작기계를 사용하여 공구와 공작물을 상대운동시키며, 〔그림 1-1〕에 나타낸 바와 같이 가공방법에 따라 공구와 공작물의 상대운동이

다르다. 그러나 기본적으로 칩이 생성되는 과정에서는 큰 차이가 없다.

각종 가공방법에서 공구와 공작물의 상대운동을 살펴보면 다음과 같다.

(1) 선삭(turning)

공작물을 회전시키고 공구에 절삭깊이를 주고 공구를 이송시켜 가공하는 방법으로 주로 선반에서 이루어진다.

(2) 드릴링(drilling)

공작물을 고정하고 공구인 드릴을 회전하면서 축방향으로 이송시켜 구멍을 가공하는 방법이다.

(3) 밀링(milling)

공작물을 테이블에 고정하고 니(knee)와 새들(saddle)이 상하와 전후로 이동하여 절삭깊이를 주고, 테이블을 좌우로 이송시키고 여러 개의 날을 갖는 공구를 회전시켜 가공하는 방법이다.

(4) 셰이핑(shaping)

공작물을 간헐적으로 가로이송시키고 공구를 직선 왕복운동하여 가공하는 방법으로 주로 셰이퍼에서 가공하는 방법이다.

(5) 플레이닝(planing)

공작물을 왕복운동시키고 공구에 간헐적으로 가로이송을 주어 가공하는 방법으로 플레이너에서 가공하는 방법이다.

(6) 브로칭(broaching)

공작물을 고정하고 길이방향으로 여러 개의 날이 배치된 공구(브로치)를 직선운동시켜 가공하는 방법으로 브로칭머신에서 가공하는 방법이다.

(7) 연삭(grinding)

공작물을 회전이나 직선 왕복운동시키고 연삭숫돌을 회전시켜 숫돌입자를 이용하여 공작물을 미세한 칩 형태로 소량씩 절삭하는 방법이다.

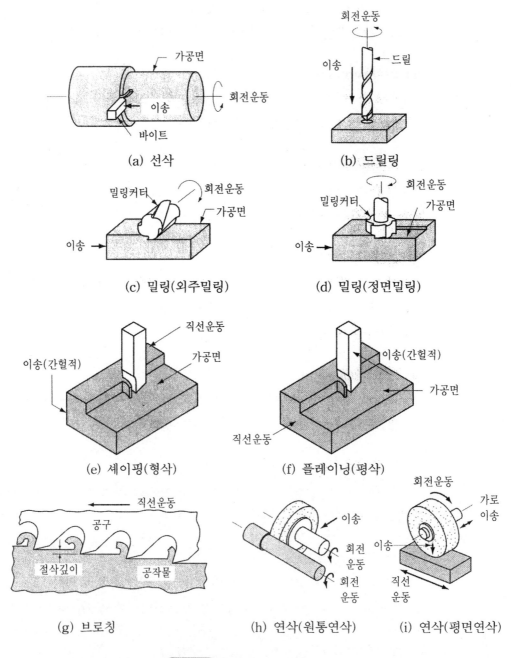

그림1-1 절삭가공의 종류

2. 절삭이론

2.1 절삭 해석

(1) 칩의 생성

칩의 생성과정을 살펴보기 위하여 〔그림 1-2〕의 2차원 절삭을 대상으로 한다. 공구와 공작물을 상대운동 시키면 공구의 날끝 위쪽 부분에 있는 재료는 큰 압축력을 받게되며, 그림에 나타낸 바와 같이 전단변형이 되면서 칩이 생성된다.

공작물에는 〔그림 1-3〕에 나타낸 것과 같이 전단응력이 최대가 되는 전단면이 형성되며, 전단면에서는 재료가 전단응력을 지탱하지 못하고 미끄럼이 일어나면서 파단되어 칩이 발생된다. 그림에서 공구 윗면이 공구 진행 방향의 수직선과 이루는 각 α를 윗면경사각이라 하며, 공구날끝 뒷면과 가공된 표면이 이루는 각 ζ를 여유각이라 한다. 모든 절삭공구의 날은 이 각도들이 적당한 값을 갖도록 설계되어 있다. 윗면경사각은 절삭에 큰 영향을 미치는 중요한 인자이며, 여유각은 가공된 표면과 공구와의 마찰을 감소시키기 위한 것이다.

절삭시 생성되는 칩의 두께는 절삭깊이보다 2.5~3배 정도 두꺼워지는데 절삭깊이와 칩두께의 비를 절삭비로 정의한다.

$$r_c = \frac{t}{t_c} \tag{1-1}$$

여기서, r_c는 절삭비, t는 절삭깊이, t_c는 칩두께이다.

절삭비는 칩두께를 측정하면 구할 수 있으나 칩은 표면의 요철이 심하고 두께도 일정하지 않는 경우가 많기 때문에 칩두께를 정확하게 측정하기 어렵다. 칩두께 대신 칩의 길이를 측정하여도 절삭비를 구할 수 있다. 절삭시 재료는 압축되지 않으므로 공작물의 절삭길이 L에 대한 칩의 길이를 L_c라 하면 절삭폭은 일정하므로 $tL = t_c L_c$의 관계가 성립된다. 따라서 절삭비는 다음과 같이 구할 수 있다.

$$r_c = \frac{t}{t_c} = \frac{L_c}{L} \tag{1-2}$$

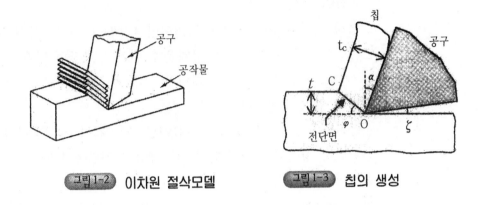

〔그림1-2〕 이차원 절삭모델   〔그림1-3〕 칩의 생성

칩은 〔그림 1-3〕에 도시한 바와 같이 재료가 전단면에서 전단되면서 발생되는데 전단면이 절삭방향과 이루는 각 ϕ를 전단각이라 한다. 전단각과 절삭비의 관계는 다음과 같이 나타내진다.

$$r_c = \frac{\sin\phi}{\cos(\phi - \alpha)} \tag{1-3}$$

식(1-3)에서 전단각은 다음과 같이 구해진다.

$$\tan\phi = \frac{r_c \cos\alpha}{1 - r_c \sin\alpha} \tag{1-4}$$

전단각이 계산되면 칩의 전단변형률 γ를 구할 수 있는데 결과만 소개하면 다음과 같다.

$$\gamma = \cot\phi + \tan(\phi - \alpha) \tag{1-5}$$

이 식에서 전단각이 증가하면 전단변형률이 감소되는 것을 알 수 있는데, 전단변형률이 작은 경우에는 칩이 끊어지지 않고 연속적으로 배출되며, 절삭저항도 작아지게 된다.

전단각은 절삭조건에 의해서 결정되는데 절삭속도를 증가시키거나 윗면경사각이 큰 공구를 사용하면 전단각이 커지며, 절삭제를 사용하는 것도 전단각을 증가시키는 요인이 된다. 그러나 절삭속도가 지나치게 빠르면 과도한 열이 발생되고, 윗면경사각이 커지면 공구의 강성이 저하되는 문제점이 있다. 공구나 공작물의 재질에 따라서는 0° 나 음의 윗면경사각(negative rake angle)을 갖는 공구를 사용하기도 한다.

(2) 절삭속도

절삭과정을 유심히 관찰해보면 절삭속도에 비해 칩의 배출속도가 현저하게 느린 것을 알 수 있는데 그 이유는 절삭깊이보다 칩두께가 두꺼워지기 때문이다.

〔그림 1-4〕에서와 같이 절삭속도를 V, 절삭폭을 b라 하고 절삭깊이를 t로 하였을 때 단위시간에 제거되는 공작물의 체적 Q_m은 다음과 같다.

$$Q_m = btV \tag{1-6}$$

칩에서는 절삭폭의 변화가 없으므로 칩의 배출속도를 V_c, 칩의 두께를 t_c라 하면 단위시간에 배출되는 칩의 체적 Q_c는 다음과 같게된다.

$$Q_c = bt_cV_c \tag{1-7}$$

제거된 공작물의 체적과 칩의 체적은 같아야 하므로 위의 두 식에서 칩의 배출속도는 다음과 같이 구해진다.

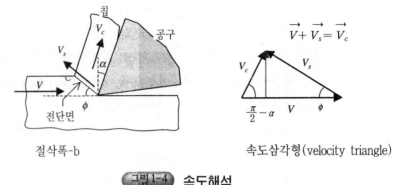

절삭폭-b   속도삼각형(velocity triangle)

그림 1-4 속도해석

$$V_c = \frac{t}{t_c}\,V = \frac{\sin\phi}{\cos(\phi - \alpha)}\,V \tag{1-8}$$

절삭부분이 칩으로 배출되면서 속도가 변하는 것은 전단면에서 재료의
전단에 기인한 것으로 전단속도는 〔그림 1-4〕에 도시한 속도삼각형에서
구할 수 있다. 즉, 전단속도와 칩배출속도의 수직방향 속도성분이 같아야
하기 때문에 다음과 같이 전단속도를 구할 수 있다.

$$V_s = \frac{\cos\alpha}{\cos(\phi - \alpha)}\,V \tag{1-9}$$

재료의 전단변형 특성은 전단변형률과도 관계가 있지만 전단변형률 속
도에 의존하는 바도 매우 크다.

(3) 절삭력

이차원 절삭에서 공구는 절삭력과 수직추력을 받게된다. 이들 힘은 공
구 동력계나 스트레인게이지 등을 사용하면 측정할 수 있다. 전단면과 칩
과 마찰을 하는 공구윗면에 작용하는 힘들은 절삭력과 수직추력을 알면
구할 수 있다.

전단면에 작용하는 힘은 전단면에 평행하게 작용하는 전단력과 전단면

에 수직인 수직력 두 성분으로 나타낼 수 있고 이 힘들은 재료역학에서 내력의 개념과 동일하므로 절삭력과 수직추력과 평형을 이루어야 한다. 절삭에서는 절삭원을 이용하여 전단면에 작용하는 힘을 간편하게 구할 수 있다. 〔그림 1-5〕에서와 같이 공구 선단에서 절삭력 F_c와 수직추력 F_t 벡터를 그리면 이들의 합력벡터 R을 직경으로 하는 원을 그릴 수 있는데 이 원을 절삭원이라 한다. 전단면에서의 전단력과 수직력의 합력벡터도 R이 되어야 하므로 전단력 벡터 F_s는 절삭원에 전단각 ϕ만큼 경사져서 그렸을 때 원주와 만나게 되고 수직력 F_n은 합력벡터 R에 닫혀져야 한다. 절삭원을 이용하면 절삭력과 수직추력이 전단면의 전단력과 수직력에 기여하는 크기를 다음과 같이 쉽게 나타낼 수 있다.

$$F_s = F_c \cos \phi - F_t \sin \phi$$
$$F_n = F_c \sin \phi + F_t \cos \phi \qquad (1\text{-}10)$$

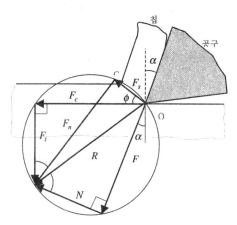

그림1-5 절삭원에 의한 하중해석

칩과 공구윗면 사이에 작용하는 마찰력과 수직력도 절삭원을 이용하면 쉽게 계산할 수 있다. 공구윗면에서의 마찰력과 수직력도 절삭력과 수직추력에 평형을 이루어야 한다. 따라서 절삭원에 마찰력 벡터 F를 도시하면 공구의 윗면을 연장한 선이 원주와 만나는 점까지 이며, 수직력 벡터 N은 합력벡터 R에 닿혀져야 한다. 절삭원에서 각 벡터가 이루는 각을 이용하면 마찰력과 수직력은 다음과 같이 구해진다.

$$F = F_c \sin \alpha + F_t \cos \alpha$$
$$N = F_c \cos \alpha - F_t \sin \alpha \tag{1-11}$$

절삭시 전단면의 전단응력은 전단력을 전단면의 단면적으로 나누면 다음과 같이 계산된다.

$$\tau_s = \frac{F_s \sin \phi}{tb} \tag{1-12}$$

전단면에서는 재료의 전단에 의한 미끄럼 파단이 발생되므로 식(1-12)의 전단응력은 절삭조건에서의 재료의 전단강도이다.

한편, 칩과 공구경사면과는 마찰이 생기며, 이때 마찰계수는 마찰력을 수직력으로 나누면 구해진다.

$$\mu = \frac{F}{N} \tag{1-13}$$

마찰각은 마찰력과 수직력의 합력이 수직력과 이루는 각으로 다음과 같다.

$$\mu = \tan \beta \tag{1-14}$$

절삭시 마찰계수의 범위는 일반적으로 0.5 ~ 2.0으로 칩이 공구경사면을 통과하면서 큰 마찰저항을 받는 것을 알 수 있다.

전단각이 절삭에 소모되는 에너지를 최소화하는 위치에서 형성된다는 가정으로부터 Merchant는 다음과 같이 전단각, 윗면경사각과 마찰각의 관계식을 유도하였으며, 이 식은 유용하게 사용되고 있다.

$$\phi = 45° + \frac{\alpha}{2} - \frac{\beta}{2} \tag{1-15}$$

이 식에서 공구의 윗면경사각이 커지면 전단각이 커지고, 마찰각이 작아지면 전단각이 커지는 것을 알 수 있다. 전단각의 증가는 〔그림 1-6〕과 같이 칩 두께를 얇게 하고 전단면의 면적을 작게 하여 칩 생성에 요구되는 전단력을 감소시킴으로써 쉽게 절삭이 되도록 한다. 또, 절삭에 소모되는 에너지를 적게 하고 절삭온도가 낮아지게 된다.

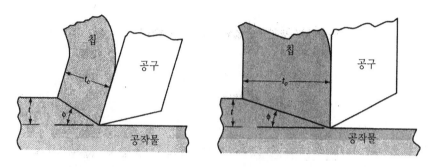

그림1-6 전단각이 절삭에 미치는 영향

(4) 절삭동력

이차원 절삭에서 절삭에 필요한 동력은 다음과 같이 계산된다.

$$P = F_c V \tag{1-16}$$

동력은 전단면에서 재료의 전단 그리고 칩과 공구경사면에서의 마찰로 소비된다. 전단에 소비되는 동력 P_s와 마찰에 소비되는 동력 P_f는 다음과 같이 구해진다.

$$P_s = F_s V_s \tag{1-17}$$

$$P_f = F V_c \tag{1-18}$$

동력을 단위시간당의 절삭량 즉, 절삭률로 나눈 것을 비에너지(specific energy) 또는 단위동력(unit power)이라 하며, 전단과 마찰에 대한 비에너지 u_s와 u_f는 다음과 같이 구해진다.

$$u_s = \frac{F_s V_s}{btV} = \frac{F_s}{bt} \frac{\cos \alpha}{\cos (\phi - \alpha)} \qquad (1\text{-}19)$$

$$u_f = \frac{F V_c}{btV} = \frac{F r_c}{bt} = \frac{F}{bt} \frac{\sin \phi}{\cos (\phi - \alpha)} \qquad (1\text{-}20)$$

따라서 절삭에 대한 전체 비에너지 u는 다음과 같이 구해진다.

$$u = u_s + u_f = \frac{F_c}{bt} \qquad (1\text{-}21)$$

〔표 1-2〕는 여러 가지 재료의 종류에 따른 비에너지 값이며, 절삭률로부터 절삭에 필요한 동력을 예측하는데 사용된다.

[표 1·2] 절삭에서의 비에너지(무딘공구 1.25배)

	비에너지	
	$W \cdot s/mm^3$	$hp \cdot min/in^3$
주철	1.6 - 5.5	0.6 - 2.0
강	2.7 - 9.3	1.0 - 3.4
스테인리스강	3.0 - 5.2	1.1 - 1.9
알루미늄 합금	0.4 - 1.1	0.15 - 0.4
구리합금	1.4 - 3.3	0.5 - 1.2
마그네슘 합금	0.4 - 0.6	0.15 - 0.2
니켈 합금	4.9 - 6.8	1.8 - 2.5
티탄 합금	3.0 - 4.1	1.1 - 1.5

<예제 1> 윗면경사각 $a=10°$ 인 공구를 사용하여 절삭깊이 $t=0.5$mm로 절삭하였을 때 칩두께 $t_c=1.12$mm이었다. 절삭비, 전단각, 전단변형률을 구하시오.

절삭비 $r_c = \dfrac{0.5}{1.12} = 0.446$

전단각 $\tan\phi = \dfrac{0.446\cos 10°}{1 - 0.446\sin 10°} = 0.477$

$\phi = 25.5°$

전단변형률 $\gamma = \cot 25.5° + \tan(25.5° - 10°) = 2.375$ mm/mm

<예제 2> 예제 1에서 절삭속도 $V=100$m/min으로 가공할 때 칩배출속도와 전단속도를 구하시오.

칩배출속도 $V_c = \dfrac{0.5}{1.12}100 = 44.6$ m/min

전단속도 $V_s = \dfrac{\cos 10°}{\cos(25.5° - 10°)}100 = 102.2$ m/min

<예제 3> 예제 1에서 절삭폭 $b=3.2$ mm이고, 절삭력 $F_c=160kg_f$, 수직추력 $F_t=130kg_f$으로 측정되었다. 전단면의 전단력과 수직력을 구하고, 공구경사면의 마찰력과 수직력을 계산하시오. 또 칩 발생시의 전단강도, 칩과 공구경사면의 마찰계수와 마찰각을 구하시오.

전단면 전단력 $F_s = 160\cos(25.5°) - 130\sin(25.5°) = 88.5$ kgf

수직력 $F_n = 160\sin(25.5°) + 130\cos(25.5°) = 186.2$ kgf

공구경사면 마찰력 $F = 160\sin(10°) + 130\cos(10°) = 155.8$ kgf

$$\text{수직력} \qquad N = 160\cos(10°) - 130\sin(10°) = 135.0 \;\; \text{kgf}$$

$$\text{전단강도} \qquad \tau_s = \frac{88.5\sin(25.5°)}{(0.5)(3.2)} = 23.8 \;\; \text{kgf/mm}^2$$

$$\text{마찰계수} \qquad \mu = \frac{155.9}{135.0} = 1.154$$

$$\text{마찰각} \qquad \beta = \tan^{-1}(1.154) = 49.1°$$

$$\text{마찰각(Merchant 식)} \qquad \beta = 2(45°) + 10° - 2(25.5°) = 49.0°$$

<예제 4> 예제 1-3에서 전단과 마찰에 소비되는 동력은 각각 전체동력의 몇 퍼센트에 해당되는지 구하시오.

전단동력/전체동력

$$\frac{F_s V_s}{F_c V} = \frac{(88.5)(102.2)}{(160)(100)} = 0.565 \quad \rightarrow \quad 56.5 \;\%$$

마찰동력/전체동력

$$\frac{F V_c}{F_c V} = \frac{(155.8)(44.6)}{(160)(100)} = 0.434 \quad \rightarrow \quad 43.4 \;\%$$

2.2 칩의 종류

재료가 국부적인 전단과정에 의해 공작물에서 제거되는 것을 칩(chip)이라 한다. 〔그림 1-7〕은 칩의 SEM사진으로 칩의 전단과정을 확인할 수 있다. 칩의 형태는 공작물의 재질, 공구의 윗면경사각, 절삭속도, 절삭깊이 등의 절삭조건에 따라서 달라진다. 칩은 크게 〔그림 1-8〕과 같이 칩이 끊어지는 불연속칩(discontinuous chip)과 칩이 끊어지지 않고 배출되는 연속칩(continuous chip)으로 구분되며, 연속칩에서는 빌트업에지가 생기는 경우도 있다. 연속칩은 유동형(流動形)칩이라고도 하며, 불연속칩은 전단형(剪斷形)칩, 열단형(裂斷形)칩, 균열형(龜裂形)칩으로 세분된다.

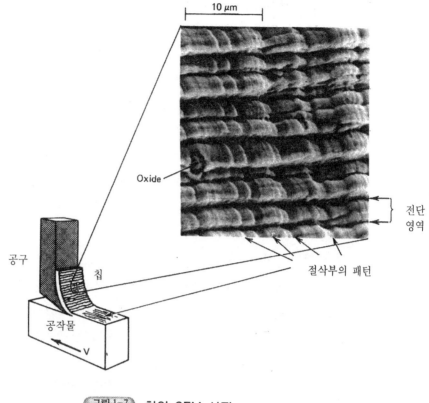

10 μm

Oxide

전단
영역

절삭부의 패턴

공구

칩

공작물

V

그림 1-7 칩의 SEM 사진

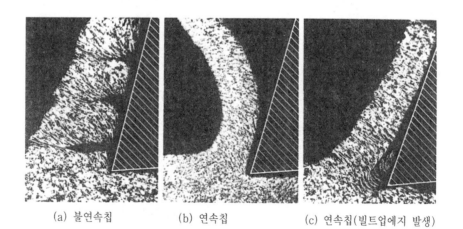

(a) 불연속칩   (b) 연속칩   (c) 연속칩(빌트업에지 발생)

그림 1-8 불연속칩과 연속칩

(1) 유동형칩(flow type chip)

칩이 끊어지지 않고 공구 경사면을 따라 흐르는 것처럼 연속적으로 배출되는 것을 유동형칩 또는 연속칩이라 한다. 유동형칩은 전단이 매우 짧은 주기로 연속적으로 발생하면서 생성된다.

연강 등을 고속으로 절삭하는 경우 대부분 유동형칩이 나온다. 또한, 윗면경사각이 큰 공구의 사용, 절삭속를 빠르게 하고 절삭깊이를 작게 해주는 것이 칩을 유동형으로 배출되도록 하는데 효과적이다. 유동형칩이 나올 때에는 연속적인 전단과정에 의해 절삭되는 것이므로 절삭저항과 절삭온도의 변동이 작고 진동이 작아서 가공면이 양호해진다.

(2) 전단형칩(shear type chip)

유동형칩과 열단형칩의 중간형태로 〔그림 1-9〕와 같이 공구의 진행에 따라 공작물의 abcd부분이 압축되어 변형되다가 a′bcd′에 이르러 bc에 따라 전단되어 칩이 발생되며, 끊어지게 되는데, 이 때 발생되는 칩을 전단형칩이라 한다.

연성재료를 저속으로 절삭하거나 절삭깊이가 클 때, 공구의 윗면경사각이 작을 때 전단형칩이 되기 쉽다. 유동형칩의 발생될 때보다 절삭저항, 절삭온도의 변동이 크고 가공면이 불량해진다.

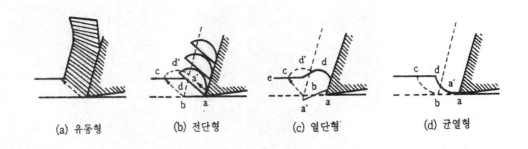

(a) 유동형   (b) 전단형   (c) 열단형   (d) 균열형

그림1-9 칩의 종류

(3) 열단형칩(tear type chip)

칩이 공구 경사면에 들러붙어 잘 빠져나가지 않으면 공구 날의 앞쪽에 있는 재료가 강하게 압축을 받게 되어 전방 아래쪽으로 균열이 생기면서 절삭이 되는데, 이 때 발생하는 칩을 열단형칩이라 한다.

열단형칩이 나올 때에는 균열과 전단이 복합되어 절삭되는 것으로 가공면에 균열에 의한 뜯긴 자국이 남게 되어 표면이 거칠게 되며, 절삭력의 변동이 커서 공구수명이 짧아진다. 연성재료의 절삭에서 절삭깊이가 매우 크고 절삭속도가 작을 때 열단형칩이 되기 쉽다.

(4) 균열형칩(crack type chip)

주철 등과 같이 취성이 큰 재료를 절삭하는 경우 균열이 날 끝에서 공작물 표면까지 순간적으로 발생되어 전단보다는 균열이 계속 진행이 되면서 절삭이 되는데, 이 때 발생하는 칩을 균열형칩이라 한다.

균열형칩이 나오면 절삭저항이 심하게 변동되며 공구 날부분의 떨림이 심해지고 가공면에 요철이 생겨 표면이 거칠어져 가공면이 불량하게 된다.

위에서 살펴본바와 같이 절삭에서 발생되는 칩의 종류를 4종류로 분류하고 있으나 연성재료의 절삭시에는 절삭조건에 따라 유동형칩, 전단형칩, 열단형칩이 나오며, 균열형칩은 취성재료의 절삭시에만 나타난다.

유동형칩이 나올 때 가공면이 가장 양호해지므로 절삭조건은 유동형칩이 나오도록 선정해 주어야 한다. 열단형칩이나 전단형칩이 나올 때 절삭속도를 증가시키거나 절삭깊이를 작게 해주면 칩 형태가 유동형칩으로 바뀌게 된다. 또한, 윗면경사각이 큰 공구를 사용하는 것도 유동형칩이 나오게 하는데 효과적이다.

2.3 빌트업에지(built-up edge : 구성인선)

칩과 공구 경사면과의 큰 접촉압력과 높은 온도에 의해 칩의 일부가 공구의 날 끝에 고온상태에서 금속간의 친화력에 의하여 달라 붙는 현상이 있는데, 이를 빌트업에지라 한다.

빌트업에지는 가공경화되어 있기 때문에 경도가 매우 높으며, 공구의 날을 대신해서 절삭 작용을 하게 된다. 따라서 빌트업에지가 생기면 공구의 떨림이 심해지고 가공표면이 거칠어지고 절삭깊이가 증가되는 결과를 초래하여 가공 정밀도가 떨어지게 된다.

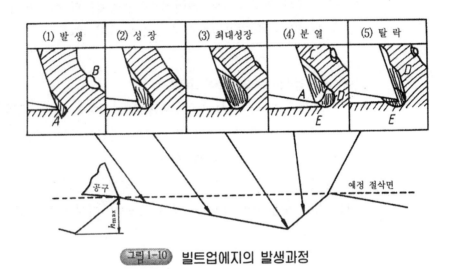

그림 1-10 빌트업에지의 발생과정

빌트업에지는 일정하게 형성되어 있는 것이 아니라 [그림 1-10]과 같이 매우 짧은 주기로 발생, 성장, 분열, 탈락의 과정을 반복한다. 또한 탈락시 공구의 날 끝의 일부가 빌트업에지와 같이 탈락되어 치핑의 원인이 되기도 한다.

빌트업에지는 가공에 좋지 않은 영향을 미치기 때문에 발생되지 않도록 해야 한다. 윗면경사각이 큰 공구를 사용하고 절삭깊이와 이송을 작게 해주며, 절삭제를 사용하면 빌트업에지의 생성을 방지할 수 있다. 또한 절삭 속도를 높이는 것도 빌트업에지를 방지하는데 효과적인데, 연강의 경우 절삭속도가 20~50 m/min의 범위일 때 빌트업에지의 발생 가능성이 높으며, 절삭속도가 120~150 m/min로 고속이 되면 빌트업에지가 생기지 않는다.

  빌트업에지는 절삭날을 보호하여 공구의 수명을 증가시키는 잇점은 있지만 생기지 않도록 하여야 한다. 예외적으로, 빌트업에지를 적극적으로 이용하는 공구도 있는데, SWC(Silver White Cutting) 바이트는 인성이 큰 재질을 절삭할 때 공구의 날끝을 무디게 제작한 것으로 빌트업에지를 생성시켜 이를 이용하여 절삭작용이 이루어지도록 고안된 것이다.

2.4 절삭열

  절삭가공시 사용되는 동력은 여러 가지 에너지로 소비되며, 소비되는 에너지의 대부분은 열로 변환되어 절삭부의 온도는 매우 높아진다. 절삭열의 발생원은 〔그림 1-11〕에 나타낸 바와 같으며, 그 원인은 다음과 같다.

  1) 전단면에서 공작물의 전단 소성변형에 의한 열
  2) 칩과 공구 경사면과의 마찰열
  3) 공구의 여유면과 가공면과의 마찰열

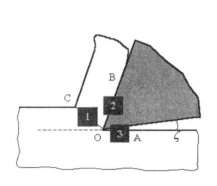

그림 1-11 절삭열 발생원

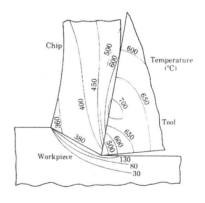

그림 1-12 절삭온도의 분포

절삭시 발생되는 열은 칩에 의해 제거되고, 대기중으로 방열 및 절삭유에 의해서 제거되고 일부는 공작물과 공구에 전달된다. 〔그림 1-12〕는 절삭온도의 분포를 나타낸 그림이다. 공구에서의 최대온도는 날 끝에서 1~2 mm 떨어진 지점에서 나타나는데, 그 이유는 날 끝보다 경사면에서의 마찰열이 크게 발생되기 때문이다.

절삭온도는 보통절삭에서는 500℃이상, 고속절삭에서는 1,000℃정도까지 상승한다. 절삭온도가 높아지면 공구의 강성, 경도 및 내마모성 등 기계적 성질이 저하되고 공구의 수명이 짧아지게 되며, 공작물의 열팽창으로 가공치수가 가공완료치수와 달라지므로 주의하여야 한다.

3. 절삭공구

공작기계 발달 초기에 절삭속도를 빠르게 할 수 없었던 이유는 공구재료가 충분히 발달되지 않아서 절삭속도를 빠르게 하면 온도상승으로 공구가 연화되어 절삭을 할 수 없었기 때문이다. 현재까지 공구재료로 많이 사용되고 있는 고속도강의 고속도 명칭은 이 재료가 개발되었을 당시 이를 사용하여 제작한 공구가 기존에 사용하던 탄소공구강 공구보다 2배이상 빠른 속도로 절삭하여도 전혀 무리가 없었기 때문에 고속가공이 가능하다는데서 붙여진 것이다. 고속도강 이후에는 고온에서도 경도변화가 작은 초경합금이 개발되어 공구재료로 사용되고 있으며, 고속절삭의 시대를 열고 있다.

3.1 공구재료

절삭가공에서 공구가 차지하는 비중은 매우 크며, 가공의 효율성을 결정하는 가장 중요한 것은 공구의 재질이다. 공구재료가 구비해야 할 조건은 다음과 같다.

① 절삭저항에 견딜 수 있도록 인성(toughness)이 우수해야 한다.

② 경도가 크고 고온경도(hot hardness) 특성이 우수해야 한다. 즉, 고온에서 경도저하가 작아야 한다.

③ 내마멸성(wear resistance)이 우수해야 한다.

④ 화학적 안정성(chemical stability)이 좋아 칩이나 공작물과 반응이 없어야 한다.

⑤ 제작이 용이하고 값이 싸야한다.

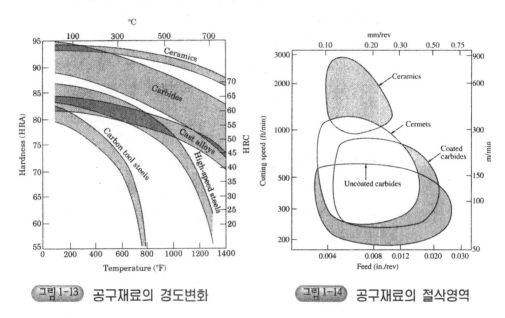

그림 1-13 공구재료의 경도변화   그림 1-14 공구재료의 절삭영역

공구재료는 19세기 초의 탄소공구강으로부터 고속도강의 개발, 1940년대에는 초경합금, 1960년대에는 세라믹, 1970년대에는 서멧 등으로 개발이 꾸준히 이루어져 왔으며, 오늘날에는 다양한 재료가 절삭공구에 사용되고 있다.

공구에서는 재료의 고온경도 특성이 가장 중요하다. 〔그림 1-13〕은 공구에 사용되고 있는 각종 재료의 온도에 따른 경도변화이며, 〔그림 1-14〕는 공구재료에 따른 절삭속도와 이송의 범위를 나타낸 것이다.

공구재료에 대한 특성을 살펴보면 다음과 같다.

(1) 탄소공구강(carbon tool steel)

탄소공구강은 0.9~1.5% 탄소를 함유한 강으로 공작기계가 개발되기 시작한 초기에 사용되었던 재료이다. 탄소공구강은 온도가 200℃ 부근에 달하면 풀림이 되어 경도가 저하되므로 현재에는 공구재료로 거의 사용되지 않는다. 그러나 저속 절삭용 공구나 총형 공구에는 일부 사용되며, 손다듬질에 쓰이는 줄(file)이나 톱날재료로 쓰인다.

(2) 합금공구강(alloy tool steel)

탄소공구강에 크롬(Cr), 텅스텐(W), 니켈(Ni), 바나듐(V), 코발트(Co), 몰리브데늄(Mo), 망간(Mn) 등의 성분을 첨가한 것으로 탄소공구강보다 절삭성능이 좋다. 합금공구강은 저속절삭용 공구로서 절삭온도는 450℃ 정도까지 사용된다.

(3) 고속도강(HSS-high speed steel)

고속도강은 0.8% 정도의 탄소강에 텅스텐, 크롬, 바나듐을 첨가한 것으로 표준고속도강에는 W(18%), Cr(4%), V(1%)가 함유되어 있으며, 특수고속도강에는 코발트를 4~20%를 첨가한 것과 탄소함량에 따라 바나듐을 증가시킨 것이 있다.

고속도강은 절삭공구를 크게 진보시킨 공구재료이며, 현재에도 많이 사용되고 있다. 고속도강 공구의 절삭온도 범위는 약 600 ℃ 정도이다.

(4) 주조합금(cast alloy steel)

공구재료로 사용되는 대표적인 주조합금으로는 주조 코발트합금인 스텔라이트(stellite)가 있다. 이것은 Co, W, Cr, Fe, C가 주성분으로 되어있는데 매우 단단하고 단조나 열처리가 불가능하다. 주조합금은 주조로 성형한 후 연삭으로 다듬질하여 사용한다. 그러나 단단한 만큼 취성이 크고 값이 비싸서 많이 사용되지는 않는다. 절삭능력은 고속도강과 초경합금의 중간 정도이며, 절삭온도 범위는 500~800℃이다.

(5) 초경합금(carbide)

탄화텅스텐(WC)이나 탄화티타늄(TiC)을 코발트(Co) 또는 니켈(Ni), 몰리브데늄(Mo)과 혼합하여 소결한 합금을 초경합금이라 한다. 초경합금은 고속도강이나 주조 코발트합금에 비해 매우 단단하고 화학적 안정성이 높으며, 고온경도와 강성이 우수하고 열전도율이 높고 열팽창이 작고 마찰이 작은 특성을 갖고 있어서 고속절삭에 적합하다. 그러나 취성이 크고 성형이나 날이 마멸되었을 때 재연삭하기가 어렵다.

초경합금에는 탄화텅스텐계와 탄화티타늄계 두 종류가 대표적으로 사용되고 있다. 탄화텅스텐계는 탄화텅스텐에 코발트를 3~13%정도 혼합시킨 것으로 코발트 성분이 증가되면 강도, 경도, 내마멸성은 떨어지게 되나 인성이 우수해진다. 탄화티타늄계는 탄화티타늄에 니켈과 몰리브데늄을 혼합시킨 것으로 탄화텅스텐계보다 인성은 좋지 않으나 내마멸성이 우수하여 절삭속도를 더 빠르게 하여 가공할 수 있다.

(6) 서멧(cermets)

서멧은 Ceramic과 Metal의 합성어로 세라믹인 TiC, TiN에 금속인 Ni, Co를 첨가해서 소결한 재료이다. 서멧은 초경합금보다 고온강도가 높고 내산화성, 내용착성이 우수하여 고속절삭이 가능하고 공구수명은 길지만, 중절삭가공에는 적합하지 않다. 경도는 1,100℃의 고온까지 크게 변하지 않으나 취성이 있는 것이 결점이다. 주철이나 담금질한 강의 절삭 등에 사용된다.

(7) 세라믹(ceramic)

세라믹 공구는 산화알루미늄(Al_2O_3)을 주성분으로 하고 ZrO_3, TiC 등을 첨가하여 소결한 것이다. 세라믹은 고온경도와 강도가 크고 화학적 안정성은 우수하나 취성이 커서 날부분의 결손이 생기기 쉽다. 실리콘카바이드(SiC)에서 생성되는 위스커를 첨가한 세라믹은 인성이 개선되어 난삭재 가공에 우수한 성능을 발휘하고, 경절삭에 적합하다.

(8) CBN(cubic boron nitride)- 입방결정질화붕소

CBN은 초고압기술을 이용하여 만든 인공재료로 다이아몬드 다음으로 경도가 높은 물질이다. CBN은 초경합금이나 세라믹보다 경도가 크고 열전도율이 높으며, 열팽창률이 낮은 장점을 갖고 있으며, 철과는 거의 반응하지 않기 때문에 고온에서 철계금속을 절삭하는데는 이상적인 재료이다. 그러나 아직까지 가격이 비싸기 때문에 공구재료로 많이 사용되지는 않고 있다. 연삭가공에서는 숫돌의 형상보정을 위한 드레서로 CBN을 사용하고 있으며, CBN 분말을 숫돌몸체에(Al로 만듬)에 전착시켜 연삭가공에 활용하는 사례도 많이 찾아볼 수 있다.

(9) 다이아몬드(diamond)

다이아몬드는 지구상에서 경도가 가장 큰 재료로 특수공구에 사용되어 각종 경질재료의 절삭 및 연삭에 활용되고 있다. 다이아몬드 공구를 사용하면 고정도의 다듬질면 가공이 가능하다. 그러나 가격이 매우 비싸고 결손의 위험이 높고 연마가 어려운 단점이 있어 특수용도에 사용이 국한되어 있다.

현재 가장 많이 사용되고 있는 공구재료는 고속도강과 초경합금 두 종류이다. 고속도강은 인성과 충격강도 특성이 우수하기 때문에 저속절삭, 단속절삭 및 절삭조건이 불안정 한 가공에 활용되고 있다. 고속도강은 성형과 재연삭이 용이한 반면 600℃ 전후에서는 급격하게 경도가 저하되므로 고속절삭시는 주의를 해야한다. 초경합금은 600~1000℃까지 큰 경도를 유지하고 강성은 고속도강의 약 2.5배로 매우 좋으나 취성이 있기 때문에 고속절삭, 연속절삭 및 절삭조건이 안정적인 가공에 사용되고 있다.

공구의 절삭성능을 개선하고 공구의 수명을 연장하기 위해서 고속도강이나 초경합금 공구에 코팅을 하여 사용하기도 하는데 코팅재료로는 티타늄나이트라이드(TiN), 티타늄카바이드(TiC) 및 알루미늄옥사이드(Al_2O_3)의 경질세라믹이 사용되고 있다. 특히, TiN코팅은 황금색으로 공구의 외관이 고급스럽게 보인다. 고속도강에 경질 세라믹 코팅을 하면 고속절삭 시 날끝이 연화되는 단점을 보완해 줄 수 있다.

3.2 공구의 파손

절삭공구는 고온의 상태에서 큰 절삭력을 받게 되므로 어느 정도 사용하고 나면 마멸이 되서 절삭가공을 할 수 없다. 공구의 파손은 다음과 같이 네가지 유형으로 분류하고 있다.

(1) 온도파손

절삭부의 과도한 온도상승으로 공구가 연화되어 이에 따라 날 끝이 쉽게 무디어지고 변색이 되기도 한다. 날이 일단 마멸되면 절삭저항이 커지고 마찰에 의한 열발생이 많아져서 절삭온도가 상승하게 되고 마멸이 더욱 심해진다. 탄소강, 탄소공구강, 고속도강 등에서 일어날 수 있는 현상이다.

(2) 경사면 마멸(crater wear)

칩이 공구의 경사면을 따라 흘러나갈 때 마찰로 인하여 〔그림 1-15〕와 같이 공구의 경사면이 오목하게 파이는 현상으로 공구의 수명기준은 마멸 깊이가 보통 0.05~0.1 mm 될 때로 한다. 크레이터의 발생 및 성장을 억제시키는 방법은 첫째 날위로 칩이 흘러나오면서 공구윗면에 작용하는 압력을 감소시키고, 둘째 공구 경사면의 마찰계수를 작게하여 칩의 흐름에 대한 저항을 감소시킨다.

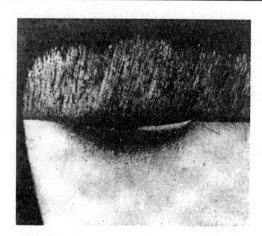

그림1-15 경사면 마멸(크레이터 마멸)

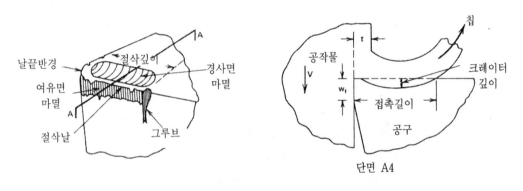

그림1-16 공구의 마멸

(3) 여유면 마멸(flank wear)

절삭 가공면과 공구 전방 여유면과의 마찰로 인한 마멸을 말하며, 수명 기준이 되는 마멸의 크기는 〔표 1-3〕과 같다.

여유면 마멸이 발생되면 〔그림 1-16〕과 같이 공구의 여유면이 거칠어 지기 때문에 가공면과의 마찰이 불균일해져서 가공면도 거칠어 진다.

[표 1·3] 여유면 마멸의 허용 폭[mm]

절삭작업 \ 공구재료	고속도강	초경합금
선삭	1.5	0.4
정면밀링	1.5	0.4
엔드밀링	0.3	0.3
드릴링	0.4	0.4
리밍	0.15	0.15

(4) 치핑(chipping)

미세한 굴곡의 공구날끝이 절삭시의 반복응력으로 인하여 부분적으로 깨어져 떨어져 나가게 되면 무딘 날이 되며, 이를 치핑이라 한다. 치핑은 절삭속도가 느릴 때 발생되기 쉬우며, 속도가 빨라지면 공구면과 칩의 접촉점이 날끝에서 멀어지므로 감소한다. 공구 수명은 마멸에 의한 것보다 미소 파괴에 의한 영향이 더 심하다. 치핑은 주로 경도가 크고 취성이 있는 초경합금, 서멧, CBN 공구 등에서 발생되며, 밀링 등과 같은 단속절삭에서 발생되기 쉽다.

3.3 공구수명

공구의 수명에 가장 큰 영향을 미치는 것은 절삭속도이다. 절삭속도를 변경시켜 가면서 공구의 수명을 측정하여 로그 눈금 위에 수명과 속도를 표시해 보면 〔그림 1-17〕과 같이 직선의 관계가 얻어지며, 테일러는 1907년 공구수명과 절삭속도의 관계를 연구하여 다음과 같은 식을 제안하였는데 이를 테일러 방정식이라 한다.

$$VT^n = C \tag{1-22}$$

테일러 방정식에서 C는 공구와 공작물에 의해서 정해지는 상수로서 피삭성이 좋은 재료, 내마모성이 높은 공구일수록 큰 값이 되고 n은 절삭조건에 따른 지수이다. 테일러 방정식에서 상수와 지수 값은 다음의 〔표 1-4〕와 같다.

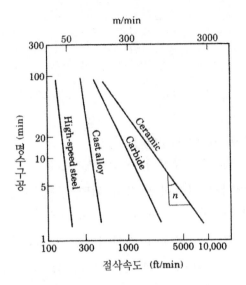

그림 1-17 공구수명과 절삭속도

[표 1-4] 테일러 방정식의 상수, $VT^n = C$

공구재료	n	C			
		비강재(nonsteel) 절삭		강재(steel) 절삭	
		m/min	(ft/min)	m/min	(ft/min)
탄소공구강	0.1	70	(200)	20	(60)
고속도강	0.125	120	(350)	70	(200)
초경합금	0.25	900	(2700)	500	(1500)
서멧	0.25			600	(2000)
코팅초경합금	0.25			700	(2200)
세라믹	0.6			3000	(10,000)

〈예제 5〉 절삭실험에서 절삭속도 $V=160$m/min일 때 공구수명은 $T=5$min, $V=100$m/min 일 때 $T=41$min의 데이터를 얻었다. 공구수명식을 결정하시오.

공구수명식에 대입하면 $160(5)^n = C$

$$100(41)^n = C$$

두 식에서 C는 같은 상수이므로 $160(5)^n = 100(41)^n$

이식에 로그를 취하면

$$\ln(160) + n\ln(5) = \ln(100) + n\ln(41)$$
$$5.0752 + 1.6094n = 4.6052 + 3.7136n$$

따라서 $\qquad n = 0.223$

$$C = 160(5)^{0.223} = 100(41)^{0.223} = 229$$

따라서 공구수명 방정식은

$$VT^{0.223} = 229$$

〈예제 6〉 선반에서 절삭속도 $V=40$m/min으로 절삭할 때 공구수명이 4시간이었다. 공구수명식에서 $n=0.125$일 때 C값을 구하고 공구수명을 8시간으로 하기 위한 절삭속도를 계산하시오.

공구수명식에서 $C = 40(240)^{0.125} = 79.36$

$T=480$min 일 때의 절삭속도 $V = \dfrac{79.36}{(480)^{0.125}} = 36.68$ m/min

4. 절삭조건

4.1 절삭속도와 이송

공구의 날끝과 공작물의 상대속도를 절삭속도라고 한다. 공구와 공작물의 상대운동이 직선인 경우에는 공구 또는 공작물의 속도가 절삭속도가 된다. 공구 또는 공작물이 회전하는 경우에는 절삭부분에서의 접선속도가 절삭속도가 되며, 회전수와 관계는 다음과 같다.

$$V = \frac{\pi DN}{1000} \qquad\qquad (1\text{-}23)$$

여기서, V[m/min]는 절삭속도 N[rpm]은 회전수이고 D[mm]는 선삭에서는 공작물의 직경, 밀링에서는 공구의 직경이다.

절삭능률을 높이기 위해서는 절삭속도를 빠르게 해 주는 것이 좋지만 공구의 수명이 짧아져 공구교환을 자주 해 주어야 하므로 경제적인 절삭속도로 가공을 하는 것이 바람직하다. 최적 절삭속도는 공작물이나 공구의 재질, 공구의 형상, 절삭깊이, 이송 등에 영향을 받는다. 강의 절삭에서는 일반적으로 [표 1-5]의 절삭속도를 사용하고 있다.

[표 1·5] 강의 절삭속도

바이트 재질	절삭속도[m/min]
탄소공구강	5 ~ 8
고속도강	25 ~ 30
초경합금	80 ~ 150
세라믹	250 ~ 300

공작물 또는 공구가 회전운동을 하는 선삭이나 밀링에서는 절삭속도로부터 식(1-23)에 의해 회전수를 계산하고 공작기계에서 운전 가능한 회전

수와 비교해서 낮은 쪽으로 회전수를 선정해 주어야 한다.

한편, 이송은 절삭방향에 대해 횡방향으로 공구 또는 공작물을 이동시키는 것으로 이송의 단위는 선삭이나 밀링과 같이 회전운동하는 경우에는 〔mm/rev〕로 공작물 또는 공구의 1회전에 대한 이송거리로 나타내며, 세이핑이나 플레이닝과 같이 직선운동하는 경우에는 〔mm/stroke〕로 1왕복운동에 대한 이송거리로 나타낸다.

대부분의 절삭가공에서는 거친절삭으로 공작물을 제품형상에 가깝게 가공한 후 다듬질 절삭으로 요구되는 치수를 맞춘다. 거친절삭에서 절삭깊이는 공작기계의 동력과 강성, 공작물 고정의 견고성, 공구의 강성 등이 허용하는 범위내에서 가능한 한 크게 설정하며, 다듬질절삭에서는 요구되는 치수를 맞출 수 있도록 절삭깊이를 설정한다. 절삭깊이가 결정되면 이송과 절삭속도를 선정하여야 하는데 일반적으로 이송을 먼저 고려하고 그 다음에 절삭속도를 정한다.

대량생산에 있어서 절삭속도 선정은 매우 중요한 문제이다. 절삭속도는 공구의 수명과 밀접한 관계에 있기 때문에 여러 가지 측면을 고려하여 최적의 절삭속도를 결정하여야 한다. 〔그림 1-18〕은 가공시간 측면에서의 최적절삭속도를 나타낸 그림이다. 절삭속도가 빨라지면 가공시간은 짧아지나 공구마멸에 따라 공구교환 시간은 길어지기 때문에 절삭시간과 공구교환시간을 합산하여 최소시간이 될 때를 가공시간 측면에서는 절삭속도로 선정하여야 한다. 한편, 〔그림 1-19〕는 가공비 측면에서의 최적절삭속도를 나타낸 그림이다. 절삭속도가 빨라지면 가공에 대한 시간비용은 감소되나 공구비용 및 공구교환에 따른 시간비용은 증가한다. 따라서 이들 비용을 합산하여 총비용이 최소가 되는 위치를 절삭속도로 선정하는 것이 경제적이다.

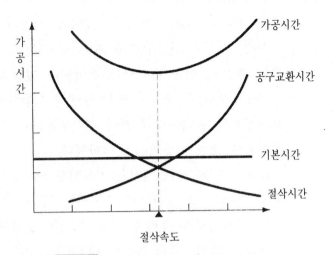

그림 1-18 절삭속도와 가공시간

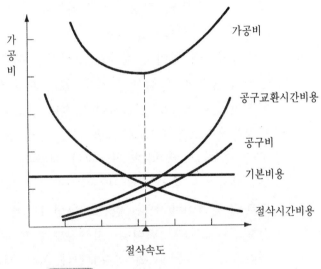

그림 1-19 절삭속도와 가공비

4.2 재료의 피삭성

재료의 피삭성은 표면의 다듬질 정도, 절삭의 난이도, 절삭공구의 수명
으로 판단한다. 〔표 1-6〕은 쾌삭강의 피삭성을 100으로 하였을 때 각종
재료의 피삭성을 나타낸 것이다. 알루미늄, 구리합금은 피삭성이 매우 양

호하며, 강은 탄소함량이 작은 것일수록, 주철은 경도가 낮은 것일수록 피삭성이 좋다.

[표 1-6] 각종 재료의 피삭성

공작물 재질	피삭성(%)
탄 소 강(0.3% C)	65
〃 (0.4% C)	60
〃 (0.5% C)	50
고속도강	30
쾌 삭 강	100
주 철 (경)	50
〃 (중경)	65
〃 (연)	80
황 동	200 ～ 600
청 동	200 ～ 500
알루미늄	300 ～ 1500

4.3 절삭제

절삭가공에서 절삭제의 역할도 매우 중요하다. 절삭제에는 여러 가지 종류가 있는데 절삭작업에 따라 가장 적합한 절삭제를 선정해서 사용하여야 한다. 공작물의 가공상태가 불량할 때 단순히 절삭제를 교체 사용하여 만족스러운 가공결과를 얻은 사례들이 많이 있다.

공구 날끝이 칩을 깎아낼 때 변형 에너지는 열의 형태로 발생하고, 또 칩과 공구 윗면과의 마찰에 의한 마찰열이 발생하여 공구의 온도를 상승시킨다. 절삭제는 냉각작용과 윤활작용을 하는데, 절삭시 발생된 열을 냉각시켜 주고, 공구 윗면과 칩 사이의 윤활작용으로 마찰을 감소시켜 전단각이 커지고 칩이 변형도 작아져 절삭저항이 작아지므로 발생열이 적어진다. 절삭제는 이 두 가지의 작용으로 절삭력의 감소, 공구 수명의 증가, 가공면의 거칠기 등을 매끄럽게 하는 역할을 한다.

제2장 선삭(turning)

1. 선삭개요

　　선삭은 공작기계의 주축에 공작물을 장착하여 회전시키고 공구대에 설
치한 바이트에 절삭깊이를 주고 이송시켜 회전체 공작물의 원통면이나
내면 또는 단면을 절삭하는 가공이다. 선삭에 사용되는 공작기계를 선반
이라 하는데, 선반은 1797년 영국에서 모즐리(Henry Maudsley)가 개발한
것이 효시이며, 드릴링머신, 밀링과 더불어 가장 널리 사용되고 있는 공작
기계이다.

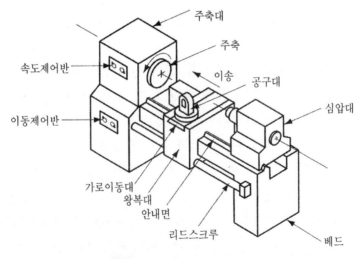

그림 2-1　선반의 기본구조

선반의 기본구조는 〔그림 2-1〕과 같으며, 선반에서 할 수 있는 가공의 종류는 매우 다양하다. 〔그림 2-2〕는 선반에서 할 수 있는 여러 가지 절삭가공을 나타낸 것이다. 공작물의 원통부나 단면부는 왕복대에 있는 공구대에 바이트를 고정시켜 절삭가공을 하며, 내면 가공은 심압대에 드릴이나 보링바 등의 공구를 장착시켜 가공한다. 또한 왕복대의 이송을 주축 회전에 대해 일정하게 해주면 공작물의 원통부나 내면에 나사를 가공할 수 있다.

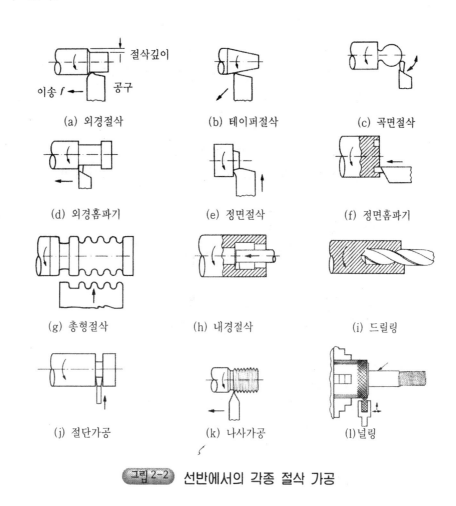

(a) 외경절삭 (b) 테이퍼절삭 (c) 곡면절삭

(d) 외경홈파기 (e) 정면절삭 (f) 정면홈파기

(g) 총형절삭 (h) 내경절삭 (i) 드릴링

(j) 절단가공 (k) 나사가공 (l)널링

그림 2-2 선반에서의 각종 절삭 가공

(1) **외경절삭**(straight turning)

회전체 공작물의 원통면을 일정한 직경으로 절삭하는 가공이다.

(2) **테이퍼절삭**(taper turning)

공작물의 원통면을 축방향에 따라 직경이 선형적으로 감소 또는 증가하는 테이퍼로 절삭하는 가공이다.

(3) **곡면절삭**(coutour turning or profiling)

회전체 공작물의 곡면을 절삭하는 가공으로 공구의 세로이송에 따라 가로이송이 같이 이루어져야 한다. 모방장치가 있는 선반이나 NC선반에서 곡면절삭이 가능하다.

(4) **외경홈파기**(external grooving)

공작물의 원통부 일부를 작은 직경으로 절삭하여 홈을 파는 가공이다.

(5) **정면절삭**(facing)

회전체 공작물의 축방향에 대한 단면을 대상으로 하는 가공이다.

(6) **정면홈파기**(face grooving)

축방향 단면에 홈을 파는 가공이다.

(7) **총형절삭**(form turning)

제품의 형상과 요철을 반대 형상으로 제작한 총형공구(form tool)를 가로방향으로만 이송하여 원통부 형상을 절삭하는 가공이다.

(8) **내경절삭**(internal turning or boring)

공작물의 내면을 절삭하는 가공으로 주로 보링 작업이다.

(9) 드릴링(drilling)

심압대에 드릴을 장착하여 단면에 구멍을 뚫는 가공이다.

(10) 절단가공(cutting off)

공구를 가로방향으로 이송하여 공작물을 절단하는 가공이다.

(11) 나사절삭(threading)

공작물 회전에 따라 일정한 비로 왕복대를 세로이송 시켜서 원통부나 내면에 나사를 절삭하는 가공이다.

(12) 널링(knurling)

공구를 압착하여 원통부에 규칙적인 모양을 각인하는 작업으로 절삭가공이 아니고 소성가공이다. 일명 깔주기작업이라고도 한다.

2. 선삭해석

2.1 절삭속도와 이송

선삭은 선반의 주축에 공작물을 장착하여 회전시키고 바이트를 공구대에 설치하여 절삭깊이를 주고 이송(feed)시키면서 절삭하는 가공법이다. 바이트는 주축대 방향으로 이송시키는데, 이는 공작물에 작용하는 절삭력이 주축대 방향으로 작용하게 하여 공작물의 지지를 좋게 해주기 위해서이다.

일반적으로 가공은 절삭깊이를 깊게 해서 거친절삭을 한 다음 절삭깊이를 작게 주어 다듬질절삭을 하여 제품의 치수를 맞추면서 표면을 매끄럽게 가공한다. 특히, 공작물의 표면에는 단단한 피막층이 형성되어 있으므로 절삭을 시작할 때에는 절삭깊이를 충분히 크게 해서 피막을 한 번에 벗겨내도록 해야한다. 다듬질절삭에서의 절삭깊이는 0.4 mm 이하로 하고 대부분 1회 가공으로 완료하나 특별히 정도가 요구되는 경우에는 2회 가공을 하기도 한다.

선삭에서의 절삭조건은 절삭깊이, 이송, 절삭속도에 의해서 결정된다. 〔그림 2-3〕에서와 같이 직경 D인 공작물을 절삭하여 직경 d로 가공하는 경우 절삭깊이 t는 다음과 같다.

$$t = \frac{D-d}{2} \ \mathrm{[mm]} \tag{2-1}$$

절삭가공에서 절삭속도 V는 〔m/min〕의 단위를 사용하며, 선삭에서 이송 f는 주축 1회전에 대해서 바이트의 이동거리로 단위는 〔mm/rev〕을 사용한다. 고속도강 바이트로 선삭할 때 공작물의 재질, 절삭깊이와 이송에 따른 절삭속도는 〔표 2-1〕과 같다.

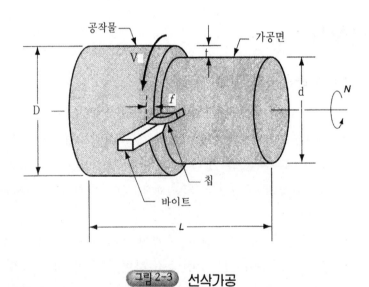

그림 2-3 선삭가공

[표 2·1] 선반작업의 절삭속도[m/min](고속도강 바이트)

공작물 재질	t=0.05~0.25 f=0.1~0.5	t=0.25~0.5 f=0.5~0.8	t=0.5~1.0 f=0.8~1.3	t=1.0~2.0 f=1.0~2.5
주철 무른 것 굳은 것	35~45 25~40	25~35 20~30	20~25 10~20	10~20 6~10
탄소강	70~90	45~60	20~40	15~20
특수강	40~80	30~50	15~30	10~15
동합금 무른 것 굳은 것	90~120 30~60	70~90 20~30	40~70 15~20	30~45 10~15
Al합금	70~100	45~70	30~45	15~30

* t-절삭깊이[mm], f-이송[mm/rev]

절삭속도는 공작물 표면에서의 접선방향 속도로 주축의 회전수 N과는 다음과 같은 관계에 있다.

$$N = \frac{1000 V}{\pi D} \ [\text{rpm}] \tag{2-2}$$

여기서, V[m/min]는 절삭속도이고 D[mm]는 공작물 직경이다.

선반에서는 일반적으로 레버를 조작하여 주축의 회전수를 선택하도록 되어 있는데 식 (2-2)로 계산한 회전수에 낮은 쪽으로 가장 가까운 회전수를 선정하면 된다.

절삭시간 T는 절삭길이 L에 바이트의 진입 여유길이 A를 고려하여 바이트의 이송속도로 나누어 주면 계산된다.

$$T = \frac{L + A}{fN} \ [\text{min}] \tag{2-3}$$

여기서 fN은 바이트의 이송속도[mm/min]이며, 진입길이 A는 무시하기도 한다.

절삭량 Q는 제거되는 공작물의 부피로

$$Q = ftVT \; [\text{cm}^3] \tag{2-4}$$

절삭률 M은 1분 동안에 제거되는 공작물의 부피로 절삭량을 절삭시간으로 나누면 구해진다.

$$M = \frac{Q}{T} = ftV \; [\text{cm}^3/\text{min}] \tag{2-5}$$

2.2 선반의 효율

바이트에 작용하는 절삭력은 〔그림 2-4〕에 나타낸 바와 같이 주분력, 배분력, 축분력의 세 방향 성분으로 분해할 수 있다. 주분력은 공작물 원주의 접선방향으로 발생되는 힘이며, 배분력은 공작물의 반경방향으로 작용하는 힘이고, 축분력은 이송에 대한 반력이다. 주분력은 주절삭력이라고도 하며 가장 큰 값을 나타낸다. 주분력을 10이라 하면 배분력은 2~4, 축분력은 1~2 정도의 크기가 된다.

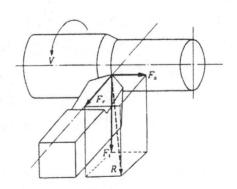

[그림 2-4] 절삭력(F_t-주분력, F_r-배분력, F_a-축분력)

선반에서 유효절삭동력 P_E는 절삭에 소비되는 동력으로 주분력 F_t [kgf], 절삭속도 V[m/min]로부터 다음과 같이 계산된다.

$$P_E = \frac{F_t \cdot V}{75 \times 60} \quad \text{[ps]} \tag{2-6}$$

이송동력은 축분력 F_a[kgf], 이송 f[mm/rev], 회전수 N[rpm]으로부터 다음과 같이 구해진다.

$$P_F = \frac{F_a \cdot f \cdot N}{75 \times 60 \times 1000} \quad \text{[ps]} \tag{2-7}$$

선반의 전소비동력 P는 유효절삭동력과 이송동력에 마찰에 의해 소비되는 손실동력 P_L을 고려해 주면 된다.

$$P = P_E + P_F + P_L \tag{2-8}$$

선반의 효율에는 절삭효율(cutting efficiency), 기계효율(mechanical efficiency)과 시간효율(time efficiency)이 있는데 이들 효율은 다음과 같이 계산된다.

(1) 절삭효율

절삭효율 η_c는 1마력당의 절삭률을 나타내며, 선반의 능력을 나타내는 데 사용된다. 식 (2-5)의 절삭률 M을 소비동력으로 나누면 절삭효율이 구해진다.

$$\eta_c = \frac{M}{P} \tag{2-9}$$

절삭효율의 역수인 즉, 동력을 절삭률로 나눈 것을 단위동력(unit power) 또는 비에너지(specific energy)라 한다. 각종 재료에 대한 단위동력은 〔표 2-2〕와 같다. 단위동력은 절삭률로부터 절삭에 소요되는 동력 P_c을 구하는데 유용하게 사용된다.

$$P_c = P_u M C_f \quad \text{〔ps〕} \tag{2-10}$$

여기서 P_u는 단위동력, M은 절삭률이며, C_f는 보정계수로 무딘공구의 경우에는 1.25를 사용한다.

[표 2·2] 단위동력(절삭깊이 t=0.25mm)

재료	브리넬경도	단위동력	
		$ps/cm^3/min$	$(hp/in^3/min)$
탄소강	150~200	0.037	(0.6)
	201~250	0.050	(0.8)
	251~300	0.062	(1.0)
합금강	200~250	0.050	(0.8)
	251~300	0.062	(1.0)
	301~350	0.080	(1.3)
	351~400	0.099	(1.6)
주철	125~175	0.025	(0.4)
	175~250	0.037	(0.6)
스테인리스강	150~250	0.062	(1.0)
알루미늄	50~100	0.015	(0.25)
알루미늄합금	100~150	0.019	(0.3)
구리	-	0.043	(0.7)
황동	100~150	0.050	(0.8)
청동	100~150	0.050	(0.8)
마그네슘합금	50~100	0.0093	(0.15)

(2) 기계효율

기계효율 η_m은 유효절삭동력과 전소비동력과의 비를 나타낸다.

$$\eta_m = \frac{P_E}{P} \tag{2-11}$$

(3) 시간효율

시간효율 η_t는 유효절삭일과 선반에 공급된 전체일과의 비로 어느 정도의 일이 절삭작업에 소비되었는가를 나타내게 된다.

$$\eta_t = \frac{P_E \cdot T_E}{P \cdot T} \tag{2-12}$$

여기서 T는 선반의 운전시간이고 T_E는 유효절삭시간으로 실제 절삭에 소요된 시간이다.

〈예제 1〉 직경 D=100mm의 환봉을 절삭깊이 t=0.5mm, 이송 f=0.4mm/rev, 회전수 N=160rpm으로 가공한다.

가) 절삭속도를 구하시오

$$V = \frac{\pi DN}{1000} = \frac{\pi(100)(160)}{1000} = 50.3 \text{ m/min}$$

나) 절삭길이 L=250mm 일 때 절삭시간을 구하시오

$$T = \frac{L}{fN} = \frac{250}{(0.4)(160)} = 3.9 \text{ min}$$

다) 절삭량과 절삭률을 구하시오

$$Q = ftVT = (0.4)(0.5)(50.3)(3.9) = 39.23 \text{ cm}^3$$
$$M = ftV = (0.4)(0.5)(50.3) = 10.1 \text{ cm}^3/\text{min}$$

라) 절삭력(주분력)이 F_t=95kgf일 때 절삭동력을 구하시오

$$P = \frac{F_t V}{75 \times 60} = \frac{(95)(50.3)}{(75)(60)} = 1.06 \text{ ps}$$

<예제 2> 스테인리스강을 절삭하는데 절삭률이 $M = 25\text{cm}^3/\text{min}$ 이었다. 절삭에 소요된 동력을 구하시오. (스테인리스강의 단위동력은 $P_u = 0.062$ 이다)

$$P = P_u M C_f = (0.062)(25)(1) = 1.55 \text{ ps}$$

2.3 표면거칠기

표면거칠기는 가공면의 거칠은 정도를 나타낸다. 기계부품 중에서 서로 접촉하거나 상대운동을 하는 표면은 손상을 방지하고 충분한 수명을 유지하기 위하여 표면을 매끄럽게 가공해 주어야 한다. 도면에는 표면거칠기 값을 직접 지정하거나 역삼각형의 다듬질 기호를 사용하여 표면거칠기를 나타내고 있으며, 요구되는 표면거칠기를 맞출 수 있도록 가공방법과 절삭조건을 결정해 주어야 한다.

표면거칠기를 나타내는 방법은 여러 가지가 있는데, 도면에서는 중심선 평균거칠기와 최대높이 표면거칠기를 가장 많이 사용하고 있다. 중심선 평균거칠기는 중심선을 기준으로 측정길이 부분의 단면 형상의 면적을 계산해서 측정길이로 나누어 준 것이며, 최대높이 표면거칠기는 측정구간에서 가장 높은 산과 골의 거리로 나타낸다.

표면거칠기에 영향을 미치는 요인들은 대단히 많기 때문에 표면거칠기를 정확하게 예측하기는 불가능하지만, 선삭에서 다른 영향은 무시하고 공구반경과 이송에 따른 표면거칠기를 살펴보기로 한다.

공구의 날끝은 직선이 아니고 날끝 반경이 있기 때문에 가공면을 확대해서 보면 [그림 2-5]와 같이 날끝 반경이 겹쳐져 원호가 중첩된 형상이 되며, 그 주기는 이송에 의해서 결정된다. 따라서 선삭에서 최대높이 표면거칠기는 다음과 같이 계산된다.

$$R_{max} = \frac{f^2}{8R} \tag{2-13}$$

여기서 $R[\text{mm}]$은 공구날끝반경이며, $f[\text{mm/rev}]$는 이송이다.

　선삭에서 날끝반경이 큰 공구를 사용하고 이송을 작게 해주면 가공면의 표면거칠기는 양호해진다. 일반적으로 선삭하였을 때 중심선 평균거칠기는 $1\sim6\,\mu m$의 범위가 되며, 그 이상으로 매끄러운 표면이 요구되는 경우에는 선삭을 한 후 연삭이나 래핑 등의 2차가공을 해야 한다.

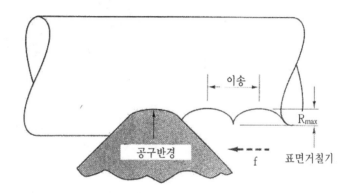

그림 2-5 선삭 가공면의 표면거칠기

　<예제 3> 날끝반경 $R=3.2\text{mm}$인 공구를 사용하여 이송 $f=0.2\text{mm/rev}$로 선삭할 때 최대높이 표면거칠기를 구하시오.

$$R_{max} = \frac{f^2}{8R} = \frac{0.2^2}{(8)(3.2)} = 0.0016 \text{ mm} = 1.6 \ \mu m$$

3. 선반의 구성요소와 종류

3.1 선반의 구성요소

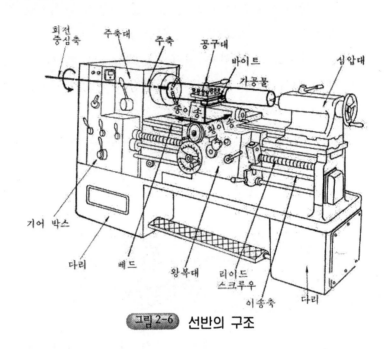

〔그림 2-6〕 선반의 구조

선반은 〔그림 2-6〕에 나타낸 바와 같이 여러 가지 기계요소와 부속품으로 구성되어 있다. 선반의 주요 구조는 베드, 주축대, 왕복대, 심압대, 이송기구로 크게 구분할 수 있다.

선반의 크기는 선반에 장착할 수 있는 공작물의 크기를 기준으로 하고 있으며, 〔그림 2-7〕에 나타낸 바와 같이 표시된다.

(1) 베드위의 스윙

베드와 접촉하지 않고 장착할 수 있는 공작물의 최대 직경으로 〔그림 2-7〕에서 길이 *C*에 해당한다.

(2) 왕복대위의 스윙

왕복대와 접촉하지 않고 장착할 수 있는 공작물의 최대 직경으로 길이 D이다.

(3) 센터간 거리

주축대와 심압대 사이에 장착할 수 있는 공작물의 최대 길이로 길이 B이다.

(4) 베드의 길이

선반베드의 전체길이로 길이 A이다.

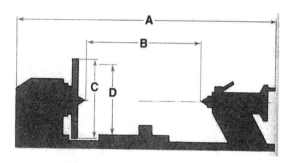

그림 2-7 선반의 크기표시

1) 베드(bed)

베드의 재료로는 인장강도가 30(kgf/mm^2) 이상의 합금주철, 미하나이트 주철, 구상흑연주철 등 고급주철이 사용되고 있으며, 베드의 안내면은 보통 고주파 열처리후 정밀 연삭하여 내마모성을 향상시켜 준다.

베드의 형상은 〔그림 2-8〕과 같이 산형(미국식)과 수평형(영국식)의 두 종류가 대표적으로 사용되고 있다. 산형베드는 진동이 작고 왕복대의 미끄럼이 우수하여 정밀도 높은 가공에 적합하므로 소형 선반에서는 대부분 이 방식을 택하고 있다. 수평형은 베드 안내면의 단위면적당 절삭 하중이 작아서 중절삭에 적합하므로 대형 선반에서 많이 사용하고 있다. 또한 대형선반에는 산형과 수평형을 절충한 형식도 채택되고 있다.

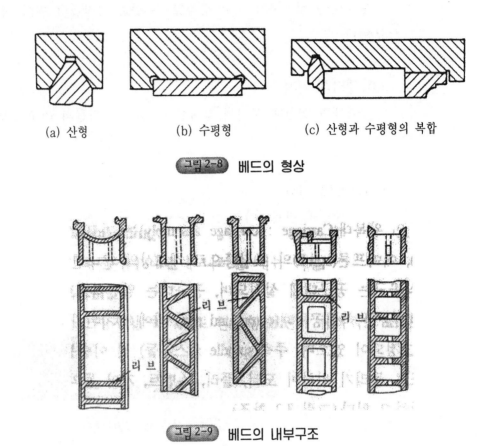

(a) 산형　　　　　(b) 수평형　　　　　(c) 산형과 수평형의 복합

그림 2-8　베드의 형상

그림 2-9　베드의 내부구조

　　베드는 가공정밀도를 유지하며 절삭저항에 견딜 수 있도록 베드 내부는 [그림 2-9]와 같이 리브를 보강한 강력한 구조로 되어 있고, 특히 왕복대와 베드 안내면 사이에서는 내마모성과 윤활작용, 강성 등 여러 측면에서 연구·개선되어 정밀도와 내구성이 많이 향상되고 있다. 베드에 작용하는 힘은 베드의 자중, 왕복대 및 심압대의 하중과 공작물의 하중이 작용하며, 가공할 때 절삭저항이 가중된다. 이 때문에 강성의 증가를 고려함과 동시에 칩의 처리 및 절삭유를 쉽게 회수할 수 있도록 베드의 모양을 만들어야 한다.

2) 주축대(head stock)

주축대는 선반에서 가장 중요한 부분으로 주축, 구동장치, 속도변환장치 등을 구비하고 있는 부분이며, 주철제의 견고한 상자형으로 만들어져 있다.

주축은 공작물을 회전시키는 축이며, 일반적으로 중공축으로 만들어 센터 작업, 척 작업이나 바 작업에 편리하도록 되어 있다. 주축단은 면판, 척, 센터 등을 고정시키는 부분으로 외측에 나사가 나 있는 M형이 보통이며, 척이나 면판을 고정시킬 수 있다. 그 외에 프랑스식, 캠록(cam lock) 식, 테이퍼식 등이 있다. 최근에는 역회전이 필요하므로 테이퍼식이 많이 사용된다. 주축구멍은 주축에 센터 또는 콜릿척을 장착하기 쉽게 모오스 테이퍼로 되어 있다.

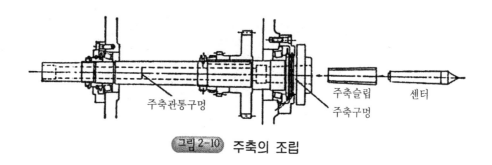

주축관통구멍   주축슬립   센터
주축구멍

그림 2-10 주축의 조립

주축을 중공으로 사용하는 이유는 다음과 같다.
① 주축을 관통시켜 긴 공작물을 장착할 수 있다.
② 굽힘과 비틀림에 대한 강성이 크다.
③ 주축의 중량 감소로 베어링에 걸리는 하중을 작게 한다.
④ 센터의 장착 및 탈착이 편하다.
⑤ 콜릿척을 사용하기 쉽다.

주축의 구동장치에는 변속기어장치와 무단변속장치가 있는데 보통선반에서는 변속기어장치가 주로 사용되고 있다. 〔그림 2-11〕은 12단 변속 선

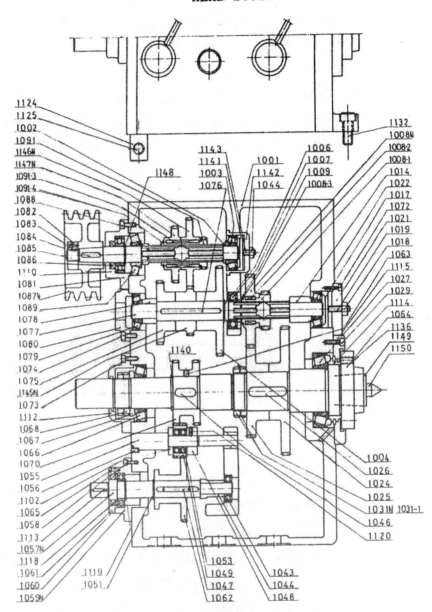

HEAD STOCK

그림 2-11 주축대의 내부구조

반의 주축대 내부 구조로 레버에 의해 맞물리는 기어 잇수를 다르게 하여 변속이 이루어진다.

3) 왕복대(carriage)

왕복대는 베드 위를 왕복운동하며, 공구를 이송운동 시키는 부분을 총칭하고 에이프런, 새들, 가로이송대, 복식공구대로 구성되어 있다. 선반에서 공구의 이송과 위치결정 및 운동은 왕복대에 의해 이루어진다.

에이프런(apron)은 새들 전면에 장치되어 있는 기어상자 속에 가로, 세로 이송변환장치, 하프너트장치 등을 갖추고 있다. 이들의 조작에 필요한 핸들, 레버 등이 전면에 집중되어 있다. 왕복대에 이송을 주는 이송축(feed rod)의 회전운동은 에이프런 내에 있는 피니언을 돌려 주면 베드 전면의 안내면 하부에 고정되어 있는 랙과 맞물려 구동되어 세로이송을 하게 된다. 가로이송은 이송축으로부터 회전을 에이프런 속에 있는 기어에 전달되어 구동이 이루어진다. 자동과 수동의 절환은 핸들 또는 레버에 의하여 이루어진다. 세로이송은 베드 미끄럼면을 따라 이송되며, 가로이송은 새들위에서 베드와 직각방향의 이송을 한다.

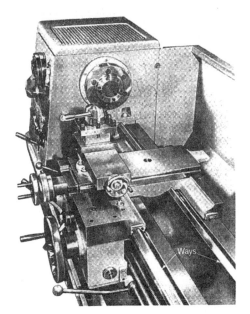

그림 2-12 왕복대

그림 2-13 에이프런 내부

대형선반에서는 급속이송용 전동기를 장치하여 왕복대를 급속이송 하게 하는 것도 있다. 또 이송저항이 과대하게 될 경우, 자동적으로 이송이 멈춰지도록 과부하 안정장치가 설치되어 있는 선반도 있다.

새들(saddle)은 베드의 안내면 위에 설치된 것으로 세로방향으로 이동하며, 아울러 가로이송대의 안내면을 구성하고 있다.

가로이송대(cross slide)는 새들 위를 가로방향으로 이동하며 상부는 통상 선회대를 장치하기 위한 둥근 T홈을 갖고 있다. 선회대(swivel slide)는 가로이송대 위에 있고 좌우 45° 또는 90°의 범위로 선회하며 공구이송대가 이동할 수 있는 미끄럼면을 갖고 있어 선회대를 선회시켜 테이퍼 절삭 등을 할 수 있도록 되어있다.

선회대, 가로이송대와 공구대로 이루어진 부분을 총칭하여 복식공구대(compound rest)라 한다.

공구대(tool post)는 바이트와 그밖의 공구를 고정할 수 있는 구조로 되어 있으며 여러 형식이 있다. 일반적으로 사용되고 있는 것은 사각공구대로 되어 있고, 네 방향으로 공구를 고정하여 선회할 수 있도록 되어 있다.

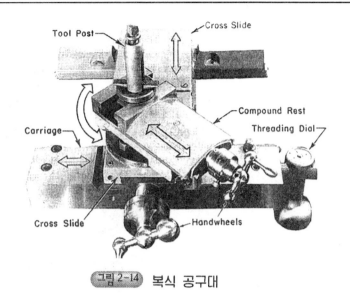

<그림 2-14> 복식 공구대

4) 심압대(tail stock)

심압대는 가공물의 한 끝을 센터로 지지하는 역할을 하고, 심압대 본체, 심압대 베이스, 심압축(tail spindle)으로 구성되어 있다. 심압대는 센터작업 외에 구멍뚫기작업을 할 때에는 드릴이 고정되므로 충분한 강성을 가져야 한다.

심압대축은 심압대 본체의 구멍을 안내로 하여 미끄럼운동하는 축으로, 여기에 끼워진 센터 끝으로 공작물을 지지하는 축이다. 심압대축을 과도하게 죄면 나사산이 절단되는 경우가 있다. 또 심압대축에 센터를 장치하거나 드릴을 사용하기 위하여 스케일을 새긴 것이 있다. 심압대 본체는 심압대베이스 위에서 좌우로 이동하며 주중심선과 베드 미끄럼면과 평행을 유지하며 중심선을 미세조정을 할 수 있도록 되어 있다. 이 조정은 심압대 중심을 중심선의 좌우로 옮겨 테이퍼절삭을 할 수도 있다. 최근에는 단순 심압대만으로 된 것도 있고, 가로방향의 이동조정은 심압대축의 편심에 의해 조정되도록 되어 있는 것도 있다. 심압대를 베드에 견고하게 고정시키기 위하여 소형의 경우는 편심캠으로, 중형은 볼트에 의해 베드 아래로 앵커를 고정시킨다. 대형은 혹 볼트를 사용한다.

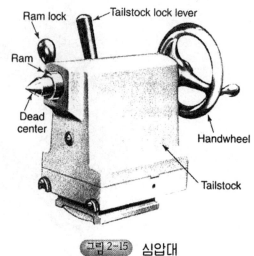

그림 2-15 심압대

3.2 선반의 종류

가공목적에 따라 여러 가지 종류의 선반이 사용되고 있다.

1) 보통선반(engine lathe)

기본적인 선반으로 공작기계 중 가장 많이 사용되고 있다. 선반의 크기는 대략 베드 위의 스윙이 300~600 mm이고, 센터거리가 600~1200 mm인 것이 주종을 이루고 있다. 보통선반은 〔그림 2-6〕과 같은 형상이며, 초기 선반이 증기엔진을 원동기로 사용한 것에 유래되어 engine lathe라고 한다.

2) 탁상선반(bench lathe)

작업대 위에 고정시켜 사용하는 소규모의 보통 선반이다. 크기에 따라서 베드 위의 스윙이 150 mm 이하이고, 양 센터간 거리 300 mm 이하인 시계선반과 스윙이 300 mm 이하이고, 양 센터간 거리가 500 mm 이하 정도의 캐비네트형 탁상선반으로 분류된다. 전자는 주로 센터작업이나 콜릿척에 의한 봉재작업, 후자는 콜릿척이나 조(jaw)가 3개 또는 4개인 척을 사용할 수 있다. 또 리드스크루(lead screw)를 갖추고 있다. 기계조작은 보통 선반과 같지만 다듬질 정밀도는 매우 양호하다.

그림 2-16 탁상 선반

3) 속도선반(speed lathe)

선반 중 가장 간단한 구조로 베드, 주축대, 심압대 및 공구를 지지하는 조절 안내부로 구성되어 있다. 스핀들은 4,000rpm 정도로 고속회전을 하며, 목재가공 또는 용기의 스피닝 등에 사용된다.

4) 수직선반(vertical lathe)

공작물이 수평면 내에서 회전하는 테이블 위에 고정되며, 공구대는 크로스레일 또는 컬럼(cross rail or column) 위를 이송운동하는 선반이다. 직경이 큰 공작물 또는 모양이 복잡하고 중량이 무거운 제품을 가공할 때 사용된다.

그림 2-17 속도선반에서의 스피닝

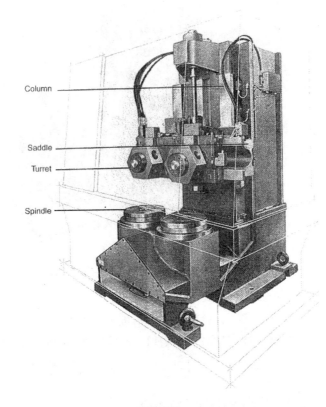

그림 2-18 수직 선반

5) 모방선반(copying lathe)

형판의 윤곽을 따라 공구대가 자동적으로 세로 및 가로 이송을 하여 형판과 같은 모양의 윤곽을 가공하는 선반이다. 형판 대신에 모형 또는 실물을 사용하는 것도 있다.

모방 방식에는 유압식, 유압-공기압식, 전기식, 전기유압식 등이 있다. 이들의 모방절삭장치는 보통 선반에 장치하여 보조적으로 사용할 수도 있다.

그림 2-19 모방 선반

6) 정면선반(face lathe)

정면절삭을 하기 위한 선반으로 큰 면판을 갖고 있으며, 공구대가 주축에 직각방향으로 광범위하게 움직이도록 고안되어 있다. 소형 정면선반은 보통 선반의 베드를 짧게 하여 심압대를 제거한 것이지만, 대형 정면선반은 튼튼한 주축대에 큰 면판을 갖추고 있으며, 왕복대는 주축중심선과 직각으로 긴 안내면을 갖는 크로스베드에 있고 면판에 따라 자동 가로이송을 길게 할 수 있는 구조로 되어 있다.

그림 2-20 정면 선반

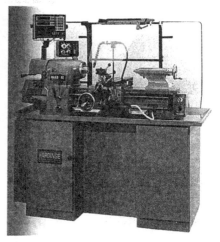

그림 2-21 공구 선반

7) 공구선반(toolroom lathe)

공구가공을 위한 여러 가지 부속장치가 구비되어 있는 선반으로 주로 무단변속장치를 채택하고 있다. 정밀도가 높고 속도변환 및 이송범위가 크다. 각종 절삭공구, 게이지, 다이 및 정밀한 기계부품 가공에 활용된다.

8) 터릿선반(turret lathe)

터릿헤드에 여러 가지 절삭공구를 고정하고 터릿회전에 따라 설치된 공구를 순차적으로 사용하는 선반으로 중간 크기의 공작물 절삭작업에 적합하다. 형식으로서 터릿이 램에 붙어 있는 것은 램형(ram type)으로 소형의 것은 작은나사 등을 다량으로 만드는 데 적합하다. 원래 콜릿척(collet chuck)을 사용하여 봉재작업에 적합하지만 보통 척작업에도 널리 사용되고 있다(터릿이란 2개 이상의 공구를 방사상으로 장치해 선회분할을 하는 공구대를 말한다). 터릿이 새들에 붙어 있는 것이 새들형(saddle type)으로 터릿이 직접 새들에 장치되어져 있으므로 램과 같은 중간부가 없기 때문에 강력절삭에 적합하며 동시에 새들이 베드 위를 이동하므로 긴 공작물을 가공할 수 있다.

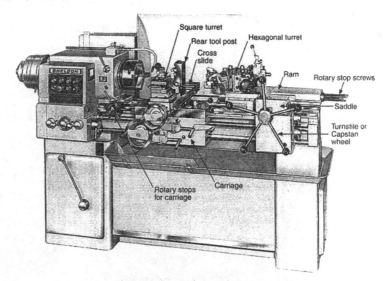

그림 2-22 터릿선반(램형)

9) 자동선반(automatic lathe)

대량생산을 위한 선반으로 공작물의 공급, 절삭, 가공제품의 분리와 배출이 자동적으로 이루어지도록 고안되어 있다. 주축의 수에 따라 단축형(single spindle type)과 다축형(multiple spindle type)으로 구별되며, 터릿선반 및 다인선반을 자동화한 것을 터릿형(turret type) 및 다인형(multi-tool type)이라 한다. 또 봉재작업용, 척작업용 및 센터작업용의 3종으로 대별된다. 작업이 모두 자동적으로 이루어지는 것을 전자동(full-automatic), 가공물의 고정·분리를 수동으로 행하는 것을 반자동(semi-automatic)이라 한다.

그림 2-23 자동선반

10) 수치제어(NC)선반(numeical control lathe)

서보기구를 사용하여 NC코드에 의해 공구의 선택, 절삭조건, 작업순서 등을 제어하는 선반으로 복잡한 형상의 공작물을 용이하게 가공할 수 있다. 최근에는 CAM S/W의 발달로 NC코드를 쉽게 생성할 수 있으며, 가공 전에 가공 시뮬레이션도 할 수 있다.

그림 2-24 수치제어 선반

11) 전용선반

특정한 제품을 전용으로 가공하기 위해서 제품의 형상을 고려한 특수한 고안이 부착되어 있는 선반이다. 철도차량용 차축이나 차륜 가공을 위한 차축선반 및 차륜선반, 크랭크축의 베어링 저널부분 가공을 위한 크랭크축 선반 등이 있다.

그림 2-25 크랭크축 선반

3.3 선반의 부속장치

선반에서는 작업종류에 따라 여러 가지 부속장치가 사용된다.

1) 센터(center)

센터는 공작물이 긴 경우 양단을 지지해서 가공하기 위한 부품이다. 센터의 원추각은 60°가 일반적이며, 대형 공작물에서는 75°나 90°가 사용된다. 센터의 종류에는 주축대에 장착되어 공작물과 같이 회전하는 회전센터(live center)와 심압대에 장착되어 회전하지 않는 정지센터(dead center)가 있다. 심압대에 베어링센터나 파이프센터를 설치하여 회전을 주기도 하나 정지센터에 비해 정밀도는 떨어진다.

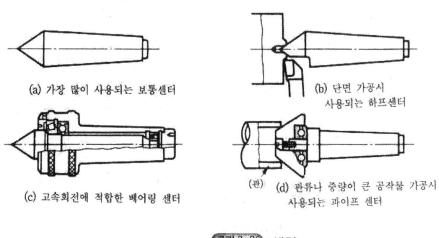

(a) 가장 많이 사용되는 보통센터

(b) 단면 가공시 사용되는 하프센터

(c) 고속회전에 적합한 베어링 센터

(관) (d) 관류나 중량이 큰 공작물 가공시 사용되는 파이프 센터

그림 2-26 센터

2) 돌림판(driving plate)과 돌리개(dog)

센터작업시 주축의 회전을 공작물에 전달하기 위해 사용한다. 돌림판은 주축 끝 나사부에 고정하며, 돌리개를 거쳐 주축의 회전이 공작물에 전달된다.

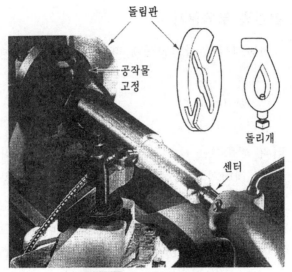

그림 2-27 돌림판과 돌리개

3) 면판(faceplate)

공작물 형상이 불규칙하여 척을 사용하기 어려운 경우에는 면판이 사용된다. 공작물은 볼트나 클램프 또는 직각판(angle plate)을 사용하여 면판에 고정시킨다. 균형이 맞지 않을 경우에는 밸런스추(balance weight)를 설치하여 불균형(unbalance)회전을 완화시켜 주어야 한다.

그림 2-28 면판

4) 맨드릴(mandrel), 심봉

기어, 풀리 등과 같이 중심부분에 구멍이 있는 공작물을 선삭할 때 공작물 구멍에 맨드릴을 끼워 고정시킨 다음, 맨드릴을 센터로 지지해서 가공한다.

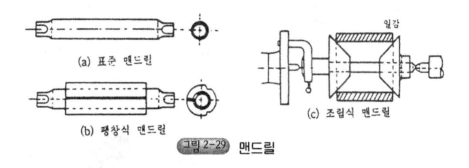

(a) 표준 맨드릴

(b) 팽창식 맨드릴

(c) 조립식 맨드릴

그림 2-29 맨드릴

5) 방진구(work rest)

길이가 길고 직경이 작은 공작물 가공시 공작물의 휨이나 처짐을 방지하기 위하여 공작물을 지지해주는 것을 방진구라고 한다. 방진구는 선반베드에 고정하여 사용하는 고정방진구와 왕복대에 고정하여 공구와 함께 이동하면서 공작물의 절삭 부분을 지지해 주는 이동방진구 두 종류가 있다.

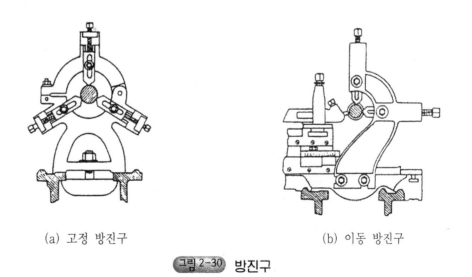

(a) 고정 방진구

(b) 이동 방진구

그림 2-30 방진구

6) 척(chuck)

척은 선반 주축에 설치되어 공작물을 고정하고 회전시키는 역할을 한다. 척에는 여러 가지 종류가 사용되고 있다.

(가) 단동척- 4개의 조(jaw)를 사용하며, 각각의 조를 단독으로 움직일 수 있으므로 불규칙한 형상의 공작물을 고정하는데 편리하다.

(나) 연동척- 3개의 조로 되어 있으며, 조가 동시에 움직여 원형, 정삼각형, 정육각형 등의 공작물을 고정하는데 편리하다. 단동척보다 체결력이 약하고, 조가 마멸되면 척의 정밀도가 떨어지는 단점이 있다.

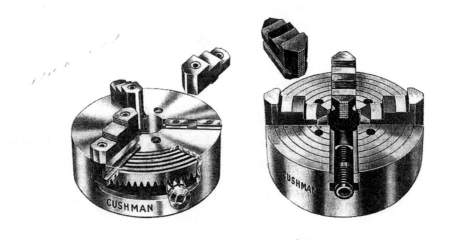

그림 2-31 연동척과 단동척

(다) 양용척- 단동척과 연동척 두가지로 사용할 수 있는 것으로 조를 개별적으로 움직일 수도 있고, 또 전체를 동시에 움직이게 하는 장치가 있다.

(라) 마그네틱척- 척 내부가 전자석으로 되어 있어 척을 자화시켜 자기력에 의해 공작물을 고정한다. 두께가 얇은 공작물을 변형시키지 않고 고정할 수 있다. 비자성체의 공작물 고정에는 사용할 수 없다. 마그네틱척을 사용하면 공작물에 잔류 자기가 남아 있으므로 가공후 탈자기로 잔류자기를 제거해 주어야 한다.

(마) 콜릿척- 직경이 작은 환봉이나 각봉재를 고정하는데 편리하다. 보통선반에서는 주축의 테이퍼 구멍에 슬리브를 삽입하고 여기에 콜릿척을 끼워 사용한다.

(바) 압축공기척- 압축공기를 이용하여 조를 움직여서 공작물을 고정하는 척이며, 고정력은 공기의 압력으로 조정할 수 있다.

(사) 유압척- 유압을 이용하여 조를 움직여서 공작물을 고정한다. NC 선반에서 사용하는 척으로 공작물의 착탈이 간편하다.

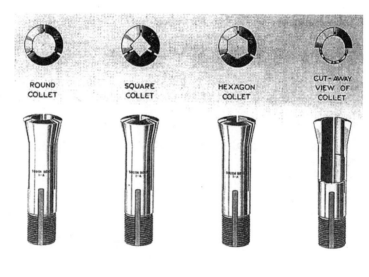

그림 2-32 콜릿

7) 테이퍼장치(taper attachment)

이 장치는 안내판을 사용하여 세로이송에 따라서 선형적으로 공구가 가로이송되게 하여 테이퍼축을 선삭하는데 사용된다.

8) 릴리빙장치(relieving attachment)

이 장치는 캠을 사용하여 가로이송대에 간헐적인 직선운동을 주어서 밀링공구의 여유면 등을 절삭하는데 사용된다.

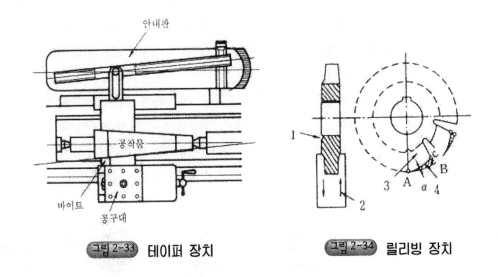

그림 2-33 테이퍼 장치 　　　　그림 2-34 릴리빙 장치

9) 모방장치(copying attachment)

이 장치는 모형, 형판, 또는 실물을 기준으로 하여 공구의 세로이송에 따라 자동적으로 가로 이송되게 하여 모형과 같은 형상으로 공작물을 절삭하는데 사용된다.

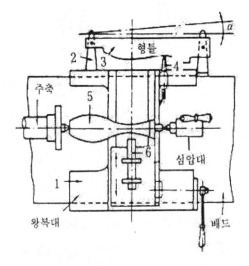

그림 2-35 모방장치

4. 선삭공구

4.1 선삭공구의 종류

선삭에 사용되는 공구를 바이트(bite)라 하는데 바이트는 선반 뿐만 아니라 보링머신, 플레이너, 셰이퍼, 슬로터 등에 사용하는 생크 또는 몸체의 끝에 절삭날이 있는 공구를 말하며, 기계가공에서 대표적인 공구이다. 여기서는 선삭에 사용되는 바이트를 중심으로 살펴보기로 한다.

바이트는 절삭날의 재질, 구조, 형상, 용도 등에 따라 분류가 매우 다양하다. KS규격에서는 바이트에 분류법과 표준치수를 지정하고 있다.

바이트의 구조상 분류는 다음과 같다

(1) 솔리드바이트

날 및 생크가 같은 재질로 된 것으로 고속도강 완성바이트가 여기에 해당된다.

(2) 용접바이트

날 재료를 생크에 맞대기 용접한 것으로 많이 사용되지는 않는다.

(3) 팁(날붙이)바이트

팁을 브레이징 또는 용접하여 만든 바이트이다.

(4) 클램프바이트

팁을 생크 또는 홀더 등에 기계적으로 고정한 바이트를 총칭하는 것으로 초경팁을 사용하는 스로어웨이바이트(throwaway bite)가 이에 해당된다.

선삭공구의 재료로는 고속도강과 초경합금이 대표적으로 사용되며, 고속도강의 경우에는 팁바이트, 초경합금의 경우에는 스로어웨이바이트를 사용하는 것이 일반적이다. 최근에는 날을 재연삭할 필요없이 날이 마멸이나 파손되면 날만 교환해주는 초경팁의 스로어웨이바이트 사용이 보편화되고 있다.

고속도강 붙임날 바이트는 KS B3204에 규정되어 있는데 형상에 따라 용도가 다르며, 오른쪽 왼쪽이 구분되어 있다. 〔그림 2-36〕은 고속도강 바이트의 형상으로 10형은 진검 바이트, 13R형은 오른쪽 날 바이트, 14R형은 오른쪽 수평검 바이트, 15R형은 오른쪽 검 바이트라 부른다. R 형에 대응하여 13L, 14L, 15L로 왼쪽 바이트도 지정되어 있다. R형은 오른쪽에서 왼쪽으로 이송하면서 절삭하는 것을 나타내며, L형은 그 반대의 경우를 뜻한다. 한편, 22형은 헤일다듬이질바이트이며, 31형은 절단바이트이다.

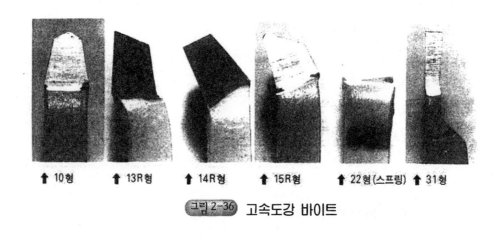

⬆ 10형　　⬆ 13R형　　⬆ 14R형　　⬆ 15R형　　⬆ 22형(스프링)　⬆ 31형

그림 2-36 고속도강 바이트

초경합금을 팁으로 사용하는 스로어웨이바이트에서 팁은 〔그림 2-37〕에 나타낸바와 같이 가공용도에 따라 삼각형, 사각형, 마름모꼴, 원형 등의 다양한 종류가 사용되고 있다. 스로어웨이 팁의 호칭기호는 ISO(국제표준화기구)에서 규격화한 방법이 국제적으로 통용되고 있는데 여기에는 팁의 기본형상, 여유각, 정밀도, 브레이커 홈, 절삭날 길이 또는 내접원 직경, 두께, 코너, 주절삭날 형상, 절삭방향 등이 기호화 되어 표기된다.

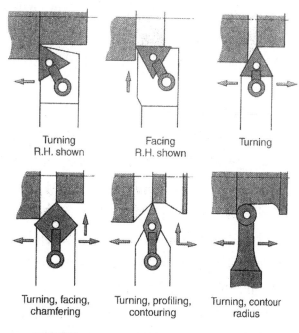

| Turning R.H. shown | Facing R.H. shown | Turning |
| Turning, facing, chamfering | Turning, profiling, contouring | Turning, contour radius |

그림 2-37 초경합금 팁의 종류와 용도

4.2 공구의 기본형상

선삭은 3차원 절삭으로 2개의 날이 절삭작용을 한다. 공구는 〔그림 2-38〕에 도시한 바와 같이 3개의 면으로 구성된다. 그림에서 A는 경사면

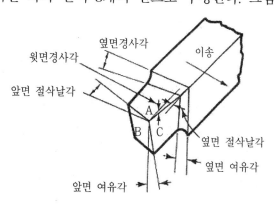

옆면경사각
윗면경사각
이송
앞면 절삭날각
A
B C
옆면 절삭날각
옆면 여유각
앞면 여유각

그림 2-38 바이트의 기본형상

C는 주여유면 B는 부여유면이라 하며, A와 C가 이루는 모서리를 주절삭날, A와 B가 이루는 모서리를 부절삭날이라 한다. 공구의 각면은 직각좌표계에 대해서 적당한 각도를 이루도록 설계되어 있다.

1) 윗면/옆면 경사각

윗면경사각은 그림에서 C면이 절삭방향에 대해 수직인 축과 이루는 각으로 선삭시 전단면 형성에 영향을 미친다. 윗면경사각이 크면 절삭성이 좋아지나 공구강성이 저하되기 때문에 경질재료 절삭시는 작은 윗면경사각의 공구를 사용하여야 한다. 초경이나 다이아몬드 공구에서는 음의 경사각을 사용하기도 한다. 한편, 옆면경사각은 앞면이 이송방향과 이루는 각으로 윗면경사각과 마찬가지로 절삭에 큰 영향을 미친다. 일반적으로 0°~15° 범위의 각을 사용한다.

윗면과 옆면경사각은 이차원절삭에서의 경사각에 해당되며, 경사각이 작으면 재료에 큰 압축력을 가하고 큰 절삭력이 요구되며 마찰이 커져서 두껍고 심하게 변형된 칩이 발생된다. 경사각이 커지면 공구강성이 저하되므로 초경이나 세라믹 공구에서는 경사각을 크게 할 수 없다.

2) 앞면/옆면 여유각

공작물의 가공된 표면과 날의 여유면과의 마찰을 줄이기 위한 각으로 여유각은 5°~15°의 범위를 많이 사용한다.

3) 앞면/옆면 절삭날각

공구 A면에서 관찰했을 때 부절삭날이 이루는 각을 앞면절삭날각이라 하고 주절삭날이 이루는 각을 옆면절삭날각이라 한다. 앞면절삭날각은 일반적으로 5°~30°, 옆면절삭날각은 15°~30°의 범위의 각도로 되어 있다. 옆면절삭날각은 리드각이라고도 하며, 옆면절삭날각이 지나치게 작으면 절삭을 시작할 때 공구에 충격을 가하게 된다.

4) 날끝반경

주절삭날과 부절삭날이 만나는 끝부분은 적당한 곡률을 갖고 있으며, 이를 날끝반경이라고 한다. 날끝반경은 절삭면의 표면거칠기에 큰 영향을 미친다.

바이트의 형상은 6개의 각도와 날끝반경으로 결정된다. 바이트의 표시 방법은 예로서, 8° 15° 6° 6° 20° 15° 3.2와 같이 나타내며, 윗면경사각, 옆면경사각, 앞면여유각, 옆면여유각, 앞면절삭날각, 옆면절삭날각, 날끝반경을 순서대로 명기한다.

4.3 칩브레이커(chip breaker)

절삭에서 유동형칩이 발생될 때 가공면의 정밀도와 표면거칠기가 가장 좋으므로 절삭조건은 유동형칩이 나오도록 해주어야 한다. 그러나 유동형칩은 칩이 끊기지 않고 연속적으로 배출되기 때문에 공구에는 칩브레이커가 고안되어 있어 칩을 짧게 끊어주는 역할을 하게 한다. 칩이 길게 배출되면 공작물이나 바이트에 감겨 절삭을 방해하며, 가공표면을 손상시키고 윤활에 지장을 초래하며, 작업자에게 위험을 준다.

칩브레이커는 칩의 곡률반경을 감소시켜 칩에 큰 변형을 주어 칩이 끊어지도록 고안한 것으로 칩브레이커의 종류에는 단체형, 부착형, 홈형이 있다. 단체형이나 부착형은 〔그림 2-39〕(a)와 같이 바이트 윗면에 턱을 두어 칩이 턱을 통과하면서 곡률반경이 작아지도록 고안된 것이며, 홈형은 초경 스로어웨이팁에서 주로 사용하는 방식으로 〔그림 2-39〕(b)와 같이 날부근에 홈이 마련되어 있어 칩이 홈을 통과면서 곡률반경이 감소되도록 고안된 것이다.

(a) 부착형 칩브레이커

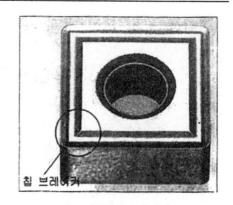
(b) 홈형 칩브레이커

그림 2-39 칩브레이커

4.4 공구의 설치

바이트를 설치할 때는 공구대에서 돌출된 길이를 짧게 하고 선단이 공작물의 중심에 위치하도록 설치하는 것이 기본이다. 돌출길이가 길어지면 절삭력에 의하여 바이트에 처짐이 발생하여 가공정도가 불량해진다. 또 공구홀더의 위치는 〔그림 2-40〕과 같이 홀더중심에 대해서 원호를 그렸을 때 원호가 공작물에 접하는 위치가 되도록 하여야 한다.

바이트의 선단은 거친절삭의 경우 중심선보다 5° 이내의 높이로 약간 높게 설치하기도 하는데 이는 유효경사각을 증가시키는 효과가 있어 절삭성이 양호해진다. 한편, 바이트의 선단을 중심선 보다 낮게 설치하면 공작물을 파고 들어갈 수 있기 때문에 주의를 요한다. 〔그림 2-41〕에서와 같이 절삭방향은 바이트 선단에서의 접선방향으로 형성되기 때문에 공작물의 직경을 D, 중심선에서의 설치높이를 h라 하면 절삭시 유효경사각은 다음과 같이 계산된다.

$$\alpha_e = \alpha + \theta$$

여기서 $\sin \theta = \dfrac{2h}{D}$

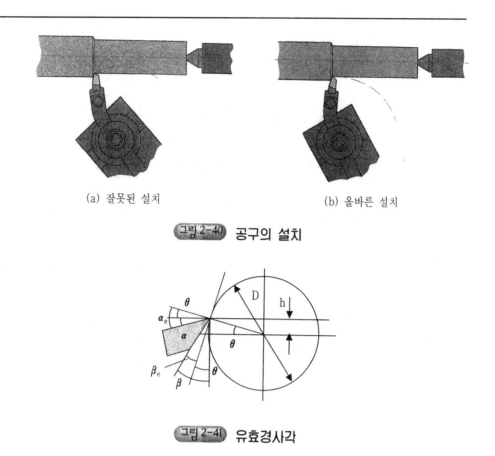

(a) 잘못된 설치   (b) 올바른 설치

그림 2-40   공구의 설치

그림 2-41   유효경사각

5. 선반작업

5.1 척작업과 센터작업

척작업은 공작물이 길이가 짧아서 심압대로 지지할 필요가 없거나 심압
대에 드릴, 보링공구, 리머 등의 공구를 장착하여 공작물의 내면을 가공하
기 위해 공작물을 척에 물려서 가공하는 작업이다.

센터작업은 공작물을 주축과 심압대 사이의 센터에 장착하고 돌림판과
돌리개로 공작물을 회전시키면서 가공하는 작업이다. 센터작업에서 공작
물의 회전축은 주축의 회전센터와 심압대의 정지센터 중심을 연결한 직

선으로 두 센터의 중심을 일치시키는 것이 중요하다. 센터의 상대위치에 따라 가공된 공작물의 형상은 여러 가지로 나타날 수 있다.

(1) 두 센터의 중심이 정확하게 일치하는 경우
두 센터를 잇는 선 즉, 공작물의 회전축과 바이트의 운동이 평행일 때에는 직경이 일정한 원통형상이 가공된다.

(2) 두 센터의 높이는 같으나 좌우 편위가 있는 경우
바이트의 이송에 따라 회전축 중심에서 바이트 선단까지의 거리가 일정하지 않고 선형적으로 달라지기 때문에 테이퍼 축이 가공된다.

(3) 센터의 좌우 편위는 없으나 높이차가 있는 경우
중심축에 대해서 수평방향으로 바이트의 선단까지 거리는 일정한데 수직방향으로 거리가 달라지기 때문에 쌍곡면 형상의 축이 가공된다.

(4) 공작물에 휨이 있는 경우
회전축이 휘어지기 때문에 축이 가운데가 두꺼워지는 형상으로 가공된다.

좌우 편위는 테이퍼가 작고 긴 테이퍼 축을 가공하기 위한 방법으로 사용되고 있다. 테이퍼 축 가공시에도 센터간 높이차이가 있는 경우에는 [그림 2-42](b)와 같이 축 가운데가 오목해지고, 공작물에 휨이 있는 경우에는 [그림 2-42](c)와 같이 볼록한 형상의 테이퍼 축이 가공된다.

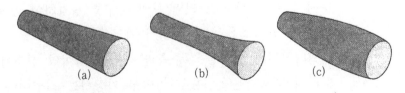

(a)   (b)   (c)

그림 2-42 센터작업시 나타날 수 있는 가공물의 형상

5.2 테이퍼 절삭

축에서 길이에 따라 직경이 선형적으로 달라지는 것을 테이퍼라고 한다. 테이퍼 구간의 길이를 l이라 하고 굵은 쪽의 직경을 D, 가는 쪽의 직경을 d라 하면, 테이퍼 T와 테이퍼각 θ은 다음과 같이 정의 된다.

$$T = (D-d)/l$$
$$\theta = 2\tan^{-1}(\frac{D-d}{2l})$$

테이퍼 축의 절삭에는 심압대 편위에 의한 방법, 복식공구대 경사에 의한 방법 및 테이퍼 장치에 의한 방법이 사용되고 있다.

1) 심압대 편위에 의한 방법

센터 작업시 심압대를 편위시키면 공작물은 주축과 심압대 중심을 연결한 선을 중심축으로 회전하며, 바이트는 선반의 주축 중심축과 평행하게 이동하므로 테이퍼 축이 가공된다. 이 방법은 공작물의 길이가 길고 테이퍼가 작을 때 사용된다. 공작물의 길이를 L, 테이퍼 구간의 길이를 l, 테이퍼 양단에서의 직경을 각각 D, d라고 하면 심압대의 편위량 e는 다음과 같이 구해진다.

$$e = \frac{L(D-d)}{2l}$$

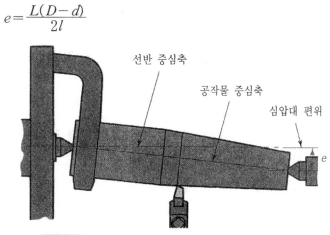

그림 2-43 심압대 편위에 의한 테이퍼 가공

2) 복식공구대 경사에 의한 방법

복식공구대는 회전이 가능한 구조로 선반 회전중심축에 대해서 경사지게 설치할 수 있다. 그림과 같이 복식 공구대를 경사시키고 이송핸들을 돌려 바이트를 가로이동시키면 테이퍼 부분이 가공된다. 이 방법은 테이퍼 부분의 길이가 짧고 테이퍼가 클 경우 사용되며, 척작업을 하는 경우가 일반적이다. 복식 공구대의 경사각 α는 테이퍼 각의 1/2로 다음과 같이 계산된다.

$$\alpha = \tan^{-1}\left(\frac{D-d}{2l}\right)$$

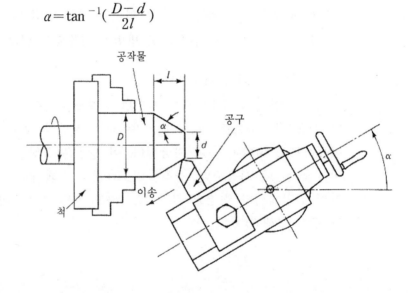

그림2-44 복식 공구대에 경사에 의한 테이퍼 가공

3) 테이퍼 장치에 의한 방법

테이퍼 장치는 바이트의 세로이송에 따라 자동으로 가로이송을 주는 구조로 되어 있어 테이퍼를 쉽게 가공할 수 있다. 심압대 편위 방법보다 큰 테이퍼를 가공할 수 있으며, 센터구멍 손상이 없고 공작물 길이에 관계없이 동일한 테이퍼를 가공할 수 있다. 그리고 테이퍼의 정밀도가 좋다.

〈예제 4〉 공작물의 길이 $L=250$mm, 테이퍼 부의 길이 $l=150$mm, 테이퍼 양단의 직경 $D=50$mm, $d=40$mm일 때 테이퍼와 테이퍼각을 구하고 센터작업으로 가공할 때 심압대 편위량을 계산하시오.

$$\text{테이퍼} \quad T=\frac{D-d}{l}=\frac{50-40}{150}=\frac{1}{15}$$

$$\text{테이퍼각} \quad \theta=2\tan^{-1}(\frac{D-d}{2l})=2\tan^{-1}(\frac{50-40}{(2)(150)})=3.82°$$

$$\text{편위량} \quad e=\frac{L(D-d)}{2l}=\frac{250(50-40)}{(2)(150)}=8.33 \text{ mm}$$

〈예제 5〉 MT#4(모오스테이퍼 4번)는 1 inch당 0.5193의 테이퍼이다. MT#4의 테이퍼각을 구하고 공구대를 경사시켜 가공할 때 공구대 경사각을 계산하시오.

$$\text{테이퍼} \quad T=0.5193$$

$$\text{테이퍼각} \quad \theta=2\tan^{-1}(\frac{T}{2})=2\tan^{-1}(\frac{0.5193}{2})=29.11°$$

$$\text{공구대 경사각} \quad \alpha=\tan^{-1}(\frac{T}{2})=\frac{\theta}{2}=14.56°$$

5.3 나사 절삭

공작물의 회전에 대하여 왕복대를 리드스크루에 물려 일정하게 이송을 시키면 공작물에는 나선의 홈이 절삭되므로 나사가 가공된다. 주축의 회전은 변환기어를 통하여 리드스크루에 전달되기 때문에 변환기수의 잇수 선정에 따라 주축과 리드스크루의 회전비가 정해진다. 대부분의 선반에는 노튼식 속도 변환장치를 구비하여 변환기어의 잦은 교환 없이 다양한 피치의 나사를 가공할 수 있다.

주축의 회전수를 n이라 하고 리드스크루의 회전수를 n_L, 절삭할 나사의 피치를 p라 하고 리드스크루의 피치를 p_L이라 하면, 바이트는 나사의 나선홈을 따라 이동되어야 하므로 주축 1회전시 바이트의 이송거리는 절삭할 나사의 피치와 같아야 한다. 한편, 주축 1회전시 리드스크루의 회전은 n_L/n이고 왕복대는 리드스크루 1회전에 대하여 리드스크루의 피치만큼 이동되므로 주축 1회전에 대한 왕복대의 이송은 $p_L(n_L/n)$이 된다. 왕복대의 이송이 바이트의 이송이기 때문에 다음 식이 만족되어야 한다.

$$p = p_L \frac{n_L}{n}$$

주축과 리드스크루의 회전비는 연결된 기어의 잇수에 반비례 한다. 〔그림 2-46〕과 같이 주축에 연결된 구동기어 A의 잇수를 z_A, 리드스크루축에 연결된 종동기어 C의 잇수를 z_C라 하면

$$\frac{p}{p_L} = \frac{z_A}{z_C} \left(= \frac{n_L}{n} \right)$$

따라서 가공할 나사의 피치를 리드스크루의 피치로 나눈 비에 맞도록 기어의 잇수를 선정하면 된다. 주축과 리드스크루축에 장착된 기어를 중간기어를 매개하여 구동하는 방식을 단식기어열이라 한다.

선반에서는 나사절삭을 위하여 표준기어열을 구비하고 있는데 미국식 선반에서는 잇수 20-64개(4 잇수차 간격), 72, 80, 127개의 기어를 사용하며, 영국식 선반에서는 잇수 20-120개(5 잇수차 간격), 127개의 기어를 사용하고 있다. 잇수가 127개인 기어가 사용되는 이유는 미터계 선반에서 인치나사의 가공이나 인치계 선반에서 미터계 나사를 가공하기 위해서이다.

구비하고 있는 기어열에서 단식기어열을 만족하는 치차의 잇수가 없을 경우에는 복식기어열을 선정하여 나사와 리드스크루의 피치 비를 맞추어 주면 된다.

$$\frac{p}{p_L} = \frac{z_A}{z_B} \frac{z_{B'}}{z_C} \qquad 단, \ z_A + z_B \rangle z_{B'}, \ z_{B'} + z_C \rangle z_B$$

기어의 크기는 잇수에 비례하므로 복식기어열에서 기어장치를 구성하기 위해서는 잇수에 대한 위의 조건을 만족하여야 한다.

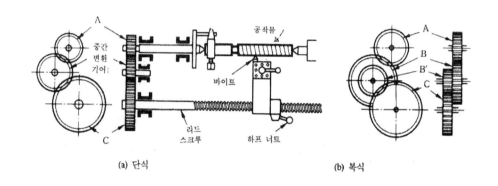

(a) 단식   (b) 복식

그림 2-46 나사 가공

<예제 6> 리드스크루의 피치가 P_L=6mm인 선반에서 피치가 2mm인 나사를 가공하려 한다. 주축 회전을 리드스크루에 전달하는 구동기어와 종동기어의 잇수를 구하시오.

잇수비 $\dfrac{z_A}{z_C} = \dfrac{P}{P_L} = \dfrac{1}{3}$

미국식 표준기어열을 사용하는 경우

$$\frac{z_A}{z_C} = \frac{20}{60} = \frac{24}{72}$$

즉, 구동기어에 $z_A = 20$ 종동기어에 $z_C = 60$를 사용한다. 또는 $z_A = 24, \ z_C = 72$를 사용한다.

<예제 7> 리드스크루의 피치가 P_L=6mm인 선반에서 N=3 산수/in의 인

치계 나사를 가공하려 한다. 주축 회전을 리드스크루에 전달하는 구동기어와 종동기어의 잇수를 구하시오.

$$\text{나사의 피치} \qquad P = \frac{25.4}{N} \ [\text{mm}] \ \Rightarrow \ P = \frac{25.4}{3} = \frac{127}{15}$$

$$\text{잇수비} \quad \frac{z_A}{z_C} = \frac{P}{P_L} = \frac{127/15}{6} = \frac{127}{90}$$

미국식 표준기어열의 경우 잇수가 90개인 기어가 없으므로 단식기어열로는 구성이 안되며 복식기어열로 구성한다.

$$\frac{z_A}{z_B}\frac{z_B}{z_C} = \frac{127}{90} = \frac{127 \times 2}{90 \times 2} = \frac{127}{60}\frac{2}{3}$$

$$= \frac{127}{60}\frac{24}{36} = \frac{127}{36}\frac{24}{60}$$

$z_A = 127$, $z_B = 60$, $z_{B'} = 24$, $z_C = 36$의 조합은 $z_{B'} + z_C \rangle z_B$ 의 조건을 만족하지 않아 기어열을 구성할 수 없으므로 $z_A = 127$, $z_B = 36$, $z_{B'} = 24$, $z_C = 60$의 조합으로 한다. 그리고 다음과 같은 기어 배열도 가능하다.

$$\frac{z_A}{z_B}\frac{z_{B'}}{z_C} = \frac{127}{60}\frac{32}{48} = \frac{127}{60}\frac{48}{72}$$

제3장 구멍가공(drilling)

1. 구멍가공 개요

　구멍은 기계부품에서 가장 많이 볼 수 있는 형상으로 단순체결을 위한 볼트구멍, 다른 부품이 끼워 맞춰지는 정밀한 조립을 목적으로 하는 구멍, 내면이 다른 기계요소와 상대운동을 하는 구멍 등 그 용도가 매우 다양하다. 또한 구멍의 크기도 노즐이나 금형 등에서 볼 수 있는 직경이 매우 작은 구멍에서 하우징이나 실린더 내부처럼 직경이 매우 큰 구멍이 있으며, 구멍의 깊이도 얕은 것에서 깊은 것까지 여러 가지 형상이 있다. 구멍은 가공정밀도와 형상에 따라 이를 가공하는 공정도 달라진다.

　구멍과 관련된 가공 종류는 〔그림 3-1〕과 같으며, 그 특징은 다음과 같다.

(1) 드릴링(drilling)
　드릴을 회전시켜고 고정된 공작물에 드릴을 이송시켜 구멍을 가공하는 작업으로 대부분 두개 날의 트위스트 드릴이 사용된다.

(2) 리밍(reaming)
　드릴로 뚫은 구멍을 정확한 치수로 가공하는 작업이다. 리밍에 사용되는 공구를 리머라 하며, 리머는 여러 개의 날을 갖고 있다.

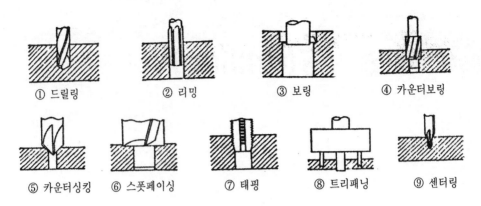

① 드릴링　② 리밍　③ 보링　④ 카운터보링

⑤ 카운터싱킹　⑥ 스폿페이싱　⑦ 태핑　⑧ 트리패닝　⑨ 센터링

그림 3-1 구멍가공의 종류

(3) 보링(boring)

구멍의 크기를 확대하고 구멍 내부를 완성하는 가공으로 큰 직경의 구멍, 단붙이 구멍, 구멍 내면의 홈파기 가공을 할 수 있다. 그리고 보링은 중심위치와 구멍의 형상을 바로잡는데 매우 효과적인 가공이다.

(4) 카운터보링(counterboring)

작은 나사 머리, 볼트 머리 등이 공작물에 묻히게 하기 위해서 구멍의 한쪽 부분을 확대하는 가공이다.

(5) 카운터싱킹(countersinking)

구멍의 한 쪽을 원추형으로 가공하는 것으로 접시머리 나사의 머리 부분을 공작물에 묻히게 한다.

(6) 스폿페이싱(spotfacing)

볼트머리, 너트, 와셔 등이 닿는 구멍 단면 부분을 평탄하게 깎아서 자리를 만드는 가공이다.

(7) 태핑(tapping)

구멍 내면에 나사를 깎는 가공이다.

(8) 트리패닝(trepanning)

두께가 얇은 공작물에 큰 구멍을 뚫을 때 사용하는 방법으로 구멍의 원주부분 재료만 제거하여 구멍을 가공하는 방법이다.

(9) 센터링(centering)

정밀한 구멍가공을 위하여 구멍의 중심위치를 내기 위한 가공이다. 그리고 선반에서 센터작업시 공작물의 센터 지지부를 가공하는데 사용된다.

2. 드릴링(drilling)

2.1 드릴링 개요

구멍가공은 구멍을 새로 가공하는 경우와 주물, 단조제품 등에서와 같이 뚫려져 있는 구멍을 대상으로 가공하는 경우가 있는데, 여기서는 드릴로 공작물에 구멍을 새로 뚫을 때의 절삭과정을 살펴본다.

드릴로 구멍을 뚫을 때 공작물은 고정시키고 드릴을 회전시키면서 이송을 주게 된다. 가공공정 자체는 선삭이나 밀링에 비해 간단해 보이지만 나타나는 절삭현상은 매우 복잡하다. 드릴링은 구멍의 단면에 대한 절삭작업으로 칩생성 과정에서 발생되는 열뿐만 아니라 구멍내면과의 마찰열이 생기기 때문에 큰 절삭열이 발생되며, 절삭이 공작물 내부에서 이루어지고 절삭부가 대기 중에 노출되지 않기 때문에 절삭열을 외부로 방출하기 어렵다. 따라서 구멍가공은 대부분 절삭제를 공급하면서 절삭을 하는데 드릴의 홈이 칩의 배출과 절삭제 공급통로 역할을 동시에 하기 때문에 구멍이 깊어지면 절삭제를 효과적으로 공급하기 어렵다. 드릴은 직경에 비해서 길이가 길기 때문에 휨에 대한 강성이 낮아서 중심위치를 잘

못잡고 드릴을 이송시키면 구멍의 진직도가 불량해지고 심할 경우에는 드릴이 파손된다.

드릴링시 절삭속도는 날의 반경위치에 따라 달라지며, 드릴중심에서는 절삭이 이루어지지 않는다. 〔그림 3-2〕는 날의 위치에 따른 절삭현상을 나타낸 것이다. 날의 외주부로 갈수록 절삭속도가 빠르고 경사각이 커지며, 중심부에서는 절삭이 이루어지지 않고 공작물을 파고들며, 밀어내는 작용을 하게 된다. 중심부를 치즐에지(chisel edge)라 하며, 그림에 나타낸 바와 같이 큰 추력을 받게 된다.

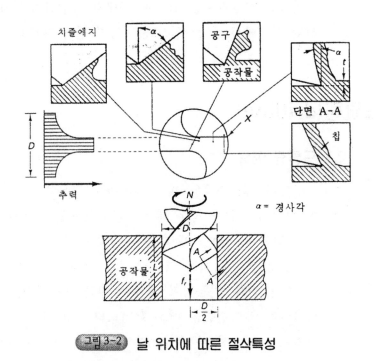

〔그림 3-2〕 날 위치에 따른 절삭특성

2.2 절삭해석

드릴링시 절삭속도는 드릴의 외주부 원주속도로 다음과 같이 계산된다.

$$V = \frac{\pi DN}{1000} \text{ [m/min]} \tag{3-1}$$

여기서 N〔rpm〕은 드릴의 회전수이고 D〔mm〕는 드릴의 직경이다.

드릴링시 이송 f〔mm/rev〕은 드릴 1회전당의 이송거리로 나타낸다. 따라서 깊이가 L인 구멍을 가공하는데 걸리는 시간은 다음과 같이 구해진다.

$$T = \frac{L+h}{Nf} = \frac{\pi D(L+h)}{1000\,Vf}\ \text{〔min〕} \tag{3-2}$$

$$h = \frac{1}{2}\,D\tan\left(90° - \frac{\theta}{2}\right)$$

여기서 h는 드릴 원추부의 높이이며, θ는 드릴의 날끝각으로 표준 드릴의 경우 118°도이다.

절삭률은 다음과 같이 계산된다.

$$M = \frac{\pi D^2 fN}{4 \times 1000}\ \text{〔cm}^3\text{/min〕} \tag{3-3}$$

〔표 3-1〕은 고속도강 드릴에서의 드릴직경에 따른 절삭속도와 이송을 나타낸 것이다. 드릴링시 발생되는 칩은 드릴의 홈을 따라 배출되는데 홈은 절삭제를 공급하는 통로 역할도 한다. 따라서 구멍의 깊이가 깊을 경우에는 절삭제 공급이 어려워지고 열발생이 많아지기 때문에 구멍깊이가 드릴직경의 3배 이상 되면 드릴의 수명이 급격하게 저하될 우려가 있으며, 〔표 3-2〕와 나타낸 바와 같이 절삭속도와 이송을 감소시켜 주어야 한다. 깊은 구멍 가공에는 심공용드릴이나 건드릴을 사용하여야 한다

드릴링시에는 회전에 대한 비틀림 모멘트와 이송에 대한 추력이 절삭저항으로 작용한다. 두 개의 절삭날을 갖는 트위스트드릴에서 한 개의 절삭날이 깎는 절삭깊이는 이송을 f라고 하면 $f/2$가 된다. 실제 작업에서 드릴의 날에 작용하는 절삭저항은 날 위의 각 지점에서의 경사각, 여유각 및 절삭속도가 모두 다르므로 일정한 값이 되지 않는다. 특히, 중심 부근의

날은 큰 음의 경사각이 되므로 절삭저항이 매우 크게 된다.

[표 3·1] 고속도강 드릴의 절삭속도와 이송

V-절삭속도[m/min], f-이송[mm/rev]

공작물 재질	구분	드릴의 지름[mm]				
		2~5	6~11	12~18	19~25	25~50
강(인장강도 50kgf/mm²)	V	20~25	20~25	30~35	25~30	25~30
	f	0.1	0.2	0.25	0.3	0.4
강(인장강도 50~70kgf/mm²)	V	20~25	20~25	20~25	25~30	25
	f	0.1	0.2	0.25	0.3	0.4
주철(인장강도 18~30kgf/mm²)	V	12~18	14~18	16~20	16~20	16~18
	f	0.1	0.15	0.2	0.3	0.4
황동, 청동(무른 것)	V	≤50	≤50	≤50	≤50	≤50
	f	0.15	0.15	0.3	0.45	-
청동(굳은 것)	V	≤35	≤35	≤35	≤35	≤35
	f	0.05	0.1	0.2	0.35	-
알루미늄	V	150~200	150~200	150~200	150~200	150~200
	f	0.1	0.2	0.25	0.3	0.4

[표 3·2] 절삭속도와 이송 감소율

구멍깊이/드릴지름	절삭속도 감소율(%)	이송 감소율(%)
3	10	10
4	20	10
5	30	20
6~8	35~40	20

드릴에 작용하는 토크를 T[kgf-cm]라 하면 회전에 필요한 동력은 다음과 같이 계산된다.

$$P_m = \frac{T\omega}{75 \times 100} = \frac{TN}{71620} \text{ [ps]} \tag{3-4}$$

여기서 ω[rad/sec]는 회전각속도이며, N[rpm]은 회전수이다.

드릴에 작용하는 추력을 F_t[kgf], 이송을 f[mm/rev]라 하면 이송동력은 다음과 같이 계산된다.

$$P_f = \frac{F_t f_v}{75 \times 60 \times 1000} = \frac{F_t fN}{4.5 \times 10^6} \text{ [ps]} \tag{3-5}$$

여기서 두 번째 항의 f_v[mm/min]는 이송속도이다.

따라서 마찰을 무시하였을 때 드릴링에 필요한 동력은 회전동력과 이송동력의 합으로 다음과 같이 구해진다.

$$P = P_m + P_f = \frac{TN}{71620} + \frac{F_t fN}{4.5 \times 10^6} \text{ [ps]} \tag{3-6}$$

<예제 1> 직경이 10mm인 드릴을 800rpm으로 회전하고 이송은 0.2mm/rev로 황동에 구멍을 가공한다.

가) 절삭속도를 구하시오

절삭속도 $\qquad V = \dfrac{\pi DN}{1000} = \dfrac{\pi(10)(800)}{1000} = 25.1 \text{ m/min}$

나) 공작물 두께가 25mm 일 때 관통하는 시간을 구하시오.

드릴 원추부의 높이

$$h = \frac{1}{2} D\tan(90° - \frac{\theta}{2}) = \frac{1}{2} 10 \tan(90 - \frac{118}{2}) = 3.0\text{mm}$$

절삭시간 $\qquad T_m = \dfrac{L+h}{Nf} = \dfrac{25+3}{(800)(0.2)} = 0.17 \text{ min}$

다) 절삭률을 구하시오.

절삭률 $\quad M = \dfrac{\pi D^2 fN}{4 \times 1000} = \dfrac{\pi(10^2)(0.2)(800)}{4 \times 1000} = 12.57 \text{ cm}^3/\text{min}$

라) 절삭동력을 구하시오. (황동절삭시 단위동력은 0.05 ps/cm^3/min)

절삭동력 $P = MP_u = (12.57)(0.05) = 0.63$ ps

마) 드릴에 작용하는 토크를 구하시오.

토크 $P = \dfrac{TN}{71620} \rightarrow T = \dfrac{71620P}{N} = \dfrac{(71620)(0.63)}{800} = 56$ kgf-cm

4.3 드릴링머신의 종류

드릴링머신은 구멍을 뚫는 작업뿐만 아니라 직경이 작은 구멍의 태핑, 리밍 등의 가공에도 활용된다. 드릴링머신은 대부분 수직형이며, 공작물이 고정되는 테이블은 이동이 가능하며, 고정구를 설치할 수 있도록 표면에 홈이 파여져 있다.

구멍은 드릴을 회전시키고 드릴에 이송을 주어 가공하는데 드릴링시 발생되는 토크는 무거운 공작물을 회전시킬 수 있을 정도로 크기 때문에 작업의 안전 및 정확성을 기하기 위해서 공작물은 견고하게 고정시켜야 한다. 적절한 절삭속도로 가공하기 위해서는 드릴링머신의 주축 회전속도를 드릴의 크기에 따라 조정할 수 있어야 한다. 폴리, 기어, 가변식 모터가 이러한 조정에 사용되고 있다.

드릴링 머신의 크기는 가공할 수 있는 구멍의 최대 직경과 테이블에 설치할 수 있는 공작물의 최대 크기로 나타낸다.

1) 탁상 드릴링머신(bench type drilling machine)

탁상 드릴링머신은 헤드, 테이블, 베이스, 칼럼으로 구성되어 있고 작업대 위에 설치한다. 테이블에 공작물이 고정되며, 테이블은 칼럼을 따라 상하 이동시킬 수 있으며, 드릴의 이송은 수동으로 한다. 드릴의 직경이 15mm 이하로 비교적 작고, 깊지 않은 구멍 가공에 적합하다.

2) 플로어형 드릴링머신(floor type drilling machine)

구조는 탁상 드릴링머신과 동일하며, 공장 바닥에 바로 설치한다.

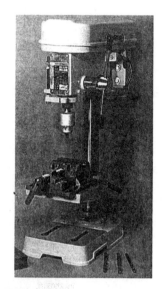

그림3-3 탁상 드릴링머신

그림3-4 플로어형 드릴링머신

3) 수동이송 드릴링머신(sensitive drilling machine)

금형이나 공구 등에서 많이 볼 수 있는 매우 작은 구멍 가공을 위한 기계로 30,000rpm정도의 고속회전이 가능하다. 드릴 이송시에 발생되는 힘과 진동을 작업자가 민감하게 느낄 수 있는 구조로 되어 있어 구멍의 불량이나 드릴의 파손을 방지할 수 있다.

4) 직립 드릴링머신(upright drilling machine)

구조는 탁상형과 동일하나 이송을 자동으로 할 수 있고 탁상형보다 비교적 큰 공작물의 드릴가공에 사용된다. 테이블은 칼럼에 대하여 상하이동, 선회가 가능하고 자체 회전하는 구조로 되어 있으며, 동력전달과 주축의 속도 변환에는 단차식 또는 기어식이 사용되며, 주축 역회전 장치가 있어 태핑을 할 수 있다.

5) 레이디얼 드릴링머신(radial drilling machine)

레이디얼 드릴링머신은 대형 공작물의 드릴가공에 사용된다. 주축헤드가 암(arm)에 설치되어 안내면을 따라 수평방향으로 이동할 수 있게 되어 있다. 암은 칼럼(column)의 슬리브(sleeve)에 끼워져 있어서 상하로 이동시킬 수 있으며, 칼럼축에 대해 선회시킬 수 있으므로 주축헤드의 이동범위가 매우 넓다.

보통형, 준만능형, 만능형 세가지 방식이 있는데, 보통형은 수직구멍만 가공할 수 있는 구조이며, 준만능형은 수직면에 대해 스핀들헤드의 선회가 가능하여 경사진 구멍을 가공할 수 있으며, 만능형은 암과 스핀들헤드의 선회가 가능하여 임의의 위치에 있는 경사진 구멍이라도 가공이 가능한 구조이다.

그림3-5 직립 드릴링머신

그림3-6 레이디얼 드릴링머신

6) 다축 드릴링머신(multiple spindle drilling machine)

주축의 회전을 여러 개의 스핀들에 전달하는 구조로 되어 있어 여러 개의 구멍을 동시에 가공할 수 있다. 구멍의 정확한 위치와 진직도를 높이기 위하여 대부분 드릴지그를 사용한다.

7) 조합(다두) 드릴링머신(gang drilling machine)

여러 개의 드릴헤드를 단일 테이블 위에 조합한 드릴링머신으로 테이블
에는 이송기능이 부여되어 있다. 드릴링, 보링, 리밍 등의 구멍가공을 위
한 공구들을 순서적으로 배치하고 테이블을 이송시켜 일련의 가공을 단
시간에 완료할 수 있다.

그림 3-7 다축 드릴링머신   그림 3-8 조합 드릴링머신

8) 심공 드릴링머신(deep hole drilling machine)

중공축, 포신 등의 깊은 구멍을 가공하기 위한 드릴링머신으로 공작물
을 회전시키고 드릴에는 이송을 준다. 수평형과 수직형이 있는데 수평형
이 설치 및 조작이 유리하여 많이 사용되고 있다.

9) 터릿 드릴링머신(turret drilling machine)

드릴, 리머, 보링바 등 구멍가공을 위한 각종 공구를 선회공구대에 장착
하여 공구교환없이 구멍을 가공 할 수 있다. 최근에는 CNC화 되어 각 스
핀들의 회전속도, 이송 등을 제어하여 효율적인 구멍가공을 행할 수 있다.

그림 3-9 심공 드릴링머신

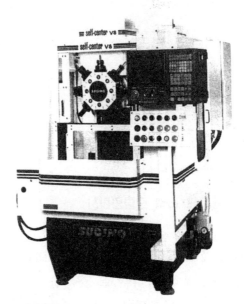

그림 3-10 CNC 드릴링머신(태핑센터)

2.4 드릴

2.4.1 드릴 각부의 명칭

드릴은 〔그림 3-11〕과 같이 자루(shank)와 몸체(body)로 되어 있으며, 몸체에는 나선형으로 홈을 가공하고 단면부에만 날이 형성되어 있다. 드릴 주요부분의 기능과 역할은 다음과 같다.

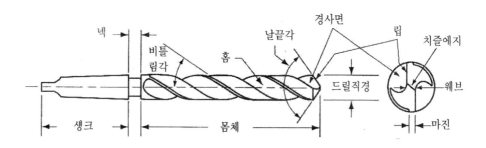

그림 3-11 드릴 각부의 명칭

(1) 홈(flute)

드릴의 몸체에 나선 또는 직선으로 판 것으로, 홈을 통해서 칩이 배출되고 절삭제가 공급된다.

(2) 치즐에지(chisel edge)

드릴 끝에서 절삭날이 만나는 점으로 사심(dead center)이라고도 한다. 공작물을 파고 들어가는 부분이며, 드릴의 회전 중심이 된다.

(3) 마진(margin)

몸체 외주부에 형성되어 있는 좁은 면으로 드릴의 위치를 잡아주며, 구멍벽면과 마찰을 담당하고 날의 강도를 보강한다.

(4) 웨브(web)

홈사이의 단면으로 드릴의 비틀림을 담당한다. 비틀림 강성을 크게 하기 위하여 자루부 쪽으로 갈수록 웨브의 두께가 두꺼워 진다.

(5) 립(lip)

드릴 단면의 원추형 부분을 립이라 하며 절삭날이 있는 부분이다.

(6) 비틀림각(helix angle)

드릴 중심축과 나선홈이 이루는 각으로 강재를 가공하기 위한 드릴의 경우 비틀림각은 24°~32° 범위이다. 비틀림각은 절삭시 경사각과 관련이 있으며, 비틀림각이 크면 칩배출이 용이해진다.

(7) 날끝각(point angle)

드릴 끝의 원추부가 이루는 각도로 선단각이라고도 한다. 드릴의 날끝각은 118°가 표준으로 되어 있다. 날끝각이 크면 위치결정 정밀도나 구심성이 저하되고 이송이 어려우며, 작으면 공작물을 파고 들어가는 특성은 좋아지나 절삭력이 약해진다.

(8) 날여유각(lip relief angle)

날 여유면이 이루는 각으로 절삭단면과의 마찰을 줄이기 위한 것이다. 표준드릴의 날여유각은 12°~15° 범위이며, 날여유각이 크면 절삭날의 강성이 약해지고 작으면 절삭성능이 저하된다.

2.4.2 드릴의 종류

드릴의 재료로는 고속도강, 합금공구강, 초경합금이 사용되고 있다. 이 중 가장 많이 사용되고 있는 것은 고속도강이며 절삭성능과 수명을 개선하기 위하여 티타늄나이트라이드(TiN) 코팅을 하기도 한다. 최근 소형 드릴은 전체를 초경합금으로 제작한 것도 많이 사용되고 있으며, 초경합금으로 날 부분만 제작하여 본체에 체결하여 사용하는 것도 많이 볼 수 있다. 드릴은 용도에 따라 여러 가지 종류가 있다.

1) 트위스트 드릴(twist drill))

환봉을 가공하거나 철판을 꼬아서 제작한다. 홈의 개수는 2홈, 3홈, 4홈이 있으나 2홈 드릴이 가장 많이 사용된다.

그림 3-12 트위스트 드릴

2) 곧은홈 드릴(straight flute drill)

홈이 직선으로 파인 드릴로 연질재료의 얇은 판 구멍 가공에 사용된다.

3) 유공 드릴(oil-hole drill)

드릴내부에 오일구멍이 있어서 칩이 배출되는 홈으로 절삭제를 공급하지 않고 별도의 오일구멍으로 절삭제를 절삭부에 공급하기 때문에 효과적인 냉각과 윤활작용이 이루어져서 비교적 깊은 구멍을 가공하는데 사용된다.

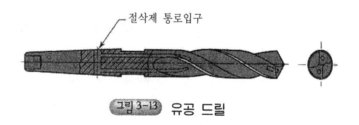

절삭제 통로입구

그림 3-13 유공 드릴

4) 코어 드릴(core drill)

직경이 큰 드릴로 중심부에는 치즐에지와 날이 없는 드릴이다. 주물이나 소성가공 제품 등에 뚫려져 있는 구멍이나 큰 직경의 구멍을 뚫기 위하여 작은 드릴로 구멍을 일차 가공한 후 큰 구멍을 가공하는데 사용된다. 구멍을 새로 뚫는 경우에는 사용할 수 없다.

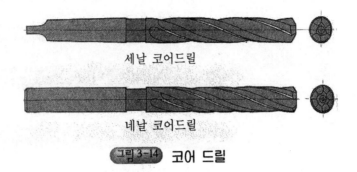

세날 코어드릴

네날 코어드릴

그림 3-14 코어 드릴

5) 스텝 드릴(step drill)

드릴의 몸체 부분에 단차가 있어 계단식 구멍을 효과적으로 가공할 수 있다. 공구가격은 비싸지만 대량생산시 공정수를 줄일 수 있다.

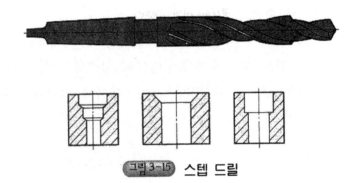

그림 3-15 스텝 드릴

6) 콤비네이션 드릴(combination drill)

드릴의 몸체 상부에 리머, 탭 등의 날이 일체로 형성되어 있는 드릴이다. 같은 공구로 드릴링과 리밍 또는 태핑이 가능하여 공정수를 감소하고 생산성을 향상시킬 수 있다.

그림 3-16 콤비네이션 드릴

7) 건드릴(gun drill)

구멍깊이가 직경의 20배 이상되는 깊은 구멍을 가공하는데 사용된다. 초경팁을 사용하며, 곧은 홈 형상이고 오일구멍이 있다.

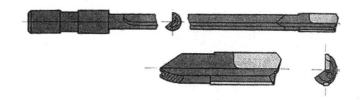

그림 3-17 건 드릴

8) 스로우어웨이 드릴(throw-away drill)

초경날을 드릴본체에 기계적으로 체결한 드릴로 고속절삭 작업에 사용된다. 날이 마멸되면 날 부분만 교환하여 사용한다.

그림 3-18 스로우어웨이 드릴

9) 센터 드릴(center drill)

구멍 중심을 정확하게 위치잡기 위한 드릴이다. 정밀한 구멍 가공시 드릴링 전에 구멍의 중심위치를 정확하게 잡는데 사용하며, 선반에서 센터 작업시 센터지지부를 내기 위해서 사용한다.

그림 3-19 센터 드릴

10) 스페이드 드릴(spade drill)

직경이 큰 구멍을 가공하기 위한 드릴로 홈이 없으며, 날부분은 교환하여 사용할 수 있도록 되어 있다.

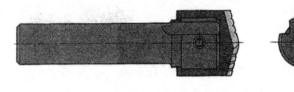

그림 3-20 스페이드 드릴

2.4.3 드릴의 연삭

드릴이 마멸되면 구멍의 정밀도가 저하되고 절삭저항이 커지고 소음이 증대되기 때문에 날부분을 재연삭해야 한다. 드릴은 각각의 날에 걸리는 절삭저항이 균등해야지 양호한 절삭이 이루어진다. 따라서 드릴날을 연삭할 때에는 날끝각, 날여유각, 날길이와 치즐에지의 위치를 정확하게 맞추어 주어야 한다.

재연삭이 불량할 경우 구멍의 정밀도가 저하되고 드릴이 쉽게 손상된다. [그림 3-21]은 재연삭이 잘못 되었을 때 발생하는 현상으로 그림의 (a)와 같이 날의 좌우 각도가 다른 경우 각도가 큰 한쪽 날 부분에서만 주로 절삭이 되기 때문에 구멍의 진직도가 불량해진다. 한편, (b)와 같이 날의 좌우 길이가 다른 경우에는 치즐에지를 중심으로 회전이 되기 때문에 가공된 구멍의 직경이 드릴직경보다 커지게 된다.

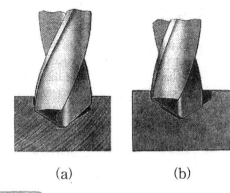

(a)   (b)

그림 3-21 연삭불량이 가공에 미치는 영향

드릴을 재연삭하는 경우에는 웨브부분의 두께에도 주의를 기울여야 한다. 웨브는 드릴의 비틀림 강성을 크게 하기 위해서 〔그림 3-22〕와 같이 자루쪽으로 갈수록 두껍게 되어 있다. 웨브는 드릴이송시 큰 추력이 발생되는 부분으로 웨브가 두꺼우면 이송저항이 증대된다. 드릴을 몇번 연삭하면 웨브가 지나치게 두꺼워지기 때문에 웨브부분을 연삭하여 처음의 두께를 유지하도록 해야 하며, 이를 웨브시닝(web thinning)이라 한다.

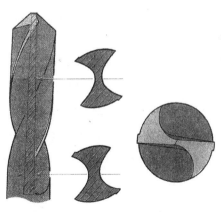

그림 3-22 웨브의 두께변화

2.5 구멍가공 방법

1) 중심 맞추기

지정된 위치에 정확하게 구멍을 뚫으려면 상당한 숙련이 필요하다. 드릴링시 정확한 위치에 구멍을 뚫기 위해서 사용되는 방법은 다음과 같다. 〔그림 3-23〕에 도시한 바와 같이 (a)가공할 부분에 펀치로 위치를 내고 동심원을 그리고, (b)작은 구멍을 뚫어 중심 위치를 확인한다. 중심이 어긋나 있을 경우 (c)정으로 (d)그루브를 내어 위치를 바로잡아 주고 원하는 크기로 드릴링 하면 정확한 위치에 구멍이 가공된다.

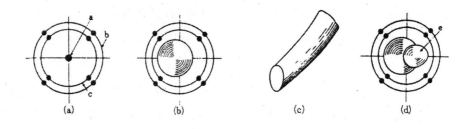

그림 3-23 드릴 구멍의 위치결정 방법

2) 경사면의 드릴링

드릴의 중심부는 날이 없으며, 드릴링시 각 날에 절삭저항이 균등하게 작용하여야 하기 때문에 경사진 면을 드릴링 하는 경우라도 구멍의 단면은 공구에 수직되게 해주어야 한다. 경사면에 바로 드릴링 가공을 하면 드릴이 구부러지거나 부러지기 쉬우며, 구멍의 진직도가 불량해 진다. 〔그림 3-24〕에 나타낸 바와 같이 경사면의 경우에 턱을 두거나, 깍아내서 자리를 만드는 방법으로 구멍 가공부의 단면은 드릴의 이송방향에 직각이 되도록 해주어야 한다.

3) 겹친 구멍의 드릴링

〔그림 3-25〕과 같이 겹친 구멍을 뚫을 때는 먼저 1개의 구멍을 뚫고 같

은 재료로 구멍에 맞는 핀을 제작하여 구멍을 메운 후 두 번째 구멍을 가공하고 메운 것을 제거하여 구멍을 완료한다. 구멍을 메우는 재료가 공작물과 다를 경우에는 절삭저항이 균등하게 작용하지 않아 두 번째 뚫는 구멍은 불량해 질 수 있으므로 반드시 같은 재질로 메워야 한다.

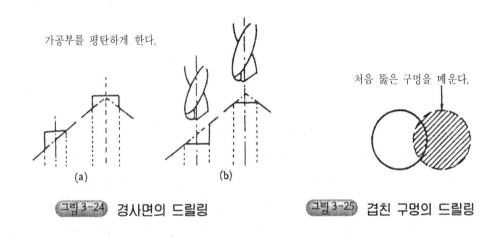

가공부를 평탄하게 한다.

(a)   (b)

처음 뚫은 구멍을 메운다.

그림 3-24 경사면의 드릴링

그림 3-25 겹친 구멍의 드릴링

4) 드릴 지그의 사용

공작물의 수가 많거나 한 공작물에 여러 개의 구멍을 뚫을 때 구멍의 위치를 하나하나 금긋기 하는데는 많은 노력과 시간이 필요하다. 이 때에는 〔그림 3-26〕과 같이 구멍위치에 드릴을 안내하는 지그를 사용하면 작업이 간편하고 구멍의 위치도 정확해 진다.

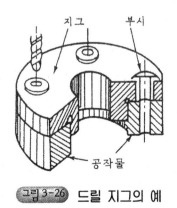

지그   부시

공작물

그림 3-26 드릴 지그의 예

5) 구멍불량과 드릴의 파손

드릴링시 구멍이 불량해지는 주요 원인은 다음과 같다.

① 절삭날의 각도와 길이가 대칭이 아닌 경우 드릴직경보다 가공된 구멍의 직경이 더 크게 된다.

② 공작물의 재질이 불균일 하거나 내부에 기공이 있을 경우 구멍의 진직도가 불량해 진다.

③ 주축 베어링이 헐겁거나 공구홀더 또는 드릴섕크의 테이퍼가 불량한 경우 구멍의 크기가 커지며 진원도가 불량해 진다.

드릴이 파손되는 원인은 다음과 같다.

① 절삭날의 연삭이 불량하여 절삭날에 국부적으로 큰 절삭력이 작용할 때

② 구부러진 드릴로 가공을 계속할 때

③ 웨브시닝을 깊게 하여 비틀림 강성이 약해졌을 때

④ 칩이 배출되지 못하여 과도한 토크가 작용할 때

⑤ 이송이 너무 커서 과도한 절삭저항을 받을 때

⑥ 구멍의 깊이에 비하여 드릴을 너무 길게 고정하여 휨이 크게 발생할 때

3. 리밍(reaming)

3.1 리밍 개요

드릴은 공작물을 파고들 때 표면에서 치즐에지가 미끄러지면서 자리를 잡기 때문에 드릴링머신 중심축과 치즐에지가 정확하게 일치하기 힘들다. 따라서 드릴링한 구멍은 진원이 아니며 또 구멍이 휘어져 있을 수도 있다. 그리고 드릴링시의 열발생으로 엄밀하게는 구멍치수가 드릴직경과 다르게 된다.

리밍은 드릴로 뚫은 구멍을 정확한 치수로 다듬질하는 가공으로 절삭깊이는 0.2mm 이내로 한다. 즉, 리밍까지 하는 경우 드릴링 구멍의 직경은 목표 치수보다 0.4mm정도 작은 직경으로 가공을 한다. 리밍에 사용되는 공구를 리머라 하며, 드릴링에 비하여 절삭속도는 2/3 ~ 3/4정도 느리게

하며, 이송은 2~3배 빠르게 해서 가공한다. 리밍에는 별도의 공작기계를 필요로 하지 않으며 드릴링에 사용한 기계에 리머를 장착하여 가공한다.

리밍한 구멍은 치수 정밀도가 좋고 가공면이 매끄럽게 된다. 구멍의 진 직도도 어느 정도는 향상되지만 리밍에 사용되는 공구 리머도 직경에 비해 길이가 길기 때문에 휘어진 구멍을 정확하게 곧은 구멍으로 수정하기는 어렵다.

3.2 리머(reamer)

리머는 작업방식에 따라 수동으로 작업을 하는 핸드리머와 기계에 물려서 작업하는 머신리머 두 종류가 있다. 표준리머의 형상은 [그림 3-27]과 같다.

리머의 앞부분은 챔퍼(champer)로 형성되어 있으며, 핸드리머의 챔퍼각은 1°~3°, 머신리머의 챔퍼각은 강의 리밍에는 8°~10°, 주철의 리밍에는 20°~30° 범위이다. 핸드리머의 홈길이의 약 1/3구간은 0.1~0.25mm 정도 직경차의 테이퍼로 되어 있으며, 절삭은 테이퍼 부분에서 담당한다. 머신리머에서는 챔퍼구간에서의 날에 의해 절삭을 하며, 몸체에 형성되어 있는 날에서는 거의 절삭이 이루어지지 않는다. 리머의 생크는 곧은 생크와 테이퍼 생크가 있으며, 핸드리머의 생크 끝단은 사각단면 형태로 만들어 홀더에 삽입하여 회전하기 좋도록 한다.

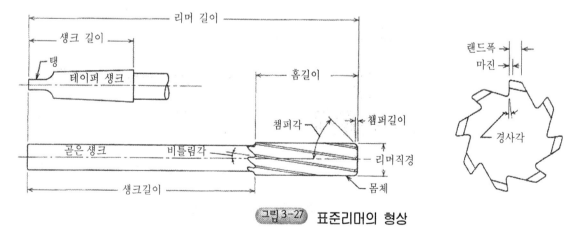

그림 3-27 표준리머의 형상

핸드리머와 머신리머에는 여러 가지 형식이 사용되고 있다. [그림 3-28]은 머신리머의 종류를 나타낸 것이다. 자버스리머는 핸드리머와 동일한 형태의 날을 갖는 리머이나 기계작업에 적합하도록 설계된 공구이다. 처킹리머는 자버스리머와 비슷한 형태이나 홈길이가 짧고 홈이 깊게 형성되어 있다. 로즈처킹리머는 절삭을 챔퍼부에서 주로 담당하도록 고안된 것으로 절삭량이 많고 다듬질에는 각별한 주의를 요하지 않는 경우에 적합하다. 셸리머는 날부를 아버에 고정하여 사용하는 방식으로 아버의 셸만 교환하면 여러 크기의 구멍가공이 가능하다. 직경이 큰 구멍의 리밍에 사용되며, 공구제작비를 줄일 수 있는 이점이 있다. 팽창처킹리머는 조정스크루로 리머 직경을 미세하게 크게 해 줄 수 있어 마멸을 보상하고 의도적으로 구멍을 약간 큰 크기로 리밍하는 경우에 사용된다. 조정리머 (adjustable)는 팽창리머보다 큰 범위에서 직경을 조정할 수 있는 것으로 치수를 조정하고 재연삭을 위한 보상이 가능하다.

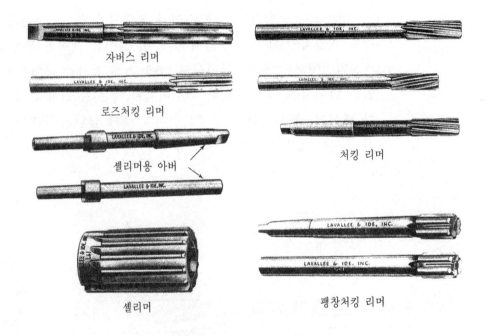

자버스 리머

로즈처킹 리머

셸리머용 아버

셸리머

처킹 리머

팽창처킹 리머

그림 3-28 머신리머의 종류

4. 태핑(tapping)

4.1 태핑 개요

태핑은 구멍에 암나사를 절삭하는 가공이다. 내면에 나시를 내기 위한 구멍은 주로 드릴링, 보링 또는 다이캐스팅 등으로 가공된 것이며, 경우에 따라서는 리밍 작업까지 한 구멍을 대상으로 하기도 한다. 태핑에 사용되는 공구를 탭이라 한다. 태핑에서는 공구와 가공부의 간극이 작기 때문에 칩제거에 주의를 기울여야 한다. 칩이 적절하게 제거되지 못하면 과도한 토크가 발생되어 탭이 파손될 수 있다.

탭 가공을 위한 구멍은 나사의 최소 직경보다 약간 크게 뚫어주는 것이 일반적이다. 탭 구멍이 너무 작으면 절삭저항이 커서 탭을 회전시키는 것이 어렵고 가공된 나사면이 불량하게 된다. 구멍이 너무 크면 나사 산의 높이가 작아져서 수나사와 체결하였을 때 죄임력이 떨어진다.

암나사의 바깥지름이 D[mm]이고 안지름이 d[mm]이면 나사의 산높이 h[mm]는 다음과 같다.

$$h = \frac{D-d}{2} \tag{3-7}$$

나사에 산높이를 모두 가공해 준 것을 온높이 나사라고 하는데 암나사에는 온높이가 거의 사용되지 않으며, 80% 산높이나 75% 산높이가 많이 사용된다. 80% 산높이 나사는 [그림 3-29]에 나타낸 바와 같이 산높이의 80%만 가공해 주는 것이다. 따라서 80% 산높이 나사를 가공하기 위한 구멍의 직경은 다음과 같으며, 이를 80% 산높이 나사의 탭드릴지름 (TDD-tap drill diameter)이라 한다.

$$TDD = D - \frac{8}{5}h \tag{3-8}$$

마찬가지로 75% 산높이 나사의 탭드릴지름은 다음과 같이 계산된다.

$$TDD = D - \frac{3}{2}h \qquad (3\text{-}9)$$

도면에 산높이에 대한 특별한 명시가 없는 경우라도 온높이로 가공하지는 않으며, 다음과 같이 탭드릴 지름을 정하고 있다.

$$TDD = D - p \qquad (3\text{-}10)$$

여기서 p는 나사의 피치이다.

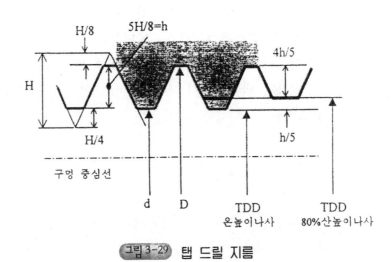

그림 3-29 탭 드릴 지름

<예제 2> M10 피치 1.5의 암나사를 절삭하기 위한 구멍을 가공한다. M10나사의 바깥지름은 10mm이며, 안지름은 8.376mm이다.

가) 80% 산높이 나사로 가공하기 위한 탭드릴지름을 구하시오.
산높이 $h = (D - d)/2 = 0.812$

$$\text{탭드릴지름} \qquad TDD = D - \frac{8}{5}h = 10 - \frac{8}{5}(0.812) = 8.70 \text{ mm}$$

나) 75% 산높이 나사로 가공하기 위한 탭드릴지름을 구하시오.

$$\text{탭드릴지름} \qquad TDD = D - \frac{3}{2}h = 10 - \frac{3}{2}(0.812) = 8.78 \text{ mm}$$

다) 나사가공을 위한 탭드릴지름을 구하시오

$$\text{탭드릴지름} \qquad TDD = D - p = 10 - 1.5 = 8.5 \text{ mm}$$

4.2 탭(tap)

탭에는 수동으로 작업을 하는 핸드탭과 기계에 물려서 작업하는 머신탭이 있다. 핸드탭은 〔그림 3-30〕과 같이 3개의 탭이 1조로 구성되어 있으며, 테이퍼탭을 등경1번탭, 플러그탭을 등경2번탭, 버토밍탭을 등경3번탭이라 부른다. 나사절삭은 탭렌치에 탭을 고정하여 손으로 회전시켜 가공한다. 1번탭은 선단의 6~7개의 날이 테이퍼로 되어 있어 재료에 파고 들어가기 쉽게 되어 있으며, 2번 3번으로 갈수록 테이퍼 구간이 작다.

관통되어 있는 구멍의 경우에는 1번 탭을 회전시켜서 끝까지 밀어넣으면 나사가 완성되지만 막힌 구멍의 경우에는 1번에서 3번 탭을 순차적으로 사용하여야 나사가 완성된다.

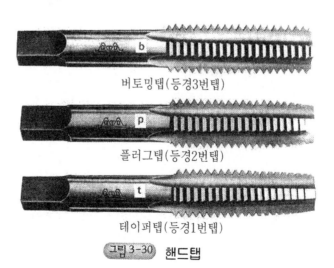

버토밍탭(등경3번탭)

플러그탭(등경2번탭)

테이퍼탭(등경1번탭)

그림 3-30 핸드탭

머신탭은 선반, 드릴링머신, 태핑머신에서 사용된다. 드릴링머신에서는 태핑장치를 부착하여 나사 가공을 수행하는데 태핑장치는 가공시에는 저속회전을 하고 나사 가공 완료후에는 빠른 속도로 복귀하도록 되어 있다. 공작물을 회전시키면서 탭 가공을 하는 경우에는 탭이 공작물에 진입하는 과정에서는 탭이 회전하지 않아야 되며, 가공을 완료한 후에는 자유롭게 회전을 할 수 있어야 하고 공작물이 역전하여 탭이 제거될 때에는 다시 탭이 회전하지 않도록 해야 한다.

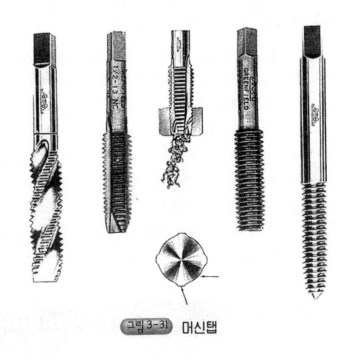

그림 3-31 머신탭

5. 보링(boring)

5.1 보링 개요

보링은 드릴링하거나 주조나 단조제품에서 뚫려져 있는 구멍을 확장하고 구멍의 내부 형상을 완성하기 위한 가공으로 큰 직경의 구멍, 단붙이 구멍, 테이퍼 구멍, 구멍 내면의 홈파기 가공 등에 활용된다.

〔그림 3-32〕는 대표적인 보링작업을 나타낸 것으로 보링공구는 절삭깊이를 미세하게 조정할 수 있고 보링바를 홀더에 편심시켜 장착하여 큰 구멍을 용이하게 가공할 수 있다. 특히, 단인 공구를 사용하여 보링하는 경우에는 절삭저항이 날에 일정하게 작용하여 공작기계 주축에 대한 동심도가 매우 우수하여 구멍의 진원도와 진직도를 향상시킬 수 있다.

〔그림 3-33〕은 진직도나 치수가 정밀한 구멍을 가공하기 위한 공정이다. 센터링으로 드릴 중심위치를 잡고 드릴링하면 드릴의 치즐에지 위치를 정확하게 할 수 있으며, 드릴링한 다음 보링을 하면 진직도가 우수해진다. 마지막으로 리밍을 하면 구멍의 치수를 정확하게 가공할 수 있다.

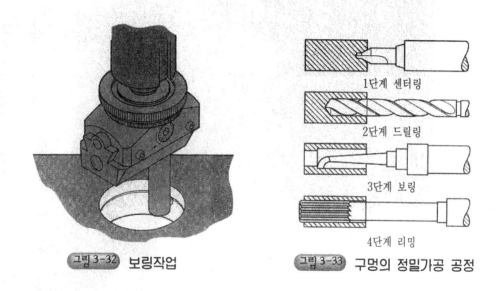

1단계 센터링

2단계 드릴링

3단계 보링

4단계 리밍

그림 3-32 보링작업   그림 3-33 구멍의 정밀가공 공정

보링은 공구나 또는 공작물을 회전시켜 작업을 하는데 공작물을 회전시키면서 가공하는 경우에는 일반적으로 정밀도가 저하된다. 보링은 보링 전용가공을 위한 보링머신을 비롯해서 밀링머신, 선반, 드릴링머신, 머시닝센터 등 다양한 공작기계에서 작업이 가능하다.

5.2 보링머신의 종류

1) 수평 보링머신(horizontal boring machine)

대표적인 보링머신으로 구조는 [그림 3-34]와 같으며, 주축이 수평으로 설치된 보링머신이다. 보링이외에 밀링, 드릴링, 리밍, 선삭 등의 각종 작업이 가능하다. 수평보링머신은 주축 칼럼과 보링공구 지지를 위한 칼럼이 있어 두 칼럼 사이에 보링바를 설치하고, 보링바에 보링바이트를 고정

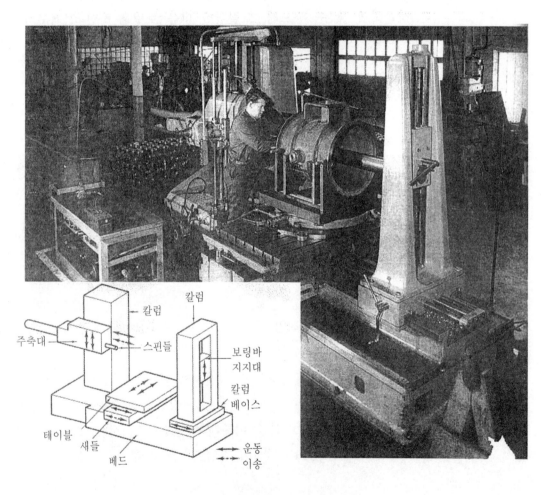

그림 3-34 수평 보링머신

하여 주축의 회전운동으로 절삭가공을 한다. 수평보링머신은 구조에 따라서 테이블형, 플로어형, 플레이너형으로 구분된다. 테이블형은 새들이 있어 공작물을 전후 좌우로 움직일 수 있으며, 플로어형은 공작물 고정에 T홈이 있는 바닥판을 사용하여 대형 공작물 가공에 사용된다. 플레이너형은 테이블형과 유사하나 새들이 없어 공작물을 한쪽 방향으로만 움직일 수 있으며, 비교적 무거운 공작물의 보링에 사용된다.

2) 지그 보링머신(jig boring machine)

지그, 금형 등에서 고정밀도를 요하는 구멍의 가공에 사용되는 전용기계이다. 지그 보링머신에는 테이블과 주축대의 정밀한 위치결정을 위한 보정장치, 표준봉 게이지와 다이얼 게이지, 광학적 측정장치 등이 구비되어 있다.

그림 3-35 지그 보링머신

3) 정밀 보링머신(fine boring machine)

고속 보링가공을 할 수 있는 기계로 다이아몬드나 초경합금 공구를 사용하며, 고속 경절삭으로 정밀한 보링가공을 할 수 있다. 자동차 공업의 발달과정에서 개발된 기계로 엔진 실린더, 피스톤 핀 구멍, 커넥팅 로드의 구멍 등의 보링가공에 많이 활용되고 있다.

4) 수직 보링머신(vertical boring machine)

수직보링머신의 구조는 〔그림 3-36〕과 같으며, 공작물이 고정되는 테이블이 회전되고 보링공구는 크로스레일을 따라 좌우로 움직이고 슬라이더에 의하여 상하로 이동 하면서 가공하는 기계이다. 보링뿐만 아니라 수평면 가공이나 수직선삭 작업을 할 수 있으며, 대형 풀리나 플랜지 등의 가공에 활용된다.

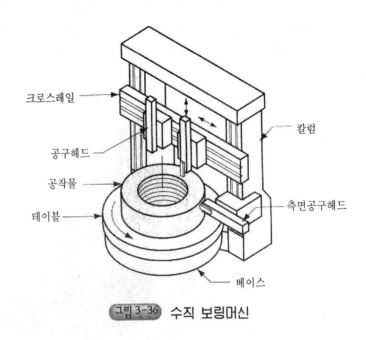

크로스레일
공구헤드
공작물
테이블
칼럼
측면공구헤드
베이스

그림 3-36 수직 보링머신

5.3 보링공구

보링공구에는 여러 가지 종류가 사용되고 있다. 〔그림 3-37〕은 일반적으로 사용되고 있는 보링공구로 보링헤드, 보링바로 구성되어 있다. 보링바에는 바이트가 고정되며, 바이트의 위치를 미세하게 조정하기 위해서 마이크로칼라가 부착되어 있는 것이 많이 있다. 〔그림 3-38〕은 직경이 큰 구멍을 가공하기 보링공구로 보링바를 헤드에 편심시켜 고정하여 사용한다. 보링공구에서는 날이 하나인 것이 가장 많이 사용되고 있으나 두 개나 여러 개의 날이 있는 공구도 볼 수 있다. 보링공구는 종류가 매우 다양하므로 작업에 가장 적합한 것을 선정하여야 한다.

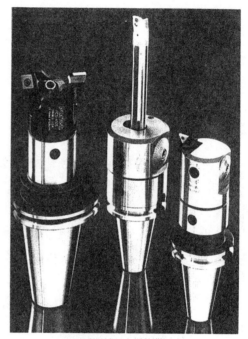

그림 3-37 보링공구

그림 3-38 큰 구멍가공을 위한 보링공구

제4장 밀링(milling)

1. 밀링개요

　　밀링은 공구를 회전시키고 공작물을 상하, 전후, 좌우로 이송시켜 평면, 곡면 및 각종 형상의 공작물을 가공하는 작업이다. 밀링은 여러 개의 날이 있는 공구를 사용하기 때문에 생산성이 우수하며, 커터의 종류도 매우 다양하게 구비되어 있어 다양한 가공이 가능하다. 그리고 회전바이스나 분할대 등 부속장치의 사용에 따라 나선가공, 분할가공 등 여러 가지 가공을 할 수 있다.

　　밀링은 공구 회전축과 가공면과의 상대위치를 기준으로 〔그림 4-1〕에 나타낸 바와 같이 외주밀링(peripheral milling)과 정면밀링(face milling)으로 구분할 수 있다.

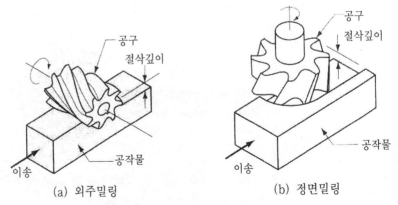

(a) 외주밀링　　　　　　　(b) 정면밀링

그림 4-1　외주밀링과 정면밀링

외주밀링은 슬래브밀링(slab milling) 또는 플레인밀링(plain milling)이라고도 하며, 밀링커터의 원통 외주부에 날이 있어 공구의 회전축과 평행한 면이 가공된다. 〔그림 4-2〕는 여러 가지 외주밀링작업을 나타낸 것이다. 그림에서 슬래브밀링은 폭이 넓은 밀링커터로 평면을 절삭하는 작업이며, 슬로팅은 폭이 좁은 공구를 사용하여 긴 홈을 가공하는 작업이다. 사이드밀링은 공작물의 측면부를 대상으로 가공하는 작업이며, 스트래들밀링은 밀링커터를 두 개 사용하여 공작물의 양쪽 측면부를 동시에 가공하는 작업이다.

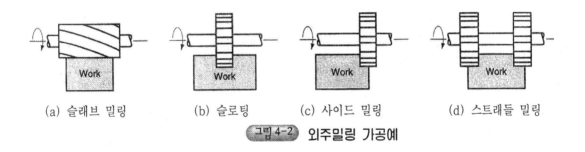

(a) 슬래브 밀링   (b) 슬로팅   (c) 사이드 밀링   (d) 스트래들 밀링

그림 4-2   외주밀링 가공예

정면밀링은 공구의 단면과 단면부 원통에 날이 있어 공구의 회전축에 수직한 면이 주 가공대상이 된다. 정면밀링에서도 절삭은 단면 외주부의 날이 주로 담당하며, 단면부의 날은 가공면을 다듬질하게 된다. 〔그림 4-3〕은 여러 가지 정면밀링 작업을 나타낸 것이다. 그림에서 (a)와 (b)는 정면밀링커터를 사용한 작업으로 넓은 면이나 또는 면의 일부분이 평면으로 가공된다. 그림 (c)~(f)는 엔드밀을 공구로 사용하는 작업으로, 엔드밀링은 따로 분류하는 경우도 있으나 작업방식에서는 정면밀링에 포함된다. 엔드밀링에서는 공구의 직경이 작고 종류가 다양하며, 적절한 제어기술을 활용하여 홈파기, 윤곽절삭, 포켓절삭, 곡면절삭 등의 다양한 가공이 이루어진다.

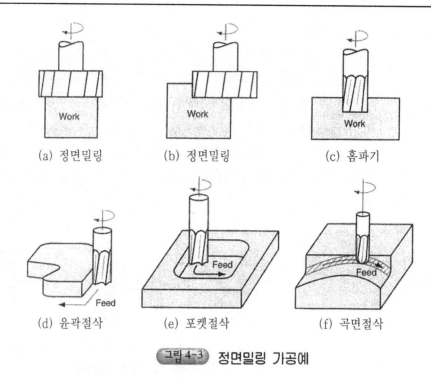

(a) 정면밀링   (b) 정면밀링   (c) 홈파기

(d) 윤곽절삭   (e) 포켓절삭   (f) 곡면절삭

그림 4-3 정면밀링 가공예

2. 밀링해석

2.1 절삭속도와 이송

외주밀링이나 정면밀링 모두 밀링커터의 날 외주부에서의 원주속도를 절삭속도라고 한다. 절삭속도 V[m/min]와 주축의 회전수 N[rpm]과의 관계는 다음과 같다.

$$V = \frac{\pi DN}{1000} \quad \text{[m/min]} \tag{4-1}$$

여기서 D[mm]는 밀링커터의 직경이다.

밀링커터는 날이 여러 개인 다인공구로 공구의 회전에 따라 날이 단속적으로 절삭을 하게 된다. 또한 밀링커터는 종류나 크기에 따라서 날의 개

수도 달라지기 때문에 이송은 날 한 개에 대한 것을 기준으로 한다. 외주 밀링에서의 이송과정은 〔그림 4-4〕와 같다. 날 한 개 당의 이송은 각 날이 절삭을 하는 동안에 공작물이 이송한 거리이며, 공구가 1회전하는 동안의 이송은 날 한 개 당의 이송에 날 개수를 곱해주면 구해지고, 공작물의 이송속도는 공구 1회전당의 이송에 공구의 회전수를 곱하면 된다.

$$f_r = f_z z \quad [\text{mm/rev}]$$

$$f = f_z z N \quad [\text{mm/min}] \tag{4-2}$$

여기서 f_z- 날 한개당의 이송〔mm/tooth〕, z- 밀링커터의 날 개수

  f_r- 공구 1회전당의 이송〔mm/rev〕, f- 공작물의 이송속도

  N- 공구의 회전수

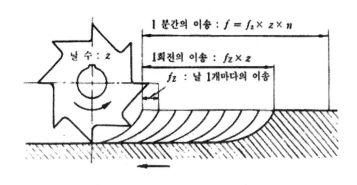

그림 4-4 밀링에서의 이송

밀링에서는 날이 절삭을 하는 동안 공작물이 이송되기 때문에 칩두께가 일정하지 않으며, 선삭과는 달리 절삭깊이에 의해서만 칩두께가 결정되지 않는다. 공구의 직경을 D, 절삭깊이를 d라 하면 변형되기 전의 칩의 길이는 근사적으로 절삭시작점과 공구가 회전하여 절삭종료점이 될 때 두 점 간의 거리로 다음과 같이 계산된다.

$$l = \sqrt{Dd} \quad [\text{mm}] \tag{4-3}$$

날한개에 의해서 제거되는 공작물의 단면적은 날한개당의 이송에 절삭깊이를 곱한 것으로 이 면적을 칩길이로 나누면 칩의 평균두께는 다음과 같이 구해 진다.

$$t = \frac{f_z d}{\sqrt{Dd}} = f_z \sqrt{\frac{d}{D}} \quad [\text{mm}] \tag{4-4}$$

여기서 t는 변형되기 전의 평균 칩두께이며, 칩두께는 절삭깊이, 이송, 공구직경에 의해서 결정되며, 칩두께가 커지면 날에 걸리는 절삭력이 증가하게 된다.

밀링시 절삭깊이는 거친절삭과 다듬질절삭에 따라 다르게 된다. 최대 절삭깊이는 밀링머신의 강성이나 동력의 크기, 공작물의 고정 상태 등에 따라서 다르지만 대략 5mm 이하로 한다. 한편, 다듬질절삭에서는 절삭속도는 빠르게 하고 절삭깊이를 작게 주는 것이 기본이지만, 절삭깊이가 너무 작으면 날 끝의 마멸이 커지므로 절삭깊이는 0.3~0.5mm 정도의 범위로 한다. [표 4-1]은 밀링에서의 공작물 재질과 공구에 따른 절삭속도이며, [표 4-2]는 공작물 재질과 공구 종류에 따른 날한개당의 이송이다.

[표 4·1] 밀링시 절삭속도 [m/min]

공구재질 공작물재질	고속도강	초경합금	
		거친절삭	다듬절삭
주철 무른 것	32	50~60	120~150
굳은 것	24	30~60	75~100
가단주철	24	30~75	50~100
강 무른 것	27	50~75	150
굳은 것	15	25	30
알루미늄	150	95~300	300~1200
황동 무른 것	60	240	180
굳은 것	50	150	300
청동	50	75~150	150~240
구리	50	150~240	240~300

[표 4·2] 낱한개당의 이송 [mm/tooth]

공작물 재질 \ 공구종류		정면 밀링커터		평면 밀링커터		홈 및 측면 밀링커터		엔드밀		총형 밀링커터		금속톱	
		HS	C	HS	C	HS	C	HS	C	HS	C	HS	C
플라스틱		0.32	0.38	0.25	0.30	0.20	0.23	0.18	0.18	0.10	0.13	0.08	0.10
Al, Mg합금		0.55	0.50	0.40	0.40	0.32	0.30	0.28	0.25	0.18	0.15	0.13	0.13
황동 청동	쾌삭	0.55	0.50	0.40	0.40	0.32	0.30	0.28	0.25	0.18	0.15	0.13	0.13
	보통	0.35	0.30	0.25	0.25	0.20	0.18	0.18	0.15	0.10	0.10	0.08	0.08
	굳은 것	0.23	0.25	0.20	0.20	0.15	0.15	0.13	0.13	0.08	0.08	0.05	0.08
구리		0.30	0.30	0.25	0.23	0.18	0.18	0.15	0.15	0.10	0.10	0.08	0.08
주철 H$_B$ 150~180		0.40	0.50	0.32	0.40	0.23	0.30	0.20	0.25	0.13	0.15	0.10	0.13
H$_B$ 180~220		0.32	0.40	0.25	0.30	0.18	0.25	0.18	0.20	0.10	0.13	0.08	0.10
H$_B$ 220~300		0.28	0.30	0.20	0.25	0.15	0.18	0.15	0.15	0.08	0.10	0.08	0.08
가단주철, 주강		0.30	0.35	0.25	0.28	0.18	0.20	0.15	0.18	0.10	0.13	0.08	0.10
탄소강	쾌삭강	0.30	0.40	0.25	0.32	0.18	0.23	0.15	0.20	0.10	0.13	0.08	0.10
	연강, 보통강	0.25	0.35	0.20	0.28	0.15	0.20	0.13	0.18	0.08	0.10	0.08	0.10
합금강 H$_B$ 180~220		0.20	0.35	0.18	0.28	0.13	0.20	0.10	0.18	0.08	0.10	0.05	0.10
H$_B$ 220~300		0.15	0.30	0.13	0.25	0.10	0.18	0.08	0.15	0.05	0.10	0.05	0.08
H$_B$ 300~400		0.10	0.25	0.08	0.20	0.08	0.15	0.05	0.13	0.05	0.08	0.03	0.08
스테인리스강		0.15	0.25	0.13	0.20	0.10	0.15	0.08	0.13	0.05	0.08	0.05	0.08

* HS: 고속도강, C: 초경합금

2.2 절삭시간과 절삭률

외주밀링에서 절삭이 시작될 때와 종료될 때의 공구와 공작물의 상대위치는 [그림 4-5]와 같다. 절삭은 공구의 원통부와 공작물이 만나는 지점에서 시작되기 때문에 공작물의 이송길이는 진입길이를 고려해서 결정해야 한다. 진입길이 A는 다음과 같이 구해진다.

$$A = \sqrt{d(D-d)} \; [\text{mm}] \tag{4-5}$$

따라서 공작물의 길이를 L이라 하면 절삭에 소요되는 시간은 다음과 같이 전체 이송길이를 이송속도로 나누면 구해진다.

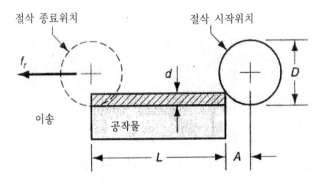

그림 4-5 슬래브밀링에서의 절삭

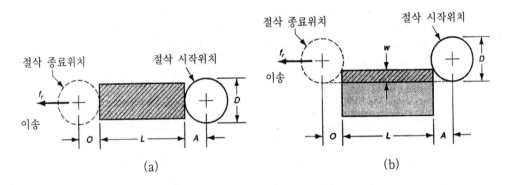

(a)   (b)

그림 4-6 정면밀링에서의 절삭

$$T = \frac{L+A}{f} \ [\text{min}] \qquad\qquad (4\text{-}6)$$

정면밀링에서는 공작물의 윗면을 전부 밀링하는 경우와 공작물을 편위시켜 평면의 일부분만 밀링하는 두가지 경우가 있다. 각각의 경우 공구의 절삭 시작위치와 종료위치는 〔그림 4-6〕과 같이 공구의 원통부가 공작물에 접하는 위치가 된다. 정면밀링에서는 공구가 공작물을 완전히 벗어난 위치가 종료위치가 되므로 공작물을 과이송시켜 주어야 하며, 과이송길이는 진입길이와 같다. 공구의 직경을 D라 하면 면을 전부 절삭하는 경우 진입길이 A와 과이송길이 O는 다음과 같다.

$$A = O = \frac{D}{2} \tag{4-7}$$

공작물에서 폭 w만큼의 부분만 밀링하는 경우에는 다음과 같이 구해진다.

$$A = O = \sqrt{w(D-w)} \tag{4-8}$$

공작물의 전체 이송길이는 공작물 길이에 진입길이와 과이송길이를 더한 것이 되며, 절삭시간은 다음과 같이 구해진다.

$$T = \frac{L+2A}{f} \tag{4-9}$$

공작물의 길이를 L, 절삭폭을 w, 절삭깊이를 d라 하면 절삭률은 다음과 같이 구해진다.

$$M = \frac{wdL}{1000\,T} = \frac{wdf}{1000} \quad [\text{cm}^3/\text{min}] \tag{4-10}$$

절삭률 계산시에는 진입길이와 과이송길이는 무시한다. 식(4-10)의 절삭률 계산식은 외주밀링이나 정면밀링에 모두 적용된다.

<예제 1> 길이 L=300mm, 폭 W=100mm인 연강을 직경이 D=50mm, 날개수 z=20개인 직선날의 플레인밀링커터로 회전수 N=100rpm, 이송 f_z=0.25mm/tooth, 절삭깊이 d=3.0mm로 슬래브밀링 한다.

가) 절삭속도와 이송속도를 구하시오

절삭속도 $\quad V = \dfrac{\pi D N}{1000} = \dfrac{\pi(50)(100)}{1000} = 15.7 \text{ m/min}$

이송속도 $\quad f = f_z z N = (0.25)(20)(100) = 500 \text{ mm/min}$

나) 칩길이와 변형전 평균 칩두께를 구하시오

칩길이 $\quad l = \sqrt{Dd} = \sqrt{(50)(3)} = 12.2$ mm

칩두께 $\quad t = f_z \sqrt{\dfrac{d}{D}} = 0.25\sqrt{\dfrac{3}{50}} = 0.06$ mm

다) 절삭시간을 구하시오

진입길이 $\quad A = \sqrt{d(D-d)} = \sqrt{3(50-3)} = 11.87$ mm

절삭시간 $\quad T_m = \dfrac{L+A}{f_z zN} = \dfrac{300+11.87}{500} = 0.62$ min

라) 절삭률을 구하시오

절삭률 $\quad M = \dfrac{Wdf}{1000} = \dfrac{(100)(3)(500)}{1000} = 150$ cm^3/min

마) 절삭동력을 구하시오 (연강에 대한 단위동력은 0.06이다)

동력 $\quad P = P_u M = (0.06)(150) = 9.0$ ps

바) 공구에 작용하는 토크를 구하시오

토크 $\quad T = \dfrac{716.2P}{N} = \dfrac{(716.2)(9)}{100} = 64.5$ kgf-m

3. 밀링머신의 종류와 부속장치

3.1 밀링머신의 종류

밀링의 활용범위는 매우 넓으며, 생산성이 높은 가공방법으로 밀링의 원리를 도입한 다양한 공작기계가 개발되어 사용되고 있다. 밀링머신에는 가공의 유연성을 기본방향으로 개발된 것, 모형에 대한 복제 생산에 중점을 둔 것, 대량생산을 목표로 한 것, 수치제어에 의하여 밀링뿐만 아니라 다른 기본적인 절삭가공이 가능하도록 한 것 등 종류에 따라 필요한 특징이 부여되어 있다.

밀링머신은 여러 가지 형식이 있으며, 크기도 다양하다. 밀링머신의 크기 표시는 여러 가지 방법이 있지만 표준형 밀링머신에서는 테이블의 이동거리를 기준으로 호칭을 붙여 표시한다. [표 4-3]은 니칼럼형 밀링머신의 호칭번호와 테이블 이동거리를 나타낸 것이다.

[표 4·3] 니칼럼형 밀링머신의 호칭번호

호칭번호	No. 0	No. 1	No. 2	No. 3	No. 4	No. 5
테이블의 좌우이동	450	550	700	850	1,050	1,250
새들의 전후이동	150	200	250	300	350	400
니의 상하이동	300	400	400	450	450	500

1) 니컬럼 밀링머신(knee-and-column milling machine)

니컬럼이라는 명칭은 핵심 주요부품인 테이블을 지지하는 니와 스핀들을 지지하는 컬럼에서 따온 것이며, 가장 기본적인 밀링머신으로 니(knee), 새들(saddle), 테이블(table), 칼럼(column) 등으로 구성되어 있다. 공작물은 테이블에 고정되는데 상하, 전후, 좌우로 이동시킬 수 있다.

니칼럼 밀링머신은 [그림 4-7]에 나타낸 바와 같이 수평밀링머신(horizontal milling machine)과 수직밀링머신(vertical milling machine) 두 가지 형식이 있다. 두 형식 모두 공작물의 이송방법은 동일하나 수평형은 주축이 칼럼 상부에 수평방향으로 위치해 있다. 밀링커터는 아버에 고정시키고 아버가 주축에 장착되어 회전된다. 절삭력에 의해 아버가 변형되는 것을 방지하기 위하여 아버의 끝단은 오버암으로 지지시킨다. 수평밀링머신에는 플레인밀링커터, 사이드밀링커터 등이 사용된다. 한편, 수직밀링머신은 주축헤드가 테이블에 수직으로 위치해 있으며, 커터는 아버를 사용하지 않고 스핀들에 바로 연결되고 주로 정면밀링커터와 엔드밀 등이 사용된다.

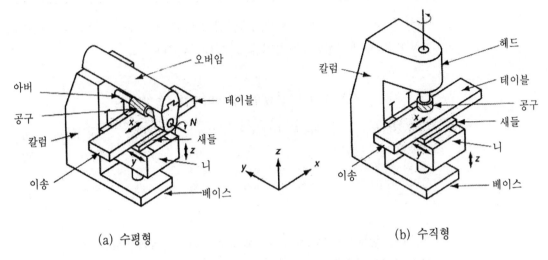

(a) 수평형 (b) 수직형

그림4-7 니칼럼 밀링머신

니칼럼 밀링머신의 주요 구성요소는 다음과 같다.

(1) 테이블(table)

공작물을 고정하는 곳으로 테이블 면에 T홈이 파여져 있어 공작물을 고정하기 위한 지그, 바이스 등의 장치를 설치할 수 있게 되어 있다. 테이블은 좌우로 이동된다.

(2) 새들(saddle)

테이블을 지지하며, 전후방향으로 이동된다.

(3) 니(knee)

새들을 지지하며, 상하로 이동시켜 절삭깊이를 조정한다.

(4) 컬럼(column)

컬럼은 밀링머신의 몸체로서 절삭저항의 변동에 잘 견딜수 있도록 충분한 강성이 요구된다. 컬럼 전면의 안내에 따라서 니가 상하운동을 한다.

(5) 오버암(over arm)

수평 밀링머신에만 있으며, 평면 밀링커터를 설치하기 위한 부속장치인 다양한 길이의 아버를 설치할 수 있도록 조정이 가능한 구조로 되어 있다.

(6) 주축대

주축대는 주축과 커터홀더를 포함하고 있다. 수직 밀링머신에는 주축대가 고정된 형태와 상하로 이동이 가능한 형태가 있다. 그리고 경사면을 효과적으로 가공하기 위하여 주축대를 일정한 각도로 회전시킬 수 있는 구조도 있다.

특수 니칼럼 밀링머신으로 만능밀링머신(universal milling machine)과 램밀(ram mill)이 있다. 만능밀링머신은 수평형과 유사하나 〔그림 4-8〕과 같이 새들위에 회전대가 있어 수평면 내에서 테이블을 회전시킬 수 있는 구조로 되어 있다. 따라서 테이블을 일정한 각도로 회전시켜 이송시킬 수 있기 때문에 경사면이나 나선 등을 가공할 수 있다. 램밀은 〔그림 4-9〕와 같이 수직형과 유사하나 주축이 램에 설치되어 있어 주축대를 직선운동 시켜 위치를 조정하고 주축대 선회가 가능한 구조로 되어있어 다양한 가공을 할 수 있다.

그림4-8 만능 밀링머신

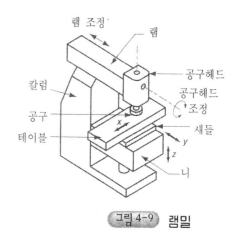

그림4-9 램밀

2) 베드 밀링머신(bed milling machine)

베드 밀링머신은 가공능률에 주안점을 두어 기능을 단순화하고 자동화시킨 밀링머신으로 새들과 니가 없이 테이블을 베드 위에 설치하여 좌우 이송만 시키는 방식이 사용되고 있다. 기계의 강성이 커서 니칼럼 밀링머신에 비해 중절삭이 가능하다.

베드 밀링머신에는 주축 헤드가 1개 있는 단두형, 2개 있는 쌍두형, 3개 이상인 다두형이 있다. 쌍두형이나 다두형은 각 스핀들에 공구를 물려 동시에 절삭을 할 수 있기 때문에 가공시간을 크게 단축시킬 수 있다. 베드 밀링머신은 생산성을 가장 큰 목표로 하고 있으며, 생산형 밀링머신(production type milling machine)이라고도 한다.

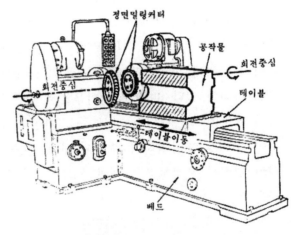

그림 4-10   베드 밀링머신

3) 플레이너 밀링머신(planer milling machine)

플레이너 밀링머신은 대형 공작기계 중의 하나이며, 플라노밀러(plano-miller)라고도 한다. 대형 공작물을 테이블에 설치하고 테이블을 이송시키면서 가공하는 방식에서는 플레이너와 동일하나 플레이너에서는 바이트를 사용하여 절삭하는데 비하여 플레이너 밀링머신에서는 밀링커터를 사용하기 때문에 효과적으로 가공할 수 있다. 여러 개의 밀링커터를 설치하여 가공할 수 있기 때문에 다양한 가공을 수행할 수 있다.

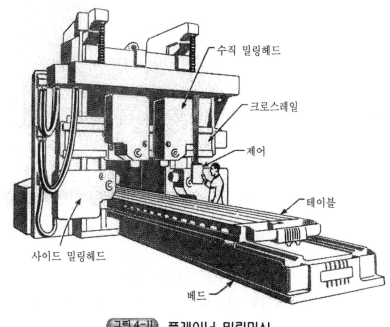

수직 밀링헤드
크로스레일
제어
테이블
사이드 밀링헤드
베드

그림 4-11 플레이너 밀링머신

4) 모방 밀링머신(profile milling machine)

모방 밀링머신은 〔그림 4-12〕에 도시한 바와 같이 트레이싱 프로부 (tracing probe)가 형판위를 움직이면서 형판의 형상을 복제 가공할 수 있도록 전기적이나 공압액튜에이터 등의 방식에 의해 공작물 이송을 제어하면서 가공하는 기계이다.

모방밀링머신은 단순 이송만으로 가공하기 어려운 제품 제작에 많이 사용되어 오고 있으나 최근에는 CNC밀링머신이나 머시닝센터가 이를 대체하고 있는 추세이다.

그림 4-12 모방 밀링머신

5) CNC 밀링머신(CNC milling machine)

서보장치를 사용하여 공구궤적을 수치제어하면서 가공하는 밀링머신이다. 이축이나 삼축제어를 통하여 곡면밀링, 포켓밀링, 윤곽밀링 등의 작업을 효과적으로 할 수 있다.

그림 4-13 CNC 밀링머신

6) 특수 밀링머신

특수한 가공을 위한 장치를 부착하거나 특정한 가공에 적합하도록 구조를 변경한 밀링머신이다. 공구 밀링머신, 나사 밀링머신 등이 있다.

〔그림 4-14〕 나사 밀링머신

3.2 밀링머신의 부속장치

1) 아버(arbor)

아버는 수평밀링머신에서 밀링커터를 장착하는데 사용된다. 아버의 한쪽 끝은 주축에 삽입되고 다른 쪽 끝은 오버암에 의하여 지지된다. 아버는 오래 사용하여도 변형되지 않고 흠집이 생기지 않도록 구조용 합금강으로 제작하며, 열처리를 한다.

아버는 〔그림 4-15〕에 나타낸 바와 같이 칼라(collar)로 밀링커터의 위치를 조정하고 여러 개의 밀링커터를 장착할 수 있도록 되어 있다.

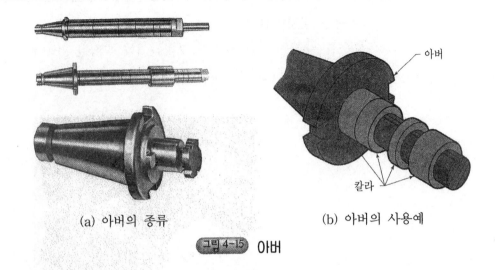

(a) 아버의 종류   (b) 아버의 사용예

그림 4-15 아버

2) 어댑터와 콜릿(adapter and collet)

엔드밀과 같이 섕크가 있는 공구를 고정시키는데 어댑터와 콜릿이 사용된다. 어댑터와 콜릿을 조합하여 공구를 물릴 수 있으며, 곧은 섕크에는 스프링 척 방식이 사용된다.

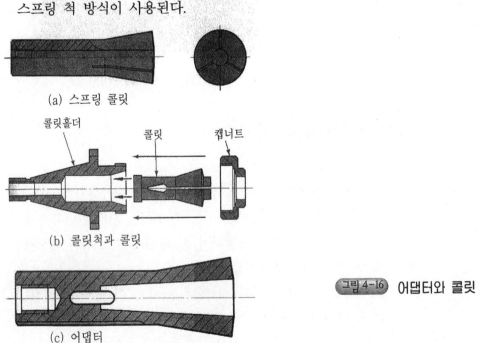

(a) 스프링 콜릿

(b) 콜릿척과 콜릿

(c) 어댑터

그림 4-16 어댑터와 콜릿

3) 밀링 바이스(milling vise)

밀링 바이스에는 보통바이스, 회전바이스, 만능바이스 및 유압 바이스 등이 있으며, 바이스는 테이블 위에 있는 T홈에 가이드 블록과 클램핑 볼트를 이용하여 설치되며, 바이스에 공작물을 고정한다.

(a) 회전바이스   (b) 만능바이스

그림 4-17 밀링 바이스

4) 회전 테이블(rotary table)

회전 테이블은 공작물을 회전시키기 위한 부속장치로 수동 핸들에 의해 회전되며, 공작물에 원형의 호를 가공하거나 간단한 분할작업에 사용된다.

그림 4-18 회전 테이블

5) 분할대(index head)

분할대는 주축대와 심압대가 한쌍으로 되어 있으며, 밀링머신의 테이블 위에 설치된다. 분할대에서는 분할작업뿐만 아니라 변환기어를 사용하면 나선 등을 가공할 수 있다.

분할대 주축

분할 크랭크

섹터암 분할판

그림 4-19 분할대

6) 슬로팅 장치(slotting attachment)

슬로팅 장치는 니칼럼형 밀링머신의 칼럼면에 설치하여 사용한다. 이 장치를 사용하면 밀링머신 주축의 회전운동이 공구대 램의 직선 왕복운동으로 변환되기 때문에 밀링머신에서 바이트를 사용하여 절삭가공을 할 수 있다.

그림 4-20 슬로팅 장치

7) 수직축 장치(vertical milling attachment)

수직축 장치는 수평축 회전을 수직축 회전으로 변환시키기 위한 것으로 수평밀링머신 칼럼상의 주축부에 고정된다. 장치 내부에서는 기어로 회전 방향을 변경시켜 주며, 수직축은 칼럼면과 평행인 면내에서 임의의 각도로 경사시켜 작업할 수 있다.

그림 4-21 수직축 장치

8) 만능 밀링장치(universal milling attachment)

만능 밀링장치는 수평 밀링머신에 설치되며, 임의의 각도로 공작물을 회전시키는데 사용된다. 만능 밀링장치를 사용하면 금형 등에 있는 경사진 부분을 엔드밀, 드릴 등의 공구로 가공할 수 있다. 그리고 이 장치와 만능 분할대를 함께 사용하면 수평 밀링머신에서 만능 밀링머신과 같은 가공을 할 수 있다.

그림 4-22 만능 밀링장치

4. 밀링커터

4.1 밀링커터의 종류

밀링커터는 공작물의 형상과 작업종류에 따라 여러 가지가 사용된다. 밀링커터의 재료로는 고속도강이 가장 많이 쓰이고, 초경합금의 날을 끼우는 방식도 정면 밀링커터에서는 많이 볼 수 있다.

밀링커터는 구조에 따라서는 단일재료를 가공하여 제작되는 단체형 커터, 팁을 브레이징 또는 용접한 날붙이 밀링커터, 팁을 기계적으로 죔 고정하여 사용한 후 팁만 교환하는 스로어웨이 밀링커터가 있다. 그리고 형태에 따라서는 원통형 커터와 자루형 커터로 구분하고 있다. 여기서는 작업종류에 따라서 밀링커터를 살펴보기로 한다.

1) 플레인 밀링커터(plain milling cutter)

원통의 원주부에 절삭날이 있는 밀링커터로 수평밀링머신에서 주축에 평행한 평면을 절삭하는데 쓰이며, 평밀링커터라고도 한다. 곧은 날과 비틀림 날이 있다. 비틀림 날의 나선각은 보통 15°~30° 정도이며, 커터의 날에 비틀림을 주면 절삭 시작시 날에 걸리는 충격이 작아지고 절삭저항이 점진적으로 증가하여 절삭작용이 원활해진다.

〔표 4-4〕는 KS B3977에 규정되어 있는 플레인밀링커터의 보통날에 대한 규격이다. 보통날은 비틀림각이 약 15°이며, 날개수는 12, 14, 16, 18개이며, 거친날1형은 비틀림각이 약 25°이며, 날개수는 8, 10, 12개, 거친날2형은 비틀림각이 약 65°이며, 날개수는 6, 8, 10개를 표준으로 한다. 거친날은 날의 강성을 크게 해주고 절삭시 칩이 저장되는 공간을 충분히 확보할 수 있도록 하기 위해서 동일한 공구외경에 대해서 보통날보다 날개수를 적게 해준다. 〔그림 4-23〕은 플레인밀링커터의 사진이며, 비틀림각이 45°이상인 커터는 헬리컬밀링커터라고 한다.

[표 4·4] 보통날 (KS B3977)

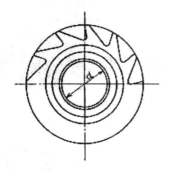 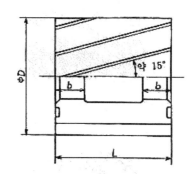

단위 : mm

| 바깥지름 D | | 구멍 지름 d | | | | 나 비 | 참 고 | |
| | | A 식 | | B 식 | | L | | |
기준 치수	허용차 (js 16)	기준 치수	허용차 (H7)	기준 치수	허용차 (H7)		b	날 수
50	±0.80	22	+0.021 / 0	22.225	+0.021 / 0	40	10	12
						63	15	
						80	20	
63	±0.95	27	+0.021 / 0	25.4	+0.021 / 0	50	12	14
						70	18	
80	±0.95	32	+0.025 / 0	31.75	+0.025 / 0	63	15	14
						100	25	
100	±1.10	40	+0.025 / 0	38.1	+0.025 / 0	70	18	16
						125	30	
125	±1.25	50	+0.025 / 0	50.8	+0.030 / 0	125	30	18
						200	50	

비 고　1. d에 키홈을 필요로 할 때의 키홈은 KS B 3203에 따른다.

　　　2. L의 허용차는 KS B 0412의 거친급에 따른다.

　　　3. d의 B식은 되도록 사용하지 않는다.

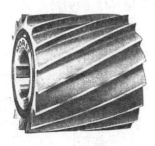
(a) 경절삭용

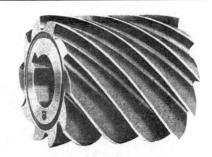

(b) 중절삭용

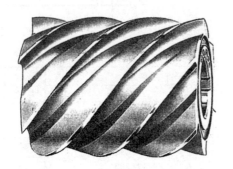
(c) 헬리컬 밀링커터

(d) 헬리컬 밀링커터에 의한 절삭

그림 4-23 플레인 밀링커터

(a) 평측 밀링커터

(c) 반측 밀링커터

(b) 엇갈린날 밀링커터

그림 4-24 사이드 밀링커터

2) 사이드 밀링커터(side milling cutter)

공구의 원주면과 측면에 날이 있는 커터로 측밀링커터라고도 한다. 날의 형상에 따라 세가지로 분류된다. 평측 밀링커터는 곧은 날로 원주부와 양쪽 측면에 날이 있으며 홈파기, 측면절삭 등에 사용된다. 엇갈린날 밀링커터는 날의 비틀림 방향이 엇갈려져 있는 커터로 고속절삭이 가능하고 채터링을 줄일 수 있으며 깊은 홈 가공에 우수한 특성을 발휘하고 있다. 반측 밀링커터는 날이 원주부와 한쪽 측면에만 있는 커터이다.

3) 각 밀링커터(angle milling cutter)

밀링커터 축에 대하여 경사진 면을 가공하기 위한 커터로 원추면에 날이 있는 편각커터와 V형의 외주부에 날이 형성되어 있는 양각커터가 있다. 편각커터는 날의 원추면 경사각 45°, 60°, 50°, 70°, 80°인 것이 사용되며, 양각커터는 두 원추면이 이루는 각이 45°, 65°, 90°인 것이 사용된다. 양각커터에서 두 원추면이 수평면과 이루는 각이 다른 커터도 있는데 이를 부등각 커터라고 한다. 각 밀링커터는 각 절삭, 나사산 가공, 노치나 세레이션 가공 등에 사용된다.

(a) 편각커터   (b) 양각커터

그림 4-25 각 밀링커터

4) 총형 밀링커터(formed milling cutter)

형상이 있는 날을 가진 밀링커터를 총형 밀링커터라고 한다. 반원형의 홈, 반원형의 볼록한 단면부, 스플라인, 인볼류트 기어 등의 가공을 위한

공구는 규격화 되어 있으나 특수한 형상의 가공을 위해서는 가공면의 단면형상에 맞도록 제작하여야 한다. 총형 밀링커터에서는 날이 마멸되었을 때 재연삭을 위하여 여유면을 윤곽과 같은 형상으로 만들고 재연삭시는 경사면을 연삭한다.

그림 4-26 총형 밀링커터

5) 정면 밀링커터(face milling cutter)

공구의 단면과 외주부에 날이 있으며, 커터 축에 수직인 평면을 가공하는데 사용된다. 정면 밀링커터는 넓은 평면을 가공하기 위한 것으로 대형이기 때문에 절삭능률과 다듬질면 정밀도가 우수한 초경날을 심은 방식이 많이 사용되고 있다.

그림 4-27 정면 밀링커터

6) 엔드밀(end mill)

엔드밀은 단면과 외주부에 날이 있는 생크 타입의 밀링커터를 총칭하며, 다양한 종류가 사용되고 있다. 엔드밀은 수평 또는 수직으로도 설치하여 사용할 수 있고 한 개의 공구로 정면절삭, 측면절삭, 단절삭, 홈절삭, 곡면절삭 등의 각종 가공이 가능하다. 엔드밀은 그 용도가 매우 다양하며, 엔드밀 가공은 기계 가공 중에서 큰 비중을 차지하고 있다. 특히, 수치제어 공작기계에서는 엔드밀의 공구궤적을 제어하여 복잡한 형상의 제품을 정밀하게 가공할 수 있다. 엔드밀에 의한 가공을 분류해보면 기본적으로 단면날에 의한 정면절삭, 외주날에 의한 측면절삭과 정면절삭과 측면절삭이 복합화한 절삭의 세가지로 구분할 수 있다.

〔그림 4-28〕은 일반적으로 많이 사용되고 있는 엔드밀로 고속도강이나 초경합금으로 제작된다. 볼 엔드밀은 곡면이나 형조각에 사용된다. 대형 엔드밀은 〔그림 4-29〕(a)에서와 같이 날부와 생크가 별개로 되어 있으며 이를 셸엔드밀이라 한다. 최근에 볼엔드밀은 〔그림 4-29〕(b)와 같이 스로어웨이 팁을 사용하는 것도 많이 볼 수 있다.

(a) 표준 엔드밀

(b) 거친 절삭용

(c) 볼 엔드밀

그림 4-28 엔드밀

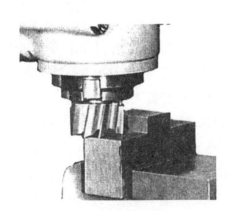

(a) 셸 엔드밀

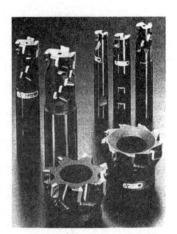

(b) 스로어웨이 엔드밀

그림 4-29 셸 엔드밀과 스로어웨이 엔드밀

7) 플라이 커터(fly cutter)

밀링에서 사용하는 단인공구로 큰 원호부분을 가공하는 경우에 사용되며, 바이트 날은 필요한 형상으로 제작하여 사용하는 경우가 많다.

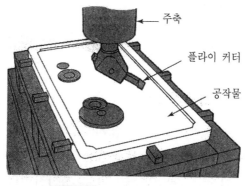

그림 4-30 플라이 커터

8) 기타 밀링커터

T홈을 가공하기 위한 T홈 밀링커터, 장부맞춤부 가공을 위한 더브테일 밀링커터(dovetail milling cuter), 얇은 플레인 밀링커터로 절단과 홈파기에 사용되는 메탈 슬리팅 소(metal slitting saw)가 있다.

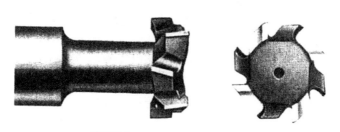

그림 4-31 T홈 밀링커터

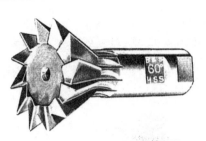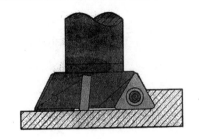

그림 4-32 더브테일 밀링커터

4.2 밀링커터의 공구각

〔그림 4-33]과 〔그림 4-34]는 플레인 밀링커터와 정면 밀링커터의 날 부분 형상과 주요 공구각을 나타낸 것이다. 플레인 밀링커터에서 날부분 이 반경방향과 이루는 각을 경사각이라 한다. 정면 밀링커터에는 경사삭 이 두 개 있는데 단면에서 날이 반경방향과 이루는 각을 레이디얼 경사 각이라 하며, 경사면이 축방향과 이루는 각을 액시얼 경사각이라 한다. 경 사각을 크게 하면 절삭저항은 감소되나 날이 약해지는 문제가 있다.

여유각은 절삭날의 뒷면과 공작물의 가공된 면과의 마찰을 줄이기 위한 각으로, 정면 밀링커터에서는 레이디얼 여유각이라고 하며, 축방향과 수직 한 평면과 이루는 각을 액시얼 여유각이라 한다. 일반적으로 여유각이 크 면 공구의 마멸은 감소되나 날 끝이 약해지게 된다. 단단한 재료의 절삭 에는 여유각을 작게하고 연한재료의 절삭에는 여유각을 크게 해주는 것 이 일반적이다.

곧은 날의 밀링커터는 공구의 회전에 따라 날이 하나씩 순차적으로 단 속절삭을 하기 때문에 떨림이 나타날 가능성이 크므로 날의 개수를 많게 해주는 것이 좋다. 날에 비틀림을 주면 동시에 절삭하는 날의 개수가 많 아지며, 날에 걸리는 절삭저항도 점차적으로 증가되기 때문에 절삭이 순 조롭고 양호한 가공면을 얻을 수 있다. 일반적으로 날의 폭이 20mm 이상 의 평면 밀링커터는 거의 대부분 비틀림 날을 사용한다. 플레인 밀링커터 날 뒷부분에는 랜드(land)를 두는데 날에 적당한 두께를 부여하여 날의 강성을 증가시키며, 날이 마멸되었을 때 랜드만 연삭하여 재사용한다.

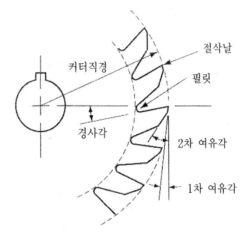

그림 4-33 플레인 밀링커터의 공구각

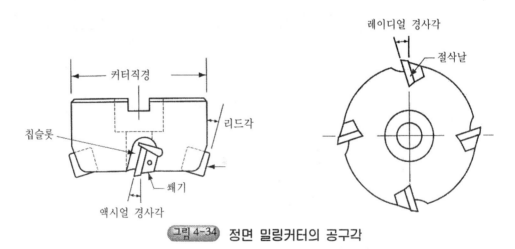

그림 4-34 정면 밀링커터의 공구각

5. 밀링작업

5.1 상향밀링과 하향밀링

밀링커터의 회전에 대해 공작물의 이송은 커터의 회전방향과 동일한 방향
이나 반대방향으로 모두 할 수 있는데 회전방향과 반대방향으로 공작물을

이송시키면서 절삭하는 것을 상향밀링(up milling) 또는 상향절삭이라 하고, 동일한 방향으로 공작물을 이송시키는 것을 하향밀링(down milling) 또는 하향절삭이라 한다. [그림 4-35]는 상향밀링과 하향밀링을 비교한 것이다. 정면밀링에서도 상향과 하향밀링이 있는데 [그림 4-36]과 같이 반시계방향으로 공구가 회전하고 좌에서 우로 공작물이 이송될 때 축 중심을 지나는 선을 기준으로 윗부분은 상향밀링이고 아랫부분은 하향밀링이 된다. 즉, 절삭력의 이송방향 성분이 이송방향과 반대방향이면 상향밀링이고 이송방향과 같은 방향이면 하향밀링이 된다.

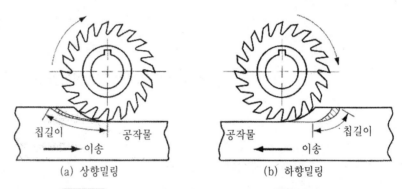

(a) 상향밀링   (b) 하향밀링

그림 4-35   외주밀링에서의 상향밀링과 하향밀링

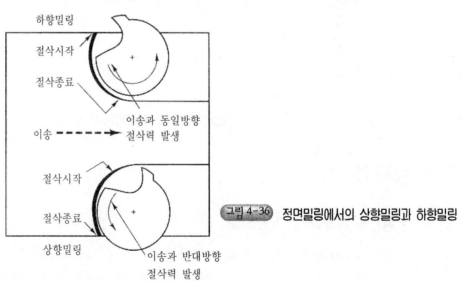

그림 4-36   정면밀링에서의 상향밀링과 하향밀링

상향밀링의 경우에는 절삭이 진행됨에 따라 공작물이 이송되어오기 때문에 칩길이가 길어지고 칩이 두꺼워지며, 절삭력 작용방향이 이송과 반대방향이며, 공작물을 들어올리려는 방향으로 힘이 작용하게 된다. 한편, 하향밀링의 경우에는 칩길이가 짧아지고 절삭진행에 따라 칩이 얇아지며, 절삭력 작용방향과 이송이 동일한 방향이며, 공작물을 내리 누르는 방향으로 힘이 작용한다. 상향밀링과 하향밀링의 특징을 비교하면 〔표 4-5〕와 같다.

[표 4-5] 상향밀링과 하향밀링

	상향밀링	하향밀링
장점	1. 칩이 날의 절삭을 방해하지 않는다. 2. 절삭방향과 이송이 반대로 백래시 문제가 없다. 3. 절삭저항이 점차적으로 증가하므로 날의충격이 작다.	1. 공작물 고정이 용이하다. 2. 절삭시 미끄럼이 작아 공구의 수명이 길다. 3. 동력손실이 작다. 4. 가공면이 양호하다.
단점	1. 공작물을 견고하게 고정해야 한다. 2. 절삭시 미끄럼이 커서 공구의 수명이 짧다. 3. 동력손실이 크다. 4. 하향밀링에 비해 가공면이 불량하다.	1. 칩이 날과 공작물 사이에 끼어 절삭에 방해가 될 수 있다. 2. 절삭저항과 충격력이 커서 날이 파손될 우려가 있다. 3. 절삭력이 이송방향으로 작용하므로 백래시 제거장치가 필요하다.

밀링머신에서 테이블은 리드스크루에 의해서 이송되는데 리드스크루와 테이블의 나사 사이에는 약간의 틈새가 있으며 이를 백래시라고 한다. 상향밀링에서는 절삭력 작용방향과 이송이 반대방향으로 절삭력이 리드스크루와 테이블의 나사산을 밀착시키는데 반하여 하향밀링에서는 〔그림 4-37〕과 같이 절삭력 작용방향과 이송이 동일한 방향이기 때문에 절삭력에 의해서 백래시 유격만큼 테이블에 추가적인 움직임을 가해줄 우려가 있다. 따라서 하향밀링은 백래시 제거장치가 있는 밀링머신에서만 수행할

수 있다. 기계가공에 사용되고 있는 밀링머신은 대부분 백래시 제거장치를 구비하고 있으며, 레버에 의해서 상향밀링과 하향밀링을 선정하도록 되어 있다. 밀링 가공도면에 특별히 밀링방법에 대한 지시가 없으면 상향밀링으로 가공을 하는 것이 일반적이다.

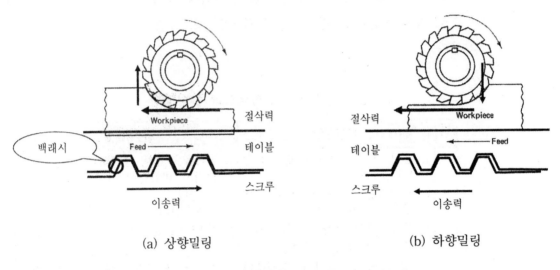

(a) 상향밀링   (b) 하향밀링

그림4-37 밀링에서의 절삭력

5.2 분할가공

분할가공은 분할대를 사용하여 공작물의 원주부를 등분하거나 공작물을 임의의 각도로 회전시켜 가공하는 작업이다.

분할방법에는 직접 분할법과 간접 분할법이 있다. 직접 분할법은 구멍이 같은 간격으로 뚫려있는 원판을 회전하는 방식으로 간단하기는 하나 다양한 분할작업을 할 수 없고 분할정도가 불량하다. 한편, 간접 분할법은 웜기어를 이용한 분할기구를 사용하여 정밀한 분할작업과 분할 등분수를 매우 다양하게 할 수 있다. 간접 분할법에는 단식 분할법과 차동 분할법 두 가지가 있다.

1) 직접 분할법

분할대 면판에 24개의 분할구멍이 있어 분할핀을 회전하여 면판의 구멍에 끼우는 방식으로 24의 약수인 2, 3, 4, 6, 8, 12, 24 등분을 할 수 있다. 7종의 분할만 가능하므로 활용범위가 좁다.

2) 단식 분할법

단식분할 기구는 〔그림 4-38〕과 같은 구조로 되어 있으며, 웜기어에 의해 40 : 1의 감속이 되기 때문에 분할크랭크를 40 회전시키면 분할대 주축이 1회전된다. 즉, 분할크랭크 1회전에 대해 주축은 1/40회전된다.

분할대의 분할판에는 등간격으로 구멍이 뚫려져 있어 분할크랭크를 회전하여 분할핀을 구멍에 끼워서 고정하면 분할이 이루어진다. 분할판은 신시내티형과 브라운샤프형이 사용되고 있으며, 분할판의 각 원주열에 등간격으로 뚫려있는 구멍수는 〔표 4-6〕과 같다.

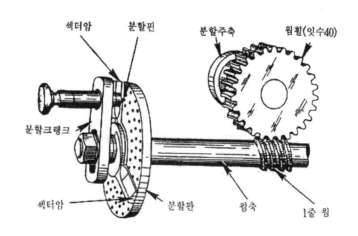

그림 4-38 단식분할 기구

[표 4-6] 분할판 종류 및 구멍수

종류	분할판	구멍수
신시내티형	앞면	24 25 28 30 34 37 38 39 41 42 43
	뒷면	46 47 49 51 53 54 57 58 59 62 66
브라운샤프형	No. 1	15 16 17 18 19 20
	No. 2	21 23 27 29 31 33
	No. 3	37 39 41 43 47 49

분할대에서 분할크랭크를 n회전 시키면 분할대 주축은 $n/40$ 회전되므로 1회전 즉, 360도에 대한 분할수 N은 다음과 같게 된다.

$$N = \frac{40}{n} \tag{4-11}$$

분할크랭크의 회전 n을 분할판에서 H개의 구멍이 뚫려있는 원주열을 선택하여 h개의 구멍개수 만큼 돌려서 고정시키는 것으로 나타내면

$$n = \frac{h}{H} \tag{4-12}$$

이 식을 식(4-11)에 대입하면 다음과 같이 분할작업에 대한 식이 구해진다.

$$\frac{h}{H} = \frac{40}{N} \tag{4-13}$$

한편, 분할대 주축의 공작물을 임의의 각도 A° 회전시키는 분할작업은 분할크랭크 1회전이 분할대주축을 9° 회전시키므로 다음과 같이 분할작업을 하면 된다.

$$\frac{h}{H} = \frac{A}{9} \tag{4-14}$$

<예제 2> 분할대주축에 장착한 공작물을 13등분하기 위한 분할작업을 설정하시오. 분할판은 신시내티형을 사용한다.

분할수 N=13

분할작업
$$\frac{h}{H} = \frac{40}{13} = 3\frac{1}{13}$$
$$= 3\frac{3}{39}$$

분할크랭크를 3회전 시키고 39개 구멍열중 3구멍 돌려주어 고정한다.

<예제 3> 분할대로 공작물을 7등분 하기 위한 분할작업을 설정하시오. 분할판은 브라운샤프형을 사용한다.

분할수 N=7

분할작업
$$\frac{h}{H} = \frac{40}{7} = 5\frac{5}{7}$$
$$= 5\frac{15}{21} = 5\frac{35}{49}$$

분할크랭크를 5회전 시키고 브라운샤프형 2번 판을 사용하는 경우에는 21개 구멍열중 15개 구멍, 3번 판은 49개 구멍열중 35개 구멍을 더 돌려주어 분할크랭크를 고정한다.

<예제 4> 분할대에서 공작물을 6° 18′ 회전시키기 위한 분할작업을 하시오. 분할판의 구멍열은 다음과 같다. 24, 25, 28, 30, 34, 37, 38, 39, 41, 42, 43

분할작업
$$\frac{h}{H} = \frac{6° \ 18′}{9} = \frac{378′}{(9 \times 60)}$$

$$= \frac{42}{60} = \frac{21}{30}$$

분할크랭크를 30개 구멍열중 21개 구멍을 돌려서 분할크랭크를 고정한다.

3) 차동 분할법

단식 분할법으로는 해당 구멍이 없어서 분할할 수 없는 경우에는 〔그림 4-39〕와 같은 차동 분할기구를 사용하여 분할한다. 차동분할의 원리는 단식 분할법에 의한 분할에 분할판 자체를 미세하게 회전시켜주는 것이다.

분할판과 분할대 주축의 회전비를 r이라 하고 분할판과 분할크랭크가 같은 방향으로 회전하는 경우에는 분할크랭크의 실제 1회전에 대해 분할대 주축은 1/40회전하고 분할판은 $r/40$회전하게 된다. 분할대 조작에서 1회전은 구멍이 기준이 되기 때문에 분할크랭크를 1회전 시켜 원래 구멍에 다시 위치시켰을 때 차동분할에서는 분할판이 회전되었기 때문에 실제 회전은 1회전이 아니다. 실제 회전을 x라 하면 분할판 회전은 $xr/40$이 되고 추가회전($x-1$)은 분할판의 회전에 의한 것이므로

$$x - 1 = \frac{xr}{40} \tag{4-15}$$

따라서 분할크랭크 1회전에 대한 분할크랭크 실제회전은 $40/(40-r)$이 되며, 이 때 분할대 주축은 $1/(40-r)$회전한다.

분할크랭크를 n회전 시키면 분할대 주축은 $n/(40-r)$회전 되므로 분할수는 다음과 같게 된다.

$$N = \frac{40 - r}{n} \tag{4-16}$$

분할크랭크의 회전을 구멍열로 나타내면 $n = h/H$ 이므로 이를 식 (4-16)에 대입하고 회전비 r에 대해서 정리하면

$$r = -\frac{h}{H}N + 40 \tag{4-17}$$

여기서 h/H는 단식분할에서의 분할수에 해당하므로 이를 N_1이라 하면 $40/N_1 = h/H$ 가 되므로 회전비는 다음과 같이 나타내진다.

$$r = \frac{40(N_1 - N)}{N_1} \tag{4-18}$$

차동분할에서는 회전비를 결정해주는 것이 핵심내용이다. 분할수 N이 단식분할 되지 않을 때 다음과 같은 방법으로 분할작업을 한다.

① N에 가까운 단식 분할수 N_1을 찾는다.

② 회전비를 계산하고 단식 또는 복식으로 변환기어를 선정하여 분할대에 장착한다.

$$\text{단식: } r = \frac{40(N_1 - N)}{N_1} = \frac{z_A}{z_D} \tag{4-19}$$

$$\text{복식: } r = \frac{z_A}{z_B}\frac{z_C}{z_D} \tag{4-20}$$

$$\text{단, } z_A + z_B > z_C, \quad z_C + z_D > z_B$$

③ 단식 분할수로 크랭크 회전수를 구하여 단식분할 작업을 한다.

$$n = \frac{40}{N_1} = \frac{h}{H}$$

여기서 z_A는 분할대 주축에 연결되는 기어의 잇수이며, z_D는 마이터 기어축에 연결되는 기어의 잇수이다. 기어비 r의 부호가 (+)인 경우에는 분할판 회전이 분할크랭크 회전과 같은 방향으로 1개의 중간기어를 사용하면 된다. 한편, r의 부호가 (-)인 경우에는 분할판이 분할크랭크 반대 방향으로 회전되어야 하며, 중간기어를 2개 사용하면 된다. 회전비를 단식으로 맞출 수 없을 때에는 다음과 같이 복식기어로 구성한다. 복식기어에서는 z_B와 z_C가 동일한 축 상에 구성되며, 중간기어 역할을 하기 때문에 기어비가 (+)인 경우는 중간기어가 필요없고, (-)인 경우 중간기어를 1개 사용해 주면 된다.

<예제 5> 분할대에서 113등분을 위한 분할작업을 설정하시오. 분할판의 구멍열: 24, 25, 28, 30, 34, 37, 38, 39, 41, 42, 43 기어잇수: 24(2개), 28, 32, 40, 48, 56, 64, 72, 86, 100

분할수 N=113 은 단식분할이 불가능하므로 113등분에 가까운 120을 단식분할수로 선정한다. 즉, N_1=120

분할수 N_1에 의한 분할작업

$$\frac{h}{H} = \frac{40}{120} = \frac{14}{42}$$

기어의 선정

$$r = \frac{40(N_1 - N)}{N_1} = \frac{40(120 - 113)}{120} = \frac{7}{3}$$

$$= \frac{56}{24}$$

분할대 주축에 잇수가 56개인 기어, 종동부에 잇수 24개인 기어를 연결하고 r>0이므로 중간기어를 한 개 사용하여, 차동분할대를 구성하고 분할 크랭크를 42개 구멍열중 14개 구멍 돌려서 고정한다.

<예제 6> 분할대에서 71등분을 위한 분할작업을 설정하시오. 분할판의 구멍열과 기어 잇수는 예제5와 동일하다.

분할수 N=71 – 단식분할이 안되는 분할수

N_1=70 으로 선정

분할수 N_1에 의한 분할작업

$$\frac{h}{H} = \frac{40}{70} = \frac{24}{42}$$

기어의 선정

$$r = \frac{40(N_1 - N)}{N_1} = \frac{40(70 - 71)}{70} = -\frac{4}{7}$$

$$= -\frac{32}{56}$$

분할대 주축에 잇수가 32개인 기어, 종동부에 잇수 56개인 기어를 연결하고 $r < 0$이므로 중간기어를 두 개 사용하여, 차동분할대를 구성하고 분할 크랭크를 42개 구멍열 중 24개 구멍 돌려서 고정한다.

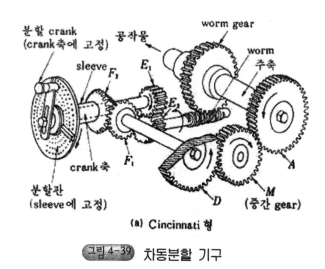

(a) Cincinnati 형

그림 4-39 차동분할 기구

5.3 나선가공

드릴, 리머, 헬리컬 기어 등의 나선 홈이 있는 공작물도 만능분할대를 사용하면 밀링머신에서 가공이 가능하다. 공작물을 만능분할대에 고정하고 만능밀링머신의 테이블을 나선의 비틀림각 α만큼 회전시켜 놓고 분할대와 테이블을 이송시키는 리드스크루와 기어열을 형성해주면 공작물의 회전에 따라 테이블이 이송되어 나선 홈이 가공된다.

공작물의 직경을 D라 하고, 나선의 비틀림각을 α라 하면 나선의 리드는 다음과 같다.

$$L = \frac{\pi D}{\tan \alpha} \quad \text{[mm]} \tag{4-21}$$

공작물 1회전에 대하여 테이블은 나선 홈의 리드만큼 이송되어야 한다. 분할대에서 공작물 1회전에 필요한 분할크랭크 회전수는 40회전이므로 테이블을 이송시키는 리드스크루의 피치를 p라 하면 리드스크루는 $L/40p$회전시켜야 한다. 따라서 변환기어의 잇수비 r은 다음과 같이 구해진다.

단식기어열 $\qquad r = \dfrac{L}{40p} = \dfrac{z_A}{z_D} \tag{4-22}$

복식기어열 $\qquad r = \dfrac{L}{40p} = \dfrac{z_A}{z_B} \dfrac{z_C}{z_D} \tag{4-23}$

$$\text{단, } z_A + z_B > z_C , \quad z_C + z_D > z_B$$

실제 나선가공 작업에 있어서는 나선의 리드를 계산하면 밀링머신에 부속된 교환 치차에 대해서 리드표가 제시되어 있으므로 리드표에서 치차열을 선정해주면 된다.

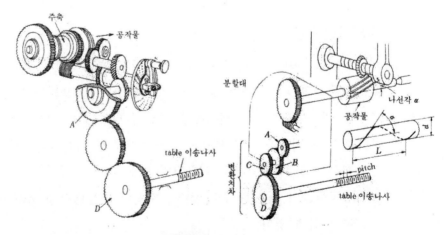

그림 4-40 나선가공

〈예제 7〉 리드가 $L=480$mm인 나선을 리드스크루의 피치가 $p=6$mm인 테이블의 밀링머신에서 가공하기 위한 변환기어를 선정하시오. (기어잇수는 예제5와 동일하다).

$$r = \frac{L}{40p} = \frac{480}{(40)(6)} = \frac{2}{1}$$

$$= \frac{48}{24} = \frac{z_A}{z_D} \qquad \text{또는} \quad \frac{z_A}{z_D} = \frac{64}{32}$$

〈예제 8〉 직경 $D=80$mm인 공작물에 리드 $L=480$mm인 나선을 가공하기 위한 테이블의 경사각을 구하시오.

$$\tan\alpha = \frac{\pi D}{L} = \frac{50\pi}{480} = 0.327$$

경사각 $\alpha = \tan^{-1}(0.327) = 18.11°$

제5장 셰이핑 및 플레이닝

1. 셰이핑(shaping)

1.1 셰이핑 개요

셰이핑은 [그림 5-1]과 같이 공구를 직선왕복운동 시키며 공작물에 간헐적으로 **이송**을 주어 가공하는 방법으로 형삭이라고도 한다. 셰이핑에 사용되는 **기계를** 셰이퍼(shaper) 또는 형삭기라고 한다.

셰이퍼에서 직선왕복운동하는 부품을 램(ram)이라 하는데 일반적으로 램이 전진운동을 하면서 절삭을 하게 되고 램이 복귀하는 동안에 공작물을 이송시킨다. 직선운동을 이용한 절삭특성에 공구대를 회전시켜 고정할 수 있고 절삭날의 형상을 쉽게 만들어서 사용할 수 있기 때문에 셰이핑은 [그림 5-2]와 같이 평면, 경사면 그리고 단면형상이 일정한 제품의 가공에 사용된다.

셰이핑은 직선운동을 이용하기 때문에 절삭속도가 느리고 램이 복귀하는 동안에는 절삭이 이루어지지 않기 때문에 가공효율은 좋지 못하나 작업이 간단하고 가공의 유연성이 우수한 특징을 갖고 있다.

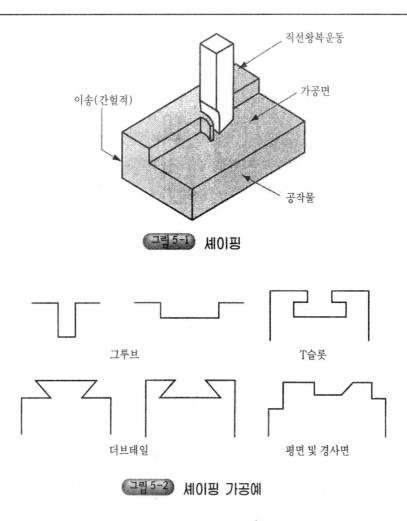

그림 5-1 셰이핑

그림 5-2 셰이핑 가공예

1.2 셰이핑 해석

셰이핑에서 램은 직선 왕복운동을 한다. 램이 전진하면서 절삭이 이루어지는 과정을 절삭행정, 원래 위치로 복귀하는 과정을 귀환행정이라 하고 램의 운동구간 길이를 행정길이라고 한다. 가공할 수 있는 공작물의 최대길이는 램의 행정길이보다는 20~30mm정도 짧아야 한다. 가공속도를 빠르게 하기 위하여 램은 급속귀환 시키기 때문에 귀환속도는 절삭속도보다 빠르다. 셰이핑에서 절삭시간과 램의 왕복운동에 걸리는 시간과의 비를 행정비라고 하며, 행정비는 3/5~2/3범위이다.

셰이핑은 회전운동을 이용하는 가공에 비해 절삭속도가 느리며, 연속적인 절삭작업이 아니고 매 번의 절삭행정에서 절삭이 시작되면서 바이트에 충격력이 가해지기 때문에 바이트 재료로는 충격특성이 우수한 고속도강이 많이 사용되고 있다.

셰이핑에서는 램의 직선 왕복운동에 의해서 절삭이 이루어지므로 램의 위치에 따라서 절삭속도가 달라지게 된다. 따라서 셰이핑에서의 절삭속도는 절삭행정에서의 평균속도로 나타낸다.

$$V = \frac{NS}{1000k} \quad [\text{m/min}] \tag{5-1}$$

여기서 $N[\text{stroke/min}]$은 램의 분당 왕복회수, $S[\text{mm}]$은 행정길이, k는 행정비이다.

이송은 램이 귀환하는 동안 절삭방향에 수직으로 공작물을 이동하는 것으로 간헐적으로 이루어지며, 램의 1회 왕복운동시 공작물이 이동한 거리 $[\text{mm/stroke}]$를 이송의 단위로 사용한다. [표 5-1]은 공작물 재질에 따른 셰이핑시 표준 절삭속도와 이송이다.

[표 5·1] 셰이핑의 절삭속도와 이송

공작물	고속도강 바이트		초경합금 바이트	
	절삭속도[m/min]	이송[mm]	절삭속도[m/min]	이송[mm]
연강	6~23	0.6~1.2	22~30	0.2~0.4
경강	4~12	0.6~1.0	45~60	0.1~0.25
주철(연)	6~12	0.6~1.2	가능한 최고속도	0.1~0.5
주철(경)	4~10	0.6~1.2	30~45	0.1~0.5
주강	8~16	0.6~1.2	45~52	0.1~0.25
황동	25~35	0.6~1.5	30~37	0.25~0.4

셰이핑에서 평면 절삭시 공작물의 길이 L, 폭 W, 절삭깊이 t라 하고 이송을 f라 하면 절삭시간 T와 절삭률 M은 다음과 같이 구해진다.

$$T = \frac{W}{fN} \quad [\text{min}] \tag{5-2}$$

$$M = \frac{LtfN}{1000} \quad [\text{cm}^3/\text{min}] \tag{5-3}$$

〈예제 1〉 행정길이가 300mm인 셰이퍼에서 행정비 3/5, 램의 분당 왕복횟수 50 strokes/min으로 절삭할 때 절삭속도를 구하시오.

절삭속도 $\qquad V = \dfrac{NS}{1000k} = \dfrac{(50)(300)}{(1000)\left(\dfrac{3}{5}\right)} = 25 \ [\text{m/min}]$

〈예제 2〉 예제 1에서 공작물의 길이가 270mm, 폭이 100mm이고 절삭깊이 0.5mm, 이송 0.6mm/stroke로 작업할 때 절삭시간과 절삭률을 구하시오.

절삭시간 $\qquad T = \dfrac{W}{fN} = \dfrac{100}{(0.6)(50)} = 3.33 \qquad [\text{min}]$

절삭률 $\quad M = \dfrac{LtfN}{1000} = \dfrac{(270)(0.5)(0.6)(50)}{1000} = 4.05 \ [\text{cm}^3/\text{min}]$

1.3 셰이퍼의 종류와 구조

1.3.1 셰이퍼의 종류

셰이퍼는 램의 운동방향에 따라 수평셰이퍼와 수직셰이퍼로 분류되고 램의 왕복기구에 따라서 크랭크식과 유압식이 있으며, 구조에 따라 표준셰이퍼와 만능셰이퍼로 구분된다.

1) 수평 셰이퍼(horizontal shaper)

램이 수평방향으로 운동하는 셰이퍼로 램의 전면에 공구이송대와 공구대가 설치되어 있다. 셰이퍼의 크기는 램이 직선운동하는 길이 즉, 행정길이로 나타내는데 일반적으로 500mm(20″), 600mm(24″), 700mm(28″), 900mm(36″) 등이 사용되고 있다.

절삭방식은 램이 전진하면서 절삭하는 방식(push-cut)과 램이 후퇴하면서 절삭하는 방식(pull-cut)이 있는데 주로 전자의 방식이 사용되고 있다.

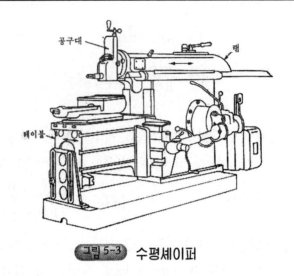

그림 5-3 수평셰이퍼

2) 수직 셰이퍼(vertical shaper)

램이 수직방향으로 운동하는 셰이퍼로 슬로터(slotter)라고도 하며, 수직 셰이퍼에 의한 가공을 슬로팅(slotting)이라 하기도 한다. 수직 셰이퍼에서 는 부속장치로 회전테이블을 사용하여 공작물을 고정하여, 공작물의 전후 좌우 이송뿐만 아니라 공작물을 회전시키면서 작업을 할 수 있다.

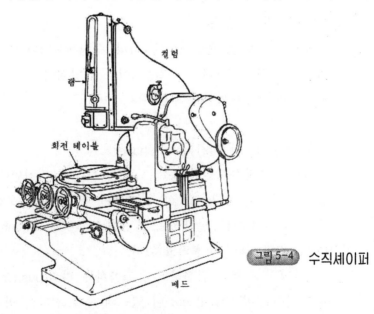

그림 5-4 수직셰이퍼

수직 셰이퍼는 공작물 보스에 키홈을 효과적으로 절삭하기 위한 기계로 수직 하향절삭으로 중절삭이 가능하며, 수직방향 가공으로 공작물 표면에 가공을 위하여 마킹한 표준선을 상부에서 보면서 작업을 할 수 있는 편리한 점이 있다.

1.3.2 셰이퍼의 구조

1) 램의 왕복운동 기구

램의 운동기구에는 크랭크식과 유압식이 사용되고 있다. 크랭크식은 〔그림 5-5〕와 같이 크랭크와 링크기구를 사용하는 방식으로 로커암에 있는 홈에 크랭크 핀이 삽입되어 크랭크의 회전에 따라 로커암이 요동운동을 하며, 로커암과 램을 링크기구로 연결하여 로커암의 요동운동을 램의 직선운동으로 변환한다. 램의 행정길이는 〔그림 5-6〕과 같이 크랭크핀 F의 위치를 이동시켜 크랭크의 반경을 변경시켜서 조절한다. 크랭크기구의 요동운동은 절삭행정과 귀환행정시 운동방향이 반대이고 궤적은 동일하나 〔그림 5-5〕와 같이 절삭행정 구간의 각과 귀환행정에서의 각이

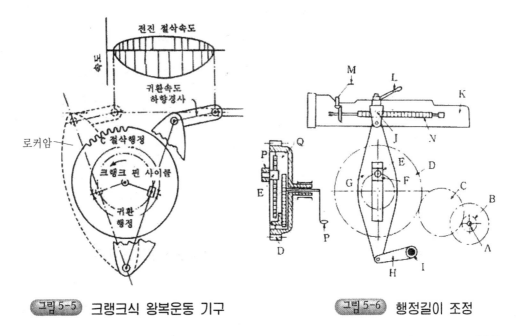

그림 5-5 크랭크식 왕복운동 기구   그림 5-6 행정길이 조정

다르기 때문에 절삭속도와 귀환속도는 달라지게 된다. 절삭행정각을 α라 하고 귀환행정각을 β라 하면 크랭크 1회전시 각도 α 동안은 램의 전진, 각도 β 동안은 램의 귀환이 이루어지므로 귀환이 빠르게 된다. 크랭크가 1회전하면 램이 왕복운동을 하므로 행정비는 다음과 같이 구해진다.

$$k = \frac{\alpha}{\alpha + \beta} = \frac{\alpha}{360°} \tag{5-4}$$

유압식 왕복운동 기구는 〔그림 5-7〕과 같은 구조로 유압실린더에 작동유를 공급하여 피스톤을 운동시키고 이에 따라 피스톤로드에 연결되어 있는 램이 직선왕복운동을 하게 된다. 램의 속도는 작동유 유량에 의해 제어된다. 〔그림 5-8〕은 크랭크식과 유압식에서 램의 운동속도 변화를 비교한 것이다. 유압식은 크랭크식에 비해 절삭시 일정한 속도유지, 고속절삭 및 급속귀환이 가능하며, 큰 출력을 낼 수 있다. 그러나 기계 구조가 복잡해지고 가격이 비싸진다. 소형 셰이퍼에는 크랭크식이 적합하고 대형 셰이퍼에는 유압식이 적합하다.

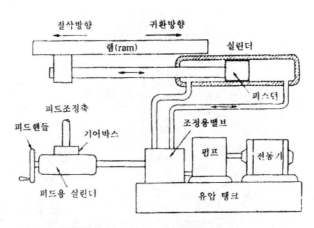

그림 5-7 유압식 왕복운동 기구

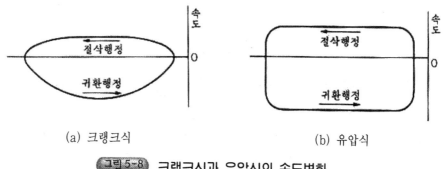

(a) 크랭크식   (b) 유압식

그림 5-8   크랭크식과 유압식의 속도변화

2) 이송기구

크랭크식 셰이퍼에서는 램이 귀환할 때 절삭방향에 직각으로 테이블이 이송되도록 〔그림 5-9〕와 같은 이송기구를 사용한다. 크랭크로부터 축을 연장하여 그림에서 a와 같은 원판을 설치하여 원판의 회전에 따라 b가 요동하고 래칫(ratchet) c를 요동시키다. 래칫의 요동은 귀환행정에서만 래칫휠을 회전시키고 이에따라 이송나사 e가 회전되어 테이블을 이송시킨다. 이송량은 나사 f에 의해 거리 r을 조정함에 따라서 결정된다.

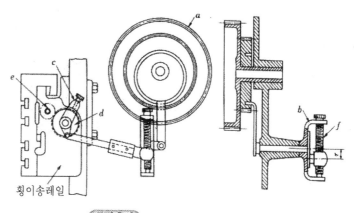

횡이송레일

그림 5-9   테이블 이송기구

3) 공구대

셰이퍼의 공구대는 〔그림 5-10〕과 같이 이송핸들, 미끄럼대, 회전판, 클

래퍼 등으로 구성되어 있으며, 수평, 수직 및 각도 절삭을 할 수 있다. 바이트의 이송은 공구대의 핸들을 돌려 미끄럼대를 이송시켜서 하며, 바이트를 경사시키는 경우에는 회전판을 돌려서 경사각을 조절한다. 귀환행정 시에는 바이트와 공작물의 마찰을 방지하기 위하여 클래퍼(clapper)가 들리도록 고안되어 있다.

셰이퍼에 사용되는 바이트는 선삭용 바이트와는 다르다. 〔그림 5-11〕과 같이 곧은자루 바이트를 사용하면 절삭저항에 의하여 M점을 중심으로 원호방향으로 변위가 발생되어 공작물을 파고들어 갈 수 있기 때문에 굽은 자루 바이트를 사용한다. 그리고 램이 전진하면서 절삭이 시작될 때 바이트에 충격이 가해지며, 진동이 발생되기 쉽기 때문에 바이트의 돌출길이는 가능한 한 짧게 해주어야 한다.

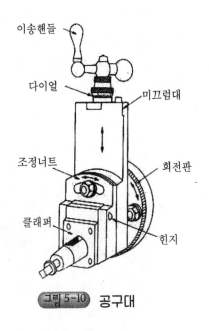

이송핸들
다이얼
미끄럼대
조정너트
회전판
클래퍼
힌지

그림 5-10 공구대

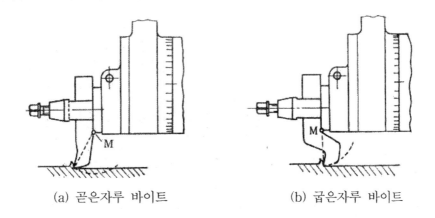

(a) 곧은자루 바이트   (b) 굽은자루 바이트

그림 5-11 바이트

2. 플레이닝(planing)

2.1 플레이닝 개요

플레이닝은 셰이핑과 마찬가지로 직선운동을 이용하여 가공하는 방법이나 셰이핑과는 반대로 〔그림 5-12〕에서와 같이 공작물을 직선왕복운동시키며 공구에 이송을 주어 가공하는 방법이다. 셰이핑에서는 램의 행정길이 즉, 절삭길이에 한계가 있으나 플레이닝에서는 공작물을 테이블위에 설치하여 운동시키기 때문에 대형 공작물의 가공이 용이하다. 플레이닝에 사용되는 기계를 플레이너(planer) 또는 평삭기라고 한다. 플레이너는 대형 공작물에서 평면을 가공하는 것이 주목적으로 〔그림 5-13〕과 같이 각종 기계의 베드나 칼럼에 있는 기준면, 안내면 등의 가공에 활용된다.

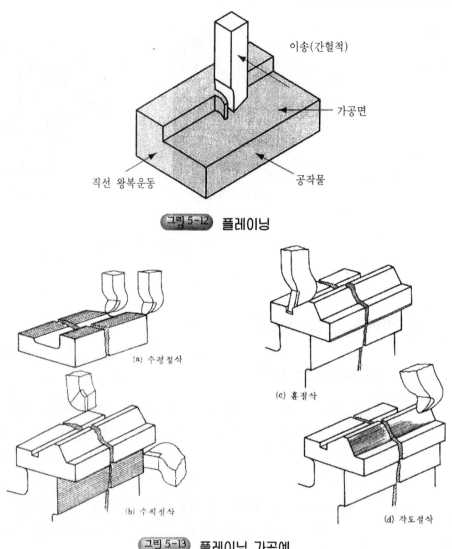

이송(간헐적)

가공면

직선 왕복운동

공작물

그림 5-12 플레이닝

(a) 수평절삭

(b) 수직절삭

(c) 홈절삭

(d) 각도절삭

그림 5-13 플레이닝 가공예

2.2 플레이닝 해석

플레이닝에서의 절삭속도는 절삭행정에서 테이블의 이동속도가 된다. 귀환행정에서의 속도는 절삭속도보다 빠르게 하여 가공효율을 높여준다.

[표 5·2] 플레이닝에서의 절삭속도[m/min]

절삭조건 공작물 재질	고속도강				초경합금			
	절삭깊이[mm]							
	3.2	6.4	12.8	25.4	3.2	6.4	12.8	25.4
	이송[mm/stroke]							
	0.8	1.6	2.4	3.2	0.8	1.6	2.4	3.2
주 철 (연)	29	23	18	15	90	73	59	50
주 철 (중)	21	17	14	11	73	59	48	40
주 철 (경)	14	11	7.5	-	50	40	32	-
쾌삭강	27	21	17	12	106	82	64	47
강(보통절삭성)	21	17	12	9	90	68	53	40
강(저절삭성)	12	9	7.5	-	65	48	38	-
청 동	45	45	38	-	최대	최대	최대	최대
알루미늄	60	60	45	-	최대	최대	최대	최대

[표 5-2]는 플레이닝시 공구 및 공작물 재질과 절삭조건에 따른 표준 절삭속도이다. 표에서 최대는 기계에서 낼 수 있는 최대속도를 의미한다.

플레이닝에서 절삭속도를 V_c, 귀환행정에서의 속도를 V_r이라 하고 행정길이를 S라 하면 테이블의 1회 왕복에 소요되는 시간은 다음과 같이 구해진다.

$$T = \frac{S}{V_c} + \frac{S}{V_r} + C \quad [\text{min}] \tag{5-5}$$

여기서 C는 절삭행정에서 귀환행정으로 바뀌는데 걸리는 시간으로 약 1~2초 정도이며, 귀환속도는 절삭속도의 2~3배정도로 빠르게 한다.

행정전환에 소요되는 시간을 무시하면 작업 평균속도는 다음과 같다.

$$V_m = \frac{2S}{T} = \frac{2V_c}{1 + \dfrac{V_c}{V_r}} \quad [\text{m/min}] \tag{5-6}$$

공작물의 폭을 W라하고 길이를 L이라 하면 가공에 소요되는 시간은 다음과 같다.

$$T = \frac{2WL}{\eta f V_m} \quad [\text{min}] \tag{5-7}$$

여기서 f는 이송, η는 절삭효율이다.

<예제 3> 플레이너에서 폭 750mm, 길이 1000mm의 주철제 정반을 절삭할 때 가공시간을 구하시오. 행정길이는 공작물 길이보다 80mm 길게하고, 절삭깊이는 3mm, 이송은 1mm/stroke, 절삭속도는 15m/min, 귀환속도는 45m/min, 절삭효율을 80%로 한다.

평균속도 $V_m = \dfrac{2V_c}{1 + \dfrac{V_c}{V_r}} = \dfrac{2(15)}{1 + \dfrac{15}{45}} = 22.5 \quad [\text{m/min}]$

가공시간 $T = \dfrac{2WL}{\eta f V_m} = \dfrac{2(750)(1080)}{(0.8)(1)(22.5 \times 1000)} = 90 \quad [\text{min}]$

2.3 플레이너의 종류와 구조

2.3.1 플레이너의 종류

1) 쌍주식 플레이너(double housing planer)

쌍주식 플레이너는 [그림 5-14]와 같이 테이블 양쪽에 칼럼이 배치되어 전체적으로 문 모양을 한 플레이너다. 칼럼 사이에 크로스레일이 설치되어 상하로 이동되며, 크로스레일에 공구대가 설치된다. 쌍주식 플레이너는 칼럼 사이의 거리에 따라 공작물의 폭이 제한되지만 구조상 강력한 절삭작업을 할 수 있다.

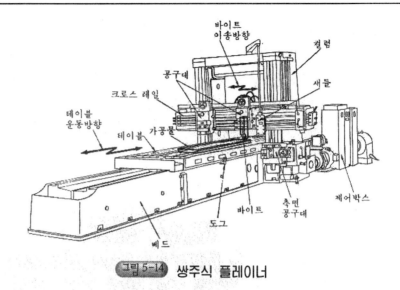

바이트
이송방향

컬럼

공구대

새들

크로스 레일

테이블
운동방향

테이블 가공물

제어박스

도그

바이트

측면
공구대

베드

그림 5-14 쌍주식 플레이너

2) 단주식 플레이너(open side planer)

단주식 플레이너는 [그림 5-15]와 같이 칼럼이 하나인 구조로 크로스 레일이 외팔보 형태로 지지된다. 테이블 한쪽에는 구속이 없기 때문에 테이블보다 폭이 큰 공작물의 가공이 가능하다.

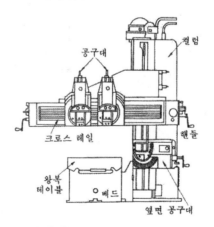

공구대

컬럼

크로스 레일

핸들

왕복
테이블

베드

옆면 공구대

그림 5-15 단주식 플레이너

3) 피트 플레이너(pit type planer)

대형 공작물의 경우 테이블을 이송시키는데 동력이 많이 소요된다. 이러한 문제점을 해결하기 위하여 테이블을 고정시키고 공구대가 움직이는 방식을 채택한 기계가 피트 플레이너이다. 피트 플레이너에서는 램형 공구대가 크로스레일에 설치되어 있고 크로스레일을 지지하는 칼럼이 안내면을 따라 이동하면서 절삭이 이루어진다.

그림 5-16 **피트 플레이너**

2.3.2 플레이너 구조

1) 테이블 구동기구

테이블 구동기구는 플레이너의 성능을 좌우하는 것으로 테이블의 왕복운동은 신속하고 정밀해야 하며, 원활한 운동이 이루어져야 한다. 테이블은 정지상태에서 가속되어 일정한 속도로 절삭행정을 거쳐 감속이 된 후, 역전하여 귀환을 하게 되는데 귀환시의 속도는 절삭행정보다 2~3배 정도 빠르다.

플레이너의 테이블 구동에 사용되고 있는 방식은 다음과 같다.

① 워드 레오널드 구동방식(Ward-Leonard drive system)

② 전자마찰 클러치 구동에 의한 피니언-랙 방식

③ 유압구동방식

④ 벨트구동에 의한 피니언-랙 방식(재래방식)

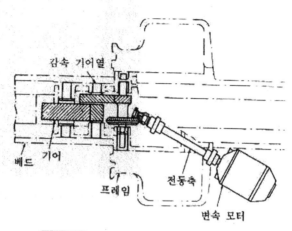

감속 기어열

베드　기어

프레임

전동축

변속 모터

[그림 5-17] 워드 레오널드 구동기구

워드 레오널드 구동방식은 직류발전기의 여자전류를 조절하여 직류전동기를 제어하고 정회전, 역회전 속도를 조절하므로 고속도에서도 빠르고 정확하게 역전시킬 수 있어 각종 플레이너의 테이블 구동에 널리 사용되고 있다. 〔그림 5-17〕은 워드 레오널드 구동방식을 적용한 예이다.

2) 공구대

플레이너는 강력 절삭을 목적으로 하는 기계로 〔그림 5-18〕과 같이 공구대에 여러개의 바이트를 고정할 수 있도록 되어 있다. 플레이너 공구대는 〔그림 5-19〕와 같은 구조로 크로스레일위에서 이동되어 수평이송을 주고 공구대의 이송나사에 의해서 상하이송을 준다. 공구대는 테이블이 귀환하는 동안 이동되며, 귀환행정에서 바이트와 가공면과의 마찰을 방지하기 위하여 압축공기나 전자석을 이용하여 힌지를 중심으로 바이트를 들어 올리게 되어 있다.

그림 5-18 바이트 사용예

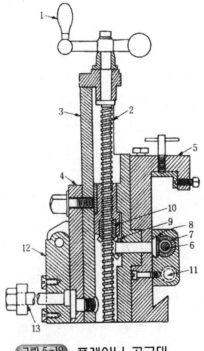

그림 5-19 플레이너 공구대

제6장 **브로칭 및 소잉**

1. 브로칭(broaching)

1.1 브로칭 개요

브로칭은 〔그림 6-1〕과 같이 여러 개의 절삭날이 길이방향으로 배치된 공구를 직선운동시켜 일정한 단면형상의 공작물을 가공하는 방법이다. 브로칭에 사용되는 공구를 브로치(broach)라 하며, 절삭속도를 제외한 모든 절삭조건과 가공부의 형상이 브로치에 의해서 결정된다. 브로칭은 공구의 1회 통과로 대부분 가공이 완료되며, 브로치의 단면형상과 동일하게 가공되므로 가공정밀도가 매우 우수하다. 공구의 제작 가격이 매우 비싸기 때문에 제품 수량이 적을 경우에는 경제성이 없으나 대량생산에는 매우 효과적인 가공방법이다. 〔그림 6-2〕는 브로칭에 의한 여러 가지 가공예이다.

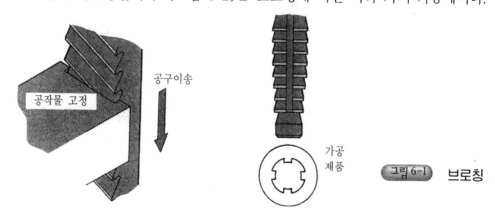

공구이송

공작물 고정

가공
제품

그림 6-1 브로칭

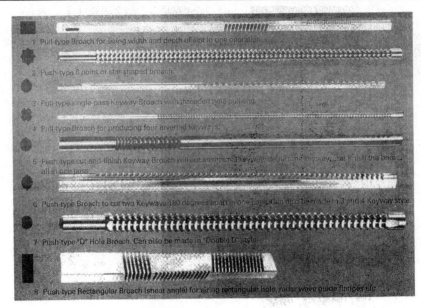

그림 6-2 브로칭 가공예

1.2 브로치

브로치는 〔그림 6-3〕과 같이 절삭부와 앞뒤에 자루부가 구성되어 있다. 자루부에는 물림부와 안내부가 있는데 앞물림부에서 브로치를 인발하게 된다. 절삭부의 날은 거친 절삭날, 중간 다듬질날, 다듬질날로 구성되는데 거친 절삭날은 〔그림 6-4〕와 같이 후속날의 높이가 높으며, 높이차가 절삭깊이에 해당하여 연속적인 절삭이 이루어진다. 중간 다듬질날과 다듬질날은 각각 3~5개의 날로 구성되어 있는데 중간 다듬질날은 절삭깊이를 작게하여 정밀한 가공이 이루어지게 하고 다듬질날은 날의 높이차가 거의 없으며 다듬질 절삭이 이루어진다.

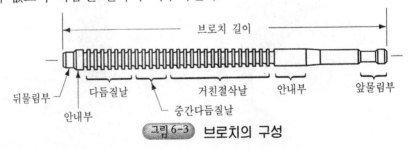

그림 6-3 브로치의 구성

브로치 이송

절삭깊이

공작물

그림 6-4 절삭깊이

브로치의 날 설계에는 이송도 고려되는데 절삭폭이 클 경우에는 〔그림 6-5〕와 같이 날에 칩브레이커를 두어 칩이 효과적으로 생성되도록 해야 한다. 내면 브로칭의 경우에는 〔그림 6-6〕과 같이 브로치의 날 개수를 최소로 하기 위해 안내구멍은 가능한 한 크게 뚫어주어야 한다.

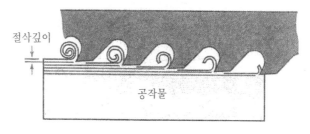

(a) 표면 가공용　　　　　　　　　(b) 내면 가공용

그림 6-5 브로치의 칩브레이커

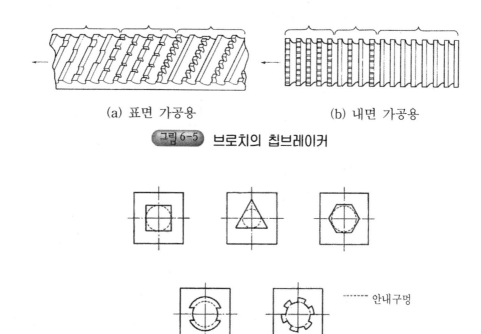

안내구멍

그림 6-6 내면 브로칭의 안내구멍

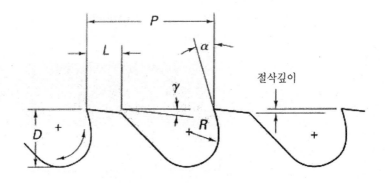

그림 6-7 브로치의 날 형상

브로칭시 2~3개의 날이 동시에 절삭을 하는 것이 효과적으로 브로치의 피치는 절삭할 부분의 길이를 기준으로 결정한다. 〔그림 6-7〕은 브로치 날의 주요형상을 나타낸 것이다. 절삭길이를 L_w라 하면 브로치의 피치는 다음과 같이 설계된다.

$$P = c\sqrt{L_w} \qquad \qquad 〔\text{mm}〕 \qquad \qquad (6\text{-}1)$$

여기서 c=1.5~2의 상수이다. 피치가 일정한 경우 날이 주기적인 절삭 저항을 받기 때문에 진동이 발생될 수 있으며, 진동 방지를 위해서 피치를 조금씩 다르게 설계하기도 한다.

날의 높이 D는 피치의 0.35~0.5배 정도로 하며, 뿌리반경 R은 피치의 0.1~0.2배 정도로 하고 랜드부 L은 약 0.25P 또는 0.2~1.0mm 정도를 둔다. 브로치날의 경사각과 여유각은 공작물 재질에 따라 선정하며, 절삭깊이는 중소형 브로치 경우에는 0.025~0.075mm 정도, 대형 브로치에서는 0.25mm 이상을 사용한다.

브로치는 날의 형상을 정밀하게 가공해야 하기 때문에 대부분 고속도강으로 제작하고 경화처리 한 후 안내부와 날 부분은 연삭을 해준다. 대형 브로치는 탄소강으로 본체를 제작하고 날 부분은 고속도강이나 초경합금으로 제작하여 〔그림 6-8〕과 같이 조립해서 사용하기도 한다.

그림 6-8 조립 브로치

브로치는 작업방법에 따라서 인발브로치와 압입브로치가 있는데 인발브로치(pull broach)는 브로치를 끌어 당겨서 공작물을 통과시키는 방법이고 압입브로치(push broach)는 공구의 길이방향으로 압축력을 가해 공작물을 통과시키는 방법이다. 인발브로치에서는 브로치에 인장력이 걸리기 때문에 허용인장응력만 고려하면 되나 압입브로치는 좌굴이 일어날 가능성이 있으므로 좌굴하중을 고려해서 설계해야 한다.

1.3 브로칭 머신

1) 브로칭 프레스(broaching press)

간단한 구조로 보스의 키홈 가공에 주로 사용되며, 압입브로치를 사용한다. 용량은 5~50ton 정도의 범위이다.

그림 6-9 브로칭 프레스

2) 수직 브로칭머신(vertical broaching machine)

수직 브로칭머신은 브로치가 수직방향으로 운동하는 기계로 설치면적을 많이 차지하지 않으며 공작물 공급이 용이하여 대부분 공작물 공급장치가 자동화되어 있어 대량생산에 적합하다. 그러나 브로치의 길이는 제한된다. 수직 브로칭머신에는 브로치를 하향으로 운동시키는 것과 상향으로 운동시키는 것 두 종류가 있다.

그림 6-10 수직 브로칭머신

3) 수평 브로칭머신(horizontal broaching machine)

수평 브로칭머신은 브로치가 수평방향으로 운동하도록 고안된 기계로 설치면적이 넓어지나 브로치 길이에 제한이 없고 기계의 조작과 점검이 용이하며 운전의 안전성이 좋다.

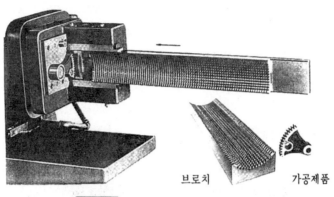

브로치   가공제품

그림 6-11 수평 브로칭머신

4) 연속 브로칭머신(continuous broaching machine)

연속 브로칭머신은 브로치를 고정시키고 공작물을 콘베이어 위에 장착하여 공작물을 이동시켜서 표면을 가공하는 기계이다. 수직이나 수평 브로칭머신에 비해 가공 정밀도는 떨어진다.

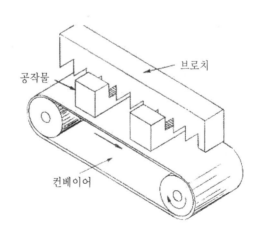

브로치

공작물

컨베이어

그림 6-12 연속 브로칭머신

2. 소잉(sawing)

2.1 소잉 개요

소잉은 여러 개의 톱날을 갖는 공구를 사용하여 소재를 절단하는 작업으로 환봉이나 판재를 기계가공하기에 적당한 크기로 절단하고 공작물의 윤곽을 절단하는데 사용된다. 소잉은 여러 개의 날이 절삭을 하므로 공구 마멸이 분산되고 날은 균일한 절삭저항을 받기 때문에 공구 마멸이 적다.

2.2 톱날의 형상

톱날의 형상과 배열은 〔그림 6-13〕과 같다. 톱날 사이의 간격은 매우 중요한데 날의 강도 측면에서는 톱날이 큰 것이 좋으며, 날과 날사이에 칩을 저장할 수 있는 충분한 공간이 확보되어 있어야 한다. 그러나 적어도 2개 이상의 날이 동시에 절삭을 해야 하기 때문에 얇은 재료 절단에는 톱날 사이의 간격이 좁은 것을 사용해야 한다. 보통 톱날 사이의 간격은 0.08~1.25mm 정도이나 용도에 따라 톱날 형상이나 톱날 사이의 간격 및 톱날 두께, 크기 등은 다양하게 해 줄 수 있다.

톱날의 배열은 〔그림 6-13〕에서와 같이 세 가지 종류가 있는데 날이 중심선에서 약간 편위되어 있기 때문에 절단부 두께는 날의 뒷면 두께보다 약간 크게 되어 톱이 자유롭게 운동할 수 있도록 하고 마찰이나 열발생을 감소시켜 준다. 레이커(raker) 톱날은 강재절단에 유용하고 스트레이트(straight) 톱날은 황동, 구리, 플라스틱 등 비철금속 절단에 효과적이며, 웨이비(wavy) 톱날은 얇은 판이나 두께가 불균일한 공작물 절단에 사용되고 있다.

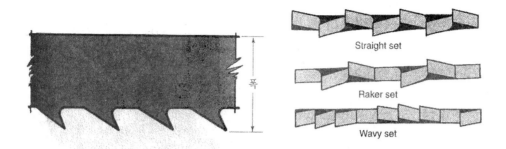

그림 6-13 톱날의 형상

2.3 소잉 머신(sawing machine)

재료를 절단하는 데는 기계톱, 띠톱기계, 둥근기계톱이 사용되고 있으며, 소잉에 의해서 윤곽을 절단하는 기계를 윤곽띠톱기계라고 한다.

1) 기계톱(hack sawing machine)

오래 전부터 널리 사용되어 오고 있는 형식으로 절삭 방법과 톱날의 운동은 다음과 같이 구분할 수 있다.

① 톱날을 밀 때에 절삭하는 방식과 톱날을 당길 때에 절삭하는 방식의 두 종류가 있다. 또 절삭량을 부여하는 데, 일정한 하중을 톱날에 가하는 것과 절삭 행정마다 강제적으로 하중을 주어 절삭하는 방법이 있다.

② 톱날의 왕복 운동은 크랭크에 의한 것과 유압 실린더에 의한 두 가지가 있다.

톱 기계의 크기는 톱날의 길이, 행정 및 절단할 수 있는 최대 치수로 표시한다.

그림 6-14 기계톱

2) 띠톱기계(band sawing machine)

톱닐이 띠 모양으로 되어 있어 귀환 행정이 없으므로 능률적으로 소재를 절단할 수 있고, 절단 두께가 얇아 재료 손실이 적다. 두 개의 휠이 한 개는 전동기에 의하여 구동되고, 다른 한 쪽은 공전을 하도록 되어 있어 띠톱 자신이 벨트 역할을 하여 회전 운동을 하면서 절삭 작업을 한다.

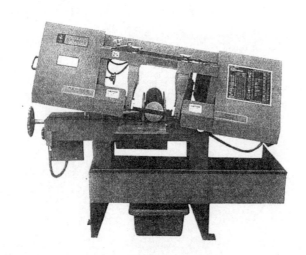

그림 6-15 띠톱기계

3) 둥근기계톱(circular sawing machine)

원판의 원주에 톱날을 만들어 고속으로 회전하면서 재료를 절단한다. 기계톱에 비하여 대형인 것이 많고 작업 능률도 높다. 이송은 나사에 의한 것과 유압에 의한 것이 있다. 대부분 원주톱이 강철판으로 되어 있는데 최근에는 철판대신에 얇은 숫돌 휠을 사용하는 고속 절단기가 많이 사용되고 있다. 숫돌 휠 절단기계는 주로 비철 금속, 도자기, 벽돌, 유리 등을 절단하는데 사용한다. 숫돌 재료로는 다이아몬드, 알루미나, 탄화규소 등을 에보나이트나 플라스틱 결합제로 성형하여 사용한다. 원주 속도는 3,000~5,000m/min에 이른다.

[그림 6-16] 원판톱기계

4) 윤곽띠톱기계(contour band-sawing machine)

윤곽띠톱기계는 얇은 띠톱을 공구로 사용하여 공작물의 윤곽을 절단하는 기계로 이러한 가공을 밴드머시닝(band machining)이라 한다. 밴드머시닝은 가공형상에 제한이 없으며, 임의 각도와 방향에서 절삭이 가능하며 절삭길이에 제한이 없다. 그리고 윤곽부분만 절삭되므로 칩 발생량이 적고 절삭에 소비되는 에너지가 적어서 경제적인 가공방법이다.

[그림 6-17]은 윤곽띠톱기계에 의한 가공예이며, [그림 6-18]은 특수 밴드머시닝 작업으로 다이아몬드를 심은 와이어를 이용하여 형상을 절단

하는 작업이다.

그림 6-16 윤곽띠톱기계

그림 6-17 와이어를 이용한 밴드머시닝

제7편 연삭 및 정밀입자가공

제1장 연삭(grinding)

　기계가공에 있어서 높은 다듬질 정도나 치수 정밀도를 필요로 하는 부분은 단인공구나 다인공구에 의한 절삭가공만으로는 제품을 완성하기 어려우며, 일반적으로 이들 공구를 사용하여 절삭가공을 한 후 입자를 이용한 가공을 하고 있다. 또한 경도가 매우 높거나 취성이 큰 재료 등도 절삭이 어렵기 때문에 입자를 이용한 가공을 하는 경우가 많이 있다.

　입자에 의한 가공도 칩을 발생시키는 절삭가공이지만 무수히 많은 입자가 절삭날 작용을 하고 발생되는 칩의 크기가 매우 작으며, 가공에 의한 치수변화가 매우 작거나 치수변화 없이 가공표면의 홈집을 제거하고 표면거칠기를 매우 매끄럽게 하는 특징을 갖고 있다.

　입자에 의한 가공은 크게 연삭가공과 정밀입자가공으로 분류되며, 정밀입자가공에는 호닝, 래핑, 슈퍼피니싱 등이 있다.

1. 연삭가공 개요

　연삭가공은 경도가 높은 입자를 결합한 숫돌을 고속으로 회전시켜 입자에 의한 절삭으로 재료를 소량씩 제거하는 가공으로 〔그림 1-1〕에 나타낸 바와 같이 단인공구나 다인공구를 사용하는 절삭가공과는 달리 수천 개의 작은 입자가 절삭날 작용을 하게 된다. 입자에 의해 절삭되는 깊이는 수 μm 정도이며, 절삭속도가 고속이기 때문에 다듬질면이 매우 우수하고, 치수를 정밀하게 가공할 수 있다.

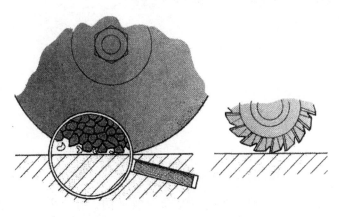

[그림 1-1] 연삭가공과 밀링 비교

연삭숫돌의 입자는 형상이 일정하지 않으며, 불규칙하게 분포되어 있다. 입자의 형상에 의해서 절삭날의 경사각과 여유각이 결정되는데 연삭가공에서는 [그림 1-2]와 같이 입자에 따라 절삭날 형상이 다르게 된다. 따라서 [그림 1-3]에서와 같이 적당한 경사각과 여유각을 갖는 입자는 절삭을 하지만 입자 형상이 둥근 경우에는 칩을 발생시키지 못하고 쟁기질(plowing)이나 마찰(rubbing)을 하게 된다. 이에 따라 연삭가공에서는 [표

[표 1-1] 연삭에서의 비에너지(단위동력)

공작물 재료	경도	비에너지(specific energy)	
		W · s/mm³	hp · min/in³
알루미늄	150HB	7 - 27	2.5 - 10
주철	215HB	12 - 60	4.5 - 22
저탄소강	110HB	14 - 68	5 - 25
티탄합금	300HB	16 - 55	6 - 20
공구강	67HRC	18 - 82	6.5 - 30

1-1]과 같이 단위 체적의 재료를 제거하는데 소모되는 에너지가 일반 절삭가공의 경우보다 많이 필요하게 된다. 그리고 절삭뿐만 아니라 쟁기질이나 마찰에 의한 열 발생으로 연삭부의 온도가 매우 높아지기 때문에 일반적으로 냉각과 윤활을 목적으로 연삭액을 공급해 주면서 작업한다.

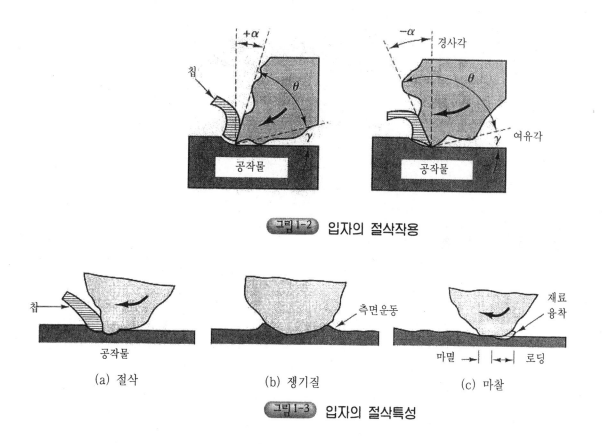

그림 1-2 입자의 절삭작용

(a) 절삭　　　　(b) 쟁기질　　　　(c) 마찰

그림 1-3 입자의 절삭특성

2. 연삭숫돌(grinding wheel)

연삭숫돌은 경도가 매우 큰 입자를 결합제로 소결하여 제작한다. 숫돌에서 체적의 약 50% 정도는 입자가 차지하며, 결합제는 10%, 기공은 40% 정도에 해당된다. 〔그림 1-4〕에 나타낸 바와 같이 입자는 절삭날 작용을 하고 결합제는 입자를 지지하는 역할을 한다. 한편, 기공은 입자사이의 빈 공간으로 칩을 저장하였다가 배출하는 기능과 연삭열을 억제시키는 작용을 한다.

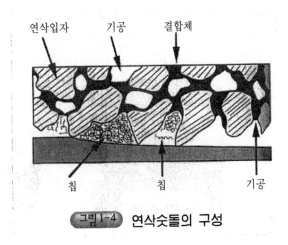

연삭입자　기공　결합체

칩　칩　기공

그림1-4　연삭숫돌의 구성

2.1 연삭숫돌의 구성요소

연삭가공에서 연삭기의 성능도 중요하지만 연삭숫돌의 올바른 선정도 대단히 중요하다. 연삭숫돌을 잘못 선정하거나 연삭조건이 적합하지 않으면 여러 가지 연삭결함이 발생될 수 있다. 연삭숫돌에는 매우 다양한 형상과 종류가 있으며, 숫돌을 구성하는 요소에 따라서도 숫돌 특성이 크게 달라지게 된다. 연삭숫돌에는 숫돌의 구성요소가 되는 입자, 입도, 결합도, 조직, 결합제의 5개 항목을 반드시 표시하도록 규정되어 있다.

2.1.1 입자

연삭숫돌에 사용되는 입자로는 알루미나(산화알루미늄, Al₂O₃)와 실리콘카바이드(탄화규소, SiC)가 대표적이다. 알루미나와 실리콘카바이드의 누프경도는 2,000과 2,700 정도로 매우 단단한 물질이다.

알루미나는 전기로에서 보크사이트 등의 알루미나 함유원료에 코크스 등의 환원재를 사용하여 불순물을 제거하고 용해 알루미나를 만들어 이를 결정시켜 제조된다. 한편, 보크사이트 등에서 화학적으로 정제한 알루미나를 사용하기도 하는데 이는 순도가 99%이상으로 높고, 경도가 크며, 백색을 띠고 있어서 백색알루미나(white alumina)라고 부른다.

실리콘카바이드는 규사 및 코크스 등을 원료로 전기로에서 인공적으로 제조된다. 특히, 원료를 정선하여 제조하면 순도가 높아지고 녹색결정을 이루며, 경도가 높고 끈기는 다소 약해지는데 이를 녹색실리콘카바이드이라고 한다.

알루미나 입자는 알런덤(Alundum)이라는 이름으로 보급되어, 이것의 머리글자를 따서 A라는 기호로 나타내고 백색알루미나는 WA로 표시한다. 실리콘카바이드는 카보런덤(Caborundum)이라는 명칭으로 보급되어, C로 표시하며, 녹색실리콘카바이드는 GC로 나타낸다. C계 입자가 A계보다 단단하지만, 파쇄하기 어려운 순서는 A, WA, C, GC의 순으로 A가 가장 파쇄하기 어렵다. 일반적으로 강과 같은 강인한 재료에는 A계 입자가, 인장강도가 낮은 주철이나 구리합금 또는 알루미늄합금 등을 연삭할 때는 경도가 높고 파쇄성이 낮은 C계 숫돌이 우수한 연삭성능을 나타낸다. WA, GC는 특히 절삭성이 좋고 A나 C보다 발열이 적기 때문에 다듬질연삭, 공구연삭 등에 사용된다.

2.1.2 입도

입도는 입자의 크기를 나타내는 것으로 체의 메시(mesh)번호로 표시한다. 메시는 1인치 당의 체구멍 개수로 번호가 클수록 입자 크기가 작다. 입도의 규격은 〔표 1-2〕와 같이 정해져 있는데 입도번호 220까지는 체를 사용하여 선별하고 입도 240이상의 극세립 입자는 현미경으로 입자의 평균지름을 구하여 판별한다. 예를 들면 입도번호 20은 1인치에 20개의 눈 즉, 1평방인치에 400개의 구멍이 있는 체를 통과하고 24번 체에서는 걸러지는 입자가 된다.

연삭숫돌에는 입도를 표시하게 되어 있다. 입도가 같은 입자만 사용하는 경우에는 입도번호만 표기하나 입도가 다른 입자를 혼합하여 사용하는 경우에는 입도번호 뒤에 C를 덧붙여 혼합입자(combination grain)임을 표시한다.

일반적으로 연삭작업에 따른 숫돌의 입도선정은 다음과 같다.

가) 연삭깊이나 이송이 큰 거친연삭에는 재료 제거가 빠른 거친 입도의 숫돌

나) 다듬질 연삭이나 공구 연삭의 경우에는 고운 입도의 숫돌

다) 연하고 연성이 있는 재료의 연삭에는 거친입도, 경하고 취성이 있는 재료에는 고운 입도의 숫돌

라) 같은 숫돌로 거친연삭부터 중정도의 다듬면을 가공하는 다듬질연삭에는 혼합 입자의 숫돌

마) 숫돌과 공작물의 접촉면이 클 때에는 거친 입도, 접촉면이 작을 때에는 고운 입도의 숫돌

[표 1·2] 연삭숫돌의 입도

호칭	조립(coarse)	중립(medium)	세립(fine)	극세립(very fine)
입도 번호	10, 12, 14, 16, 20, 24	30, 36, 46, 54, 60	70, 80, 90, 100, 120, 150, 180, 220	240, 280, 320, 400, 500, 600, 700, 800

2.1.3 결합도

결합도 또는 숫돌의 경도는 〔그림 1-5〕에 나타낸 바와 같이 숫돌입자가 결합되어 있는 강도를 나타내는 것으로 〔표 1-3〕과 같이 A에서 Z까지의 기호로 표시한다. 결합도를 숫돌의 경도라고도 하는데, 입자의 경도와는 무관하다. 결합도는 알파벳 순서가 뒤일수록 단단하게 입자가 결합하고 있는 것을 나타낸다. 결합도가 높은 숫돌 즉, 단단한 숫돌은 입자가 탈락이 잘 안되며, 결합도가 낮은 숫돌은 입자가 쉽게 탈락된다. 공작물의 재질 및 연삭조건에 따라 적당한 결합도의 숫돌을 사용하지 않고 너무 단단한 숫돌을 사용하면 눈메움이 일어나서 연삭성능이 저하되고 너무 연한 숫돌을 사용하면 입자의 탈락이 심해져서 숫돌의 손상을 초래하고

정상적인 연삭을 할 수 없다.

일반적으로 연한 재료의 연삭에는 결합도가 높은 단단한 숫돌, 경한 재료의 연삭에는 결합도가 낮은 연한 숫돌이 사용된다.

연한 결합도   중간 결합도   단단한 결합도

그림 1-5 연삭숫돌의 결합도

[표 1-3] 연삭숫돌의 결합도 기호

호칭	극연 (very soft)	연 (soft)	중 (medium)	경 (hard)	극경 (very hard)
결합도 기호	ABCDEFG	HIJK	LMNO	PQRS	TUVWXYZ

2.1.4 조직

조직은 [그림 1-6]에 나타낸 바와 같이 입자의 밀도에 의해 구분하며, 밀도가 가장 높은 것을 0으로 하고 밀도가 감소할수록 번호가 커져 12까지의 번호로 표시된다. KS규격에서는 [표 1-4]와 같이 조직번호를 조, 중, 밀의 3종으로 나누어 입자의 체적을 숫돌의 체적에 대한 비로 표시한 입자율이 규정되어 있다.

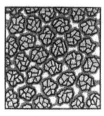  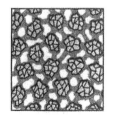

밀한 조직   중간 조직   조한 조직

그림 1-6 연삭숫돌의 조직

[표 1·4] 연삭숫돌의 조직기호

조직호칭	밀	중	조
조직번호	0, 1, 2, 3	4, 5, 6	7, 8, 9, 10, 11, 12
조직기호	c	m	w
입자율(%)	50 이상	40이상 50미만	42미만

조직이 밀한 경우에는 연삭을 하는 입자의 개수는 많아지며, 기공이 적어진다. 적당한 조직의 숫돌을 사용하여 연삭하면 칩의 저장과 배출이 적절하게 이루어져 연삭성이 좋고 공작물의 발열도 적다. 일반적으로 조직은 다음과 같이 선정한다.

가) 공작물이 연하고 연성이 큰 경우에는 조한 조직(w), 경하고 취성이 있는 경우에는 밀한 조직(c)의 숫돌을 사용한다.

나) 거친연삭에서 숫돌과 공작물의 접촉면적이 클 때에는 조한 조직을, 다듬질연삭에서 접촉면적이 작을 때에는 밀한 조직의 숫돌을 사용한다.

2.1.5 결합제

결합제는 숫돌의 입자를 결합시키는데 사용되는 재료이며, 숫돌의 선정에 있어서 매우 중요한 요인이다. 결합제에 의하여 숫돌의 결합도, 강도, 탄성특성, 내구성 등이 달라지기 때문에 연삭조건에 적합한 결합제를 사용하여 제작한 숫돌을 선정하여야 한다.

결합제의 종류 및 특징은 다음과 같다.

(1) 비트리파이드 숫돌 (vitrified bond wheel, V)

점토와 장석 등에 용제를 가하여 연삭입자와 혼합시킨 후 성형건조하고 1300℃ 전후에서 오랜 시간 가열하여 결합제를 도기질화 한 숫돌로 연삭가공에 가장 많이 사용되고 있다.

비트리파이드 숫돌은 강성이 높고 정밀도를 내기 쉬우며, 드레싱이 용이하기 때문에 정밀연삭에 적합하다. 탄성특성은 그다지 좋지 않기 때문에 절단용 등의 얇은 숫돌로 제작하기는 어렵고, 압축에는 강하나 인장에는 약하기 때문에 인장과 압축이 반복적으로 작용하거나 충격적 연삭저항이 작용하는 작업에는 적합하지 않다.

(2) 실리케이트 숫돌 (silicate bond wheel, S)

결합제의 주성분은 물유리(규산나트륨)이며, 입자와 혼합하여 주형에 넣고 300℃로 가열한 것이다. 비트리파이드 숫돌보다 결합도는 약하나 비트리파이드 숫돌로 제작하기 어려운 대형 숫돌을 만들 수 있다. 연삭시의 발열이 작기 때문에 얇은 판상의 공작물이나 고속도강 등과 같이 열에 의하여 표면이 변질하거나 균열이 생기기 쉬운 재료의 연삭이나 절삭공구 등의 연삭에 적합하다.

(3) 레지노이드 숫돌 (resinoid bond wheel, B)

페놀수지를 결합제로 사용한 숫돌로 각종 용제에도 안정하며, 열에 의한 연화가 잘 되지 않는다. 강인하고 탄성이 커서 절단용 숫돌에 적합하다. 그리고 기계적 강도 특히, 회전강도가 우수하여 고속회전에도 잘 견딘다.

큰 연삭압력과 연삭열에 의하여 결합제가 적당히 연소하여 날의 자생작용을 돕기 때문에 눈메움이 잘 발생되지 않아서 드레싱 간격이 길다. 레지노이드 숫돌은 절단이나 거친연삭에 적합하다.

(4) 고무 숫돌 (rubber bond wheel, R)

유황 등을 첨가한 고무와 숫돌입자와 혼합하여 제작한 것으로 마찰계수가 가장 큰 숫돌이다. 절삭용이다 센터리스 연삭기의 조정숫돌로 사용된다.

(5) 메탈본드 숫돌 (metal bond wheel, M)

금속을 결합제로 사용한 숫돌로 다이아몬드나 CBN 입자를 분말야금법으로 황동, 구리, 니켈, 철 입자 등에 지지시킨 것이다. 결합도가 커서 입자가 거의 탈락되지 않기 때문에 형상 드레싱을 위한 드레서나 숫돌을 드레싱하여 사용하기 곤란한 작업에서 연삭숫돌로 사용된다.

(6) 기타 결합제

셀락 수지를 사용한 셀락숫돌(E), 폴리비닐을 사용한 비닐결합제의 숫돌(PVA), 탄화마그네슘과 염화마그네슘을 복합한 결합제를 사용한 옥시클로라이드 숫돌(O) 등의 숫돌이 있다.

2.2 연삭숫돌의 종류

2.2.1 연삭숫돌의 형상

연삭숫돌은 사용목적에 따라 여러 가지 형상으로 제조되고 있다. 숫돌의 형상은 〔그림 1-7〕과 같이 13종의 표준형태가 있으며, 연삭숫돌 가장자리의 형상은 〔그림 1-8〕과 같이 12종의 표준이 정해져 있다.

표준형 이외의 숫돌도 많이 사용되고 있다. 대형의 수직형 평면연삭기에는 〔그림 1-9〕와 같이 여러 개의 숫돌을 홀더에 붙인 세그먼트 숫돌이 사용되고 있다. 〔그림 1-10〕과 같은 다양한 형태의 축붙이 숫돌차(mounted wheel)도 금형이나 다이의 귀따기(deburring) 및 다듬질에 많이 사용되고 있다.

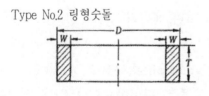

Type No.1 원형숫돌

Type No.2 링형숫돌

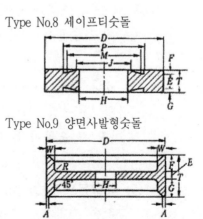

Type No.8 세이프티숫돌

Type No.9 양면사발형숫돌

Type No.3 편면테이퍼숫돌

Type No.4 양면테이퍼숫돌

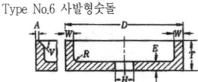

Type No.5 편면오목형숫돌

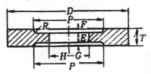

Type No.6 사발형숫돌

Type No.7 양면오목형숫돌

Type No.10 도브테일숫돌

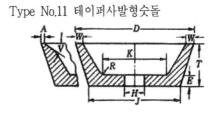

Type No.11 테이퍼사발형숫돌

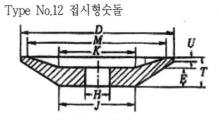

Type No.12 접시형숫돌

Type No.13 통용접시형숫돌

그림1-7 숫돌의 형상

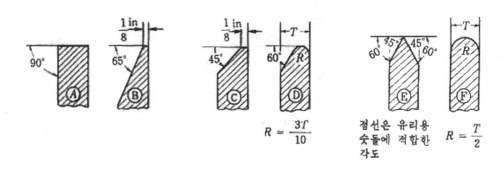

$$R \fallingdotseq \frac{3\int}{10}$$

점선은 유리용
숫돌에 적합한
각도

$$R \fallingdotseq \frac{T}{2}$$

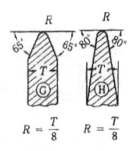
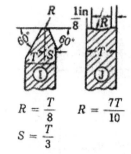
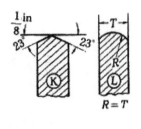

$$R = \frac{T}{8} \qquad R = \frac{T}{8}$$

$$R = \frac{T}{8} \qquad R = \frac{7T}{10}$$

$$S = \frac{T}{3}$$

$$R = T$$

그림 1-8 숫돌 가장자리의 형상

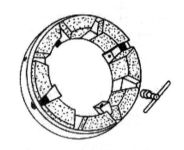

그림 1-9 세그멘트 숫돌

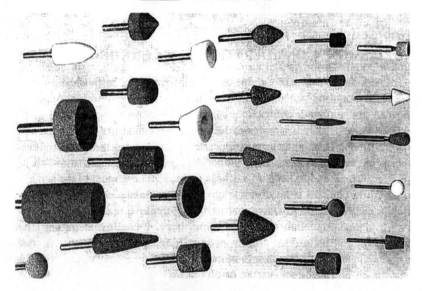

그림 1-10 축붙이숫돌차

502 ▶ 제7편 연삭 및 정밀입자가공

2.2.2 연삭숫돌의 표시방법

숫돌의 특성을 표시하는데는 일반적으로 (1) 입자 (2) 입도 (3) 결합도 (4) 조직 (5) 결합제 (6) 형상 (7) 치수 (8) 회전시험 원주속도 및 상용원주속도 범위 (9) 제조자명 (10) 제조번호 및 제조년월일 등이 명시되는데, (1)에서 (5)까지는 반드시 빠뜨리지 않고 순서대로 기입되어야 한다.

예를 들어 다음과 같이 숫돌에 표기되어 있을 때

WA46-H8 V (No. 1 D×t×d) - 이 숫돌의 입자는 백색알루미나이고 입도는 46으로 중립이고 결합도는 H로 연한 숫돌이고 조직은 8로 조한 조직이며, 비트리파이드 결합제를 사용하여 제작한 숫돌임을 알 수 있다.

3. 연삭기

연삭은 공작물과 숫돌과의 상대운동에 의해서 이루어지는데 기계부품에서 연삭을 필요로 하는 부분은 형상이 매우 다양하며, 이에 따라 여러 가지 방식의 연삭기가 사용되고 있다. 연삭공정은 공작물의 형상과 크기, 생산률, 고정의 간편성 등을 고려하여 적당한 방법을 선택한다.

기본 연삭작업에서 연삭기의 종류는 연삭하는 표면의 종류에 따라서 구분된다.

3.1 원통연삭기

원통형 공작물의 원통면과 단차면을 연삭하는데 사용되는 연삭기로서 공작물과 숫돌의 운동은 〔그림 1-11〕과 같으며, 축의 베어링 지지부, 스핀들, 베어링의 링, 각종 롤러 등의 외경연삭에 사용된다. 원통연삭기에서 숫돌의 원주속도가 연삭속도이며, 공작물은 숫돌과 반대방향으로 저속 회전시킨다. 연삭깊이는 숫돌을 공작물 반경방향으로 이송하는데 따라 결정되는데 거친연삭에서는 0.05 mm, 다듬질연삭에서는 0.005 mm 이내로 연삭깊이를 준다.

원통연삭에는 〔그림 1-12〕에 나타낸 바와 같이 두 가지 방식이 있다. 〔그림 1-12〕의 (가)와 같이 공작물 또는 연삭숫돌을 공작물의 축방향으로 이동시키면서 작업하는 것을 트래버스 연삭(traverse grinding)이라 하며, (나)와 같이 축방향 이동없이 전후이송(infeed)만 주면서 작업하는 것을 플런지 연삭(plunge grinding)이라 한다. 플런지 연삭에서는 공작물의 형상과 일치하는 숫돌을 사용하여 형상 연삭가공을 할 수 있다.

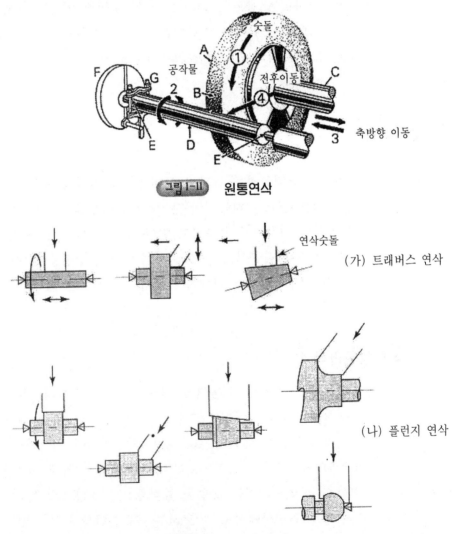

그림 1-11 원통연삭

그림 1-12 원통연삭 방식

3.2 내면연삭기

내면연삭은 공작물의 내면을 연삭하기 위한 것으로 연삭숫돌이 공작물 내에서 회전하기 때문에 숫돌의 크기에 제약이 있고 숫돌 크기가 작을 경우에는 필요한 연삭속도 25~30m/sec를 얻기 위하여 고속으로 회전시켜야 한다.

내면연삭에는 〔그림 1-13〕과 같이 두 가지 방법이 있다.

가) 보통형 - 공작물을 회전시키면서 연삭하는 방식

나) 유성형 - 공작물은 고정시키고 숫돌 축이 회전하는 동시에 내면 중심을 기준으로 공전운동을 하면서 연삭하는 방식

두 방식 모두 길이 방향 이송은 숫돌대 또는 주축대를 왕복운동시켜 작업한다. 그리고 이러한 트래버스 연삭뿐만 아니라 플런지 연삭도 할 수 있도록 되어 있다. 일반적으로 **보통형**이 많이 사용되고 있으나 공작물을 회전시키기 어렵거나 대형 공작물의 내면연삭에는 유성형이 사용된다.

내면연삭은 외경연삭에 비하여 크기가 작은 숫돌이 사용되기 때문에 숫돌축이 고속회전하며, 숫돌 축의 강성이 저하되고 숫돌의 마멸이 심해진다. 따라서 내면연삭부의 다듬질면 정도와 표면거칠기는 원통연삭의 다듬질면에 비해 다소 저하되는 경우가 많이 있다.

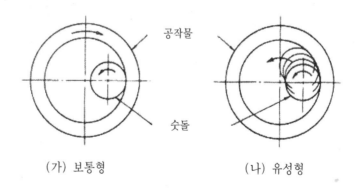

(가) 보통형   (나) 유성형

그림 1-13 내면연삭 방식

3.3 평면연삭기

평면연삭은 〔그림 1-14〕와 같이 숫돌의 원통면을 사용하는 방법과 숫돌의 단면을 사용하는 방법 두 가지가 있다. 숫돌의 원통면을 사용하는 연삭기는 숫돌 회전축과 연삭면이 평행하기 때문에 수평식이라고 하며 단면을 사용하는 경우에는 숫돌 회전축과 연삭면이 직각으로 수직식이라고 한다. 수평식은 숫돌과 공작물의 접촉면적이 작아 연삭량이 적기 때문에 소형 가공물이나 다듬질면의 거칠기와 치수정도에 대한 요구가 높은 정밀연삭에 적합하다. 수직식은 연삭량이 많기 때문에 대형 가공물의 연삭에 적당하나 열이 많이 발생되어 정밀도가 저하되기 쉽다.

평면연삭기에서 공작물이 고정되는 테이블은 직선왕복운동을 하는 방식과 회전운동을 하는 방식 두 가지가 사용되고 있다. 일반적으로 왕복운동 테이블이 많이 사용되고 있으며, 회전 테이블은 소형 공작물의 다량생산이나 중심이 고정 가능한 비교적 대형의 공작물에 사용된다. 공작물의 고

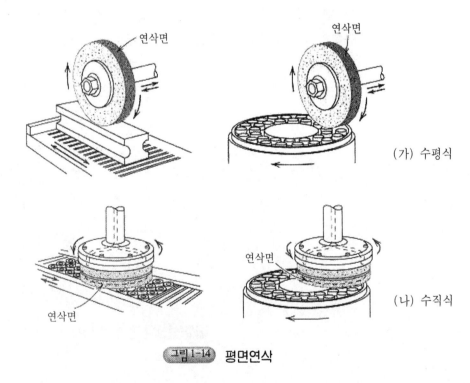

그림 1-14 평면연삭

정에는 마그네틱 척과 고정구(fixture)가 사용되고 있는데 마그네틱 척은 두께가 얇은 공작물이나 다수 개의 소형 공작물을 동시에 가공하는 경우에 편리하다.

3.4 센터리스연삭기

센터리스연삭은 〔그림 1-15〕와 같이 공작물을 고정시키지 않고 연삭숫돌과 조정숫돌 사이에 공작물을 삽입하고 받침대로 지지하여 공작물을 연삭한다. 연삭깊이는 두 숫돌의 중심거리를 조절하여 준다. 공작물은 연삭저항에 의하여 회전되며, 조정숫돌과는 마찰이 있기 때문에 약 2% 정도의 미끄럼이 있지만 공작물과 조정숫돌의 원주속도는 거의 같다고 볼 수 있다.

센터리스연삭은 원형단면의 각종 핀과 로울러 및 테이퍼 부 또는 단이 있는 부분을 다량 연삭하는데 자동화를 도모할 수 있어 매우 능률적이다. 일반 원통연삭에 비하여 각종 조정이 복잡하고 특별한 보조장치를 요하는 경우도 있으나 한 번 조정을 하면 작업은 매우 간단하여 미숙련자도 용이하게 기계를 사용할 수 있다.

센터리스연삭에는 통과이송(through feed)과 전후이송(infeed)방식이 있다. 통과이송 방식에서는 조정숫돌을 연삭숫돌에 대해서 약간 경사시켜 장착하는데 조정숫돌과 공작물이 거의 미끄럼이 발생되지 않고 회전되기 때문에 조정숫돌의 회전에 따라 공작물이 축방향으로 자동이송하게 된다.

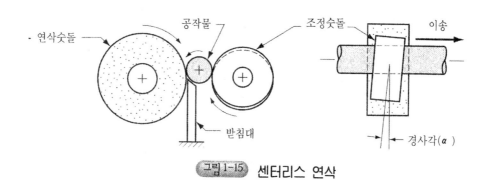

그림 1-15 센터리스 연삭

조정숫돌과 연삭숫돌의 경사각이 α이고 조정숫돌의 직경과 회전수가 D_r, N_r 이라 하면 조정숫돌의 원주속도의 수평방향 성분에 의하여 공작물의 이송속도 f가 결정된다.

$$f = \pi D_r N_r \sin \alpha \quad \text{[mm/min]}$$

이송속도를 빠르게 하면 공작물의 진직도가 향상되고 느리게 하면 진원도가 향상되는 경향이 있다.

한편, 전후이송 방식에서는 공작물을 두 숫돌사이에 삽입하고 플런지연삭으로 공작물이 목표치수가 될 때까지 숫돌의 중심거리를 변화시켜 연삭하고 연삭이 완료되면 숫돌이 후퇴하고 공작물을 수동 또는 자동으로 밀어낸다.

센터리스연삭의 특징은

1) 공작물의 자동이송으로 연속적인 작업이 가능하고, 전후이송 방식에서도 공작물 공급장치를 자동화하여 공작물의 설치 및 제거 시간을 단축할 수 있다.

2) 공작물이 연삭숫돌, 조정숫돌과 받침대에 의해 지지되기 때문에 설치오차가 작고 연삭여유를 작게 할 수 있으며, 공작물에 굽힘이 생기지 않아 연삭깊이를 크게 할 수 있다.

3) 가늘고 긴 공작물의 연삭이 용이하며, 센터나 척으로 고정하기 어려운 공작물도 연삭할 수 있다.

4) 연삭작업에 숙련을 필요로 하지 않는다.

센터리스연삭은 〔그림 1-16〕과 같이 내면연삭 및 〔그림 1-17〕과 같이 볼 등의 구면 연삭에도 활용된다.

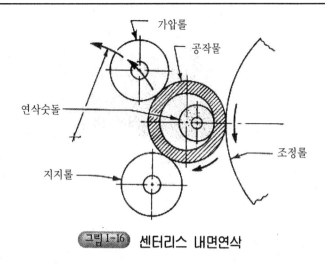

그림 1-16 센터리스 내면연삭

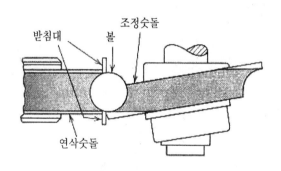

그림 1-17 볼의 센터리스 연삭

3.5 총형연삭기

총형연삭(form grinding)은 〔그림 1-18〕과 같이 연삭숫돌의 형상을 공작물의 형상과 요철을 반대로 가공하여 전후이송으로 공작물을 연삭하는 방법이다. 총형연삭에서는 숫돌을 주어진 형상으로 유지하는 것이 핵심으로 연삭기에 숫돌의 형상보정을 위한 드레서가 대부분 장착되어 있으며, 드레싱에 의해 연삭숫돌의 직경이 감소되는 것을 자동으로 보정하여 숫돌 중심과 공작물 중심의 거리를 조정한다.

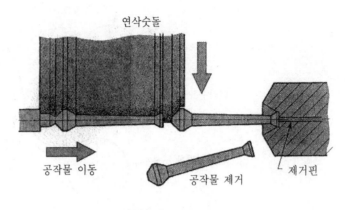

연삭숫돌

공작물 이동

공작물 제거

제거핀

그림 1-18 총형연삭

3.6 공구연삭기

절삭공구를 연삭하는데 사용되는 연삭기를 총칭하여 공구연삭기라고 하며, 다음과 같은 종류들이 있다.

1) 만능공구 연삭기

2) 바이트 연삭기

3) 커터 연삭기

4) 드릴 연삭기

[그림 1-19]는 밀링커터, 리머, 호브 등의 공구를 연삭할 수 있는 만능 공구연삭기이며, [그림 1-20]은 부속장치를 사용하여 정면밀링커터와 헬리컬밀링커터를 연삭하는 것을 보여준다. 커터의 재연삭은 랜드만을 연삭하고 경사면은 연삭하지 않는 것이 일반적이다. 커터의 연삭에는 컵형 또는 평형숫돌이 사용되는데 평형숫돌의 경우에는 숫돌의 원통면을 사용하기 때문에 작업시 겉보기 여유각에 비해 실제여유각이 커져 절삭날의 강도가 약해지고 연삭면이 곡면으로 되지만 컵형숫돌에서는 이와 같은 문제가 발생되지 않는다. 평형숫돌의 경우에는 숫돌의 지름이 200 mm이상 되어야 평면에 가까운 연삭을 할 수 있으며, 랜드의 폭이 큰 경우에는 컵형숫돌을 사용한다.

그림 1-19 만능공구연삭기

(가) 정면 밀링커터 연삭

(나) 헬리컬 밀링커터 연삭

그림 1-20 공구연삭 예

3.7 크리프피드(creep-feed) 연삭

크리프피드연삭은 1950년대 후반에 개발된 연삭기술로 보통 연삭이 일
회에 소량의 재료를 제거하여 다수 회 연삭하는 것과는 달리 연삭깊이를
깊게하고 이송을 느리게 하여 1회의 연삭숫돌 통과로 가공을 완료하는

방식이다. 〔그림 1-21〕은 일반연삭과 크리프피드 연삭을 비교한 것으로 연삭속도는 두 방식 모두 1500-3000m/min이나 일반연삭에서 연삭깊이는 0.01-0.05 mm, 공작물의 이송속도는 10-60m/min 정도이고 크리프피드 연삭에서는 연삭깊이가 1-6 mm, 공작물의 이송속도는 0.1-1m/min 로 작업한다.

같은 체적을 연삭으로 제거하는데 크리프피드 연삭이 일반연삭보다 훨씬 더 많은 에너지를 사용한다. 그럼에도 불구하고 크리프피드 연삭이 능률적으로 평가되고 있는데 그 이유는 일반연삭에서는 절삭으로 형상을 완성한 후 열처리를 한 다음 연삭을 하는 순서로 가공이 이루어지고 있지만 크리프피드 연삭에서는 절삭가공을 하지 않고 소재를 조질하여 연삭만으로 가공을 완료할 수 있기 때문이다. 예로써 드릴의 비틀림 홈을 크리프피드 연삭에 의해 가공하는 것을 들 수 있다. 또한 긴 나사의 경우 일반연삭에서는 얇은 숫돌을 사용하기 때문에 연삭시 숫돌의 변형으로 나사의 피치오차를 제거하기 어려운데 크리프피드 연삭에서는 한번에 나사산 형태의 숫돌로 연삭을 완료하기 때문에 피치오차를 쉽게 제거하여 긴 나사를 고정밀 가공할 수 있다.

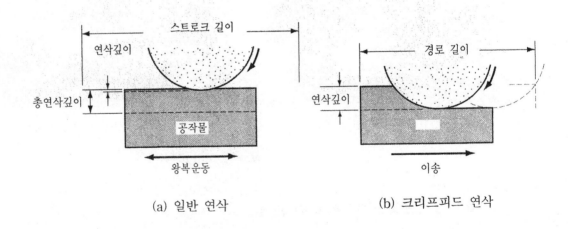

(a) 일반 연삭 (b) 크리프피드 연삭

그림 1-21 일반 연삭과 크리프피드 연삭

3.8 특수연삭기

특정한 기계요소 부품을 연삭하기 위한 연삭기로서 다음과 같은 종류들이 사용되고 있다.

1) 나사 연삭기
2) 스플라인 연삭기
3) 크랭크축 연삭기
4) 롤러 연삭기
5) 기어 연삭기
6) 캠 연삭기

4. 연삭작업

4.1 연삭조건

연삭은 치수 정밀도를 높이고 표면거칠기를 향상시키는 것이 주목적으로 이를 효과적으로 달성하기 위해서는 연삭속도, 연삭깊이, 이송 등의 연삭조건이 적합하게 설정되어야 한다.

(1) 연삭숫돌의 원주속도

비트리파이드 숫돌을 사용하여 연삭하는 경우 숫돌의 원주속도 범위는 [표 1-5]와 같다. 원주속도가 너무 빠르면 숫돌이 경하게 되어 연삭작용이 심하게 되고 원심력에 의하여 숫돌이 파괴될 위험성이 있다. 한편 너무 느린 경우에는 연삭량에 비하여 숫돌의 마멸이 심하게 되어 에너지 소모가 많게 된다.

[표 1·5] 연삭숫돌의 원주속도(KS B0431)

가공방법	원주속도 (m/min)
외경연삭	1700 - 2000
내면연삭	600 - 1800
평면연삭	1200 - 1800
공구연삭	1400 - 1800
절단	2700 - 5000
초경합금 연삭	900 - 1400

(2) 공작물의 원주속도

공작물의 원주속도는 연삭속도의 1/100정도로 연삭속도와 관계가 있으나 재질에 따라서 달라지게 된다. 일반적으로 연삭숫돌의 마멸과 다듬질면의 상태 측면에서는 속도가 느린 것이 좋고, 연삭능률 측면에서는 큰 쪽이 유리하다. [표 1-6]은 공작물의 재질에 따른 공작물의 원주속도 범위이다.

[표 1·6] 공작물의 원주속도(m/min)

공작물의 재질	외경연삭		내면연삭
	다듬질연삭	거친연삭	
담금질강	6 - 12	15 - 18	20 - 25
합금강	6 - 10	9 - 12	15 - 30
강	8 - 12	12 - 15	15 - 20
주철	6 - 10	10 - 15	18 - 35
황동 및 청동	14 - 18	18 - 21	25 - 30
알루미늄	30 - 40	40 - 60	30 - 50

(3) 이송

이송을 작게 해주면 공작물의 단위 면적당 많은 숫돌 입자가 연삭을 하게 되어 다듬질면의 정도가 좋아진다. 원통연삭에서 공작물 1회전당의 축방향 이송 f(mm/rev)은 숫돌의 폭 B를 기준으로 다음과 같이 정한다.

강 $f=(\dfrac{1}{3} \sim \dfrac{3}{4})B$

주철 $f=(\dfrac{3}{4} \sim \dfrac{4}{5})B$

다듬질연삭 $f=(\dfrac{1}{4} \sim \dfrac{1}{3})B$

(4) 연삭깊이

연삭깊이는 거친연삭의 경우 0.01~0.03 mm, 다듬질연삭에서는 0.0025~0.005 mm 정도이나 강의 거친 원통연삭에서는 0.01~0.04 mm, 주철의 경우는 연삭깊이를 크게 하여 작업하지만 0.15 mm이내로 하는 것이 좋다. 평면연삭에서의 연삭깊이는 0.01~0.07 mm, 내면연삭에서는 0.02~0.04 mm 정도를 사용한다. 공구의 건식연삭에서 거친연삭 경우는 0.07 mm, 다듬질연삭은 0.02 mm 정도이나 연삭액을 충분히 공급하여 작업하면 연삭깊이를 크게 할 수 있다.

4.2 연삭숫돌의 수정

(1) 연삭숫돌의 자생작용

연삭가공시 숫돌 입자의 날 끝이 마멸됨에 따라 입자에 작용하는 연삭저항이 커지게 되고 한계에 이르면 입자가 부분적으로 파쇄되어 날카롭게 되어 연삭을 하게 된다. 또 입자가 어느 정도 마멸되어 크기가 작아지면 결합제가 입자를 지지하지 못하고 입자가 숫돌에서 탈락하게 되고 인접해 있는 새로운 입자가 절삭을 담당하게 된다. 이와 같이 연삭에서는 숫돌입자가 마멸, 파쇄, 탈락, 새로운 입자 대체의 과정을 반복하면서 연삭을 계속하게 되는데 이를 연삭숫돌의 자생작용이라 한다.

연삭에 의해서 재료가 제거되는데 따라 숫돌도 마멸이 되어 숫돌체적이 감소하게 되는데 숫돌의 마멸정도는 연삭비(grinding ratio)로 표시한다.

연삭비 G는 다음과 같이 정의된다.

$$G = \frac{V_m}{V_w}$$

여기서 V_m은 연삭에 의해 제거된 재료의 체적이며, V_w는 숫돌에서 마멸된 부분의 체적이다.

숫돌의 연삭비는 20~80이 일반적이지만 경우에 따라서는 2~200의 범위 또는 200보다 높은 경우도 있다. 연삭비는 숫돌의 종류, 공작물 재질, 연삭조건, 연삭제 등에 의해서 결정된다. 또한 같은 숫돌이라도 작업에 따라서 연삭비가 달라진다. 동일한 작업조건에서는 결합도가 높은 숫돌이 연삭비가 크게 된다.

(2) 눈메움과 무딤

연삭시 발생된 연삭칩이 밖으로 배출되지 못하고 숫돌의 기공에 메워지는 현상을 눈메움(loading)이라 한다. 눈메움은 연한 재료의 연삭, 연삭숫돌의 잘못된 선정, 연삭조건이 부적당한 경우에 생길 수 있는데 눈메움이 생긴 숫돌로 연삭을 계속할 경우 과도한 마찰열이 발생하여 표면이 손상되고 치수정밀도가 저하된다. 무딤(glazing)은 마멸된 숫돌입자가 탈락하지 않아 숫돌의 표면이 매끄러워지는 현상으로 숫돌의 절삭능력을 저하시키게 된다.

(3) 드레싱과 트루잉

드레싱(dressing)은 눈메움이나 무딤이 생겨 연삭능력이 저하된 숫돌의 표면을 깎아서 예리한 새 입자를 표면에 노출시켜 주는 작업이며, 트루잉(truing)은 입자의 탈락 등에 의해 숫돌의 단면현상이 변한 경우 단면형상을 보정해 주는 작업으로 트루잉을 하게 되면 동시에 드레싱도 된다.

드레싱이나 트루잉에 사용되는 공구를 드레서(dressor)라고 하는데 다

이아몬드 팁을 사용하거나 형상이 있는 드레서는 다이아몬드를 전착하여
사용한다. 〔그림 1-22〕는 각종 드레서이며, 〔그림 1-23〕은 숫돌의 원통면
을 드레싱하는 과정을 보여준다. 숫돌의 단면형상이 있는 경우에는 〔그림
1-24〕와 같이 수치제어를 이용하여 연삭숫돌을 트루잉한다. 최근의 연삭
기는 대부분 드레싱을 위한 장치가 기계내에 장착되어 있어 연삭을 하면
서 숫돌을 계속 드레싱하던가 또는 간헐적으로 드레싱하여 숫돌을 최적
의 상태로 유지시킨다.

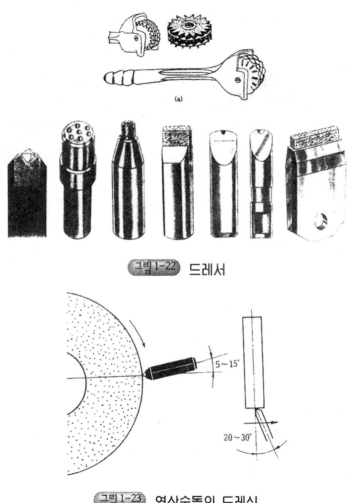

(a)

그림 1-22 드레서

그림 1-23 연삭숫돌의 드레싱

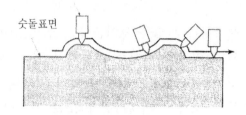

드레싱 공구
숫돌표면

그림 1-24 연삭숫돌의 트루잉

4.3 연삭액

연삭은 에너지 소모가 많은 가공으로 열이 많이 발생된다. 숫돌은 열전도성이 불량하여 공작물 쪽에 열이 많이 전달되고 이에 따라 연삭열에 의한 표면 균열과 변질이 생기기 쉽다. 연삭액은 연삭부의 과도한 온도상승을 방지하기 위하여 사용된다. 또한 연삭액은 연삭칩 및 숫돌의 파쇄칩을 씻어내고, 가공면을 양호하게 하고 숫돌의 마멸을 감소시키고 눈메움을 방지하는 등의 효과가 있다.

일반적으로 연삭액은 물에 여러 가지 성분을 첨가해준 것으로 물의 냉각성이 큰 특징을 이용하고 있다. 첨가성분은 방수제로서 탄산염, 붕사, 인산염, 알카리 등을 수용액으로 한 것, 유화유로 하여 윤활성을 준 것, 광유에 동식물유를 혼합하고 유황을 첨가하여 윤활성을 강화시킨 것 등이 사용된다. 또한 연삭액은 작업자에게 유해하지 않을 것, 연삭기와 공작물을 녹슬지 않게 할 것, 연삭기에 사용되고 있는 다른 유류와 반응하지 않을 것 등이 실용상의 필요조건으로 요구된다.

4.4 연삭가공면의 결함

연삭숫돌의 선정이나 연삭조건이 적절치 않으면 가공면에 여러 가지 결함이 발생할 수 있다.

(1) 연삭균열(crack)

연삭에 의한 발열로 공작물 표면이 고온이 되어 열팽창 또는 재질변화에 의하여 균열이 발생될 수 있다. 이러한 균열은 그물 모양으로 나타나며, 아주 미세한 경우에는 육안으로 식별하기 어렵다. 또 심할 때에는 균열에 의해서 공작물 표면층이 벗겨져 나갈 때도 있다. 균열발생은 공작물의 재질과 관련이 있는데 탄소가 0.6~0.7% 이하의 강에서는 거의 연삭균열이 발생하지 않으나 공석강에 가까운 탄소강에서는 자주 발생된다. 또한 담금질한 강에서 발생하기 쉽고 질화, 탄화 등의 표면경화 처리를 한 공작물과 일부 합금강 등에서 균열 발생 경향이 높다.

균열을 방지하려면 연한 숫돌을 사용하고 연삭깊이를 작게하고 이송을 크게하여 발열량을 적게 해주어야 하고 연삭액을 사용하여 충분히 냉각시키는 것이 필요하다. 또 실리케이트 숫돌을 사용하는 것도 균열 방지에 효과적이다.

(2) 연삭번(grinding burn)

연삭숫돌이 부적당하거나 연삭조건이 불량할 경우 연삭에 의한 발열이 심해져서 공작물 표면의 경도가 저하되는 현상을 말한다. 연삭표면이 연삭온도 때문에 산화하여, 그 정도에 따라 엷은 황색에서부터 적갈색, 자색, 청색을 띠게 된다. 이 현상은 일종의 템퍼링이라고 볼 수 있으며, 표면경도가 낮아지게 된다. 때로는 육안으로 표면의 변색을 식별할 수 없을 때가 있으며, 이런 경우는 표면경도를 측정하여 정량적으로 판단하는 것이 좋다.

연삭번을 방지하려면 연삭균열의 경우와 같은 대책을 강구하여야 한다.

(3) 채터링(chattering)

연삭에서의 떨림 현상으로 공작물의 중심 또는 공작물을 설치한 테이블과 숫돌의 회전중심 사이의 상대적인 진동에 기인하여 가공면에 미세한 파형의 무늬가 생긴다. 채터링은 숫돌의 평형 불량, 숫돌의 결합도가 너무 커서 연삭저항의 변동이 심할 때, 센터 및 센터구멍의 불량, 연삭기 자체의 진동, 외부진동 등이 발생 원인이 된다. 채터링이 발생되면 가공면의 정밀도가 나쁘게 된다.

4.5 연삭숫돌의 검사 및 설치

숫돌은 고속회전을 하기 때문에 작업 중 숫돌이 파열되면 매우 위험하다. 안전을 위해서 숫돌의 검사, 취급 및 설치에 주의를 해야한다. 숫돌이 충분히 개발되지 못한 초창기의 연삭기에서는 천연숫돌을 사용하여 작업하였기 때문에 숫돌의 강성이 낮아 원심력에 의한 파괴가 빈번하게 발생되었다. 최근의 숫돌은 고속회전에서도 강성을 유지할 수 있지만 숫돌은 취성이 크고 비교적 여린 특성이 있기 때문에 관리에 주의를 요한다.

4.5.1 숫돌의 검사

숫돌의 검사는 숫돌내부의 균열여부를 판단하고 숫돌의 균형을 잡기위해 실시한다. 검사방법으로는 다음의 세가지가 주로 사용된다.

가) 음향검사

햄머로 숫돌을 가볍게 두드려 울리는 소리에 의하여 떨림 및 균열여부를 판단한다.

나) 회전검사

숫돌을 사용속도의 1.5배로 3~5분간 회전시켜 원심력에 의한 파괴 여부를 검사한다.

다) 균형검사

숫돌이 불균형 상태일 때는 연삭 중에 발생하는 진동으로 다듬질면의 정도를 저하시킬 뿐만 아니라 베어링이나 숫돌 그리고 드레서의 수명에도 나쁜 영향을 미치기 때문에 균형검사를 실시하여야 한다. 균형검사는 [그림 1-25]와 같은 장비를 사용하여 불평형 위치를 찾아내고 숫돌 플랜지에 있는 평형추를 이동시켜 평형을 잡는다.

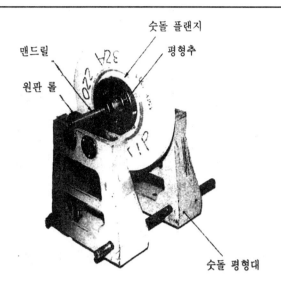

숫돌 플랜지

맨드릴

평형추

원판 롤

숫돌 평형대

그림 1-25 숫돌의 균형검사

    숫돌을 보관할 때에는 목제 선반위에 올려놓아 진동이나 충격을 받지 않도록 하는 것이 좋으며, 여러 개의 숫돌을 포개거나 무거운 물건을 올려놓지 않도록 해야 한다. 또한 숫돌을 운반할 때는 숫돌면이 상하지 않도록 보호하고 충격을 받지 않도록 해야 한다.

4.5.2 숫돌의 설치

    숫돌은 취약하기 때문에 중심축으로 지지하는 것은 위험하며, 〔그림 1-26〕과 같이 숫돌 직경의 1/2~1/3 정도의 플랜지로 숫돌측면을 지지해 준다. 그리고 〔그림 1-27〕과 같이 작업중 숫돌이 파괴되는 경우를 대비하여 연삭기의 종류, 숫돌의 형상 및 크기에 따라 적당한 덮개를 씌워야 한다.

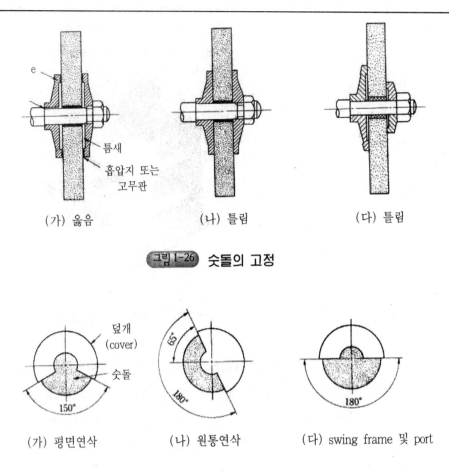

e
틈새
흡압지 또는
고무판
(가) 옳음
(나) 틀림
(다) 틀림

그림 1-26 숫돌의 고정

덮개
(cover)
숫돌
150°
65°
180°
180°
(가) 평면연삭
(나) 원통연삭
(다) swing frame 및 port

그림 1-27 숫돌덮개

제2장 호닝(honing)

1. 호닝개요

호닝을 비롯하여 래핑, 슈퍼피니싱, 버핑, 폴리싱 등의 정밀입자가공은 마무리 다듬질 가공으로 주목적은 표면거칠기를 향상시키기 위한 것이다. 〔표 2-1〕은 가공방법에 따른 표면거칠기를 나타낸 것으로 입자 가공을 통하여 가공면을 매우 매끄럽게 만들 수 있다.

[표 2·1] 표면거칠기

	주대상 공작물	표면거칠기, μm
연삭(중립 입자)	평면, 원통면, 구멍	0.4 - 1.6
연삭(세립 입자)	평면, 원통면, 구멍	0.2 - 0.4
호닝	구멍	0.1 - 0.8
래핑	평면, 구면(렌즈)	0.025 - 0.4
슈퍼피니싱	평면, 원통면	0.013 - 0.2
폴리싱	다양한 형상	0.025 - 0.8
버핑	다양한 형상	0.013 - 0.4

한편, 〔그림 2-1〕에 나타낸 바와 같이 연삭이나 정밀입자 가공을 하게 되면 가공비는 매우 비싸지게 된다. 따라서 제작품의 용도나 기능을 고려하여 다듬질 가공 여부를 결정하여야 한다.

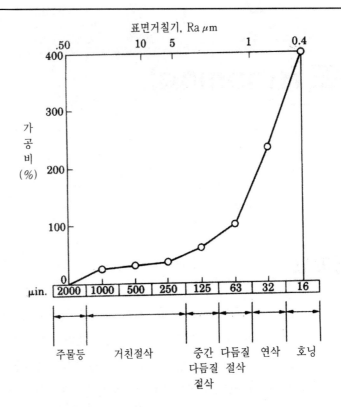

그림 2-1 다듬질 가공시의 가공비 증가

호닝은 직사각형의 긴 숫돌이 외주부에 붙어 있는 혼(hone)이라는 공구를 사용해서 혼에 회전운동과 직선운동을 동시에 주어 구멍내면을 정밀하게 다듬질하는 가공이다. 호닝은 보링, 리밍 또는 내면연삭을 한 구멍의 진원도, 진직도, 표면거칠기를 향상시키기 위한 가공으로 엔진이나 유압장치의 실린더 등의 내면 다듬질에 널리 사용되고 있다. 호닝은 구멍내면 뿐만 아니라 원통면, 평면 등에 대해서도 적용 가능하나 주로 구멍내면을 대상으로 하고 있다.

호닝은 연삭과 마찬가지로 숫돌을 사용하지만 절삭속도가 연삭에 비해 매우 느리기 때문에 공작물에서 재료를 아주 소량씩 제거하고 발생되는 열이 적다. 따라서 호닝은 구멍의 절삭이나 연삭 가공시 발생되는 각종 오차를 바로잡을 수 있다. 또한 다른 절삭과는 달리 절삭깊이를 주어서 가공하는 것이 아니라 숫돌에 압력을 가해서 가공하는 방식으로 압력을 조정함으로써 가공량을 미세하게 조절할 수 있다.

호닝에 의해 가공되는 깊이는 거친호닝은 $0.025 \sim 0.5$ mm, 다듬질호닝은 $0.005 \sim 0.025$ mm 정도이고 치수정밀도는 $3 \sim 10 \, \mu$m, 표면거칠기는 $0.1 \sim 0.8 \, \mu$m정도의 고정밀가공이 가능하다.

2. 혼(hone)

호닝에 사용되는 공구를 혼이라 하며, 그 구조는 〔그림 2-2〕와 같다. 호닝숫돌은 직사각형의 형태로 여러 개가 동일한 간격으로 원주상에 배열되어 있어 구멍내면을 다듬질한다. 호닝숫돌과 연삭숫돌에 사용되는 입자는 같은 종류이나 호닝숫돌에는 유황, 레진, 왁스 등이 결합제에 첨가되어 있어 절삭작용을 부드럽게 해준다.

호닝숫돌은 숫돌 홀더에 장착되는데 홀더는 유압이나 스프링으로 지지되어 있어 숫돌에 압력을 가해 구멍내면과 접촉시킨다. 숫돌의 압력은 절삭률과 다듬질 정도에 큰 영향을 미치는데 숫돌의 압력을 크게 하면 절삭률이 증가되며 숫돌의 마멸이 빨라진다. 숫돌의 압력은 보통 $10 \sim 30$kgf/cm^{2}이며, 다듬호닝에서는 $7 \sim 14$kgf/cm^{2}정도로 한다.

숫돌의 크기는 구멍의 크기에 따라 결정되는데 숫돌의 길이는 가공할 구멍 깊이의 1/2보다 작게 하고 왕복운동의 양단에서는 숫돌의 1/4정도가 구멍에서 나오게 하여 숫돌이 균일하게 마멸되도록 한다.

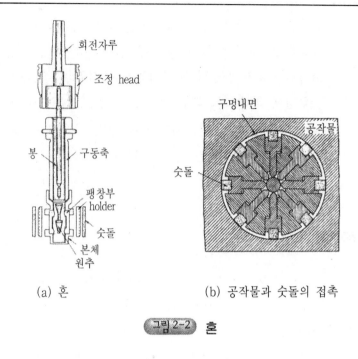

(a) 혼   (b) 공작물과 숫돌의 접촉

그림 2-2 혼

3. 호닝머신

　　호닝머신은 혼을 주축에 고정하고 혼을 회전과 왕복운동시킬 수 있는 기구로 구성되어 있다. 그리고 혼을 자유롭게 구멍 안에서 운동시켜 정확한 구멍으로 다듬기 위하여 혼을 유니버설조인트를 통해 주축에 연결하거나, 혼은 고정시키고 공작물이 자유롭게 이동할 수 있게 하여 구멍의 반경방향으로 하중이 작용하지 않도록 하는 부동기구를 채택하고 있다.

　　호닝머신의 종류로는 혼이 수직방향으로 장착되는 수직형과 여기에 단축 및 한번에 여러 개의 구멍을 동시에 호닝할 수 있는 다축 호닝머신이 있다. 포신 등 깊은 구멍의 호닝에는 수평식도 사용된다. 〔그림 2-3〕은 단축수직 호닝머신으로 엔진 실린더를 가공하는 예이다. 한편, 크기가 작은 부품의 경우에는 〔그림 2-4〕와 같이 혼은 회전운동만 시키고 부품을 손으로 왕복운동시키면서 가공하는 경우도 많이 볼 수 있다.

호닝가공에서는 회전운동과 왕복운동의 조합에 의해서 절삭경로가 결정되는데 숫돌의 입자가 동일한 경로를 반복하지 않도록 해야 한다. 호닝시 숫돌의 원주속도는 40~70m/min 정도이며 왕복운동속도는 원주속도의 1/2~1/5 정도로 한다.

그림 2-3 엔진 실린더의 호닝

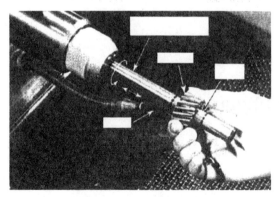

그림 2-4 기계부품의 호닝

가공면에는 [그림 2-5]와 같이 미세하게 가공된 자국이 남게 되는데 왕복운동에 의하여 엇갈리게 자국이 나타나는 것을 볼 수 있다. 숫돌의 원주속도를 v_r, 왕복속도를 v_a라 하면 입자의 궤적이 이루는 경사각 θ와 절삭속도 V는 다음과 같이 계산된다.

$$\theta = \tan^{-1}\left(\frac{v_a}{v_r}\right) \qquad\qquad v = \sqrt{v_r^2 + v_a^2}$$

가공자국의 교차각 2θ은 $20\sim60°$ 가 표준이 되어 있다. 호닝가공면의 엇갈린 자국은 다른 부품과 상대운동을 하는 경우 운동방향과 각도를 이루게 되어 마멸이 진행되기 어렵게 하고 윤활유의 삼투가 양호하여 윤활 작용을 강화시켜 주기 때문에 내마멸성을 좋게 해준다.

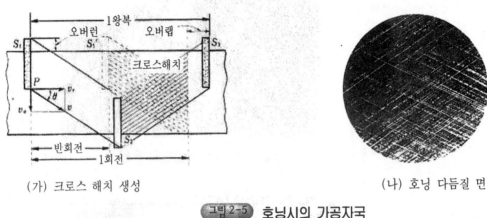

(가) 크로스 해치 생성   (나) 호닝 다듬질 면

그림 2-5 호닝시의 가공자국

4. 액체호닝(liquid honing)

액체호닝은 [그림 2-6]과 같이 공작물 표면에 공작액과 미세한 연마입자의 혼합물을 압축공기로 노즐을 통해 공작물에 분사시켜 표면을 다듬질하는 가공방법이다.

액체호닝에서는 연마입자를 공작물 표면에 충돌시켜 표면에서 돌출부를 제거하며, 복잡한 형상의 공작물 표면 다듬질이 가능하고 짧은 시간에 작업이 이루어지며, 가공 방향성이 없다. 또한 연마입자가 공작물 표면에 충격을 가하게 되어 피이닝효과(peening effect)가 생기며, 이에 따라 표면의 피로강도가 10% 정도 향상되는 장점이 있다. 한편, 단점으로는 연마제가 표면에 남아 있으면 어브래시브마모(abrasive wear)를 발생시켜 내마모성을 저해할 우려가 있고 다듬질면의 정도는 그다지 좋지 않다.

액체호닝은 베어링 접촉표면의 내마모성 향상, 볼트의 인장피로한계 증가 및 절삭공구의 수명증가, 공작물 표면의 산화막 및 버(burr) 제거 등에 이용된다. 다듬질면은 연마제의 농도, 압축공기 압력, 분사시간, 노즐과 표면과의 거리 그리고 분사각에 따라 영향을 받는다. 연마제의 농도는 50%일 때가 절삭능률이 가장 좋고, 공기압력은 보통 $3.5 \sim 7.0 \text{kgf/cm}^2$이며, 압력이 높을수록 가공능률이 좋다.

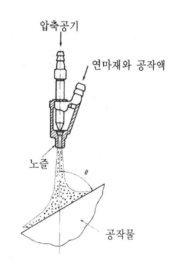

그림 2-6 액체호닝

제3장 래핑(lapping)

1. 래핑개요

　　래핑은 마멸현상을 기계가공에 응용한 것으로 래핑에 사용되는 공구는 공작물과 상대운동을 하도록 설계되어 있으며 이를 랩(lap)이라 한다. [그림 3-1]은 래핑에 의한 표면 다듬질 과정으로 랩과 공작물 사이에 고운 분말의 랩제(lapping powder)와 래핑유를 넣고 랩과 공작물을 상대운동시켜 랩제로 표면의 돌출된 돌기를 마멸시켜 표면을 매끈하게 가공하게 된다.

　　래핑도 재료를 제거하는 가공이지만 가공깊이는 0.02 mm이하로 매우 작으므로 재료 제거 측면에서는 비경제적이나 치수정밀도는 ±0.0004 mm, 표면거칠기는 0.02~0.05 μm로 경면의 다듬질면 가공, 접촉부의 정밀 끼워맞춤 가공 등에 활용된다. 또한 연삭이나 호닝가공시 표면에 가공

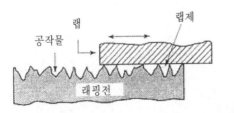

그림 3-1　래핑

방향으로 스크래치가 생기게 되는데 이를 래핑하면 가공자국을 깨끗하게 제거할 수 있다.

래핑은 표면의 미소돌기를 가공대상으로 하기 때문에 공작물의 경도와 무관하게 사용할 수 있는 가공이다. 그리고 다른 가공과는 달리 오히려 경도가 낮은 재료의 래핑이 어려운데 그 이유는 랩제와 표면에서 이탈된 입자가 공작물에 파묻치려는 경향 때문이다.

2. 랩 및 랩제

랩은 공작물의 형상에 따라 여러 가지로 제작된다. 〔그림 3-2〕는 평면, 구멍, 원통면을 가공하기 위한 랩의 형상이다. 랩에는 그림과 같이 윤활제와 랩제가 표면에 고르게 퍼지게 하고 나머지는 빠져나가도록 홈이 파여 있다. 랩의 재료로는 주철, 황동 및 동과 같이 연한 재료가 사용되는데 주의해야 할 것은 반드시 공작물보다 연한 재료로 랩을 제작하여야 한다. 그 이유는 래핑시 랩제와 공작물에서 이탈된 입자는 일부 주위 재료에 파묻치게 되는데 공작물이 랩보다 연하면 공작물에 입자들이 파묻치기 때문이다.

랩제로는 A계 및 C계의 입자, 탄화붕소, 산화크롬, 산화철, 다이아몬드, CBN 등 여러 가지 종류의 입자가 사용된다. 비교적 연한 금속이나 유리, 수정 등에 대해서는 C입자나 산화철이 적합하고, 강재에는 A, WA입자와 산화크롬 등이 사용된다. 일반적으로 입도는 240~1000번 정도의 것이 사용되며, 가공면의 표면거칠기를 작게 하기 위해서는 세립의 입자를 사용한다.

래핑유는 랩제와 혼합해서 사용하는데 래핑유의 역할은 입자를 지지하며, 동시에 분리시키고 윤활작용으로 표면이 긁히는 것을 방지한다. 주철 랩으로 경화강을 래핑할 때는 유류를 래핑유로 사용한다. 보통은 석유와 기계유를 혼합한 것이 많이 사용되며, 올리브유, 경유, 벤졸 등을 사용하기도 한다.

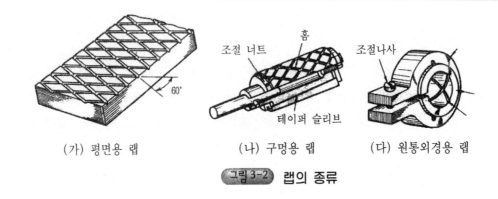

| (가) 평면용 랩 | (나) 구멍용 랩 | (다) 원통외경용 랩 |

조절 너트　홈　조절나사

테이퍼 슬리브

60°

그림 3-2 랩의 종류

3. 래핑 방법

　　래핑은 랩제의 사용방법에 따라 습식과 건식 두 가지로 구분된다. 습식 래핑에서는 랩제와 윤활제를 혼합하여 가공부에 주입하면서 작업하는 방법으로 주로 거친 래핑에 사용하며 비교적 고압, 고속으로 가공이 이루어진다. 절삭량이 크고 다듬질면에는 래핑에 의해 미세하고 불규칙적인 자국이 남아 순한 광택을 낸다. 건식래핑은 랩을 랩제에 파묻었다가 랩표면을 충분히 닦아내고 랩에 파묻쳐 있는 랩제만으로 주로 건조 상태에서 래핑하는 방식으로 습식래핑 후에 표면을 더욱 매끈하게 가공하기 위해 사용된다. 일반 기계요소의 래핑은 습식래핑으로 충분하며, 건식래핑은 블록게이지나 측정기의 측정면 등 고정도를 요하는 표면의 가공에 사용된다.

　　래핑작업은 손을 이용하는 핸드래핑과 기계를 이용하는 머신래핑이 있다. 핸드래핑은 평면의 래핑이나 선반, 드릴링머신 등의 회전을 이용하여 원형부품의 외경이나 구멍내면 등을 가공하는 방법으로 외경래핑의 경우에는 공작물을 회전시키고 랩을 손으로 잡고 축 방향으로 왕복운동시켜 주고 내면 래핑은 랩을 회전시키고 공작물을 움직여 주는 방식을 택한다. 핸드래핑은 수량이 적거나 적당한 전용기계가 없을 때 사용된다.

　　다량생산의 경우는 래핑머신을 사용하여 작업을 한다. 〔그림 3-3〕는 수직형 래핑머신으로 작업하는 예로서 평면 및 원통 외경의 래핑에 많이 사용되고 있다. 래핑머신에서 랩의 속도가 반지름 위치에 따라 다르므로 공작물이 균일하게 래핑되도록 하기 위하여 홀더에 공작물을 설치하는 위치나 홀더를 움직이는 방법에 여러 가지 고안이 있다. 〔그림 3-4(가)〕는 원통 외경 래핑시 사용되는 지지판으로 경사진 홈에 공작물을 삽입하여 래핑하면 공작물이 자전과 공전을 하면서 래핑된다. 〔그림 3-4(나)〕는 평면 래핑 공작물의 홀더로 홀더가 자전하면서 공전하는 구조로 되어 있어 공작물을 그물눈 모양으로 래핑하게 된다.

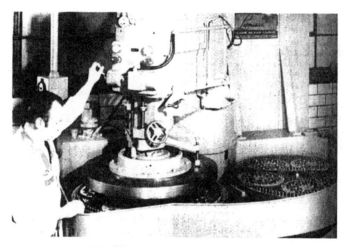

그림 3-3 　수직형 래핑머신

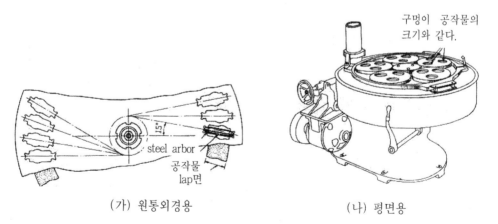

구멍이 공작물의 크기와 같다.

steel arbor

공작물
lap면

（가）원통외경용

（나）평면용

그림 3-4 　래핑머신 홀더

제4장 슈퍼피니싱(superfinishing)

1. 슈퍼피니싱 개요

슈퍼피니싱은 치수변화가 목적이 아니고 공작물 표면을 고정도로 다듬질하기 위해 사용되는 가공으로 호닝과 유사하게 숫돌을 사용하지만 숫돌에 가하는 압력이 매우 작으며, 공작물과 숫돌의 접촉면적이 크고 숫돌에 진동을 주어 표면의 돌출 돌기를 제거시킨다. 그리고 가공액을 충분히 보급한 상태에서 작업이 이루어진다. 슈퍼피니싱은 다른 방법으로 표면을 다듬질한 후, 추가적으로 실시하는 것이 보통이며, 다듬질면은 매우 매끈하게 가공되고 방향성이 없으며, 가공부가 거의 변질되지 않는다.

슈퍼피니싱은 호닝과 마찬가지로 숫돌을 사용하여 표면을 다듬질하는 가공으로 마이크로호닝(microhoning)이라 부르기도 한다.

2. 슈퍼피니싱용 숫돌 및 가공액

숫돌 재료로는 연삭숫돌과 마찬가지로 A계와 C계가 사용되는데 인장강도가 낮은 공작물에는 C계, 인장강도와 경도가 큰 경우에는 A계를 사용한다. 입자의 입도는 400~1000번, 결합도는 H~M으로 연한 것을 사용하며, 결합제는 비트리파이드, 실리케이트 또는 레지노이드가 사용된다.

슈퍼피니싱에서는 가공액의 역할이 매우 중요하다. 가공액은 숫돌과 공작물사이에 윤활막을 형성하여 두 표면을 분리시켜 지지하게 되므로 공작물 표면에서 돌출되어 있는 부분만 숫돌 입자와의 접촉으로 제거된다. 이러한 가공과정에서는 숫돌에 가하는 압력과 가공액의 점도가 중요한 역할을 하고 숫돌에 가하는 압력을 조절함에 따라 표면의 매끄러운 정도가 달라지게 된다. 공작물 표면에서 돌출부가 제거되어 공작물과 숫돌의 표면이 윤활막에 의해서 분리되면 더 이상의 절삭작용은 발생되지 않는다. 따라서 압력을 일정하게 하고 동일한 윤활제와 숫돌을 사용하여 여러 개의 같은 공작물을 슈퍼피니싱하면 각각의 공작물은 동일한 정도의 표면상태로 가공된다.

슈퍼피니싱에서는 숫돌 압력이 낮고 절삭속도가 느리기 때문에 발열이 작아 가공액의 냉각작용은 그리 중요하지 않다. 그러나 가공액은 앞에서 설명한 윤활막 형성이외에 공작물에서 제거된 미세한 칩과 탈락된 숫돌입자를 밖으로 배출하고 숫돌입자의 절삭작용을 돕는다. 가공액은 경유에 스핀들유, 머신유, 터빈유 등을 10~30% 혼합한 것으로 상온에서 레드우드 점도가 35~45S 정도인 것이 사용된다.

3. 슈퍼피니싱 방법

원통면과 평면에 대한 슈퍼피니싱은 〔그림 4-1〕과 같은 방법으로 실시한다. 원통외경의 슈퍼피니싱에 사용되는 숫돌은 〔그림 4-1(가)〕와 같이 공작물과의 접촉면적이 크며, 공작물의 길이가 긴 경우에는 숫돌을 축방향으로 이송시키면서 작업을 한다.

숫돌에는 진동을 주는데 진폭은 1~4 mm, 진동수는 분당 약 450사이클 정도로 하며, 공작물은 원주속도 0.25m/s 정도의 속도로 회전을 시킨다. 숫돌입자의 경로는 진동과 공작물의 원주속도에 의해서 결정되는데 호닝과 마찬가지로 숫돌의 입자가 동일한 경로를 반복하지 않도록 해야 한다.

숫돌에 가하는 압력은 작업조건에 따라 $1.0 \sim 2.0 \text{kg/cm}^2$ 정도의 범위이다.

〔그림 4-1(나)〕는 평면의 슈퍼피니싱으로 컵 형상의 숫돌을 사용하여 숫돌과 공작물을 동시에 회전시키면서 작업한다. 숫돌에는 마찬가지로 진동을 주지만 이 경우는 숫돌과 공작물이 동시에 회전하기 때문에 진동이 숫돌 입자의 경로변화에 미치는 영향은 그리 중요하지 않다.

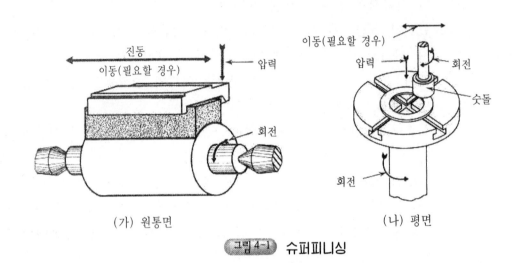

(가) 원통면   (나) 평면

그림 4-1 슈퍼피니싱

제5장 폴리싱(polishing)과 버핑(buffing)

1. 폴리싱

　폴리싱은 연마라고도 하며, 매끄럽고 광택이 나게 표면을 다듬질하는 가공이다. 폴리싱에서는 입자에 의한 미세한 절삭과 스미어링(smearing) 작용이 수반되는데 입자에 의한 미세한 절삭은 표면의 스크래치 제거 및 미세한 결함을 충분히 수정할 수 있으며, 스미어링 작용은 표면을 문지르는 것으로 광택을 생기게 한다.

　폴리싱은 직물, 가죽 등으로 제작한 휠이나 벨트에 미세한 연마입자를 부착시켜 공작물 표면을 다듬질한다. 〔그림 5-1〕은 금형다이를 벨트로 폴리싱하는 과정을 보여준다.

그림 5-1　금형다이의 폴리싱

2. 버핑

　　버핑도 폴리싱과 거의 유사한 방법으로 〔그림 5-2〕에 나타낸 바와 같이 직물이나 가죽으로 제작한 휠에 아주 미세한 연마입자를 부착하여 공작물 표면을 다듬질한다. 휠에 대한 연마제 공급은 연마입자를 접착하여 만든 스틱을 회전하는 휠에 갖다대는 방식을 사용한다. 버핑은 종종 도금하기 전에 표면을 다듬질하는데 사용된다.

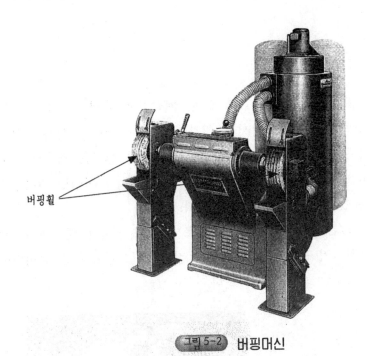

버핑휠

그림 5-2　버핑머신

제6장 기타 가공

1. 분사가공(blasting)

공작물 표면에 미세입자를 분사하여 모래나 스케일을 제거하는 가공으로 주물제품에 붙어있는 모래, 절삭가공 제품의 버, 가공물 표면의 산화막이나 도료 등을 벗겨내는데 사용된다. 분사 입자로 모래를 사용하는 것을 샌드블라스팅(sand blasting)이라 하고 강구를 파쇄한 그릿을 사용하는 것을 그릿블라스팅(grit blasting)이라 한다.

샌드블라스팅에서는 모래가 파괴되어 입자가 일정하지 않으며 또 먼지가 심하게 발생되어 작업자에게 유해하기 때문에 최근에는 그릿블라스팅이 많이 사용되고 있다.

분사방법에는 압축공기를 이용하는 방법과 원심력을 이용하여 분사하는 방법이 사용된다. 〔그림 6-1〕은 원심력을 이용한 그릿블라스팅 기계로 주물제품의 표면을 다듬질하는데 사용된다.

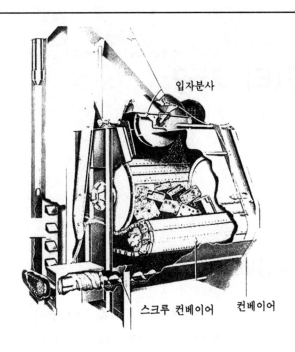

입자분사

스크루 컨베이어   컨베이어

그림 6-1 그릿블라스팅

2. 쇼트피닝(shot peening)

크기가 작은 강구를 쇼트라고 하는데 이를 공작물 표면에 분사하여 표면특성을 향상시키는 가공을 쇼트피닝이라 한다. 강구로 표면에 타격을 가하면 표면조직이 치밀하게 되고 표면에 소성변형에 의한 잔류압축 응력이 생기게 하여 내마모성과 피로특성이 향상된다. 이와 같은 효과를 피닝효과(peening effect)라 한다.

쇼트피닝은 반복하중을 받는 기계요소의 피로특성을 향상시킬 수 있기 때문에 각종 스프링, 축 등의 마무리가공에 활용된다. 〔그림 6-2〕은 스프링을 쇼트피닝하는 것을 보여주는데 쇼트피닝 기계는 그림에서와 같이 압축 공기식과 원심식 두 종류가 있다. 대량생산에는 원심식이 좋고 크기가 작거나 복잡한 부품은 압축공기식이 적합하다. 두께가 큰 부품은 쇼트피닝 효과가 작고 부적당한 쇼트피닝은 재료의 연성을 감소시켜 균열의 원인이 된다.

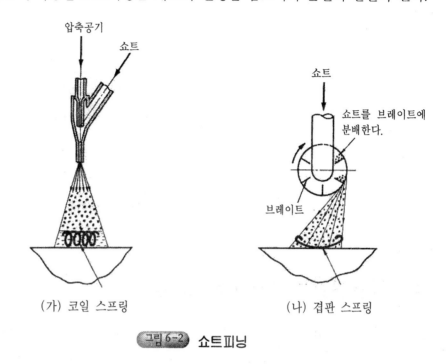

(가) 코일 스프링　　　　　(나) 겹판 스프링

그림 6-2 쇼트피닝

3. 버니싱(burnishing)

〔그림 6-3〕과 같이 가공되어 있는 구멍에 구멍의 직경보다 약간 큰 강구를 압입하여 내면을 다듬질하는 가공을 버니싱이라고 한다. 버니싱을 하면 구멍의 치수정밀도를 높일 수 있고 절삭시의 스크래치 등이 제거되어 표면이 매끄럽게 되며, 구멍내면에 잔류 압축응력이 생기게 하여 피로강도가 향상된다.

연질재료의 버니싱에는 강구를 사용하며, 강재에는 초경합금으로 제작한 구를 사용한다. 공작물의 두께가 얇으면 변형은 거의 탄성적으로 이루어지기 때문에 버니싱 효과가 작아지며, 두께가 증가하면 버니싱 효과도 커지게 된다.

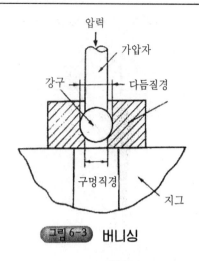

그림 6-3 버니싱

4. 롤러다듬질(roller finishing)

버니싱과 유사한 방법으로 〔그림 6-4〕와 같이 롤러로 공작물 외면이나 내면을 압착 회전시켜 표면을 다듬질하는 가공이다. 가공효과는 버니싱과 동일하며, 롤러버니싱이라 부르기도 한다.

롤러다듬질 기계로는 보통선반이 사용되며 롤러에 회전운동과 이송을 주어 가공한다. 길이가 긴 공작물의 경우는 변형이 생기기 쉽기 때문에 〔그림 6-5〕와 같이 여러 개의 롤러를 사용하여 작업한다.

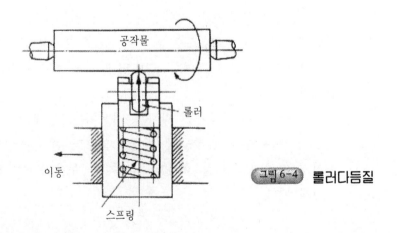

그림 6-4 롤러다듬질

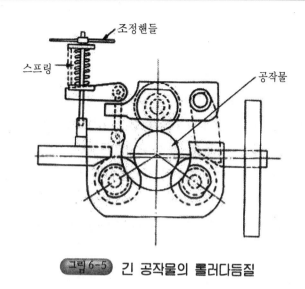

그림 6-5 **긴 공작물의 롤러다듬질**

5. 배럴다듬질(barrel finishing)

배럴에 공작물, 미디어(media), 공작액을 넣고 배럴을 회전이나 진동시켜 공작물과 미디어의 상대운동으로 공작물 표면을 다듬질하는 가공을 배럴다듬질이라 하며, 크기가 작은 부품을 대량으로 다듬질하는데 유용하게 사용된다.

미디어는 공작물과 상대운동을 하면서 공작물 표면을 다듬질하는데 공작물의 크기, 성질 및 가공정도에 따라 알맞은 것을 선정해야 한다. 거친 다듬질에는 숫돌입자, 석영, 모래 등이 사용되고 광택내기에는 나무, 가죽, 톱밥 등이 사용된다. 특히, 버 제거가 주목적일 때는 연강이나 아연 같은 금속제 미디어를 사용하여 가공효율을 높일 수 있다.

배럴다듬질에는 회전형과 진동형 두 방식이 주로 사용된다. 회전형 배럴은 〔그림 6-6〕와 같이 배럴에 공작물과 미디어의 체적비를 1 : 2 정도로 배럴의 1/2정도를 채우고 공작액을 넣고 배럴을 회전시킨다. 배럴의 회전에 따라 공작물과 미디어가 회전하다가 중력에 의해서 흘러내리면서 서로 간의 상대운동으로 공작물이 다듬질된다. 진동형 배럴은 〔그림 6-7〕에 나타낸 바와 같이 배럴에 900~3,600cpm 정도의 진동을 주어 공작물과 미디어를 상대운동시켜 가공하는 방법으로 회전형에 비해 10배 정도 가공능률이 우수하다.

배럴다듬질의 다른 방식으로는 배럴을 회전암 끝에 부착하여 원심력을 이용하여 가공하는 원심배럴이 있으며, 배럴내에 있는 공작물과 외부축을 연결하여 공작물을 회전시키면서 다듬질을 하는 스핀들다듬질이 있다. 스핀들다듬질은 공작물이 큰 경우에 사용하는 방법이다. 그리고 배럴가공과 같은 방식으로 주물제품이나 단조제품에서 표면의 휜(fin)이나 이물질 등을 제거하는 것을 텀블링(tumbling)이라 한다.

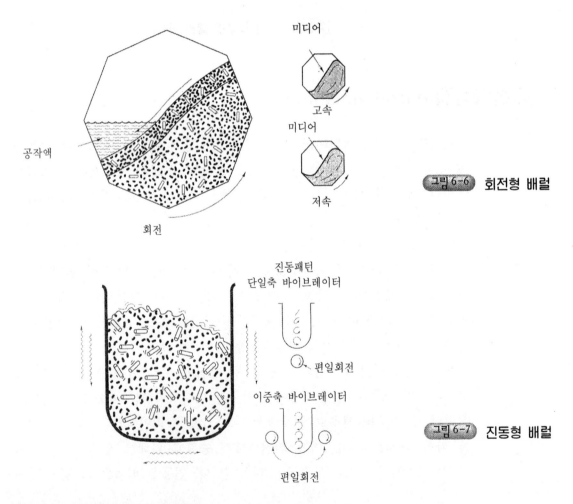

그림 6-6 회전형 배럴

그림 6-7 진동형 배럴

제8편 특수가공

제1장 기계적 특수가공

기계 부품이 복잡해지고 고정밀화 되고 내열, 고강도의 새로운 재료가 기계 부품에 사용됨에 따라 기존의 가공방법으로는 가공하기 어렵거나 불가능한 경우가 많이 있다. 이에 따라 효과적이고 능률적인 가공을 위하여 특수가공 기술이 산업현장에서 널리 사용되고 있다.

특수가공은 각종 물리적인 현상을 이용하여 가공하는 것으로 그 원리에 따라 기계적인 방법, 전기적인 방법, 열적인 방법 및 화학적인 방법으로 구분할 수 있다.

1. 초음파가공(ultrasonic machining)

초음파가공은 공구와 공작물사이에 연삭입자가 함유되어 있는 가공액을 채우고, 공구에 초음파 진동을 가하여 연삭입자를 공작물에 충돌시켜 가공하는 방법으로 충격연삭(impact grinding)이라 부르기도 한다. 가공액은 일반적으로 물에 연삭입자가 20~60% 정도 포함된 것을 사용하는데 이를 슬러리(slurry)라고 한다. 연삭입자로는 질화붕소, 탄화붕소, 산화알루미늄, 탄화규소 등이 사용되고 있으며, 입도는 100~2000정도 이다.

[그림 1-1(a)]는 초음파 가공기계의 구성을 나타낸 것으로 초음파발진기로 구동되는 진동자의 진동을 혼에서 기계적으로 증폭하여 공구를 초음파 진동

시킨다. 초음파가공에서 진동수는 20,000~30,000Hz, 진폭은 0.013~0.1 mm 정도를 사용한다.

공구가 진동을 하면 〔그림 1-1(b)〕에 나타낸 바와 같이 슬러리에 있는 연삭입자가 고속으로 가속되고 입자가 공작물에 충돌하여 충격력을 가하며 공작물 표면을 깎아내게 된다. 입자의 1회 충돌에 의한 가공량은 미세하지만 입자수가 많고 초음파진동으로 충격회수가 매우 많기 때문에 가공능률은 연삭의 경우와 비슷하다.

공구의 형상은 가공물과 요철이 반대인 형상이 되며, 공구도 입자와의 충돌로 마멸되기 때문에 이를 고려하여 동일한 단면의 긴 공구를 사용한다. 공구와 공작물 사이에서 입자가 운동을 하기 때문에 공작물은 공구보다 입자크기의 두 배 정도 큰 크기로 가공된다. 또한 구멍을 가공하는 경우 입자가 구멍의 벽면과도 충돌하여 구멍이 깊을 경우 테이퍼 형상으로 가공되기 때문에 진직도 측면에서 구멍깊이는 직경의 3배 이내로 제한이 있다. 가공면의 다듬질 상태는 입자의 크기에 따라 달라지는데 작은 입자를 사용하면 표면거칠기

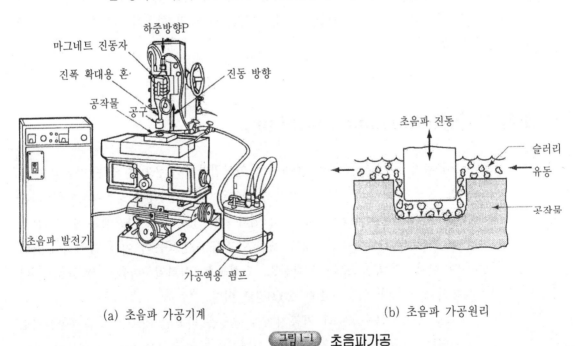

(a) 초음파 가공기계   (b) 초음파 가공원리

그림 1-1   초음파가공

가 양호해진다.

초음파가공은 연삭입자의 충격을 이용하여 국부적으로 침식하여 가공하기 때문에 재료의 종류와 특성과는 무관하게 적용 가능하다. 즉, 경도가 높거나 또는 취성이 커서 절삭이 어려운 재료들도 초음파가공으로는 용이하게 가공할 수 있다. 초음파가공은 다이아몬드, 루비, 수정 등의 보석류, 유리, 실리콘, 게르마늄, 초경합금, 담금질강 등의 경질 취성재료의 구멍가공, 절단, 형상가공 등에 널리 활용되고 있다. 그리고 〔그림 1-2〕에 나타낸 바와 같이 3차원형상, 비원형구멍, 홈파기, 미세구멍 등을 가공할 수 있다.

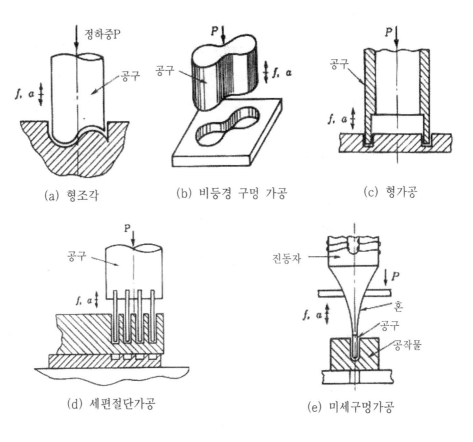

(a) 형조각   (b) 비등경 구멍 가공   (c) 형가공

(d) 세편절단가공   (e) 미세구멍가공

그림 1-2 초음파가공예

2. 워터제트가공(water jet machining)

초고압의 물을 아주 작은 노즐구멍을 통해서 고속으로 분출시키면 국부적으로 공작물에 힘이 가해지며 공작물을 절단할 수 있다. 이와 같은 가공방법을 워터제트가공이라 한다.

〔그림 1-3〕은 워터제트가공기의 구성을 나타낸 것이다. 증압기는 물을 고압으로 만들어 주는 장치로 왕복동형 플런저 펌프가 주로 사용되고 있다. 가압된 물은 축압기로 보내지는데 축압기는 물이 노즐에서 분출되기 전에 저장되는 곳으로 압력이 일정하게 유지되어야 하며, 물이 분출되는 과정 중에도 압력변동이 작아야 한다. 축압기는 초고압 튜브로 노즐에 연결되어 있으며, 노즐을 열어주면 고속으로 물줄기가 분출하게 된다. 워터제트가공에서 물은 약 4,000기압 정도의 고압으로 압축하는 것이 일반적이나 1만기압 이상으로 가압하는 경우도 있다. 노즐의 직경은 0.05~0.5 mm정도가 사용되고 있으며, 분출되는 물의 속도는 600~900 m/s로 음속의 2배 이상이 된다. 노즐의 구멍부는 수명을 길게 하기 위하여 사파이어를 많이 사용하고 있다. 최근에는 다이아몬드 노즐이 개발되어 실용화되어 있지만 사파이어 노즐보다 수명이 긴 대신 가격이 매우 고가이다. 노즐의 파손은 외부의 오물입자나 물에 있는 광물질이 노즐을 깎아내기 때문으로 워터제트가공기에 사용되는 물은 필터를 거쳐 작은 입자들을 걸러내야 한다.

워터제트가공은 물을 고속으로 분출시켜 가공하기 때문에 다음과 같은 장점이 있다.

1) 절단시작 위치에 대한 구속이 없으며, 절단부의 연속여부와 무관하다.
2) 열이 발생되지 않는다.
3) 공작물의 변형이 작아 유연한 재료의 절단이 용이하다.
4) 절단부 부근에만 약간 물이 침투된다.
5) 버 및 분진 발생이 거의 없다.
6) 환경친화적인 가공이다.

7) NC화로 자유곡선을 쉽게 가공할 수 있다.

한편, 단점으로는 소음이 매우 크고 절단두께에 제한이 있으며 물만의 분사로는 금속재료를 절단하기 어렵다. 절단두께는 재료의 종류에 따라 달라지며, 물줄기가 퍼지는 특성이 있기 때문에 하부 쪽으로 갈수록 절단부가 넓어지고 절단된 표면이 거칠어진다.

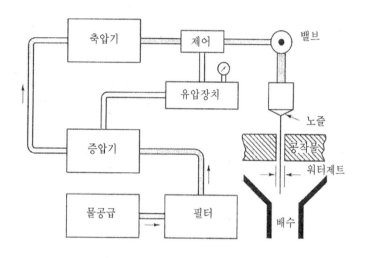

그림1-3 워터제트가공

그림1-4 기판의 워터제트가공

워터제트가공은 각종 기판, 복합재료, 플라스틱, 직물, 고무, 나무, 종이, 가죽 등 비금속재료의 절단에 우수한 특성을 발휘하고 있다. 〔그림 1-4〕는 워터제트가공으로 기판을 가공하는 예이다.

워터제트에 연삭입자를 같이 분출하여 가공하는 방법을 어브래시브 워터제트가공(abrasive waterjet machining)이라 한다. 가공기의 구조는 물만 분사하는 경우와 동일하며, 연삭입자는 〔그림 1-5〕에 도시한 바와 같이 노즐부에서 공급된다. 연삭입자로는 탄화규소와 산화알루미늄이 주로 사용된다. 어브래시브 워터제트가공에서는 물과 연삭입자의 충격력을 이용하기 때문에 절단력이 매우 커서 금속재료도 충분히 절단할 수 있다. 어브래시브 워터제트가공은 절삭이나 레이저가공과는 달리 열발생이 없기 때문에 열에 민감한 재료의 절단에 적합하다. 그러나 플라스틱의 경우에는 절삭속도가 7.5 m/min으로 높지만 금속재료의 경우에는 절삭속도가 매우 느리기 때문에 높은 생산성을 필요로 할 때에는 적용하기 어렵다.

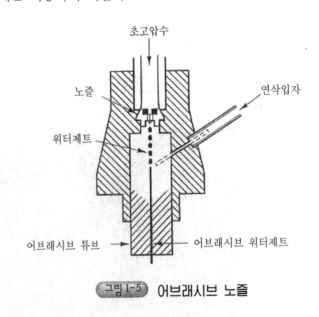

〔그림 1-5〕 어브래시브 노즐

1. 방전가공(EDM - Electrical Discharge Machining)

방전가공은 스파크방전에 의한 열적 침식을 가공에 이용한 것이다. 전류가 흐르는 두 선을 부딪쳐 보면 아크가 발생되고 접촉되었던 부분은 움푹 파인 작은 크레이터(crater)가 생기고 소량의 금속이 침식되어 제거된 것을 관찰할 수 있다.

이러한 방전현상은 전기가 발견된 이래 알려져 왔지만 1940년대에 와서야 이 원리를 응용한 가공기술이 개발되기 시작하였다. 〔그림 2-1〕에서와 같이 두 전극을 가깝게 접근시키고 전압을 가하면 전극 사이의 기체가 전리되어 미세한 전류가 흐르게 되며 이를 누설전류라고 한다. 이 때 전압을 더 상승시키면 국부적인 절연파괴에 의하여 전극표면에 방전이 발생한다. 이를 코로나 방전이라고 하는데 매우 불안정한 상태이다. 전압을 더 상승시켜 주면 전극 중의 자유전자가 끌려나와 확산되어 이온의 이동속도가 커지며 확산된 전자와 이온이 전극 중의 물질에 닿으면 이 물질이 이온화되어 이온량은 급격히 많아지게 되며, 이에 따라 전류도 급격히 증가되는데 이를 불꽃방전이라 한다. 불꽃방전 상태를 지나면 두 전극사이에 간극을 통하여 정상적으로 전류가 흐르게 되며 이를 아크방전이라 한다. 아크방전 초기에는 전류밀도가 변화하다가 안정되게 되는데 전류밀도 변화가 큰 부분의 아크방전을 단아크방전 또는 과도 아크방전이라 한다. 방전가공은 불꽃방전과 단아크방전을 가공에 이용한다.

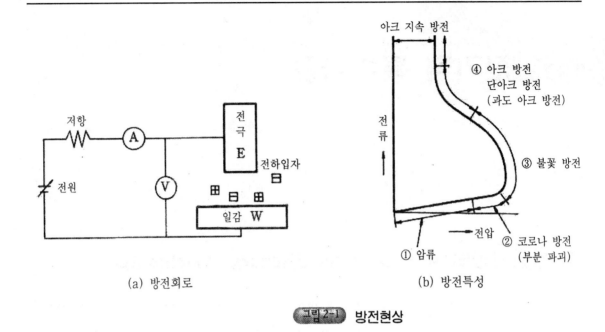

(a) 방전회로   (b) 방전특성

그림 2-1 **방전현상**

불꽃방전의 시간은 $10^{-8} \sim 10^{-6}$s로 매우 짧으며, 전류밀도는 $10^6 \sim 10^9$A/cm^2 정도이고 이때 발생되는 열은 10,000℃ 이상의 고온이 된다. 따라서 방전시 발생된 열은 국부적으로 공작물을 용융시키게 되며, 용융된 재료는 방전의 충격에 의해 제거된다.

[그림 2-2]는 방전가공기의 구성을 나타낸 것으로 공구와 공작물은 방전회로를 구성하게 된다. 공구와 공작물은 절연유(등유, 경유, 물 등이 사용됨) 속에서 0.01~0.5 mm 정도의 간극을 유지하고 있으며, 이 간극은 가공이 진행되어도 일정하게 유지되도록 서보기구로 제어된다. 방전가공에 사용되는 전류는 50~300V, 전압은 0.1~500A정도이며, 방전시간은 매우 짧지만 50~500kHz의 빠르기로 반복된다.

방전가공시 공구와 공작물은 전극에 해당되기 때문에 공작물은 전도체이어야 하며, 방전에 의해 공작물에서만 재료가 제거되는 것이 아니라 공구쪽도 소모되기 때문에 경우에 따라 여러 개의 동일한 공구를 미리 제작해 두어야 한다. 방전가공시 동일한 재료를 전극에 사용하면 양극이 음극보다 소모가 빨리되기 때문에 방전가공기에서 공작물은 양극, 공구는 음극에 연결된다.

공구는 방전에 의한 간극을 고려하여 가공치수보다 약간 작게 설계되며, 공구의 형상은 가공물과는 요철이 반대인 형상이 된다. 공구재료로는 가공이 용이한 흑연, 황동, 구리, 구리-텅스텐 합금 등이 사용된다. 공구제작에는 성형, 주조, 분말야금, 기계가공 등 각종 가공법이 사용되며, 부분적으로 제작해서 접합해도 상관없다. 공구는 소모가 작아야 하는데 용융온도가 높을수록 잘 소모되지 않는다. 〔그림 2-3〕은 흑연으로 제작한 방전가공 공구인데 공구마멸 특성은 흑연이 가장 우수하다.

방전가공은 방전시의 열을 이용하기 때문에 공작물이 전도체이면 재료의 경도나 취성에 무관하게 가공을 할 수 있다. 또한 강성이 약한 얇은 부분, 깊은 홈, 다양한 형상의 구멍 등을 효과적으로 가공할 수 있다. 열영향이 적어 가공변질층이 얇고, 표면은 단단한 경화층으로 내마모성 및 내부식성이 우수한 표면을 얻을 수 있다. 그리고 공구보다 방전간극만큼 크게 공작물이 가공되지만 간극이 일정하게 유지되기 때문에 가공정도가 높다.

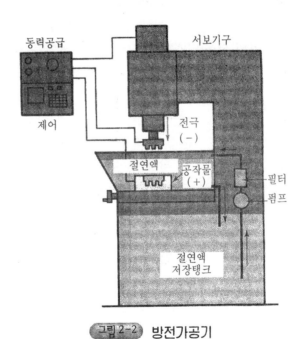

그림 2-2 방전가공기

그림 2-3 방전가공용 공구

2. 와이어방전가공

　　방전가공에서 공구를 별도로 제작하지 않고 와이어를 전극으로 사용하여
와이어와 공작물 사이에 절연액을 분사시키면서 불꽃방전을 발생시켜 가공하
는 방법을 와이어방전가공이라 한다. 와이어 재료로는 텅스텐, 황동, 구리 등
을 사용하며, 와이어직경은 0.05~0.3 mm 정도가 사용된다. 와이어는 인장을
주며 0.15~9m/min의 속도로 감아주고 방전으로 와이어도 일부 소모되기 때
문에 재사용할 수 없다.

　　[그림 2-4]는 와이어방전가공기의 개략도를 나타낸 것이다. 공작물이 고정
되어 있는 테이블은 두 축방향으로 제어되기 때문에 임의의 단면형상을 갖는
제품을 용이하게 가공할 수 있다. 와이어의 상부 가이드부를 NC로 2축 제어
하면 와이어가 경사진 상태에서 가공할 수 있으므로 테이퍼진 공작물도 가공
이 가능하다. 공작물의 두께는 300 mm까지 가공이 가능하다.

　　가공속도는 공작물의 재질과 두께, 와이어의 종류에 따라 달라지지만 일반
적으로 5 mm 두께의 강을 가공하는 경우 최대가공속도는 약 10 mm/min정
도이고 80 mm 두께인 경우에는 1 mm/min 정도이다. 와이어방전가공의 가
공속도는 빠르지 않지만 가공정도가 매우 높고 프레스금형 등과 같이 두꺼운
공작물을 고정도로 가공하는데 매우 효과적이다.

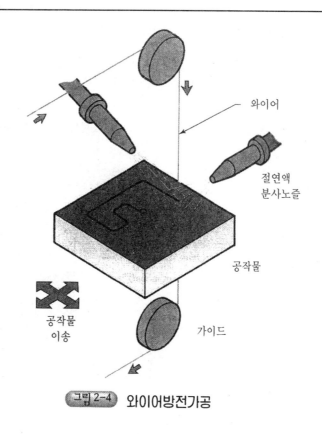

와이어

절연액
분사노즐

공작물

공작물
이송

가이드

그림 2-4 와이어방전가공

3. 전해가공(ECM – Electrochemical Machining)

전해는 도금의 원리를 반대로 이용한 것으로 공작물을 양극으로 하고 공구를 음극으로 한다. 공작물과 공구 사이에는 전해액을 순환시켜주는데 전해작용에 의해 공작물에서 금속이온이 제거되면서 공구에 부착되지 않고 전해액에 의해서 씻겨나가게 해야 한다.

〔그림 2-5〕은 전해가공의 개략도이다. 전해가공에 사용되는 공구는 구리, 황동, 청동 또는 스테인리스강으로 제작하며, 공구의 다듬질 정도가 공작물의 표면에 그대로 나타나기 때문에 공구는 정밀하게 제작하여야 한다. 공구는 거의 소모되지 않으며, 가공에 따른 열이나 휨이 발생하지 않기 때문에 공작물 표면에 가공변질층이 생기지 않는다. 전해액은 통전성이 우수해야 하며, 염화

나트륨에 물 또는 질산나트륨을 혼합한 것이 많이 사용되고 있다. 전해액은 공구에서 분사되는데 분사노즐의 형태나 배열에 주의를 요하며, 다량으로 순환 사용하기 때문에 처리장치가 필요하다.

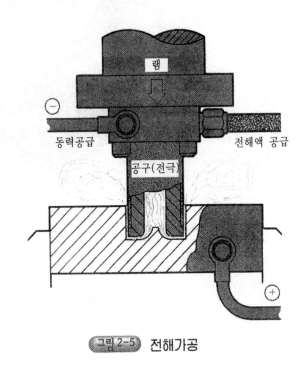

그림 2-5 전해가공

공구를 전극으로 사용하고 공작물이 전도체이어야 하며, 가공액을 사용하여 작업하는 것은 방전가공과 유사하지만 가공액이 전기를 통해야 하며, 직류를 그대로 사용하는 것이 방전가공과 차이가 있다. 또한 방전가공에서는 공구의 형상을 판에 박은 듯이 가공되지만 전해가공에서는 전해에 의한 침식을 이용하기 때문에 날카로운 모서리 부분 등은 가공하기 어렵다.

전해가공은 고강도 재료를 가공할 목적으로 개발된 기술로 재료가 전도체이면 경도, 인성, 취성 등의 재료특성과는 무관하게 가공이 가능하다. 우주항공용에 사용되는 기계부품은 대부분 내열, 고강성 재료이기 때문에 전해가공을 많이 활용하고 있는데 터빈 블레이드, 제트엔진의 부품 등이 대표적인 예이다.

4. 전해연삭 및 전해연마

전해연삭은 전해가공과 연삭가공을 혼합한 가공방법으로 공구는 전도성이 있어야 하기 때문에 금속결합제에 다이아몬드 또는 산화알루미늄 입자의 숫돌을 사용한다. 전해연삭은 일반 연삭과 마찬가지로 숫돌을 회전시키는데 원주속도의 범위는 1,200~2,000 m/min를 사용한다.

전해연삭에서 〔그림 2-6〕에 나타낸 바와 같이 공구는 회전을 하지만 전해가공과 마찬가지로 공구와 공작물과의 전해작용으로 공작물에서 재료가 제거된다. 한편, 연삭숫돌의 입자는 두 가지 역할을 하는데 첫 번째는 절연체로 공작물과 숫돌의 금속결합제 사이에 개재되며, 두 번째는 공작물에 생긴 산화피막을 기계적으로 제거한다.

전해연삭시 전해작용으로 제거하는 재료는 90~95%에 해당하며, 그 나머지만 입자의 연삭작용으로 제거하기 때문에 숫돌의 마멸은 매우 천천히 진행된다. 그리고 다듬질 과정에서는 전해작용을 중지시키고 숫돌로 연삭을 하여 치수정도와 표면거칠기를 양호하게 한다.

전해연삭은 원래 초경합금의 연삭시 고가의 다이아몬드 숫돌 수명을 길게 하기 위한 목적으로 개발되었으나 가공능률이 좋고 숫돌 수명이 길어지며 연삭열이나 기계적인 부하가 수반되지 않기 때문에 초경합금뿐만 아니라 일반 난연삭 재료의 가공에도 많이 이용되고 있다. 그리고 전해연삭뿐만 아니라 기존의 호닝, 래핑에 전해작용을 부가한 전해호닝, 전해래핑도 사용되고 있다.

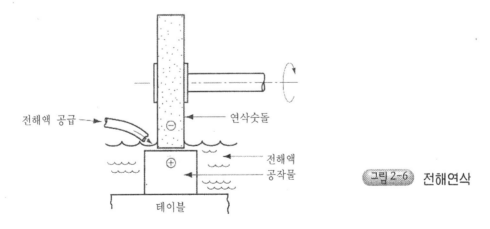

전해액 공급

연삭숫돌

⊖

⊕

전해액
공작물

테이블

그림 2-6 전해연삭

전해연마는 전해현상을 이용한 연마가공으로 [그림 2-7]과 같이 가공된 공작물을 양극으로 전해액에 담그고 전극을 설치한 후 직류 전류를 흘려서 공작물 표면에서 미소 돌기를 용출시켜 광택면을 얻는 가공법이다. 가공원리는 전해가공과 같으나 전류밀도가 낮고 양극 즉, 공작물에 생성되는 피막을 이용하여 다듬질면을 평활하게 하는 점이 다르다.

전해연마의 목적은 광택성, 평활성, 내식성 등이 우수한 표면을 얻는 것이며, 공작물에 열발생이나 기계적인 부하를 가하지 않기 때문에 얇은 기계부품의 다듬질, 기계적인 연마가 어려운 형상의 공작물 연마에 적합하고 또 동시에 다량의 부품을 연마하는데도 효과적이다.

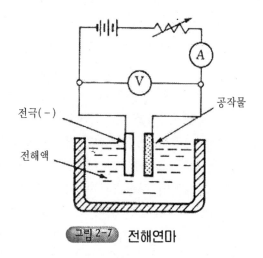

그림 2-7 전해연마

제3장 열적 특수가공

1. 레이저빔가공(LBM - Laser Beam Machining)

레이저는 Light Amplification by Stimulated Emission and Radiation의 머리글자로 유도체에 의한 빛의 증폭이란 뜻이며, 가시광선이나 적외선 영역의 파장을 가진 전자파를 공명하여 빛을 발하게 한다. 레이저는 렌즈로 집점을 하면 높은 밀도의 에너지를 얻을 수 있으며, 이를 기계가공에 이용하는 것을 레이저빔가공이라 한다.

기계가공에 이용되는 레이저의 종류는 다음과 같다.

가) CO_2 레이저

나) ND : YAG 레이저

다) ND : 유리(glass), 루비(ruby) 레이저

라) 엑시머(Excimer) 레이저

레이저는 절단, 구멍가공, 마킹, 용접 등에 사용되며, 기계가공에서는 CO_2 와 ND : YAG 레이저가 출력이 좋기 때문에 가장 많이 사용되며, 플라스틱이나 세라믹의 마킹에는 엑시머 레이저가 사용된다. 그리고 금속용접과 구멍가공에는 CO_2, ND : YAG 레이저와 더불어 ND : 유리나 ND : 루비 레이저가 사용된다.

레이저 집점부의 에너지 밀도는 1평방인치당 $10^5 \sim 10^{10}$W의 크기로 매우 높기 때문에 재료가 국부적으로 용융 증발되면서 가공이 이루어진다. 따라서 금

속, 비금속, 세라믹, 복합재료 등 모든 종류의 재료를 가공할 수 있다. 레이저 빔가공에는 재료의 반사율, 열전도율, 용융 및 증발 비열과 잠열이 중요한 물리적 인자가 되는데 이 값들이 작을수록 효과적인 가공이 된다.

레이저빔가공은 구멍가공이나 절단에 광범위하게 사용되고 있다. 가공 가능한 구멍의 최소 직경은 0.005 mm이나 실용적인 한계는 0.025 mm 정도이며, 깊이대 직경비는 50으로 깊은 구멍을 가공할 수 있다. 절단은 강판의 경우 두께 32 mm 정도를 가공할 수 있다. 절단가공시에는 산소, 질소나 알곤가스를 같이 분출시켜 가스 분위기에서 사용하는 경우가 많이 있는데 가스는 가공을 촉진시키며 용융이나 증발된 재료를 표면에서 제거하는 역할을 한다. 레이저 가공도 NC제어로 3차원 형상이나 자유곡선 가공에 많이 활용되고 있다. [그림 3-1]과 [그림 3-2]에 레이저빔절단기의 헤드와 강판을 절단하는 가공예를 나타내었다.

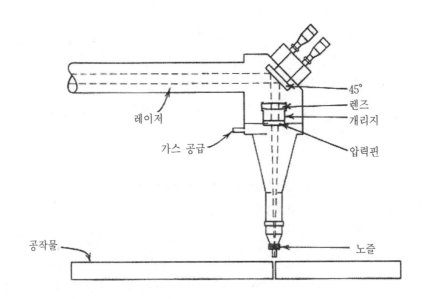

그림 3-1 레이저빔절단기의 헤드

그림 3-2 레이저빔가공예

2. 전자빔가공

진공 중에서 텅스텐 필라멘트의 음극을 고온으로 하면 전자가 방출되는데 방출된 전자를 마그네틱 렌즈로 집점시키면 고속의 전자가 공작물 표면과 충돌하면서 열에너지로 변환되어 6,000℃ 이상의 고온이 되므로 전자빔 집점부의 재료가 용융 증발되면서 가공된다. 〔그림 3-3〕은 전자빔가공의 개략도로 진공 중에서 가공이 이루어지며 공작물과 전자가 충돌하면서 x-ray를 방출하기 때문에 주의를 요한다.

전자빔가공에 의한 재료제거율은 0.002cm³/min로 매우 작지만 집점부 직경이 0.0013 mm에 불과하기 때문에 마이크로 머시닝에 적합하다. 그리고 진직도가 매우 우수하여 구멍의 경우 깊이대 직경을 100 : 1로 가공이 가능하다. 전자빔가공은 레이저빔가공과 유사한 방법으로 모든 재료를 가공할 수 있다. 그리고 레이저빔가공보다 열영향 부위가 작고 정밀도 측면에서는 우수하나 전자빔가공 장비의 가격이 비싸고 진공내에서 가공이 이루어지기 때문에 공작물 크기에 대한 제한이 있다.

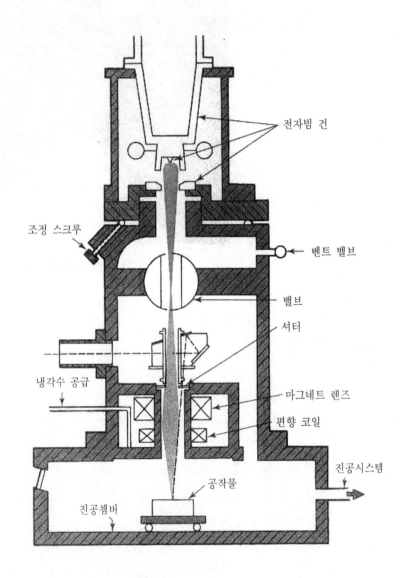

그림 3-3 전자빔가공

1. 화학밀링(chemical milling)

화학밀링은 〔그림 4-1〕과 같이 공작물을 용액에 담가서 불필요한 부분을 에칭시켜 제거하는 가공방법으로 오래 전부터 사용해오고 있는 방법이다. 이 가공법의 발달은 항공산업에서 시작되었다. 항공기에서는 무게를 줄이기 위해서 필요없는 부분을 제거해야 하는데 일반 기계가공 방법으로는 여러 가지 문제점이 있기 때문에 화학밀링 방법을 적극 활용하고 있다.

화학밀링의 공정은 비교적 간단하다. 우선 준비단계로 표면을 깨끗하게 세척하여 에칭이 균일하게 발생되도록 한다. 그리고 가공하지 않을 부분은 용액과 반응하지 않도록 코팅을 하여 보호해 주는데 이 작업을 마스킹이라 한다. 공작물을 용액에 담가두면 마스크로 보호하지 않은 부분은 부식되어 두께가 감소하게 된다. 두께 감소는 시간이 주요 인자가 되며, 〔그림 4-1〕에 나타낸 바와 같이 가공이 진행되면서 마스크부분 아래의 측면에서도 재료가 제거되는데 이를 언더컷이라 한다. 마무리 작업으로 공작물을 꺼내서 세척을 하고 마스크를 제거하면 가공이 완료된다. 〔그림 4-2〕은 화학밀링으로 두께한 일정한 판을 가공하여 격자형상으로 제작한 예이다.

화학밀링의 장점은 공정이 간단하고 복잡한 형상의 밀링이 용이하며, 큰 공작물을 가공할 수 있고 여러 부분이 동시에 가공된다. 그리고 모든 금속은 적당한 용액을 사용하면 화학밀링으로 가공이 가능하다. 한편, 단점은 가공시간이 매우 길고, 에칭전에 표면결함을 제거해야 하며, 가공 깊이가 큰 경우에는 적용하기 어렵다는 점이다.

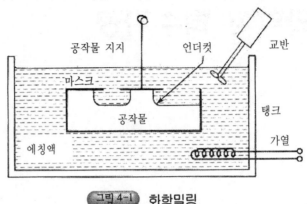

그림 4-1 화학밀링

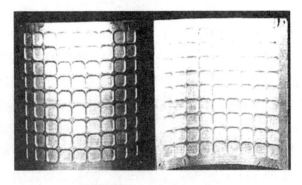

그림 4-2 화학밀링 가공예

2. 화학블랭킹(chemical blanking)

화학블랭킹은 〔그림 4-3〕과 같이 복잡한 형상의 얇은 부품가공에 사용되는 가공법이다. 화학밀링에서 비보호 부분 아래의 재료가 완전히 제거되게 하면 화학블랭킹이 된다. 한편, 얇은 부품은 사진에칭(photoetching) 기법으로 블랭킹을 하며, 이를 광화학블랭킹(photochemical blanking)이라 한다.

광화학블랭킹의 작업공정은 〔그림 4-3〕과 같으며, 각 공정별 과정은 다음과 같다.

가) 표면을 세척한다.

나) 감광물질(photosensitive material)을 코팅한다.

다) 음화를 인쇄하고 자외전에 노출시킨다.

라) 현상하면 비노출 부분의 보호막이 제거된다.

마) 에칭을 한다.

바) 마스크를 제거한다.

광화학블랭킹은 정밀하게 마스킹 작업을 할 수 있기 때문에 복잡한 형상도 쉽게 가공할 수 있다.

그림 4-3 광화학블랭킹 가공예

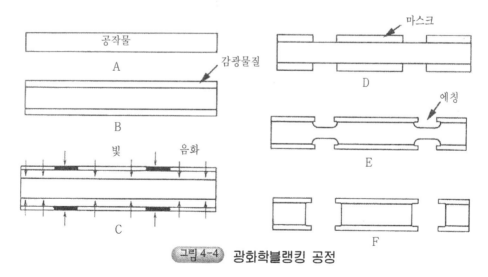

그림 4-4 광화학블랭킹 공정

제9편 CNC 가공

제1장 CNC 개요

1. NC와 CNC

NC는 Numerical Control을 뜻하는 것으로 수치제어라 하며, 수치와 부호로 구성된 정보로 서보기구를 구동시켜서 기계의 작동을 자동화한 공작기계를 NC공작기계라 한다.

수치제어의 개념이 공작기계에 적용된 것은 2차 대전 후로 1948년 미공군에서는 설계변경이 빈번한 '헬기' 부품의 검사게이지를 빠른 시간에 제작하기 위해서 Parson사와 기술계약을 맺고 새로운 공작기계 개발에 착수하였으며, 이 회사는 좌표 데이터가 수록된 천공카드를 이용하여 두 축을 동시에 이송시키는 방법을 개발하였으며, 그 후 미국 MIT에서는 1952년 3축 NC밀링머신을 개발하는데 성공하였다. 이 발명은 가공기술의 일대 혁명으로 종래의 생산시스템을 근본적으로 변화시키는 계기가 되었다.

초기의 NC기계는 〔그림 1-1〕과 같이 NC프로그램이 천공된 테이프를 정보처리회로가 읽어들여 지령펄스를 발생시켜 서보기구를 구동하는 방식이었는데 컴퓨터 기술의 발전에 따라 〔그림 1-2〕와 같이 컴퓨터가 내장된 NC가 개발되어 이를 CNC(Computer Numerical Control)라 한다. 최근에는 CNC기계가 주종을 이루고 있으며, 이를 통상적으로 NC기계라 부르고 있다.

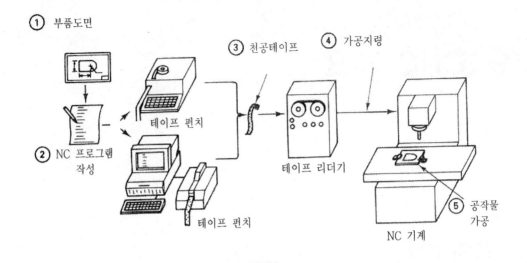

그림1-1 NC 시스템

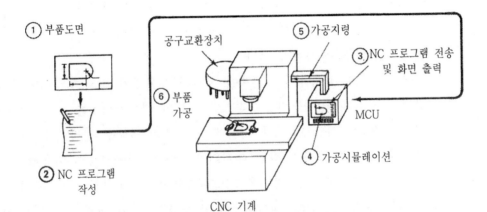

그림1-2 CNC 시스템

CNC기계의 가장 큰 장점은 기계사용의 유연성이다. 한 기계에서 여러 종류의 다른 부품을 가공할 수 있는데 작업자가 할 일은 소재와 공구의 설치, NC프로그램을 바꾸어 주는 것뿐이며, 공구의 선택, 이송, 가공속도, 가공경로 등은 프로그램에서 지시된 대로 처리된다. 이와 같은 유연성은 다품종의 중·소량 생산에 가장 적합한 방식이다. 현재의 생산형태는 제품의 짧은 수명주기와 소비자의 다양한 요구에 따라 위의 생산방식을 많이 따르고 있다.

2. CNC의 구성

CNC의 구성은 크게 하드웨어와 소프트웨어로 구분된다. 하드웨어 부분은 기계본체, 제어장치, 주변장치 등의 구성부품으로 일반적으로 기계본체 외에 서보기구, 제어용 컴퓨터, 인터페이스 회로 등이 해당된다. 소프트웨어 부분은 NC공작기계를 운전하기 위해 필요로 하는 NC코드 작성에 관한 모든 사항을 포함한다. 즉, 부품의 가공도면을 NC장치가 이해할 수 있는 내용으로 변환시키는 전 과정이 이에 해당된다.

2.1 MCU(Machine Control Unit)

MCU는 CNC 프로그램을 입력, 저장하고 기계에서 인식할 수 있도록 프로그램을 디코드하여 신호를 서보모터에 전송한다. 최근의 MCU는 〔그림1-3〕과 같이 컴퓨터를 내장하여 실제 절삭하기 전에 가공을 시뮬레이션할 수 있고 공구경로의 이상유무를 검증할 수 있다. 컴퓨터를 이용하여 작성한 NC프로그램을 MCU에 전달하여 사용할 수 있는데 〔그림 1-4〕와 같이 직접 전송시키는 DNC방식 이외에도 여러 가지 기록매체를 통하여 전달할 수 있다. 천공테이프를 사용하는 방식은 컴퓨터가 보편화되기 전에 NC기계에서 사용하던 방식이며, 천공테이프를 읽기 위해서는 테이프 리더기가 필요하다.

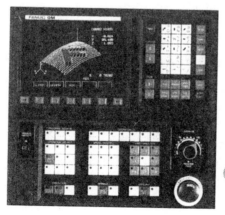

그림1-3 MCU(Machine Control Unit)

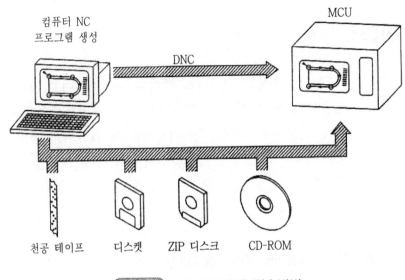

컴퓨터 NC
프로그램 생성

MCU

DNC

천공 테이프   디스켓   ZIP 디스크   CD-ROM

그림1-4 NC 프로그램 전송방법

2.2 서보기구

서보기구는 MCU에서 전달된 신호를 받아 이를 증폭하고 NC프로그램
에서 지령된 순서대로 서보모터를 구동시킨다. 또한 제어방식에 따라 볼
스크루 회전이나 테이블이 이송된 위치를 검출하고 이를 피드백하여 오
차를 보정하도록 되어 있다.

서보모터에는 AC 서보모터, DC 서보모터, 유압 서보모터 등이 사용되
고 있는데 유압 서보모터는 큰 힘을 낼 수 있기 때문에 대형 NC기계에서
주로 채택하며, 보통 NC기계에서는 AC나 DC 서보모터를 사용한다. DC
서보모터는 제어가 용이하지만 내부에 소모 부품인 브러시가 사용되기
때문에 정기적인 보수 및 점검이 필요하다. 따라서 DC 서보모터는 주축
등 연속 운전을 하는 경우에는 사용하기 어렵다. AC 서보모터는 제어가
다소 복잡하지만 브러시가 없고 소형, 경량이며, 보수가 필요 없어 NC기
계에 가장 널리 사용되고 있다.

서보기구는 범용기계에서 핸들을 회전시키는 부분에 해당하는 것으로
NC에서는 MCU의 지령에 따라 회전하여 공작기계 테이블을 이송시킨다.

서보모터는 일반 모터와는 달리 저속에서도 큰 토크가 발생되며, 가속성, 응답성이 우수하고 회전속도와 회전각을 제어할 수 있다. 속도제어와 위치검출은 모터 뒤쪽에 있는 엔코더(encoder)에서 담당한다. 〔그림 1-5〕는 광학식 엔코더의 작동원리를 나타낸 것으로 발광소자에서 방출된 빛이 회전격자와 고정격자를 통과하면서 회전격자의 분할에 따라 펄스가 되고 이를 수광소자에서 검출하여 속도와 회전위치를 알 수 있도록 되어 있다. 회전격자는 유리로 만든 원판에 등간격으로 분할이 되어 있고 분할된 개수는 모터의 명판에 있는 펄스로 알 수 있다.

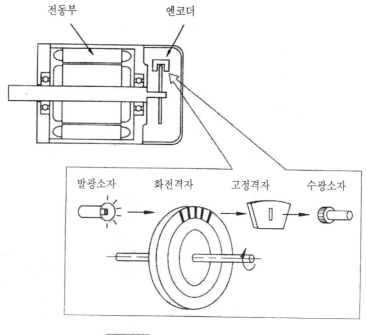

그림 1-5 광학식 엔코더

NC에서 피드백을 하지 않는 제어의 경우 서보모터대신 스테핑모터를 사용하는데 스테핑모터는 전기펄스에 의하여 일정한 각도를 회전한다. 예를 들어 펄스 한 개에 대하여 스테핑모터가 1″회전하고 이는 다시 볼스크루를 회전시켜 테이블을 0.001 mm 이송시킨다고 하면 수치제어에 의해 테이블이 이송되는 최소거리는 0.001 mm가 되며, 이를 기본이송단위 (BLU : basic length unit)라 한다. 테이블의 이송량은 스테핑모터에 지령된 펄스의 개수에 따라 결정된다.

2.3 볼스크루

볼스크루는 서보모터의 회전을 직선운동으로 변환하여 테이블을 이송시키는 요소로 볼스크루의 정밀도는 NC기계의 정밀도를 결정하게 된다. 볼스크루는 〔그림 1-6〕과 같은 구조로 수나사와 암나사 사이에 강구가 들어가 있으며 수나사가 회전하면 강구가 수나사와 암나사 사이를 2.5회 내지 3.5회 회전하고 튜브를 통해 시작위치로 되돌아 온다.

볼스크루는 수나사와 암나사 사이에서 강구가 구름운동을 하기 때문에 마찰계수가 작고 정밀도가 매우 우수하다. 특히 〔그림 1-7〕과 같은 더블너트 방식의 볼스크루에서는 백래시 조정 칼라의 두께를 조정하여 너트를 인장방향으로 밀착시켜 회전방향이 변화할 때 발생되는 백래시를 제거할 수 있다.

그림 1-6 볼스크루

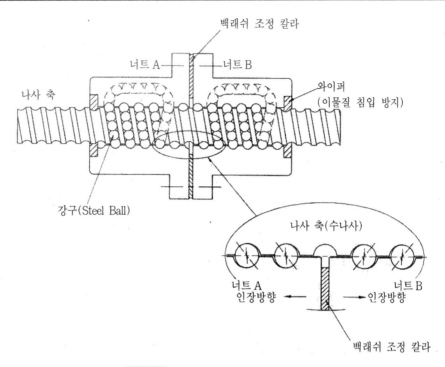

더블너트 방식의 볼스크루

서보모터에서 볼스크루로 동력을 전달하는 방법은 타이밍벨트, 기어, 커플링 연결의 세 가지 방식이 사용된다. 타이밍벨트 방식은 오래 사용하면 벨트가 노화되기 때문에 지속적인 정밀도 관리가 필요하고, 기어 방식은 소음이 심하고 기어의 마멸로 인한 백래시 발생으로 유지보수에 만전을 기해야 한다. 한편, 커플링 방식은 최근에 많이 사용되고 있는데 서보모터와 볼스크루의 축을 직결 연결하는 것으로 구조가 간단하지만 두 축의 중심이 정확하게 일치하도록 주의해야 한다.

2.4 DNC

CNC에는 컴퓨터가 내장되어 있지만 보다 효율적인 운영을 위하여 외부 컴퓨터를 이용하여 시스템을 구축하는 경우가 많이 있으며 이를 DNC라 한다. DNC는 Direct Numerical Control과 Distributive Numerical

Control의 두 가지 의미로 사용된다.

[그림 1-8]은 Direct Numerical Control 방식으로 여러 대의 CNC기계가 주컴퓨터와 연결되어 있어 주컴퓨터에서 작성된 NC프로그램을 CNC기계에 전송할 수 있도록 구성되어 있다. 최근에는 NC프로그램 작성에 여러 가지 CAM 소프트웨어가 사용되고 있는데 DNC시스템을 사용하면 컴퓨터에서 작성한 가공 데이터를 손쉽게 CNC기계에 전송할 수 있다.

[그림 1-9]는 Distributive Numerical Control의 개념으로 컴퓨터와 CNC로 구성된 DNC 시스템을 네트워크로 구성한 방식으로 효과적으로 생산관리를 할 수 있다.

그림 1-8 DNC - Direct Numerical Control

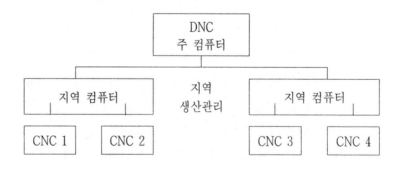

그림 1-9 DNC - Distributive Numerical Control

종래 DNC의 가장 큰 효과 중의 하나는 NC지령이 수록된 테이프를 사용하지 않고 컴퓨터에서 NC로 직접 NC데이터를 전송하여 가공할 수 있다는 점이었는데 이는 대용량의 메모리를 가진 CNC 장치의 보급으로

CNC가 자체적으로 NC데이터를 내장할 수 있게 됨에 따라 이러한 의미에서의 DNC 이점보다는 각 NC기계 간에 공작물을 차례로 이동해 주어야 하는 경우의 시퀀스제어, 생산계획과 관리, 공작물을 운반하는 컨베이어, 공작물의 자동공급장치나 로봇, 공작물의 시험검사 계측장비 등을 접속하여 대규모로 통합된 자동가공시스템을 구성하는 것에서 DNC의 필요성과 중요성을 찾을 수 있다.

제2장 CNC 공작기계

1. CNC 공작기계 개요

범용 공작기계에서는 공작물이 고정된 테이블이나 공구의 운동을 작업자가 핸들을 조작하거나 단순한 자동 이송기능, 모방기능을 이용하여 가공이 이루어지고 있다. 따라서 가공상의 한계가 있으며, 이를 구체적으로 제어측면에서 살펴보면 다음과 같다.

절삭가공은 동작제어의 측면에서 다음의 세 가지로 구분할 수 있다.

* 2차원 위치제어(point-to point contact)
* 2차원 윤곽제어(2D contouring)
* 3차원 곡면제어(3D sculpturing)

2차원 위치제어는 〔그림 2-1〕과 같은 구멍가공의 경우로 테이블과 새들의 핸들을 조작하여 공작물을 이동시켜서 공구가 가공하고자 하는 구멍의 중심에 위치하도록 하는 것이 핵심이다. 숙련된 작업자라도 가공공차 내에서 공구를 위치시키려면 상당한 노력을 요한다. 엔드밀로 윤곽을 가공하는 〔그림 2-2〕는 2차원 윤곽제어에 해당하는데 이 경우에는 두 축의 상관성을 유지하면서 핸들을 조작해야 하기 때문에 간단한 형상이외에는 작업자가 수동으로 윤곽형상을 제어하여 가공하는 것은 거의 불가능하다. 〔그림 2-3〕과 같이 3차원 곡면제어를 요하는 형상은 세 축을 동시에 조작해야 하기 때문에 수동으로는 불가능하고 특수한 기능을 갖춘 모방 밀링 머신을 사용해야 한다. 그러나 모형을 정밀하게 제작하기가 어렵고 공작물의 정밀도가 좋지 않고 가공시간도 많이 소요된다.

NC기계는 이러한 각종 동작제어를 프로그램으로 지령하여 서보모터를 구동시켜 수행하기 때문에 정확한 위치제어가 가능하고 복잡한 형상도 빠른 시간 내에 정밀하게 가공할 수 있다.

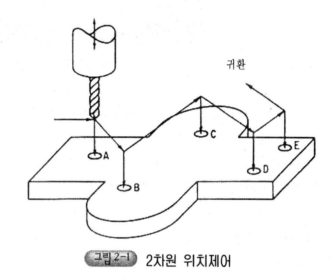

그림 2-1 2차원 위치제어

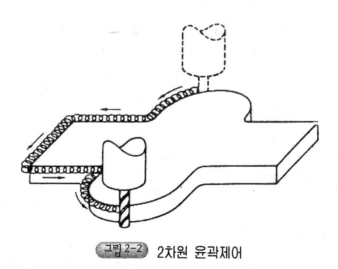

그림 2-2 2차원 윤곽제어

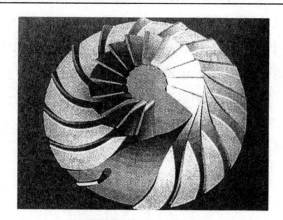

그림 2-3 3차원 곡면제어

NC기계에 의한 가공은 범용 기계를 사용한 가공방식에 비하여 다음과 같은 장점이 있다.

1) 최적 절삭조건으로 공작기계를 제어하기 용이하다.

2) 가공제품의 품질이 우수하고 재현성이 뛰어나다.

3) 인건비, 공구비 및 설치시간을 저감할 수 있다.

4) 가공시간이 빠르다.

5) 스크랩을 줄일 수 있다.

6) 생산계획을 효과적으로 설정할 수 있다.

한편, NC기계의 단점은 다음과 같다.

1) 초기 투자비가 비싸다.

2) 기계운전에 전문기술 인력을 필요로 한다.

3) 기계의 보수유지비가 비싸다.

2. NC 메카니즘

2.1 NC의 분류

NC는 공구의 이동경로와 가공내용에 따라 다음의 세 가지로 분류할 수 있다.

(1) 위치결정 제어 (positioning control)

공구의 최종위치만 제어하는 것으로 공구가 이동 중에는 공작물과 접촉을 하지 않기 때문에 이동 경로는 무시하고 다음 위치까지 얼마나 빠르고 정확하게 이동할 수 있는가 하는 것이 핵심이다.

위치결정 제어의 정보처리 회로는 프로그램이 지령하는 이동거리 기억회로와 테이블의 현재위치 기억회로 그리고 이 두 회로를 비교하는 비교회로로 구성된다. 앞의 〔그림 2-1〕과 같이 드릴링머신에서 구멍을 뚫는 경우가 여기에 해당된다.

(2) 직선절삭 제어 (straight cutting control)

공구가 직선으로 이동하면서 공작물을 절삭하기 때문에 위치결정 제어뿐만 아니라 공구치수의 보정, 주축의 속도변환, 공구선택 등의 기능이 추가되기 때문에 정보처리 회로가 위치결정 제어의 경우보다 복잡해진다.

(3) 윤곽절삭 제어 (contouring cutting control)

윤곽절삭은 연속절삭이라고도 하며, 공구 경로가 곡선으로 움직이면서 절삭하는 경우를 대상으로 한다. 자유곡선에 대해서는 보간회로로 허용오차 내에서 직선과 원호의 조합으로 근사화하여 가공할 수 있다.

원호의 가공은 〔그림 2-4〕와 같이 두 축에 평행한 선분군으로 미세하게 나누고 각각의 축방향으로 이동을 합성하는 것이 NC의 기본원리이다. 따라서 원호가공도 두 축에 대한 미세한 운동을 계산하여 프로그램 하면 직선절삭 제어 NC에서도 가공이 가능하지만 프로그램 처리속도에 따라 이송이 늦어지고 원호를 미세한 직선군으로 분할하는 프로그램의 크기가 매우 커지게 된다. 이와 같은 경우 간단히 처리하기 위해서는 현재점의 좌표로부터 직선의 경우 최종점의 좌표만 지령하는 것과 같이 원호의 경우 원호중심과 최종점의 좌표만 지령하도록 하면 된다. 윤곽절삭 제어에서는 원호의 현재점, 최종점, 원호중심의 데이터로부터 공구의 경로 계산과 각 축의 서보모터를 구동하기 위한 펄스의 분배를 제어장치의 회로에

서 처리하게 된다. 따라서 직선절삭 제어에서의 정보처리는 가감산 기능
만 있으면 되나 윤곽절삭 제어의 회로에서는 곱하기와 나누기의 기능을
필요로 한다.

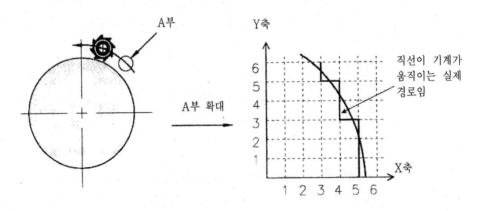

그림 2-4 원호절삭시 공구의 이동

2.2 NC기계의 제어시스템

NC기계에서는 서보모터를 사용하여 모터의 가동, 정지 및 회전속도를
제어하여 현재의 위치에서 지정한 속도로 원하는 위치까지 테이블을 이
동시켜 준다. 그러나 실제의 경우 구동장치의 오차, 절삭저항 등이 있기
때문에 지령한 대로 오차 없이 테이블을 이동시키는 것은 불가능하다. 따
라서 서보모터의 실제 회전위치나 테이블의 이동위치를 측정하여 이를
피드백해서 지령과 비교하여 오차를 수정할 수 있도록 제어를 해야 한다.
NC는 서보모터의 제어가 핵심이며, 제어 시스템은 다음의 4가지가 사용
되고 있다.

(1) 개방회로 제어시스템 (open loop system)

개방회로 제어는 [그림 2-5]와 같이 구성되는데 가장 간단한 제어시스
템으로 검출기나 피드백 없이 펄스로 모터의 회전만 제어한다. 이 제어방
식에는 스테핑모터가 사용된다.

개방회로 제어시스템은 구조가 간단하나 스테핑모터의 정밀도, 변속기, 볼스크루의 정밀도에 직접 영향을 받는다. 이 제어방식은 공작기계이외에 플로터 등과 같이 저항력이 거의 발생하지 않은 기기의 수치제어에 널리 사용되고 있다. 그 동안 정밀도를 요하는 공작기계에서는 별로 사용되지 않았는데 최근에 스테핑모터의 정밀도와 동력 특성이 개선됨에 따라 개방회로 제어가 새롭게 주목을 받고 있는데 그 이유는 피드백 장치가 불필요하여 가격이 저렴하고 가공비나 보수유지비를 크게 절감시킬 수 있기 때문이다.

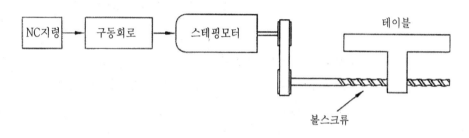

그림 2-5 개방회로 제어시스템

(2) 반폐쇄회로 제어시스템(semi-closed loop system)

반폐쇄회로 제어에서 위치검출은 〔그림 2-6〕과 같이 서보모터의 축 또는 볼스크루의 회전각도로 한다. 볼스크루의 회전에 비례하여 테이블이 이송되지만, 볼스크루에 피치오차나 백래시가 있으면 볼스크루의 회전과 실제 테이블의 이송과는 정확하게 비례하지 않고 오차가 생긴다.

이 방식에서 기계의 위치정도는 볼스크루의 정밀도에 의해서 결정된다. 최근에는 높은 정밀도의 볼스크루가 개발되어 만족할 만한 성과를 거두고 있으며, 볼스크루의 정밀도보다 높은 정밀도를 요하는 경우에는 피치오차 보정방법과 백래시 보정방법에 의하여 비교적 간단하게 정밀도를 높일 수 있다. 반폐쇄회로 제어방식은 기계본체와 서보기구가 분리되어 구성되기 때문에 일반 NC공작기계는 대부분 이 제어방식을 채택하고 있다.

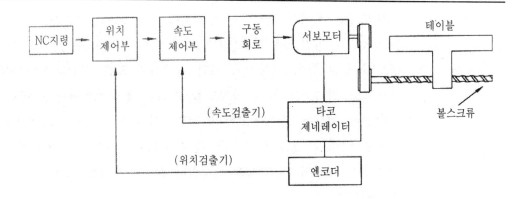

그림 2-6 반폐쇄회로 제어시스템

(3) 폐쇄회로 제어시스템(closed loop system)

폐쇄회로 제어에서는 〔그림 2-7〕과 같이 테이블에 직선형 스케일을 부착하여 위치를 검출하고 이를 피드백하여 보정한다. 이 방식은 테이블의 이동이 공작물의 무게나 절삭저항에 영향을 받으며, 볼스크루의 누적된 피치오차가 온도에 의해 변하기도 하는데 테이블에서 직접위치를 검출함으로써 정밀하게 위치를 제어할 수 있다. 높은 정밀도를 필요로 하는 정밀 NC기계나 대형기계에서 사용한다.

폐쇄회로 제어방식은 반폐쇄회로 제어방식보다 정밀도 측면에서는 우수하지만 위치검출을 테이블에서 하기 때문에 기계본체가 서보루프 안에 포함되어 서보의 특성에 직접적으로 영향을 미친다.

NC에서 서보모터의 회전속도를 지령값과 검출값의 편차로 나눈 것을 게인이라 하는데 게인 값이 클수록 서보기구의 응답성과 동적특성이 좋다. 기계본체가 서보루프에 포함되는 경우에 기계본체의 공진주파수가 게인 값보다 충분히 크지 않으면 제어가 불안정해지며, 스틱슬립, 로스트모션, 헌팅 등의 원인이 되기도 한다. 따라서 폐쇄회로 제어방식을 채택할 때에는 공진주파수를 높이기 위해 기계의 강성을 높이고 마찰상태를 원활히 하고 로스트모션의 요인을 없게 할 것 등의 특별한 고려가 필요하다.

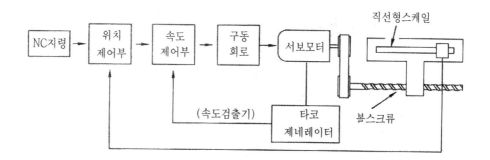

그림 2-7 폐쇄회로 제어시스템

(4) 복합회로 제어시스템(hybrid loop system)

복합회로 제어는 〔그림 2-8〕과 같이 반폐쇄회로와 폐쇄회로 제어를 혼합한 방식이다. 대형 기계에서는 기계의 강성을 충분히 높이기 어려운데 이 경우 폐쇄회로 제어만으로는 게인이 낮게 되어 위치결정 시간이나 정밀도 면에서 여러 가지 불합리한 점이 발생한다.

복합회로 제어에서는 일차적으로 반폐쇄회로의 높은 게인으로 제어하고 기계의 오차부분만 직선스케일에 의한 폐쇄회로를 통하여 보정함으로써 정밀도를 향상시킨다. 폐쇄회로는 기계 본체의 오차만 보정하면 되기 때문에 낮은 게인으로도 충분히 기능을 발휘할 수 있다. 이와 같이 두 가지 제어계를 사용함으로써 강성을 충분히 크게 할 수 없는 대형 공작기계에서도 고정밀도를 얻을 수 있다.

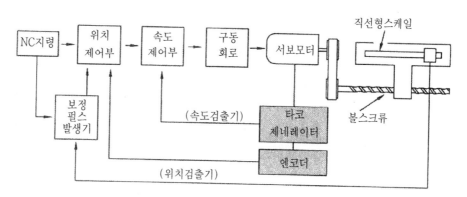

그림 2-8 복합회로 제어시스템

3. CNC 공작기계의 종류

NC 밀링머신이 개발된 이래로 선반, 밀링 등의 범용공작기계에서 부터 방전가공기, 레이저빔가공기, 로봇 등의 특수 공작기계에 이르기까지 NC 기술은 광범위하게 적용되고 있다.

3.1 머시닝센터(machining center)

CNC공작기계에서 가장 대표적인 것이 머시닝센터로 여러 개의 공구가 설치되어 있는 자동공구교환장치(ATC-Automatic Tool Changers)가 부착되어 있어 여러 공정의 연속적인 가공을 자동으로 공구를 교환하면서 할 수 있다. 〔그림 2-9〕는 CNC기계에 사용되고 있는 자동공구교환장치의 사진이다. 또 대부분의 머시닝센터는 〔그림 2-10〕과 같은 팰릿(pallet)을 부가장치로 사용하여 공작물을 가공하는 동안에 다음 가공할 공작물을 팰릿에 설치하고 가공이 완료되면 팰릿을 자동으로 교환하여 기계의 가동률을 높이고 있다.

머시닝센터에서는 밀링, 드릴링, 태핑, 보링, 카운터보링 등 매우 다양한 가공을 할 수 있다. 또한 기계의 정밀도를 높이기 위하여 특수한 구조의 베드면과 볼스크루를 이용하여 정밀한 위치 결정을 할 수 있고 4축, 5축의 부가축을 설치하여 터보차저의 임펠러, 비행기의 프로펠러 등 복잡한 형상의 공작물도 쉽게 가공할 수 있다. 머시닝센터는 무인화공장의 핵심 장비로서 그리고 자동화는 물론 성력화의 필수 장비로서 많이 사용되고 있다.

머시닝센터는 여러 종류가 있지만 일반적으로 주축의 방향에 따라 수직형과 수평형으로 구분한다. 〔그림 2-11〕은 팰릿을 부가장치로 사용한 수평형 머시닝센터의 사진이다.

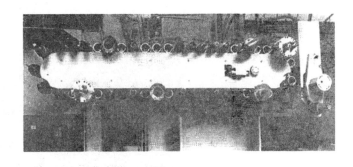

(가)   (나)

그림 2-9 자동공구교환장치

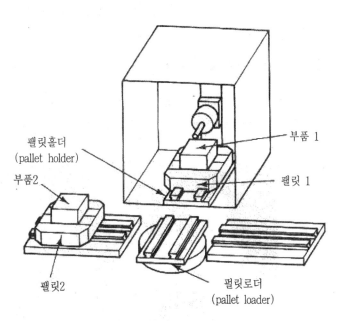

그림 2-10 팰릿

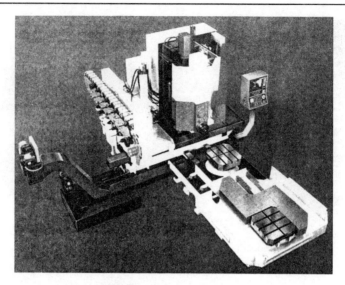

그림 2-11 수평형 머시닝센터

3.2 터닝센터(turning center)

공작물은 주축에 고정시켜 회전시키고 공구교환장치가 부착되어 있어
각종 선삭을 효과적으로 수행할 수 있는 기계를 터닝센터라 한다.

그림 2-12 터닝센터(turning center)

3.3 기타 CNC공작기계

머시닝센터와 터닝센터이외에도 각종 가공기계에 CNC기술이 활용되고 있다. 대표적으로 와이어방전가공기와 레이저빔가공기도 CNC기술이 절대적으로 필요한 공작기계로 CNC기술의 뒷받침이 없었으면 활용 가치가 십분 반감되었을 것이다.

와이어방전가공기는 와이어와 공작물 사이에서 방전이 생기게 하여 와이어 부근의 재료를 용융 제거시키기 때문에 2차원 윤곽 가공이 용이하여 금형의 각종 다이가공에 널리 사용되고 있다. 2차원 윤곽 형상을 가공하기 위해서는 공작물이 고정된 테이블을 2축 제어하여야 한다.

레이저빔가공기는 레이저를 재료에 집점시켜 재료를 용융 증발시켜 가공하는데 깊은 슬롯이나 구멍가공 및 자유형상 절단에 매우 유용하게 사용된다. 대부분의 레이저빔가공기는 CNC로 공작물의 위치를 제어하여 정밀한 가공을 수행할 수 있도록 되어있다.

〔그림 2-14〕와 〔그림 2-15〕은 CNC 와이어방전가공기와 레이저빔가공기의 사진이다.

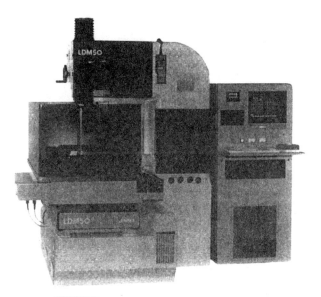

그림 2-13 CNC 와이어방전가공기

그림 2-14 CNC 레이저빔가공기

제3장 NC 프로그램

1. 프로그램 개요

NC기계는 프로그램이 지령하는 대로 작동하기 때문에 가공할 공작물에 대해 공구선택, 가공경로, 절삭조건 등이 사전에 완벽하게 NC프로그램으로 작성되어야 한다. 즉, NC기계는 수치데이터에 의해서 제어되기 때문에 가공내용을 제어장치가 판독할 수 있는 표준화된 형식으로 만들어 주어야 한다. 이와 같이 표준화된 수치데이터 형식을 NC코드(NC code)라 하며, 어떤 부품 가공에 필요한 일련의 NC코드를 파트프로그램(part program)이라 하고 프로그램 작성 과정을 파트프로그래밍이라 한다.

파트프로그래밍에는 다음과 같이 두 가지 방식이 사용되고 있다.

(1) 수동프로그래밍(manual programming)

수동프로그래밍은 부품도면에서 NC프로그램 작성을 수작업으로 하는 방식을 말한다. 즉, 공구의 위치, 부품도면의 좌표 값 등을 일일이 계산하여 프로그램하는 방법으로 오류가 발생되기 쉽고 노력과 시간이 많이 걸린다. 이 방법은 간단한 가공도면이나 고정사이클이 개발된 CNC선반에서 주로 사용된다. 예전에는 수동 프로그래밍을 하여 NC테이프 펀칭기에서 천공테이프를 제작해 사용하였지만 최근에는 CNC장치의 MCU에 수동으로 직접 입력하는 경우가 많다.

(2) 자동프로그래밍(auto programming)

부품의 형상이 복잡해지면 수동프로그래밍으로 파트프로그램을 작성하는 데는 막대한 시간과 노력을 필요로 하고 프로그램에 오류가 없는지 확인하기 어렵다. 자동프로래밍은 공구위치의 산출, 부품도면의 좌표값, 공구의 경로 등을 컴퓨터를 사용하여 프로그램하는 방법으로 컴퓨터의 성능향상과 CAM 소프트웨어의 발달로 획기적인 발전이 이루어지고 있다. 그 동안 자동프로그래밍언어로 APT, FAPT, KAPT등의 개발되어 사용되어 왔지만 최근에는 일반 PC에서도 CAM 소프트웨어로 가공부품에 대한 솔리드모델을 구현할 수 있고 NC데이터를 쉽게 작성할 수 있다. CAM 소프트웨어로 WORKNC, EUKLID, DUCT, OMEGA CAM, HYPERMILL, SPEED PLUS 등이 산업체에서 NC프로그램을 작성하는데 많이 활용되고 있다.

파트프로그램을 NC공작기계에서 입력하는 방법으로는 오랫동안 〔그림 3-1〕과 같은 천공테이프가 많이 사용되어 왔다. 천공테이프는 EIA, ISO, KS 규격 등에서 테이프 폭, 두께, 구멍위치 등이 규정되어 있다. 기록은 테이프에 구멍을 뚫어서 표시하며, 여기에 광선을 비추면 구멍이 뚫린 부분에만 빛이 통과하여 전기신호가 발생된다. 최근에는 CNC장치의 내부 기억장치의 확장과 컴퓨터에서 DNC를 통하여 NC프로그램을 전송하고 관리하는 기술의 발달로 천공테이프의 사용은 급격히 줄어들고 있다.

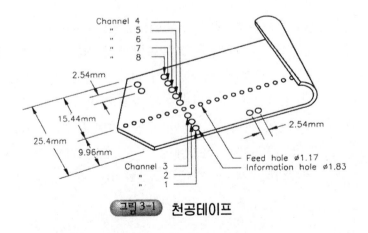

그림 3-1 천공테이프

2. 좌표계

2.1 기계 좌표계

　모든 NC기계는 EIA267-C 규격에서 정의된 바의 좌표계와 운동기호를 따르고 있다. 따라서 NC프로그램 개발시에는 공구가 공작물에 접근하는지 혹은 그 반대의 경우인지를 고려할 필요 없이 가공경로를 작성하면 된다.

　NC기계에 따라 운동방식이 다를 수 있지만 동일한 좌표계를 사용하고 있기 때문에 NC프로그램시에는 이 좌표계를 기준으로 하고 공작물을 고정시키고 공구가 운동하는 것으로 하면 된다. 예를 들어 공구는 정지되어 있고 공작물이 움직이는 경우라도 좌표계에 따라서 공구운동을 기술하면 공작물에 대한 공구의 상대운동을 기술한 것이 되어 NC기계에서 아무런 문제없이 올바른 지령으로 인식하고 상대운동에 해당되도록 공작물이 움직이게 된다.

　NC기계에서 좌표계는 〔그림 3-2〕에 나타낸 바와 같이 오른손 직각좌표계를 사용한다. 엄지는 X축, 검지는 Y축, 중지는 Z축을 나타내며 손가락방향이 (+) 방향이다. 기계의 주축은 항상 Z축이 되는데 Z축이 스핀들을 가리키는 방향으로 설정하면 된다. Z축이 결정되면 일반적으로 이송이 긴 슬라이드를 X축으로 잡는다. 그러나 선반에서는 이송이 긴 슬라이드는 스핀들 주축방향이므로 Z축이 된다. 두 축이 결정되면 다른 축은 〔그림 3-2〕의 오른손 법칙을 사용해서 결정하면 된다. 즉, Z축을 스핀들을 가리키게 하고 손을 회전시켜 방향을 맞추면 된다.

　회전방향은 〔그림 3-3〕과 같이 오른손 법칙을 사용하는데 각 축을 엄지손가락 방향으로 하였을 때 손가락을 감아쥐는 방향 즉, 반시계방향이 (+)회전방향이 되고 X, Y, Z 축에 대한 회전을 각각 A, B, C로 표시한다.

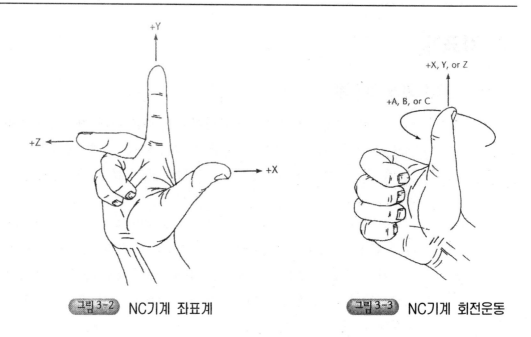

그림 3-2 NC기계 좌표계

그림 3-3 NC기계 회전운동

〔그림 3-4〕와 〔그림 3-5〕는 CNC 선반과 CNC 니형 밀링머신에 대한 좌표계 설정이며, 〔그림 3-6〕은 회전테이블을 부착한 수평형 밀링머신의 기계좌표를 보여준다.

그림 3-4 CNC 선반

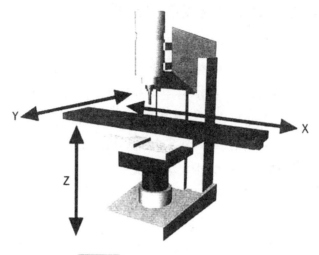

그림 3-5 CNC 니형 밀링머신

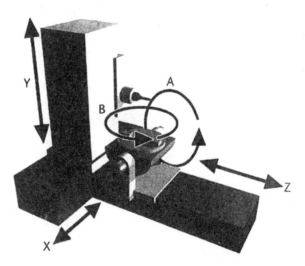

그림 3-6 CNC 수평형 밀링머신

　　기계 좌표계는 기계의 원점을 기준으로 정한 좌표계로 기계에 고정되어 있으며, 금지영역 등의 설정기준이 된다. 기계원점에서 기계 좌표값은 X0, Y0, Z0 이며, 기계원점에 대한 공구의 현재 위치를 쉽게 파악할 수 있다.

2.2 절대 좌표계 (공작물 좌표계)

절대 좌표계는 공작물 좌표계라고도 하며, 프로그램을 쉽게 작성하기 위해 임의의 위치를 절대 좌표계의 원점으로 설정할 수 있도록 되어있다. 절대 좌표계 원점은 절대지령의 기준점이 되고 절대 좌표값으로 X0, Y0, Z0이라 한다. 〔그림 3-7〕의 두 그림은 같은 공작물에서 다른 위치를 절대 좌표계 원점으로 설정한 예이며, 좌표계 방향은 오른손 법칙을 적용하여 기계의 주축 방향이 Z축, X축은 오른쪽, Y축은 뒤쪽을 (+)방향으로 잡은 것을 알 수 있다.

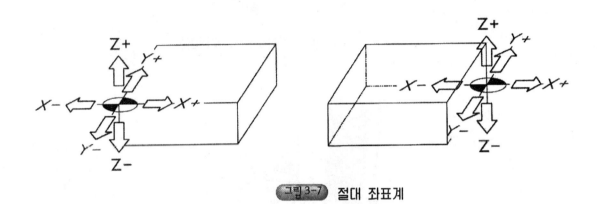

그림 3-7   절대 좌표계

3. NC 프로그램 기초

3.1 프로그램의 구성

프로그램의 기본구조는 시작과 끝이 표시되어야 하고 그 사이에 가공작업을 지시하는 프로그램을 삽입시켜야 한다. NC 프로그램에서 각 줄을 블록(block)이라 한다.

블록은 다음과 같이 어드레스와 수치가 나열되는 형태로 표시된다.

N__ G__ X__ Y__ Z__ F__ S__ T__ M__

여기서 영문자는 어드레스를 나타내며, 밑줄부분은 각 어드레스의 수치를 나타낸다. 어드레스와 수치가 조합된 것을 워드(word)라고 부른다. 따라서 위의 경우는 9개의 워드로 구성된 블록이 된다.

블록에서 워드의 개수는 제한이 없으며, 순서도 중요하지 않다. 그러나 프로그램 작성이나 검토를 쉽게 하기 위하여 위와 같은 순서를 사용하는 것이 일반적이다. 한 블록에서 같은 기능의 워드를 두 개 이상 사용하면 앞에 사용된 워드는 무시되고 뒤에 지령된 워드가 수행된다.

위에 예로든 어드레스이외에도 여러 가지 어드레스가 사용되고 있다. 주요 어드레스의 의미는 다음의 표와 같다.

[표 3·1] 어드레스의 의미

어드레스	기능	의미	입력범위
O	프로그램 번호	프로그램 번호	1-9999
N	문번호	문번호	1-9999
G	준비기능	동작모드(직선,원호) 등	0-99
X,Y,Z,A,B,C	좌표어	좌표이동/회전지령	±9999.999 mm
R	좌표어	원호반지름	±9999.999 mm
I,J,K	좌표어	원호중심 좌표벡터	±9999.999 mm
F	이송기능	분당이송	1-15000 mm/min
S	주축기능	주축회전수	0-9999
T	공구기능	공구번호 지정	0-99
M	보조기능	ON/OFF 제어	0-99
B	보조기능	인덱스테이블	0-9999
H	옵셋번호	옵셋레지스터리 번호	0-99
P,X	드웰시간	멈춤시간 지정	0-9999.999 sec

프로그램의 구성은 〔그림 3-8〕과 같은 형식으로 되는데 하나의 프로그램은 워드 O__에서부터 M02 까지이며 블록의 개수는 제한이 없다. 프로그램의 실행은 블록단위로 순차적으로 실행된다. 가공하는 형상이 반복되어 동일한 블록 구간이 있을 때에는 이 구간을 보조프로그램으로 작성하

여 주 프로그램을 간단하게 작성할 수 있다. 보조프로그램을 활용하는 예는 〔그림 3-9〕와 같은데 주프로그램에서 M98 P0001로 보조프로그램을 호출하면 보조프로그램을 실행하게 되고 보조프로그램을 종료한 후 주프로그램에 복귀하게 된다. 보조프로그램 종료는 M99로 나타내며 이것이 없으면 알람이 발생한다. 또 보조프로그램내에서 다른 보조프로그램도 호출할 수 있다.

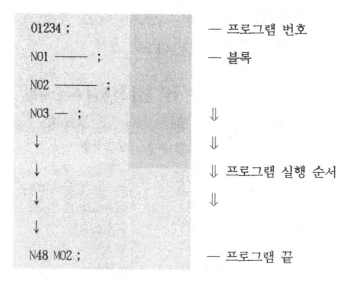

그림 3-8 NC프로그램의 구성

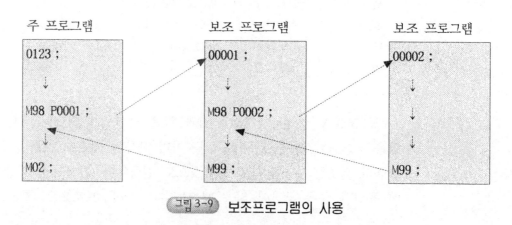

그림 3-9 보조프로그램의 사용

3.2 준비기능(G-code)

NC프로그램에서 가장 중요한 역할을 하는 것이 준비기능이다. 준비기능을 나타내는 G코드에 의해서 블록의 성격이 결정된다. 준비기능은 어드레스 G와 두자리 숫자를 조합시킨 코드로 표시되며, 우리나라에서는 KSB 4206으로 제정되어 있지만 모든 NC에서 사용되는 G코드는 국제적으로 동일하다.

공구 이동에 관한 중요한 준비기능으로는 다음의 코드가 사용된다.

G00 - 급속이송

G01 - 직선보간(직선가공)

G02 - 원호보간 CW (시계방향 원호가공)

G03 - 원호보간 CCW (반시계방향 원호가공)

그리고 공구의 보정에 관한 주요 코드는 다음과 같다.

G40 - 공구경 보정무시

G41 - 공구경 좌측 보정

G42 - 공구경 우측 보정

공구 이동에 관한 지령은 다음의 두 가지가 사용되는데

G90 - 절대지령

G91 - 증분지령

절대지령은 이동 종점의 위치를 절대 좌표계로 나타내는 방식이며, 증분지령은 공구의 현재 위치를 기준으로 하여 이동 종점까지의 거리를 지령하는 방식이다.

3.3 보조기능(M-code)

보조기능은 M코드에 의해서 제어된다. 이 기능은 ON/OFF 신호만을 지령한다. 보조기능은 NC기계 제작업체에서 기계의 기능에 따라 구성되는 사항으로 기계에 따라 다르기 때문에 각 기계의 매뉴얼을 참고해야 한다. 그러나 다음의 M코드 몇 개는 공통적으로 사용되고 있다.

M03 - 주축을 회전시킨다. (정방향)

M02, M30 - 프로그램을 끝내고 프로그램 맨 앞으로 온다.

M00 - M00이 지정된 블록 수행 후 운전을 정지한다.

〔기동〕키를 누르면 그 다음부터 자동운전이 시작된다.

M01 - ⟨optional block skip⟩ 스위치가 켜져 있는 경우 M01이 지정된 블록에서 수행을 멈춘다.

3.4 절삭조건기능(S-code, F-code)

NC선반에서 지정할 수 있는 절삭조건은 주축의 회전속도와 공구의 이송속도이다. 예를 들어 주축의 회전속도를 700rpm으로 하고 싶으면 "S700"으로 지령한다. 그리고 공구의 이송속도를 100 mm/min으로 한다면 "F100"으로 지령한다.

이송속도는 소수점으로 명령할 수도 있다. 그리고 나사 가공 등의 경우에는 공구의 이송을 주축 1회전당 이동거리로 정의하여야 한다. 이것은 G코드와 함께 사용하면 되는데 G코드에서 G94는 분당 이송거리 즉, 이송속도를 나타내며, G95는 주축 1회전당 이송거리를 나타낸다.

3.5 공구기능(T-code)

NC기계에는 자동공구교환장치를 많이 사용하고 있다. 이 경우에는 프로그램에 의해서 자동적으로 공구를 교환하면서 가공할 수 있으며, 공구선택은 T코드로 지령한다. 예를 들어 공구교환장치의 5번에 장착되어 있는 공구를 선택하려면 "T5"로 지령한다.

찾아보기

기계공작법

- 2010년 1월 17일 초판 1쇄 인쇄
- 2021년 3월 10일 초판 8쇄 발행
- 지은이 / 강동명·백승엽·우영환·이성철
- 펴낸이 / 백 행 균

- 펴낸곳 / 도서출판 **청 호**
  서울특별시 마포구 신수동 448-6
- 전 화 / (02) 711-1717
- 팩시밀리 / (02) 704-7651
- 등 록 / 1991. 6. 29. No. 제4-140호
- 가 격 / 25,000원

ISBN 978-89-92068-02-4